수학, 진짜의 증명

수학, 진짜의 증명

우리 삶의
방정식을 구하는
수학의
즐거움

유지니아 쳉 지음
성수지 옮김

드륵

수학이 어렵다고 생각한 적 있는
모든 사람에게.

여러분이 수학에 실패한 것이 아닙니다.
수학이 여러분을 실패하게 한 것이죠.

목차

학교 다닐 때 봉제 인형 만드는 시간을 가장 좋아했습니다. 주로 복슬복슬한 푸들과 부드러운 벨벳 귀를 가진 잠자는 강아지 인형을 만들고는 했지요. 인형을 만드는 과정은 여러 단계를 거칩니다. 먼저 조각조각 자른 천을 잘 맞추면 동물 모양이 됩니다. 그것을 바느질하고 뒤집어서 솜까지 채워 넣으면 마치 살아있는 것처럼 느껴집니다. 저는 이 마법 같은 과정 모두가 좋았습니다.

사실 봉제 인형 하나쯤은 이미 만들어진 것을 사도 됩니다. 그런데 왜 굳이 직접 만드는 걸까요? 때로는 직접 만든 것이 더 나을 때가 있기 때문입니다. 예를 들어 제가 만든 케이크는 가게에서 파는 것보다 훨씬 맛있습니다.

그러나 그 반대의 경우도 있습니다. 저는 피아노 치기를 좋아하지만, 음반을 사서 듣거나 콘서트장에 가면 더 나은 연주를 들을 수 있습니다. 옷도 마찬가지입니다. 기성복에 비하면 제가 만든 옷은 아주 엉성하지요. 하지만 저는 제가 직접 친 피아노 소리가 좋고, 만들어 입는 옷이 썩 마음에 듭니다.

물론 비용이 더 저렴하다는 이유로 직접 할 때도 있습니다. 저는 머리카락을 미용사에게 맡기지 않고 직접 자릅니다. 머리 모양이야 당연히 미용사에게 맡기는 게 더 좋겠지만 직접 하는 게 비용이 훨씬 덜 드니까요.

그런데 종종 직접 무언가 만들어 낸다는 것 자체가 만족스러운 순간이 있습니다. 개인적으로 특히 음식과 옷을 만들거나 악기를 연주할 때 만족을 느낍니다. 다른 사람들은 또 다른 데서 만족을 느끼겠죠. 저는 굳이 하지 않겠지만, 맨손으로 직접 암벽을 등반한다거나 산소통 도움 없이 직접 에베레스트산을 오른다거나 직접 노를 저어서 대서양을 건넌다거나 하는 것처럼 말이지요. 아니면 식량과 텐트를 직접 짊어지고 야생에서 자급자족하는 캠핑 여행을 떠나는 것도 있겠네요.

저에게는 수학도 그렇습니다. 수학이란 진리를 증명하는 것이기에 야생의 아이디어 세계에서 자급자족하는 즐거움을 주기 때문입니다. 엄청나게 흥미진진하고, 벅차고, 경외감마저 불러일으키며 무엇보다 즐겁습니다. 저는 바로 이러한 경험을 설명하려고 합니다.

이 경험이란 어떤 것인지 보통 사람들이 수학에 대해 생각하는 것과 전혀 다른 방식으로 설명하고 싶습니다. 저는 이 책에서 광활한 수학의 세계를 말하려 합니다. 이 세계는 창의적이고 상상으로 가득 차 있으며 또한 탐구적입니다. 꿈꾸고, 내 판단에 따라 행동하고, 본능적인 직감에 귀 기울여 이해하는 기쁨을 느낄 수도 있습니다. 마치 안개를 걷어내고 햇살을 맞이하는 것처럼요.

이 책은 수학 교과서도 아니고 수학사 책도 아닙니다. 다만, 수학에 얽힌 감정을 다룬 책입니다. 수학은 사람마다 다른 감정을 자아냅니다. 어떤 사람들은 수학이라고 하면 두려움을 느끼거나 스스로 멍청하게 느꼈던 기억부터 떠올릴 겁니다. 저는 이런 사람들이 수학에 다른 감정을 느낄 수 있도록 해주고 싶습니다.

수학을 사랑하는 사람이 있는가 하면 증오하는 사람도 있습니다. 안타깝게도 수학을 사랑하는 사람들과 같은 이유로, 수학을 싫어하는 사람이 그것을 더욱더 싫어하게 될 때가 많지요. 사람들이 수학을 사랑하는 이유로는 크게 두 가지가 있습니다. 첫 번째, 수학은 정답과 오답이 명확하기 때문입니다. 쉽게 답을 얻고 나면 스스로 똑똑하게 느껴집니다. 그런데 비슷한 이유로 수학을 싫어하는 사람들도 있습니다. 이들은 오히려 정답과 오답이 명확해 보여서 답을 어렵게 찾다 보면 스스로 멍청하게 느껴진다고 말합니다. 어쩌면 쉽게 답을 찾는 사람들을 보고 더 그렇게 느끼는 걸지도 모르겠습니다. 그리고 명확한 정답이 있다는 것 자체를 좋아하지 않는 사람들도 있습니다. 그들은 삶의 다양한 측면을 중요하게 생각하며 흑백 논리로는 인생의 즐거움을 찾을 수 없다고 생각합니다.

그러나 '명확한 정답을 가진 엄격한 세계'라는 이미지는 수학에 대한 아주 제한적인 시각입니다. 특히 연구 단계에 있는 추상 수학[1]은 오히려 정답이 명확하지 않습니다. 실제로 어떤 단계까지

1 증명, 연산 및 기타 수학 개념을 복잡한 실제 세계에서 실용적으로 사용하기 위한 응용을 의미한다.

도달해서 정답에 가까운 것을 확인할 수 있는 사람은 극소수에 불과합니다. 여기서 재미있는 점은 수학자들이 수학을 사랑하는 이유가 수학 공포증이 있는 사람들이 수학을 싫어하는 이유와 같다는 것입니다. 수학자들은 수학의 다양한 측면에 관심을 두고 인생의 즐거움을 위해 수학을 연구합니다. 오히려 깊이 파고들수록 수학에는 명확한 답이 없습니다. 수학은 다양한 측면을 연구하는 학문이며 그에 따라 오히려 여러 개의 답을 찾을 수도 있습니다.

그래서 수학자와 수학 공포증이 있는 사람 모두 '수학에 대한 태도'가 비슷하다는 재미있는 결론이 나옵니다. 다만 수학자들을 향해서는 이런 태도를 장려하고 칭찬하지만, 수학 공포증이 있는 사람들이 이런 태도를 보이면 경멸하거나 심지어 조롱까지 한다는 점이 다릅니다. 그러다 보니 수학 공포증이 있는 사람들은 자신의 태도가 수학자의 태도와 얼마나 비슷한지 알지 못한 채 살아가는 겁니다.

수학의 현실과 수학에 대한 인식에는 차이가 있습니다. 저는 그 차이를 좁히고 싶습니다. 수학을 불필요할 정도로 싫어하는 사람이 너무 많습니다. 실제로는 핵심을 짚는 중요한 질문인데도 너무 기본적인 질문을 하는 것 같다며 스스로 움츠러들고는 하지요. 주위에서조차 그 중요한 질문을 멍청한 질문이라거나 수학에서 하면 안 되는 질문이라며 나무랍니다. 저는 그런 질문들에 답을 해주고 싶습니다. 나아가 수학을 배우는 대로 당연하게 받아들이는 대신 제대로 이해하고 싶은 그 감정들을 격려하고 칭찬해 주려 합니다. 수학의 핵심이 바로 '당연한 것을 당연히 여기지 않는 것'

이기에 이런 감정은 아주 중요합니다.

제 목표는 모든 사람이 수학을 사랑하도록 전도하거나 설득하는 게 아닙니다. 수학에 흥미를 느끼게 만드는 '단 한 가지' 해결책이라는 건 없습니다. 같은 이유로 누군가에게는 동기 부여가 되기도 하고 싫어하는 계기가 되기도 하기 때문입니다. 저는 진짜 수학이란 무엇인지 알리고 수학에 대한 오해를 풀어서 더 이상 그 오해 때문에 무작정 수학을 싫어하지 않기를 바랍니다. 만약 여러분이 수학을 제대로 알고 나서도 싫어한다면 그건 어쩔 수 없는 일입니다. 모두가 같은 걸 좋아할 수는 없으니까요. 우리는 대부분 수학에 있어 매우 편협한, 상상력이 부족한, 권위적인 측면만 보고 싫어합니다. 수학에 관해 개인적인 의견을 제시하고 호기심을 가지는 것마저 허용하지 않습니다. 저는 그저 그것이 안타까울 뿐입니다.

저는 개개인의 관심사를 아주 중요하게 생각합니다. 가끔 수업이 아주 많은 날에는 너무 피곤해서 저녁 식사 만들기도 힘이 듭니다. 그저 파스타 봉지를 뜯어서 조리만 하면 되는데도요. 하지만 그럴 때도 케이크 만들 기운은 남아 있습니다. 저는 이것이 모두 관심 유무에 달려있다는 걸 깨달았습니다. 개인적으로 관심도 없고 창의성도 없는 일이면 해낼 기운이 사라집니다. 반대로 개인적으로 관심이 있고 창의력도 필요해서 내게 가치 있다고 느껴지는 일이라면 없던 기운도 살아나죠.

이것이 바로 사람들이 수학을 싫어하게 되는 이유 중 하나입니다. 창의적인 일에 관심이 많다면 미리 정해진 공식으로 푸는 수학 계산은 지루하게만 느껴질 겁니다. 집중하려면 많이 노력해야 하지요. 차라리 플레이도우Play-Doh 찰흙으로 손톱 크기의 찻잔 열두 개를 만드는 게 더 재미있을 수도 있겠네요. 제가 플레이도우를 활용하는 수업을 한 적이 있는데 실제로 한 미술과 학생이 찻잔 열두 개를 만들었었죠.

수학을 가르칠 때마다 이번 수업에는 어떤 유형의 학생들이 앉아 있을지 기대됩니다. 일부 학생들은 수학자가 되거나 관련된 직업을 가지기 위해 모든 것을 올바르고 정확하게 할 수 있기를 바랍니다. 하지만 다른 학생 대부분은 그렇지 않습니다. 모든 학생을 수학과 관련된 직업에 필요한 기준에 맞추고, 그것을 충족할 수 있도록 가르치는 건 좋은 방법이 아닙니다. 그건 마치 어린아이에게 전문 레스토랑 요리사가 되기 위한 훈련을 시키는 것과 비슷합니다. 그보다는 가능성을 보여주고 즐거움과 호기심을 키워주며 원하기만 한다면 나중에 더 전문적인 기술까지 배울 수 있다는 믿음을 주는 게 더 낫다고 생각합니다. 수학도, 요리도요.

보통 제가 이런 말을 하면 '그렇지만 일상생활에 꼭 필요한 기본 수학 기술도 있잖아요!'라고 말하는 사람들이 있습니다. 일상생활에 필요한 수학 기술이 있기는 하지만 그렇게까지 많은 기술이 꼭 필요하지는 않다고 생각합니다. 그리고 '일상생활에 필요하다'라고 하는 주장 대부분은 자연스럽지 않습니다. 아무튼 전혀 중요하지 않은 것들을 너무 많이 가르치고 있다는 것은 사실입니다. 창의적이지도 않고 접근법도 제한적인 탓에 수많은 사람이 수학을 싫어하게 만들고 있습니다. 꼭 필요하다며 가르치는 수학 기술들이 그만큼 중요한 것인지 생각해 볼 필요가 있겠군요.

흔히 수학이 엄격하게 규정된 법칙으로만 이루어져 있다고 오해합니다. 이것은 수학을 두려워하는 이유와도 일맥상통합니다. 그러나 사실 수학은 인간의 본능적인 호기심에서 시작했습니다. 사람들은 정답을 얻는 것에 만족하지 못하고 항상 더 많은 것을 이해하기를 바랐습니다. 수학은 그러한 질문에서 출발합니다.

수학에 관한 질문을 했는데 멍청한 질문은 하지 말라는 소리를 들어 본 적이 있나요? 간혹 '수학은 진짜인가요?', '수학은 어떻게 만들어졌어요?', '수학이 맞다는 걸 어떻게 알아요?' 같은 아이들이 물어볼 법한 순수한 질문들이 있습니다. 안타깝게도 많은 사람이 이런 질문 하기를 꺼리죠. 멍청하다는 소리를 들을까 봐서요. 하지만 수학에서 멍청한 질문이란 없습니다. 이런 '멍청한 질문'들이 바로 수학자들이 답을 얻으려 연구하는 질문이자 우리가 수학적 이해의 폭을 넓힐 수 있는 질문입니다.

수학이 단순히 질문에 대한 '답을 하는' 학문처럼 보일지도 모르겠지만, 수학에서 중요한 것 중 하나는 '질문을 던지는' 것입니다. 그 질문들은 때로 순수하거나 막연하며 순진하고 단순한 동시에 혼란스러울 겁니다. 이 책에서는 어떻게 그러한 질문들이 가장 심오한 수학 세계로 이어지는지 보여드리려고 합니다. 이 질문들은 보통 수학과 거리가 멀다고 생각하는 창의력이나 상상력, 규칙 깨기, 놀이 같은 특성과도 맞닿아 있습니다.

우리는 이러한 질문들을 하지 말라고 말릴 것이 아니라 오히려 더 하라고 부추겨야 합니다.

학생들에게 이런 질문을 하지 못하게 하는 것은 '수학은 엄격하고 독단적이며 어떤 의문도 가져선 안 된다'라는 편견을 심는 것이나 마찬가지입니다. 이는 수학의 본질과는 정반대입니다. 어떤 질문에도 답할 수 있도록 탄탄한 기초 위에 잘 쌓아가는 것이 수학입니다. 질문에 답할 수 없을 때 올바른 수학적 사고는 그런 질문을 억누르는 것이 아니라, 그 질문에 답하기 위해 수학을 더 깊이 연구하는 것입니다.

그렇게 질문은 심오한 수학 세계로 이어집니다.

박사 과정 학생이 새로운 연구를 시작할 때 가장 어려운 일 중 하나는 어떤 질문이 좋은 질문인지 알아내는 것입니다. 그리고 이것은 지도교수의 가장 중요한 역할 중 하나이기도 하죠. 저는 범주론의 추상 분야를 연구했습니다. 이 연구 과정의 대부분은 처음에 어떤 질문을 던질지 정확하게 파악하는 것입니다. 학교 수학 수업 시간에는 질문을 하는 대신 질문에 '답하는' 것에 지나치게 중점을 둡니다. 온라인에서 '아이들이 수학 시간에 하는 좋은 질문'을 찾아보려고 했지만 아쉽게도 제가 얻은 것은 '아이들에게 물어볼 수 있는 질문'뿐이었습니다. 이 검색 결과는 마치 우리는 질문만 하고, 아이들은 질문에 대한 답만 해야 한다는 느낌을 주었습니다. 이것은 잘못된 교육 방식입니다.

여러분이 항상 궁금해했으나 답을 얻지 못했던 질문들, 사람들이 중요하지 않다고 말하는 질문들, 그런 질문을 할 시간에 숙제나 하라는 핀잔을 들었던 질문들이 있을 겁니다. 저는 그러한 질문들을 더 하라고 부추기고 그에 대한 답과 필요하다면 증명까지 해주고 싶습니다. 시험 점수를 잘 받는 사람들은 그런 물음을 던지지 않는 것 같아서 자신은 수학에 재능이 없다고 느꼈던 질문이 있겠지요. 또 문제에 정답을 쓰는 것만으로는 만족스럽지 않아서 공부하다 멈칫하고 떠올렸던 질문들도 있을 겁니다. 이 책은 바로 그런 질문들에 관한 책입니다. 이런 질문들이야말로 가장 심오한 수학으로 이어지는 기초가 되기 때문입니다. 숫자를 더하고 곱하거나, 삼각형의 각도와 도형의 면적을 구하고 시험에서 좋은 점수를 받기 위해 무작정 방정식을 푸는 그런 수학을 말하는 것이 아닙니다. 추상수학의 최전선에 있는 수학자들을 이끄는 것이 바로 '가장 심오한 수학'입니다. 이해하는 데 반평생 혹은 수백, 수천 년까지 걸리는데 그러고도 여전히 이해하지 못하는 부분이 남아 있는 수학 말입니다. 이 수학은 일상생활에 직접 적용할 수 없습니다. 삶의 문제를 즉시 해결해 주지도 않고, 새로운 기계를 만들 때조차 활용할 수 없지요. 주로 우리 머릿속에서만 존재합니다.

이런 수학은 과연 진짜일까요?

제가 학교에서 만든 복슬복슬한 강아지 인형은 진짜였을까요? 물론 진짜 강아지는 아니었지만, 진짜 봉제 인형이기는 했죠.

수학은 '진짜로 존재'하지는 않지만, '진짜'입니다. 수학은 진짜 아이디어이고 진짜 생각이며 진짜 이해를 끌어냅니다. 저는 수학이 주는 명료함을 좋아합니다. 다만 그 명료함이 간혹 모호함을 밝히는 게 아니라 모든 것을 엄격하게 흑백으로 나누는 것처럼 보일 수 있다는 점이 아쉽습니다. 하지만 그렇게 생각하는 사람들에게도 공감합니다. 수학을 주로 접하는 방식 때문에 그런 인상을 가지게 되었을 테니까요. 저 역시 학창 시절에 그런 경험을 했던 것처럼 말입니다.

아래 그래프는 저의 수학에 대한 애정도를 시간의 흐름에 따라 그린 그래프입니다. 정확히 말하자면 '수학 수업'에 대한 애정도겠네요.

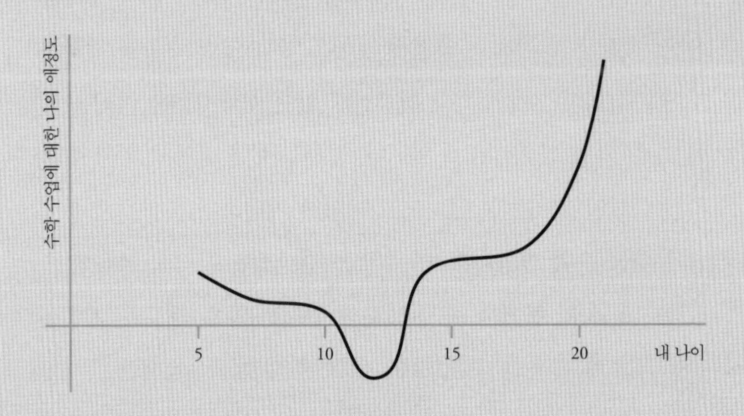

저는 다섯 살 때만 해도 그 나이 때 아는 만큼은 수학을 좋아했습니다. 그런데 초등학교에 입학하며 점차 애정이 줄어들었고, 중학교에 입학했을 즈음에는 수학 수업이 너무 지루하게만 느껴졌습니다. 심지어는 수학 수업을 적극적으로 싫어하는 지경에 이르게 됩니다. 당시 수학 선생님들을 탓하는 것이 아닙니다. 교육과정과 시험 체계를 탓하는 것이지요. 다행히 중학교 졸업 시험[2]

2 영국 등에서 만 16세가 된 학생들이 치는 중등교육 자격 검정 시험이다.

을 준비할 때 고급 수학을 연구하고 학습하게 되면서 상황이 나아졌습니다. 문제의 교육과정과 시험 체계 속에서 제가 유일하게 좋아하던 것이었습니다. 이 연구 학습은 학기 중 몇 주에 걸쳐 진행하는 개방형 프로젝트였는데, 처음에는 제한된 질문들로 시작하지만 스스로 탐구하는 데에는 한계가 없었습니다. 마침내 A 레벨[3] 심화 수학을 공부하게 됐을 때는 순수수학 일부를 좋아했습니다. 특히 이 책 뒷부분에서 이야기할 추상대수학, 귀납법을 통한 증명, 극좌표를요. 대학에 진학하고 박사 과정을 시작하면서 수학에 대한 애정은 그래프를 뚫고 나갈 정도로 커졌습니다. 그때부터는 수업보다 책을 읽고, 토론하고, 세미나에 참석하면서 배웠습니다.

사실 수학에 대한 저의 애정은 한결같았습니다. 그래프에서 수학에 대한 제 애정을 그려보라고 한다면 수학 수업에 대한 제 애정을 그린 울퉁불퉁 그래프보다 훨씬 높은 곳에 일정한 수평선으로 그릴 수 있습니다. 저는 운이 좋은 아이였습니다. 어머니께서 학교에서 배우는 것과는 완전히 다른 재밌고 신나고 신비로우며 놀라운 수학적 사실들을 알려주셨거든요. 그 사실들은 제게 수학은 수업 시간에 배우는 게 다가 아니라는 믿음을 줬습니다. 수학에 대한 저의 애정은 절대 흔들리지 않았습니다. 물론, 모든 사람의 어머니가 이런 것들을 알려주거나 아이의 순수한 질문에 답해주지는 않는다는 걸 잘 알고 있습니다. 그래서 수학에 대한 애정이 한 번 식으면 다시 회복할 기회가 없다는 것도요. 이것이 바

3 영국 대입 준비생들이 만 18세 때 치르는 과목별 상급 시험으로, 우리나라의 수능과 비슷하다.

로 제가 바꾸고 싶은 부분입니다.

저는 수학 공포증이 있는 사람들이 트라우마와도 같은 두려움을 극복하도록 돕고 수학자들이 수학을 사랑하는 이유를 알려주고 싶습니다. 단순히 숫자를 좋아하고 정답 맞히기를 즐기는 것과는 다릅니다. 사람들이 수학을 싫어하게 된 많은 이유가 수학의 본질을 기반으로 하지 않았고, 그저 운이 좋지 않았기 때문이라는 걸 보여주고 싶습니다. 또한 순수하고 개방적이며 종종 '멍청한 질문'이라고 나무라는 그 질문들이 사실은 가장 타당하고 좋은 질문이며 수학에 필수적이라는 걸 증명하고 싶습니다. 여러분이 스스로 수학을 못 한다고 생각하거나 학교에서 수학을 못 하는 학생 취급을 받고 있었다면, 그건 당신이 더 깊은 수준으로 수학을 이해할 기회가 있었는데 아무도 그걸 도와주지 않았을 뿐입니다. 저는 수학을 연구한다는 게 어떤 것인지, 수학의 세계를 탐험하고 그 신비한 수풀 속으로 파고들면 파고들수록 더 깊고 깊은 수학의 진리를 발견하게 된다는 게 어떤 것인지 알려주고 싶습니다.

저는 이 책의 각 장을 '멍청한 질문'으로 여겨질 법한 순수한 질문 중 하나로 시작하려 합니다. 그리고 그 질문을 깊게 파고들면서 그것이 어떻게 수학의 중요한 진리나 전체 연구 분야로 다다르게 되는지 보여주려 합니다. 이 과정은 수학의 덤불을 천천히 헤치고, 그 뒤에 무엇이 있는지 알아내는 느린 과정입니다. 때로는 우리가 무엇을 하고 있는지 보기 위해 여러 단계를 되돌아가는 것처럼 느낄 수도 있겠습니다. 그러나 아주 작은 발걸음만 내디딘 채 아무런 진척이 없는 것 같다가도 어느 순간 뒤를 돌아보면 아주 큰 산 위에 오른 걸 확인할 수도 있습니다. 더 나아가 이 모든 게 당황스러울 수도 있겠지요. 하지만 이러한 지적 불편함을 받아들이는 것은 수학에서 발전하기 위한 아주 중요한 단계입니다. 그 불편함이 종종 발전과 성장의 시작점이 되기도 하니까요. 직감과 신중한 논리 사이의 틈을 보면 현기증이 느껴질 수도 있습니다. 팬데믹으로 수년간 만나지 못했던 친구들을 처음 만났을 때처럼, 두 종류의 직감은 전혀 관련이 없는 것 같다가도 계속해서 함께한 것처럼 느껴지기도 합니다.

우선 수학에 대한 전체적인 개념으로 시작해서 특정 수학 과목, 그다음에는 그 안의 개별 내용까지 순서대로 확장해 살펴보려고 합니다. 따라서 앞의 네 장은 1장 수학은 어디에서 오는가, 2장 수학은 어떻게 작동하는가, 3장 우리는 왜 수학을 하는가, 4장 무엇이 수학을 좋아지게 하는가까지 수학의 일반적인 개념을 살펴봅니다. 그런 다음 5장 문자, 6장 공식, 7장 그림까지 수학의 좀 더 구체적인 측면에 관해 이야기할 생각입니다. 마지막 8장에서는 각 장에서 던졌던 순수한 질문과 더불어 수학자들이 그 질문을 기존의 지식과 연관 짓고 심층 연구에서 답을 얻는 방식을 보여주는 몇 가지 개별 사례로 마무리할 겁니다.

저는 명령이나 제한된 시간의 끝을 쫓아가는 대신, 정처 없이 거닐며 뒤죽박죽인 수학적 사고를 따라가는 게 어떤 느낌인지를 설명하려고 합니다. 이건 숲의 반대편으로 가야 하기에 어쩔 수 없이 가는 것과, 길을 따라 보이는 생명체와 덤불을 살펴보기 위해 숲의 반대편으로 걷는 것의 차이입니다. 전자도 명확한 목적은 있지만, 후자가 더 넓은 목적을 가지고 있습니다. 후자는 더 길고 힘든 길이 되겠지만 훨씬 더 만족스러운 결과를 얻을 수 있겠지요. 길을 걸으며 그 풍경을 직접 탐험하는 게 더 만족스럽고 즐거운 동시에 더 많은 깨달음을 줄 게 확실합니다. 앞으로 설명하겠지만 이런 방식은 일상생활에서도 유용합니다. 단순히 더치페이 금액이나 세금 계산 같은 특정 작업에서보다 더 넓은 의미에서 말입니다. 바로 모든 것에 관해 더 명료하게 생각할 수 있도록 돕는 것이 그렇습니다.

특정 용도로 명확하게 규정된 건 설명하기 쉽습니다. 그에 비해 더 넓은 영역에서 일반적으로 적용할 수 있는 것은 정의하기도 어렵습니다. 하지만 정의하기 어렵다고 해서 무시해서는 안 됩니다. 오히려 정의하기 어려운 것이 가장 가치 있는 것일 수도 있기 때문입니다. 수학은 쉽게 외우거나 읊을 수 있는 사실이 아니라 깊은 진리를 담고 있습니다.

그러니까 이 책은 수학의 깊은 진리에 관한 책입니다. 중요한 점은 거기서 끝이 아닙니다. 수학의 깊은 진리에 도달할 방법까지 다루고 있기 때문입니다. 깊은 진리 그 자체로도 중요하기는 하지만, 거기에 도달하는 방법을 꼭 보여주고 싶었습니다. '아이에게 물고기를 잡아주면 하루를 살 수 있지만, 물고기 잡는 법을 알려주면 평생을 살 수 있다'라는 유대인 속담을 여기 적용할 수 있겠군요. 여러분에게 수학의 깊은 진리를 알려주면 그 진리만을 알게 되겠지만, 그 진리에 다다르는 방법을 알려준다면 알려준 진리뿐 아니라 다른 어떤 수학의 진리에도 다다를 수 있게 될 겁니다. 어떻게 보면 이 책은 구체적인 몇 가지 질문과 그 정답에 관한 책일 수도 있습니다. 그러나 더 자세히 들여다보면 질문이 우리를 어떻게 하나의 여정으로 이끄는지, 그 여정이 어디로 향하는지와 그 길에서 무엇을 볼 수 있는지까지 다루고 있습니다.

수학이 그저 정답을 얻는 것만을 중요하게 생각하는 것처럼 보일지도 모르겠습니다. 그러나 실제로 수학은 발견하는 과정, 탐구하는 과정, 수학적 진리로 향하는 여정, 그리고 진리를 발견했을 때 그것을 인식하는 방법에 관해 이야기합니다. 그 모든 여정은 '호기심'에서 시작하고 호기심은 '질문'의 형태로 그 모습을 드러낸다는 걸 기억해 주세요.

1장

수학은 어디에서 오는가

"왜 $1+1=2$일까?"

이 질문에 대한 답으로 '그야 그렇게 나오니까!'가 있을 수 있겠다. 그건 '내가 그렇다고 하면 그런 거지!'와 같은 말이다. 그리고 이 답은 세대를 불문하고 이 세상 모든 아이가 실망하는 답이다. '내가 그렇다고 하면 그런 거지!'라는 말은 규칙을 만드는 권위적인 인물이 있다는 것을 의미한다. 그리고 그런 인물들이 있다는 건 규칙을 정당화할 필요도 없고 원하는 규칙이 있다면 얼마든지 만들 수 있으며 다른 모든 사람은 그 규칙을 따라야 하는 하인에 불과하다는 뜻도 된다.

이런 생각에 불만을 느끼는 것은 당연하다. 사실 중요한 것은 이 불만에서 시작하는 강한 수학적 충동이다. 그 충동이란 이미 알려진 규칙들을 무시하고 싶거나, 그 규칙이 적용되지 않는 교묘한 상황을 찾아 해당 규칙을 만든 권위적인 인물에게 그만한 권위가 없다는 것을 보여주고자 하는 것이다.

수학이 그저 따라야만 하는 규칙의 세계처럼 보일 수도 있다. 이는 수학을 엄격하고 지루해 보이게 만든다. 하지만 수학에 대한 나의 사랑은 이런 규칙을 깨는 행위, 더 나아가 그런 규칙에 대한 반박을 사랑하는 것으로부터 나온다. 어쩌면 철없이 반항하는 사춘기 청소년처럼 보일 수도 있겠다. 또 수학에 대한 내 사랑은 모든 것에 계속해서 '왜?'를 묻고자 하는 행위에서도 나온다. 이것 또한 이제 막 걸음마를 뗀 아이 같은 행동이다. 그러나 이 두 가지 충동은 인간을 이해하는 데에, 특히 수학적인 이해를 발전시키는 데에 아주 중요한 역할을 한다. 이번 장에서는 수학의 기원에서 중요한 역할을 한 이 충동들에 대해 알아보고자 한다.

나는 일상생활에서 내가 법을 엄격하게 준수하는 사람임을 강조하고 싶다. 지역 사회를 유지하고 사람들을 안전하게 해주는 규칙을 이해하기 때문이다. 나는 그러한 규칙들을 믿으며 목적이 있는 규칙을 따르는 것은 꺼리지 않는다. 하지만 나는 정당한 근거가 없어 보이거나 정당한 근거가 있더라도 내가 그렇게 생각하지 않는 임의의 규칙은 믿지 않는다. 예를 들면 매일 침대를 정리해야 한다거나 전자레인지로 초콜릿을 절대 녹이면 안 된다거나 하는 규칙들이다. 개인적으로 이 규칙들은 마음에 들지 않는다. 매일 침대를 정리하지 않아도 큰일 나지 않고, 전자레인지에 초콜릿을 넣고 15초마다 꺼내서 저어주면 녹이기 편하며 별다른 이상이 없다는 것도 직접 확인했다.

그래서 나는 수학의 명백한 '규칙들'이 어디에서 왔는지, 그리고 실제로 수학이 어디에서 온 것인지 알아보고자 한다. 수학이 어떻게 작은 씨앗에서 시작되어 유기적으로 큰 줄기로 자라게 되는지 설명할 것이다. 이 작은 씨앗들은 우리 중 누구든 제기할 수 있는 순진한 질문이다. 종종 1+1=2라는 사실을 아는 것으로 만족하지 않고 왜 그렇게 되는지를 궁금해하는 작은 아이들이 순수하게 물어보는 질문들 말이다. 여느 씨앗처럼 이 질문들도 자라기 위해서는 올바른 방식으로 키워져야 한다. 비옥한 토양, 뿌리를 내릴 공간, 영양 공급도 필요하다. 불행하게도 우리가 하는 순진한 질문들은 이러한 방식으로 키워지는 경우가 거의 없다. '멍청하다'라고 무시당하며 내던져지게 마련이다. 하지만 깊은 수학적 질문과 이런 순진한 질문들은 근본적으로 다르지 않다. 차이는 '키워지는지'에서 발생한다. 같은 씨앗이니 말이다.

수학을 좋아하지 않는 사람들은 아무런 설명 없이 어떤 것이 '정답'이라고 독단적으로 정의하는 데 거부감을 느끼는 경우가 많다. '1 더하기 1은 그냥 2야'처럼 말이다. 하지만 어떤 것이 참인 이유를 궁금해하다 보면 수학의 기초를 더욱 탄탄하게 다질 수 있으며 더욱 명료하고 엄밀한 근거를 댈 수 있게 된다. 어떤 사람들은 이 명료함과 신뢰성을 편안하고 자유롭다고 생각한다. 그러나 또 어떤 사람들은 제한적이고 독단적이라고 생각하기도 한다. 하지만 '1+1이 왜 2지?' 같은 질문은 수학에 명확한 정답만 있는 것이 아니라 다양한 맥락에서 다양한 답을 가질 수도 있다는 생각을 할 수 있게 도와준다. 이를 통해 처음에 숫자가 어디에서 왔는지, 산수라는 발상은 어떻게 생겨났는지, 그리고 도형처럼 다른 수학적 맥락에서 숫자와 산수를 어떻게 사용할 수 있는지를 살펴보게 될 것이다. 사물을 연결하고 본격적으로 추상화하는 것으로 시작해 우리의 사고 과정이 조금씩 더 많은 영역을 포괄하도록 확장해 간다. 그러면서 우리는 수학의 발전에서 아주 중요한 주제들에 대해 접하게 된다.

그러니 1+1이 왜 2가 되는지에 생각하는 대신, 조금 더 깊게 들어가 1+1이 항상 참이 맞는지부터 질문해 보자.

경계 확장

아이들은 자연스럽게 반례를 찾는 것 같다. '반례'란 어떤 것이 참이 아님을 보여주는 예시이다. 무언가 항상 참이라고 정의하는 것은 그 '무언가'에 대한 경계를 설정하는 것이다. 반면에 그것이 참이 아닌 예시를 찾는 것은 그렇게 정해져 있는 경계를 확장하는 것과 같다. 이는 중요한 수학적 호기심이다.

아이에게 1 더하기 1을 가르치기 위해 '내가 너한테 컵케이크 하나, 그다음에 또 다른 하나를 주면 너는 몇 개의 컵케이크를 가지게 될까?'라고 물어볼 수 있을 것이다. 하지만 아이는 두 개라고 답하는 대신 아주 유쾌하게 '없어요! 왜냐하면 내가 다 먹어 버렸거든요!'라거나 '없을 거예요. 나는 컵케이크를 좋아하지 않으니까요!'라고 답할 수도 있다. 부모들이 온라인에 올리는 아이의 엉뚱한 대답을 보면 항상 재밌다. 그중 내가 가장 좋아하는 것은 내 친구의 아이가 한 대답이다. '조가 사과 7개를 갖고 있었는데 애플파이를 만들려고 그중 5개를 썼어. 그렇다면 조에게 남은 사과는 몇 개일까?'라는 질문에 조카는 '아니, 아직도 파이를 안 먹었단 말이에요?'라고 답했다고 한다. 나는 이런 정답이 아니지만 또 정답이라고도 할 수 있는 대답을 좋아한다. 이런 대답을 내어놓는 아이들의 사고 과정은 수학적 충동 중 중요한 요소에서 유래한다. 그것은 바로 '부당한 권위에 대항하려는 충동'이다. 이는 아주 중요하지만, 종종 과소 평가되고는 한다.

아이들은 권위에 도전하며 다양한 상황의 경계를 알아간다. 또 아직 스스로 할 수 있는 것이 많지 않은 세상에서 이를 통해 자아 정체성을 찾기도 할 것이다. 나는 어릴 때 어른들이 시키는 대로만 하는 게 너무 답답했었다. 어른들이 내게 어떤 답을 바라고 질문을 하는 것 같을 때면 '나는 컵케이크를 안 좋아해요'처럼 엉뚱한 대답을 하는 것이 정말 재미있었다.

어떻게 보면 건방지고 당돌한 충동이다. 그러나 나는 이것이 진정한 '수학적 충동'이라고 생각한다. 그렇다. 아마도 '수학'은 건방지기도 당돌하기도 한 것일 테다. 하지만 다르게 말하면 수학은 아이들이 권위에 도전하는 것처럼 '경계를 알아가는 것'이기도 하다. 우리는 어떤 것이 참일 때 그 경계를 명확히 알고자 한다. 그 이유는 '안전한' 영역을 확실히 파악하고 싶어서다. 또한 좀 대담해지거나 호기심이 생기면 그 영역 밖을 탐색하고 싶어하기도 한다. 이건 이제 걸음마를 시작한 아이가 엄마, 아빠가 어디까지 자신을 따라오는지 확인하고자 먼 곳을 향해 뛰어나가는 것과도 같다. 1+1이 2가 아닌 상황에 대해 생각하는 것도 이와 같을 것이다.

'나는 피곤하지 않지 않아'라는 말은 '나는 피곤해'와 같은 말이다. 그런데 어떤 아이들은 '나는 피곤하지 않지 않지 않지 않지 않지 않지 않지 않지 않지 않지 않아!'라고 이야기하고서는 크게 웃어대기도 한다. 자신이 '않지'를 몇 번이나 말했는지 아무도 세지 않는다는 걸 알고 있기 때문이다. 여기서 중요한 점은 하나의 '않지'에 다른 하나의 '않지'를 더하면 '않지'가 0이 된다는 것이다. 이건 내가 채점했던 어떤 끔찍한 시험 문제를 떠올리게 한다. 그 문제는 긴 계산 과정에서 음의 부호를 틀릴 가능성이 많은 문제였다. 학생들이 음의 부호를 두 번 틀리거나 네 번 틀리면 '정답'과 같은 값이 나오므로 과정이 잘못되었는지 확인하기 위해 꼼꼼히 살펴보는 것이 고역이었다. 수학에서는 답이 '정답'과 같더라도 과정이 올바르지 않으면 정답으로 인정하지 않기 때문이다. 이에 관해서는 다음 장에 더 자세히 설명할 것이다.

1+1이 0이 될 수 있는 또 다른 상황은 모든 게 이미 '0'인 상황이다. 어렸을 때 나는 인공 식용 색소에 알레르기가 있었다. 그 당시에는 모든 과자에 인공 색소가 들어 있었기 때문에 먹을 수 있는 것이 없었다. 그래서 얼마나 많은 과자를 가지고 있든 결국 실제로 내가 가진 것은 0개나 마찬가지였다.

간혹 반올림 오차 때문에 1+1의 결과가 2 이상이 되기도 한다. 정수로만 계산해야 할 때 1.4는 가장 가까운 정수인 1로 반올림하고 계산한다. 하지만 1.4를 두 번 더하면 2.8이 되는데, 2.8을 가장 가까운 정수로 반올림하면 3이 된다. 그래서 반올림의 세계에서는 1+1이 3이 되는 것으로 보인다. 나와 친구가 커피 한 잔을 사기에 충분한 돈을 가지고 있는 경우는 이와 약간 다르지만 비슷하다. 만약 커피 한 잔 가격의 1.5배에서 1.9배 사이의 되는 돈을 각자 가지고 있더라도 혼자서는 커피 한 잔밖에 살 수 없다. 그러나 둘이 가진 돈을 합치면 커피를 석 잔 살 수 있다.

때로는 1+1이 1 이상이 될 수도 있다. 예를 들어 토끼 두 마리를 키우고 있다면 그 둘이 번식해서 훨씬 더 많은 토끼를 키우게 될지도 모른다. 또는 더하는 방식이 더 복잡해서일 수도 있다. 어느 오후 한 쌍의 테니스 선수들이 다른 한 쌍의 테니스 선수들을 만나 경기를 한다면 이것은 두 쌍 이상의 테니스 선수가 있는 상황과 같다. 여러 조합으로 경기를 할 수 있기 때문이다. 첫 번째 쌍에 있는 두 선수를 각각 A, B로, 두 번째 쌍에 있는 두 선수를 각각 C, D로 부른다면 우리는 AB, AC, AD, BC, BD, CD 쌍의 경기를 볼 수 있게 된다. 테니스 선수 두 명이 한 쌍인 팀이 다른 한 쌍을 만나면 우리가 만날 수 있는 조합은 총 여섯 쌍인 것이다.

가끔 1+1이 그냥 1이 될 때도 있다. 모래 더미 위에 또 다른 모래 더미를 쏟아도 모래 더미는 하나뿐일 것이다. 미술을 전공하는 제자가 이야기해 줬던 예도 있는데 한 가지 색과 다른 한 가지 색을 섞으면 또 다른 한 가지 색이 나온다. 다른 예로는 어떤 재미있는 밈에서 본 것이 있다. 한 접시의 라자냐에 또 다른 라자냐 한 접시를 올려도 높이가 조금 높아졌을 뿐 여전히 '라자냐'다.

1+1이 1이 되는 약간 다른 상황으로는 1인당 최대 1회 사용할 수 있는 커피와 도넛 세트 쿠폰을 받은 경우이다. 이 쿠폰을 여러 장 가지고 있더라도 다른 누군가에게 주지 않는 한 혼자서 받을

수 있는 커피와 도넛 세트는 하나뿐이다. 기차에서 '문 열기' 버튼을 누르는 경우도 마찬가지다. 버튼을 한 번 이상 누른다고 해도 문에 미치는 영향은 버튼을 한 번 누르는 것과 다를 게 없다. 그런데도 사람들은 답답함을 표현하기 위해 여러 번 누르고는 한다.

위와 같은 상황들이 덧셈도 아니고 숫자도 아니며 계산할 수 있는 상황이 아니라는 등의 이유로 1+1이 2가 아닌 경우가 아니라고 생각할 수도 있겠다. 그렇게 생각하는 것은 자유다. 하지만 수학에서는 그렇게 생각하지 않는다.

대신 수학은 어떤 상황에서 그렇게 되었는지, 그 상황은 무엇을 의미하는지 알아내고자 할 것이다. 그리고 그와 비슷한 방식으로 작동하는 다른 상황에는 어떤 것들이 있는지도 살펴볼 것이다. 1 더하기 1이 실제로 2가 되는 상황과 그렇지 않은 상황을 좀 더 명확하게 파악해 보자. 그럼으로써 우리는 이전보다 세상을 더 깊이 이해하게 될 것이다.

수학은 여기서부터 시작한다. 1+1이 2가 되거나, 그렇지 않은 상황을 탐구하기 위해 나는 그 식의 출처를 밝히는 그 이상을 하고자 한다. 수학은 과연 어디에서 왔는지, 끝까지 파헤칠 것이다.

수학의 기원

수학은 모든 것을 더 잘 이해하려는 마음에서 비롯된다. 그리고 더 잘 이해하기 위해 우리는 모든 것을 더 쉽게 생각할 수 있는 방법을 찾는다. 어려운 부분은 무시해버리는 것도 한 가지 방법이지만 더 좋은 방법이 있다. 다른 부분이 존재한다는 사실을 완전히 잊지 않으면서도 지금 당장 우리에게 관련 있는 부분에만 집중할 수 있는 관점을 생각해 내는 것이다.

이건 카메라 렌즈에 필터를 씌우는 것과 비슷하다. 일시적으로 특정 색상에 초점을 맞춘 다음 다른 필터로 바꿔 다른 색상을 보는 것이다. 또 스튜를 만들 때 체에 거른 육수를 나중에 다시 넣는 것과도 비슷하다.

수학의 가장 잘 알려진 기본 입문 단계는 '숫자'다. 아이들 대부분이 숫자를 배우며 수학을 처음 접하게 되고, 숫자는 아이들에게 '수학이 이런 것이구나'하는 첫인상을 느끼게 한다. 그리고 그 인상은 많은 이들에게 오래도록 유지된다. 그러나 수학은 숫자보다 훨씬 많은 것을 포함한다. 종종 숫자에 관한 학문처럼 보이는 때에도 진짜로 숫자에 관한 것이 아니라 우리가 사는 세계에서 숫자의 세계로 가게 되는 과정을 다루는 경우가 많다. 또한 그 과정에서 얻게 되는 통찰력에 관해 다루기도 한다.

수학과 숫자를 강하게 연관 짓는 것은 모호함, 창의력, 자유로운 탐구와 상상을 좋아하는 사람에게는 지루하게 느껴질 수 있다. 나는 숫자가 흥미롭다고 주장하려는 것이 아니다. 반대로 숫자는 실제로 지루하며 그 점이 바로 핵심이라 주장하려고 한다.

요점은 우리 주변 세계의 한 측면을 요약해서 가능한 한 빠르게 그 부분을 이해하고 마무리 짓는 것이다. 우리 뇌가 세상의 좀 더 흥미로운 것들을 처리할 수 있도록 말이다. 이는 이를테면 요금을 납부하거나 식료품을 주문하거나 레시피를 확인하는 등 삶에서 가장 흥미롭지 않은 부분을 컴퓨터에 맡기는 것과 같다. 사람들과 교류하고 악기를 연주하며 맛있는 음식을 요리하는 것과 같이 더 흥미로운 부분을 위해 나의 뇌를 아껴두는 것이다.

숫자는 우리 주변 세상을 단순화하고자 하는 욕구에서 생겨난다. 그 결과가 단순하다 보니 지루한 것은 당연하다. 우리 마음에 '숫자'라는 개념이 생겨나는 방식은 다소 심오하다. 우리가 일상에서 마주하는 숫자의 개념은 서로 다른 상황을 비교해 유사점을 발견할 수 있게 하며, 그 상황들 가운데 어떤 부분을 잠시 무시할지 선택함으로써 생겨난다. 우리는 사과 두 개와 바나나 두 개를 보고 둘 사이에 비슷한 점을 발견한 다음 이것을 '2'라는 숫자로 뇌에 요약한다. 이를 위해 우리는 사과의 사과다운 특징과 바나나의 바나나다운 특징을 무시하고 그저 추상적인 사물로만 봐야 한다.

이는 '추상화'의 단계다. 어려운 단계이며 아이들이 이 단계를 거치는 데 시간이 걸리는 것도 당연하다. 우리는 아이들 앞에 있는 사물을 반복해서 세어 보게 함으로써 추상화를 유도할 수는 있다. 하지만 결국 아이들은 스스로 그 단계를 거쳐야 한다. 우리가 그걸 대신해 줄 수는 없다.

여기서 문제는 대상 물체의 중요한 특성들에 집중하는 대신 그것을 잊고 '더 지루하게 만든' 부분에만 집중한다면 오히려 모든 것을 지루하게 느끼게 될 수도 있다는 것이다. 추상화가 놀랍고 새로운 이해의 통로를 열어준다는 부분이다.

추상화의 요점

우리는 숫자를 발명해 '추상화'라는 아주 심오한 일을 해냈다. '추상화'는 우리가 어떤 상황의 '이상적인' 버전을 고려하기 위해 그 상황의 세부 사항의 일부는 잊어버리는 걸 말한다. 여기서 '이상적인' 버전은 현실 세계의 구체적 버전과 다르게 지금 당장 생각하려 하는 특성만 담고 있다. 실제와 거리가 있지만 여기에는 목적이 있다. 바로 서로 다른 상황 사이의 비슷한 점을 찾아 별다른 노력을 하지 않고도 한 번에 더 많은 상황을 이해할 수 있도록 하는 것이다. 블록을 더 창의적으로 쌓기 위해서 오히려 단순하게 쌓는 것이라고 할 수 있다. 이건 주어진 그림을 완성하기 위해 특정한 한 가지 방식으로 맞춰야만 하는 조각 퍼즐 맞추기와, 그림을 만들기 위해서가 아니라 일반 조각들을 다양한 방식으로 맞춰 볼 수 있는 퍼즐의 차이와 비슷하다. 여기서 후자의 목적은 특정한 그림을 만들 수 있는지 보는 것이 아니라 만들 수 있는 다양한 구조를 살펴보는 것이다. 나는 이러한 이유로 '칠교놀이'를 하는 것이 즐거웠다. '칠교놀이'란 퍼즐 조각들이 정사각형, 다양한 크기의 삼각형, 평행사변형과 같이 일반적인 기하 도형 조각으로 이루어진 것을 말한다. 그 기원은 18세기 중국으로 알려졌지만, 훨씬 이전의 중국 수학자들도 비슷한 구조를 만들었다. 그 퍼즐로 아래와 같이 정사각형을 만들 수 있다. 그리고 다소 정형화되어 있기는 하지만 사람이나 동물 혹은 상상할 수 있는 모든 것을 묘사하는 다양한 모양을 만들 수도 있다. 다음 장의 토끼처럼 말이다.

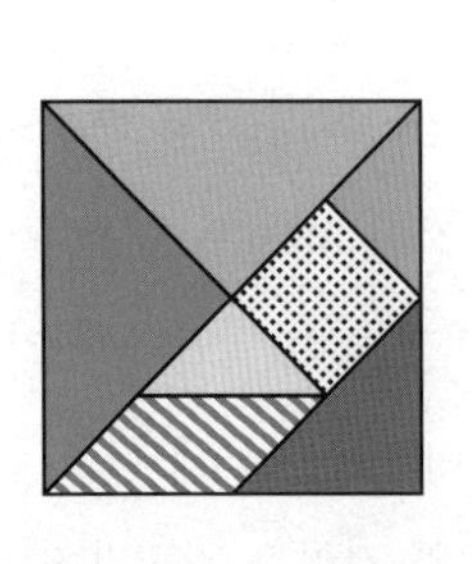
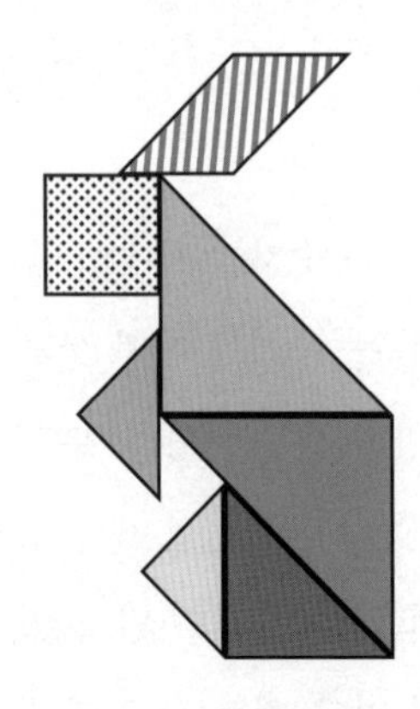

숫자는 시각적으로 다소 덜 생생하기는 해도 끝없는 가능성의 세계를 열어주는 방법이기도 하다. 참고로 수학에서 그림을 활용하는 것에 대해서는 7장에서 다시 살펴볼 것이다. 숫자가 시각적으로 덜 매력적이라는 점을 제외하더라도, 숫자로 할 수 있는 일이 특정한 질문에 특정한 답을 제시하고 정답인지 오답인지를 듣는 것뿐이라면 다소 폐쇄적으로 보일 수도 있을 것이다.

숫자가 수학의 전부는 아니다. 다만 추상화를 통해 사고하는 법을 배우는 과정의 시작이라고는 말할 수 있겠다. 그리고 이 학습 과정의 중요한 단계는 다음과 같다.

먼저 어떤 상황에서 우리가 관심 있는 측면이 무엇인지를 결정한다. 다양한 상황에서 비슷한 점을 발견하다 보면 왜 그 비슷한 점이 발생하는지 궁금해질 것이다. 그다음 추상화를 수행한다. 우선 그 상황의 비슷한 부분들에 초점을 맞춘다. 만약 '양'에 초점을 맞추고 있다면 숫자와 같은 것들을 떠올릴 것이다. 즉, 지금 집중하고 있는 것의 '본질'을 떠올리는 것이다. 이를 통해 새로운 추상적 세계가 만들어진다. 우리는 그 세계에서 어떻게 작동하는지, 그곳에는 어떤 종류의 생명체들이 살고 있는지, 기이하고 멋진 풍경들에는 어떤 것이 있는지를 알아낼 수 있다.

만약 그 세계에 제약이 있다고 느껴지면 새로운 세계를 만들어 탐험하면 된다. 실제로 종종 그렇게 한다. 이것이 우리의 주변 세계와 어떤 관련이 있는지 더 알아보고 싶을 때도 그렇게 할 수 있다. 그리고 또 다른 측면에서 우리 주변 세계와 추상적인 세계 간 관계를 정의하고 싶다면 그때도 그렇게 할 수 있다. 예를 들어 우리는 양을 측정하거나, 수를 세거나, 모든 것을 숫자와 연관 짓는 걸 아주 다양한 방식으로 할 수가 있다. 다양한 기준에 따라 식당에 대해 평가하는 것처럼 말이다. 만약 양 대신 '모양'과 같이 우리 주변 세계의 다양한 측면에 초점을 맞추고 싶다면 우리는 그렇게도 할 수 있다.

이건 새로운 물감 세트를 받았을 때 그 세트로 무엇을 할 수 있는지 확인하기 위해 모든 색을 약간씩 다 섞어보는 것과 같다. 하지만 수학이라는 물감이 놀라운 점은 그 물감이 '절대 닳지 않는다는 점'이다. 그 물감들은 원치 않는 방식으로 섞었다고 해서 '낭비'하게 될 위험이 전혀 없다. 그리고 '아이디어'일 뿐이기 때문에 그것들을 가지고 실험할 방법은 항상 더 있다. 숫자를 가지고 논다고 해서 그걸 다 써버릴 가능성은 없다. 이건 모든 추상적 개념의 공통점이다. 또 나에게는 수학의 가장 재밌고 만족스러운 측면 중 하나이다. 하지만 이 모든 것이 '진짜'인지에 대한 당혹스러운 의문이 들기도 한다.

추상적 개념은 진짜일까?

이 질문을 보면 가장 먼저 떠오르는 말은 바로 이거다. "'진짜'가 무슨 뜻이지? 진짜라는 게 있기는 한가? 내가 이걸 너무 열심히 생각하다 보면 나도 진짜가 아니고 진짜인 것은 아무것도 없다고 믿게 될 거야."

만약 당신이 수학이 진짜인지 궁금했던 적이 있다면 아마 '멍청한 질문'을 한다는 소리를 들었을지도 모른다. 주위를 둘러보면 '수학을 잘하는' 사람들이 이런 종류의 질문에 대해 궁금해하지 않고도 올바른 정답을 얻게 되는 걸 봤을 것이다.

여기서 나는 수학자, 특히 철학자들도 당신처럼 수학의 상태에 대해 궁금해한다는 사실로 안심시키고 싶다. '숫자는 존재하는가?' 나는 철학자는 아니어서 그런 철학에 깊게 들어가지는 않겠지만, 그저 내가 생각하는 것에 대해 말하려고 한다.

'진짜'라는 것이 어떤 의미인지 알아내기 위해서는 우리가 생각하기에 '실제'인 것과 '실제가 아닌' 것이 무엇인지 생각하면 도움이 된다. 모두가 알듯 실제인 것에는 우리가 만질 수 있는 구체적인 것이 많다. 세상은 실제고 사람들도 실제고 음식도 실제다. 그리고 배고픔, 사랑, 가난처럼 우리가 생각하기에 실제이기는 하지만 만질 수 없는 것도 있다. 부활절 토끼, 이빨 요정, 산타클로스처럼 많은 사람이 알고 있어도 실제가 아닌 것들이 있는가 하면 신, UFO, 유령처럼 모든 사람이 동의하지는 않는 것들도 있다.

그런데 잠깐. 나는 산타클로스와 이빨 요정이 진짜라고 믿는다. 여기서 당신은 내가 미쳤다고 생각할지 모르지만, 왜 그런지 한번 설명해 보겠다.

특정 문화에서 어린아이들은 산타클로스, 산타 할아버지가 풍성한 흰 수염에 빨간 옷을 입고 순록이 끄는 썰매를 탄 채로 전 세계를 날아다니며 아이들에게 선물을 전달한다고 생각한다. 또는 어른들이 그렇게 말하는 것을 듣는다. 크리스마스를 기념하는 집의 아이들은 자라다가 어느 순간 사실은 크리스마스에 받은 선물들이 부모님께서' 그들이 잘 때 나무 아래에 놓아두신 선물이라는 사실이라는 것을 알게 된다. 환상이 깨지는 것이다. 이것은 아이들이 산타가 '진짜가 아님'을 깨닫게 될 때로 여겨진다.

하지만 나는 이게 '산타가 진짜가 아니'라는 것을 뜻하지 않는다고 생각한다. 이건 그냥 산타에 대한 비현실적인 설명이 문자 그대로 정확하지 않음을 뜻할 뿐이다. 그러나 무언가 존재하기는 한다. 전 세계 아이들이 크리스마스 당일 아침에 받는 '선물'이라는 결과를 낳는 무언가 말이다. 그건 추상적인 개념이며 바로 '산타'라는 아이디어다. 당신은 산타라는 아이디어는 존재하지만, 여전히 산타는 존재하지 않는 것이라고 생각할 수 있다. 수학적 개념은 너무나 추상적이어서 그저 '아이디어'에 불과할 뿐이다. 숫자 2라는 아이디어는 그저 숫자 2일뿐이다. 그리고 그 아이디어들은 진짜다. 나는 추상적인 수학적 아이디어를 실제 대상으로 대하는 것에 매우 익숙하다. 그래서 산타를 실제 추상적 개념이라고 생각하는 것 또한 쉽다. 아이디어를 진지하게 받아들이고 실제의 것으로 대하는 건 수학 발전 방식에 있어 아주 중요한 부분을 차지한다.

수학은 어떻게 발전하는가

수학이 모두 숫자와 식에 관한 것으로 보일지 모른다. 하지만 초등학교 수학 시간을 회상해 보면, 도형과 패턴, 막대그래프나 벤 다이어그램처럼 그림을 이용한 표현 등 다른 것들도 포함되어 있었다는 게 기억날 것이다. 수학의 '추상적인 영역'을 다루는 '범주론'이 바로 내가 연구하는 분야인데 내 연구에서는 숫자와 식을 전혀 포함하지 않는다. 수학이 숫자와 식을 연구하는 것만은 아니라니, 그럼 과연 수학이란 어떤 것일까? 나는 종종 수학을 '모든 게 어떻게 돌아가는지에 대한 연구'라고 특징짓는 것을 좋아한다. 이게 오래된 것들을 연구하는 것이 아니고, 오래된 연구도 아니라는 점을 제외하면 말이다. 그래서 나는 이렇게 말하고 싶다.

수학은 논리적인 것들이 어떻게 작동하는지에 관해
논리적으로 연구하는 것이다.

여기서 첫 번째 문제는 진정 논리적인 것은 아무것도 없다는 점이다. 우리 삶의 모든 것은 무작위성이나 혼돈 같은 감정, 그리고 논리가 뒤죽박죽 섞이며 작동한다. 혹은 또 다른 관점에서 보면, 그러한 것들은 논리적이기도 하다. 너무 복잡해서 우리가 논리를 사용해 이해할 수는 없지만 말이다. 예를 들어, 날씨는 사실 논리적이다. 그러나 우리는 대기에 어떤 일이 일어날지 충분히 정확한 측정을 할 수가 없어, 논리를 사용해 높은 정확도로 날씨를 예측할 수 있는 일은 없을 것이다. 날씨는 비논리적이지 않다. 그저 논리적이기가 어려울 뿐이다.

대개 수학은 내가 금방 설명한 '추상화'라는 프로세스를 통해 이에 대처한다. 우리는 골치 아픈 '현실' 세계에서 출발하여 아이디어로 이루어진 추상의 세계에 닿기 위해, 어떤 상황의 특정한 세부 내용을 잊어버리고는 한다. 그리고 여기에서는 모든 게 논리에 따라 작동한다. 여기서 우리는 논리에 따라 작동하지 않는 부분을 잠깐이지만 가뿐하게 무시하기 때문이다. 하지만 나는 비추상적인 세계를 '실제 세계'라고 이야기하고 싶지는 않다. 나는 추상적인 아이디어가 실제가 아니라고 생각하지 않기 때문에, 비추상적인 세계를 '구체적인 세계'라고 부르는 게 더 좋다. 즉, 우리가 만질 수 있는 세계라는 것이다.

수학의 매력적인 면 중 한 가지는, 수학이 연구 내용으로 정의되지만은 않는다는 점이다. 역사학, 생물학, 심리학, 경제학 등 대부분의 학문은 연구되는 것에 따라 정의되고, 이후 그러한 것들을 연구하기 위한 기법들이 개발된다. 그러나 수학에는 계속해서 돌아가는 주기적인 상황이 있다. 여기에서 우리가 연구할 수 있는 대상은 그 대상을 연구하는 방식에 의해 정의된다. 그래서 우리는 새로운 연구 거리를 찾을 수도 있고, 그러한 것들을 연구할 수 있는 새로운 방식을 찾을 수도 있다. 이를 그림으로 나타낸다면 다음과 같을 것이다.

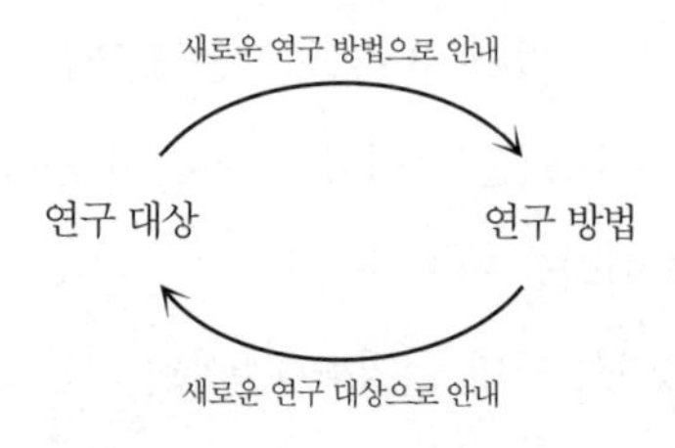

실제로 위의 그림에 그려진 각 화살표는 우리에게 새로운 것들을 준다. 그러므로 우리가 매번 같은 원을 반복해서 돌고 있다는 말은 틀렸다. 오히려 '나선형'과 더 비슷하다. 즉, 계속해서 돌기는 하지만 동시에 계속해서 올라가고도 있다. 우리는 새로운 방법을 사용해 연구할 수 있는 대상을 계속해서 찾고, 그러한 것들을 연구하기 위한 새로운 방법들 역시 계속해서 찾는 것이다. 그리고 이 상황은 아래 그림에서 숫자로 시작하는 나선형 '계단'을 올라가는 것처럼 계속해서 확대된다.

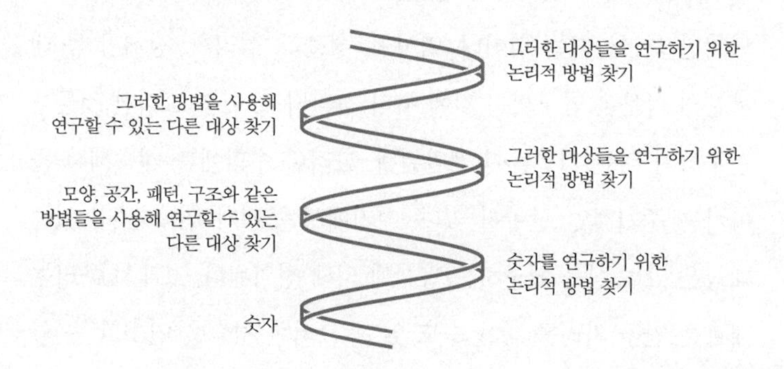

그래서 우리는 일종의 '영원히 올라가는 나선형 계단'을 가지고 있다. 나는 이 계단이 우리를 어디로 데려갈 수 있는지 알아보

기 위해 계단을 조금씩 정처 없이 올라가면서, 이 계단이 어떤 식으로 작동할 수 있는지 증명하고자 한다. 이건 1+1에 대한 질문을 직접 해결하는 것이 아니라, 궁극적으로는 의미 있는 방식으로 그 질문을 처리할 수 있도록 어느 정도의 배경 탐색을 하는 것이다.

그리고 그 '계단'은 주변 모든 것에 관해 추상화를 수행하는 방식을 알아내어 숫자에 다다르는 것으로부터 시작한다. 숫자는 우리가 세려고 하는 그 어떤 것보다도 논리적으로 움직인다. 그다음 우리는 숫자의 연구 방법을 생각해 낸다. 더하기, 빼기, 곱하기, 나누기에 의해 그들 서로가 어떤 관련이 있는지 조사하는 것처럼 말이다.

그러다 보면 '도형'처럼, 비슷한 방식으로 연구할 수 있는 대상이 더 많을 수도 있다는 것을 알게 된다. 예를 들어 창문, 문, 탁자 등은 모두 직사각형이다. 그러므로 우리 주변의 사물을 원이나 사각형처럼 추상화해 유사성을 찾을 수 있다는 점 역시 깨닫게 된다는 의미다. 이후에는 타원을 돌돌 말아 모자의 원뿔 모양을 만들 수도 있다는 것을 발견한다. 이 모양은 원뿔형 교통 표지나, 거꾸로 들어 보면 아이스크림을 담는 콘 과자에 맞는 모양이기도 하다. 어찌 됐든 수학사를 설명하는 대신 수학에 대해 감정적으로 설명함으로써 내가 보여주고자 하는 것이 이런 것이다. 물론, 원뿔은 원뿔형 교통 표지나 아이스크림콘이 나오기도 훨씬 오래전 연구된 대상이다.

그렇다면 우리는 숫자를 연구하기 위해 개발한 기법을 사용해 도형을 어떻게 연구할 수 있을까? 도형을 더하거나 빼는 것을 생각할 수도 있을 것이다. 즉, 도형들을 서로 붙였다가 떼어내 보는 것이다. 도형을 곱하는 것도 생각해 볼 수 있지만, 이건 약간 더 힘든 작업으로 곱셈이 진정 무슨 의미인지 더 깊이 생각하게 한다. 이제부터 이에 대해 살펴볼 것이다.

곱셈의 개념 확장하기

곱셈을 편하게 느끼는 사람도, 두렵다고 느끼는 사람도 곱셈을 그저 당연하게 여기기 십상이다. 하지만 이를 당연하다고 생각하지 않고 곱셈이 진정 무엇을 의미하는지 즉, 실제로 어떻게 작동하는지 곰곰이 생각해 보는 행위를 통해 우리는 훨씬 더 많은 것을 얻을 수 있다. 물론 여기서 매번 성과를 얻을 수 있는 것은 아니다. '삶이란 무엇일까?'라는 고민에 몰두하는 바람에 정신이 마비될 때처럼 될 수도 있으니 말이다. 그러나 내가 잘 알고 있는 '안전지대'에 대해 골똘히 생각해 본다면 안전지대를 벗어난다는 느낌을 받지 않고도 훨씬 많은 것을 얻을 수 있고, 그로써 내가 쉽게 할 수 있는 일의 범위를 확장할 수 있을 것이다.

그래서 우선 숫자의 곱셈에 대해 함께 곰곰이 생각해 보려는 것이다. 이를 통해 우리는 도형과 같은 숫자 이외의 것들을 곱하는 방법을 알게 됨으로써 곱셈의 개념을 확장할 수 있을 것이다. 수학자들은 그동안 이 작업을 계속하면서 이론을 서서히 집대성했고, 결국 어떤 것이든 곱할 수 있게 되는 수준에까지 이르렀다.

추상수학자들은 모든 종류의 수학적 개념에 대해 이 작업을 하는 사람들이다. 아마도 이들의 목표는 단순 연산뿐 아니라 모든 수학적 개념에 대해 이 작업을 해내는 것일지도 모른다.

숫자의 곱셈부터 출발해 보자. 4×2는 '2를 4번 더한 것' 즉, 2+2+2+2라고 생각할 수 있다. 처음 2개의 동전을 두고, 그 옆에 동전 2개를 한 번 더, 그다음에도 한 번 더, 그다음에도 한 번. 그렇게 동전을 2개씩 총 4번을 두고 동전이 총 몇 개 있는지 세어 봄으로써 4×2의 답을 구할 수 있다.

숫자를 도형과 곱하는 것도 가능하다. '4×원 1개'는 4개의 원이 되는 것처럼 말이다. 하지만 도형과 도형을 곱하는 것은 말이 안 된다. 사각형 1개와 원 1개를 곱한다? '사각형을 원 번 더한다'니, 이 무슨 터무니 없는 소리인가. 물론, 상상력을 발휘해 곱셈의 범위를 약간 더 넓히면 이게 무엇을 의미하는지 알 수 있다. 그중 하나는 4×2를 다른 식으로 생각해 보는 것이다. 이번에는 2개의 동전이 하나의 열을 이루게 하고, 그 열을 4열에 이를 때까지 '복제'해 다음과 같이 4행 2열의 행렬로 만들어 보는 거다.

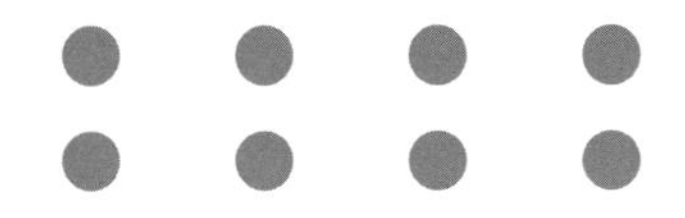

여기서 조금 더 상상력을 발휘해서 이를 '원'과 '사각형'으로 이루어진 그림으로 바꾸어 그려볼 수 있다. 원형 경로의 테두리를 따라 사각형 하나를 그린 다음, 조금씩 경로에 맞게 돌리며 사각형을 복제하는 것이다. 사실 이 방법대로 종이에 그리기는 약간 어렵다. 대신 우리는 '직선'과 '원'이라는 다른 도형의 조합을 사용할 수 있다. 원을 세로 방향으로 그리고, 원형 테두리의 한 점부터 시작해 허공을 따라 직선을 그린 다음, 그 끝에 원을 '복제'해 그려보면, 아래와 같은 모양 즉, '원기둥'을 만들어 낼 수 있다.

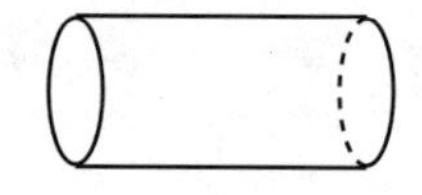

이것을 거꾸로 생각해 보면, 직선 하나를 원형으로 한 바퀴 돌린 위치에 그 직선을 복제해서도 원기둥을 만들어 낼 수 있다. 물론 두 경우 모두 두 도형이 어느 정도 직각을 이루는 방향이어야 할 것이다. 이건 뜨개질로 스웨터를 짤 때 소매를 만들 수 있는 두 가지 방식과 비슷하다. 원형 코바늘을 사용해 원기둥꼴 소매가 나올 때까지 원형 위에 원형을 겹겹이 짜 나아가든가, 보통의 코바늘을 이용해 사각형 모양을 만들고 그 사각형 여러 개를 잇는 것이다. 물론 보기 좋은 소매를 만들려면 한쪽 끝이 다른 끝보다 넓어야 하지만 설명을 위한 것이라 간소화했다.

이를 통해 우리는 '도형끼리의 곱셈'의 다소 막연하지만 일반적인 원리를 파악할 수 있다. 위에서 설명한 도형끼리의 곱셈은

원 × 직선 = 원기둥

으로 나타낼 수도 있고,

직선 × 원 = 원기둥

으로 나타낼 수도 있다는 것이다. 이를 기반으로 하면 다음과 같은 등식이 나올 수 있다.

원 × 직선 = 직선 × 원

그리고 이는 '곱셈의 교환법칙'이라고도 알려진, 우리에게 더 친숙한 다음 식과 똑같은 형태이다.

$$4 \times 2 = 2 \times 4$$

이는 우리가 처음 도형을 공부할 때 숫자를 공부했던 방식과 비슷하게 공부할 수 있음을 보여주는 사례다. 수학의 각 세계에 있는 기본 요소에는 어떤 것들이 있는지 이해하는 방법 등 이외 여러 가지 방식에 대해서는 이후 더 다뤄보겠다.

이상, 도형을 논리적인 연구에 어떻게 활용할 수 있는지 알아봤다. 이제 더 다양한 도형 학습 방식에 대해 생각해 봄으로써, 우리가 서 있는 '나선형 계단'의 다음 층으로 올라갈 수 있을 것이다.

나선형 계단 계속해서 올라가기

지금까지 숫자의 곱셈에서 영감을 얻은 도형 학습법을 살펴봤다. 숫자와 큰 관련 없이 도형을 알아보는 또 다른 방법은 '대칭'을 이용하는 것이다. 도형이 숫자보다 더 난해하다면, 대칭은 그 난해함의 일부이다. 다음에서 보듯이, '정사각형'과 '직사각형'은 비슷하면서도 다른데, 그 차이를 뚜렷하게 확인할 수 있는 방법 중 하나가 바로 '대칭'을 생각해 보는 것이다.

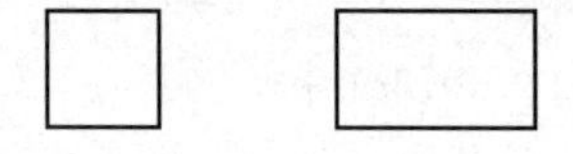

정사각형은 직사각형보다 더 대칭적이다. 정사각형은 대각선을 따라 접으면 두 면이 만나지만, 보편적인 직사각형[4]은 그렇지 않다. 이 사실을 이용해 우리는 자를 사용하지 않고도 직사각

---

4 여기서 '보편적인 직사각형'이라고 표현한 건, 실제 정사각형 이외의 사각형에 관해 이야기하고 있음을 확실히 하기 위해서다. 수학에서 정사각형은 특별한 직사각형 유형으로 정의하지만, 일상에서 정사각형 모양의 종이를 들고서 직사각형 모양의 종이라고 한다면 약간 이상하게 들릴지도 모른다.

형 모양의 종이로 정사각형을 아주 손쉽게 만들 수 있다. 아래 그림과 같이 직사각형의 한쪽 끝을 대각선 아래로 접으면 된다. 이론상 이렇게 정사각형의 대칭성을 이용하면 정사각형이 만들어질 수밖에 없다.

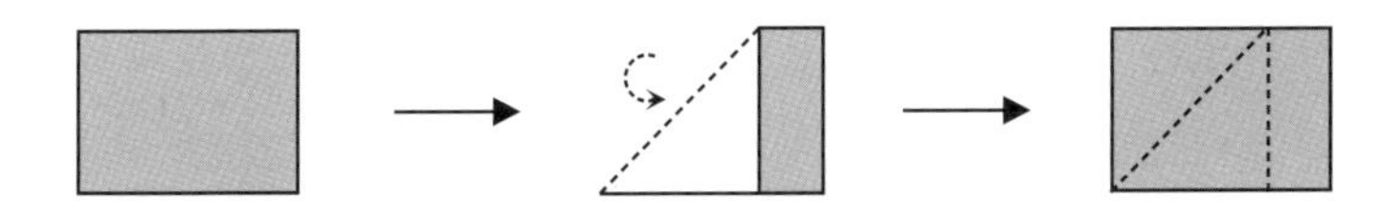

다음으로 넘어가 다른 유형의 대칭을 살펴보며 대칭에 대해 더 이해해 보자. 위와 같이 '접히는' 유형의 대칭을 '반사 대칭'이라고 한다. 도형의 한 부분이 마치 거울에 비춘 것처럼 반사된 형태로 접힌 부분에 똑같이 나타나기 때문이다. 아래와 같이 풍차 같이 생긴 유형의 대칭도 있다. 이런 도형에서는 도형의 한 부분이 다른 부분에 도달할 때까지 회전하면 대칭이 이루어진다. 이는 '회전 대칭'이라 부른다.

정사각형과 직사각형은 두 가지 유형의 대칭을 보이는데, 여기서 우리는 이 두 가지 대칭을 결합해 무엇이 나타나는지 볼 수 있고, 이를 통해 군론group thoery이라는 주제에 도달하게 된다. 이 이론에서는 대칭을 이루는 것들, 그리고 그것들이 결합된 방식에서 추상적인 구조를 도출한다. 여기까지 도달하면 대칭과 비슷하나 도형을 사용하지 않는 또 다른 방식으로 공부할 수 있음을 알게 된다. 그렇게 우리는 나선형 계단을 한 층 더 올라갈 수 있는 것이다. 이러한 예시 중 한 가지는 바로 '단어의 대칭'이다.

기러기/토마토/스위스/인도인/별똥별

처럼 앞으로 해도, 거꾸로 해도 똑같은 구나 절 말이다. 띄어쓰기와 문장 부호를 약간 무시해야 하긴 하지만, 위 문구를 한 줄씩 오른쪽 끝에서부터 읽어보면 왼쪽에서부터 읽는 것과 똑같다는 것이 꽤 잘 보일 것이다. 식에도 대칭의 유형이 있다. 예를 들어 다음 식을 보면,

$$a^2 + ab + b^2$$

a와 b는 비슷한 역할을 하고 있다. 즉, 이 식의 모든 항에 있는 a와 b를 바꿔 쓰면

$$b^2 + ba + a^2$$

가 되는데, 덧셈과 곱셈의 순서는 상관이 없으니 이는 첫 번째 식과 똑같다. 이는 갈루아 이론이라는 분야에서 연구하는 또 다른 유형의 대칭이다. 여기서 우리는 수학에 문자를 포함한 여러 가지 표현을 포함하는 단계로 넘어간 것이다. 문자 때문에 긴장되겠지만, 문자가 어떤 일을 하는지는 이후 다시 살펴볼 것이다.

이제는 문자와 같은 이러한 표현들이 도형과 어떤 관계를 이룰 수 있는지 곰곰이 생각해 봄으로써 그러한 표현들에 대해 생각할 수 있는 또 다른 방식들을 발견할 수 있을 것이다. 앞서 도형에 관해 공부한 부분에서, 우리는 문자로 된 표현들도 살펴봤다. 그렇다면 이제 이들 사이의 '관계'에 대해 살펴볼 차례다. 이를 통해 나의 연구 분야인 군론에 도달하게 될 것이다. 군론에서는 사물 간 관계에 초점을 맞추고 관계에 대한 아이디어의 범위를 거의 모든 것들 사이의 존재로까지 계속해서 넓혀 나간다. 이는 모든 사물을 비슷한 방식으로 연구하기 위해 실질적으로 사물 간 관계가 없다고 하더라도 사물을 '관계'로 여기는 것에서부터 시작할 수 있다. 그래서 '대칭'을 '대상'과 '대상 그 자체'의 관계로 여길 수 있다. 이상하게 들릴지는 몰라도, 이것은 두뇌 훈련을 통한 아주 보람찬 성과이다.

여기서 중요한 점은 바로, 수학이 추상화에서 시작하기 때문에 추상화가 이루어지는 방식을 새롭게 생각해 봄으로써 더 많은 사물을 수학적으로 파악할 수 있다는 것이다. 이를 통해 이전에 보이지 않았던 것들이 하나의 사례가 되어 우리의 유추에 편입될 것이다. 이것은 가령 '돌고래'를 연구하는 것과는 다르다. 돌고래가 아닌 것을 돌고래로 간주해서 돌고래 연구를 할 수는 없는 노릇이다. 하지만 '관계'와 같은 추상적인 개념으로는 가능하다. 우리는 대칭을 대상과 대상 그 자체의 관계라고 생각할 수 있으니 말이다. 기차 여행은 출발점과 목적지 사이의 관계라고 할 수 있다. 숫자는 다른 숫자들 사이의 관계로 생각할 수 있을 것이다. 2와 5의 차가 3이니, 3을 2와 5 사이의 관계라고 볼 수 있는 것처럼 말이다.

이렇게, 수학의 출발점은 여러 가지 상황에 대해 유연한 사고방식을 찾는 두뇌 훈련을 하는 것이다. 그러면 이전에는 관련성이 없는 것으로 보였던 것들이 연결된다. 그리고 이러한 연결을 실현하는 데에 있어, 생생하고 창의적인 상상은 엄청난 도움이 된다.

연결하기

추상화는 구체적인 세계에서 더 멀어지는 프로세스처럼 들릴지 모른다. 하지만 실제로는 모든 것들 사이의 관계를 유추하는 방식이다. 즉, 연결성을 찾는 방식이다. 나는 모든 것 사이의 연결 고리를 찾는 것을 좋아한다. 사람들 사이의 연결 고리를 찾는 것 역시 좋아한다. 어떤 음악의 구절이 다른 음악의 구절을 떠올리게 하는 것도 좋아한다. 한 영화에 등장하는 배우가 내가 봤던 영화에도 등장했었다는 것을 알게 될 때도 좋다. 정확하지는 않지만, 크리스핀 본햄 카터Crispin Bonham-Carter가 BBC 채널 드라마

〈오만과 편견Pride and Prejudice〉에서 빙리 역을 연기했는데, 〈007 카지노 로얄007 Casino Royale〉에도 나왔던 것처럼 말이다. 나는 특히 상황 간 비슷한 점을 발견하고, 그게 다른 맥락에서 내가 이미 이해하고 있던 상황이어서 처음부터 시작할 필요가 없다는 것을 깨닫는 것이 너무나 좋다. 이건 애거사 크리스티Agatha Christie의 책에서 형사 제인 마플이 미결 살인 사건을 해결하는 방식이다. 나 또한 그것들이 재밌었다.

우리는 살면서 종종 서로의 차이를 찾는 데 몰두하고는 한다. 같은 인종의 사람이니 동일한 특성을 가졌겠다고 판단하거나, 모든 여성은 같은 방식으로 투표하고 있다고 가정하지 않기 위해 사람들 간의 경험 차이를 강조하기도 한다. 또한 소수자들이 '소수자'라는 사실 뿐만 아니라 서로 다양한 방식으로 억압받고 있다는 사실도, 여러 소수자 집단의 교차점에 있는 사람들의 경험까지도 지우지 않기 위해 신경 쓴다.

물론 이것도 중요하나, 우리 사이의 연결성을 망각하지 않는 것도 중요하다. 백인우월주의가 사회 전반을 차지하고 있는 영향력을 완화하고 싶다면, 우리의 연결성을 강화하는 것이 중요하다고 확신한다. 소수 단체를 더 조그만 별개의 단체들로 쪼개는 것은 백인우월주의를 지지하는 쪽으로 작용하고, 개별 소수 단체가 그러한 권력 구조를 바꾸기 위해 협력하지 않는다면 이는 오히려 그 권력에 힘을 실어주는 일일 것이다. 개별 소수 단체가 충분한 연결성을 구축해서 협력한다면, '다수'가 될 수 있다.

수학에서는 하나의 방법만 고수하지 않고, 언제나 유연하게 사고한다. 그리고 우리는 모든 것이 연결되어 있다는 감각, 그리고 모든 것이 다르다는 감각에 주목한다. 그리고 그 관점에 고정되어 있지 않고, 그 관점을 취해 우리가 그로부터 배울 수 있는 것을 발견한다. 그다음 또 다른 관점을 취해 거기에서도 배울 수 있는 것을 발견한다. 이는 마치 정해진 규칙을 따라야만 한다는 식의 엄격한 시선으로 수학을 바라보는 것과는 굉장히 다르다.

모든 것이 같다는 느낌을 찾는 것이 시작점이다. 이건 수학의 세계에 처음 발을 들일 때처럼 우리가 다양한 것들을 한 번에 공부할 수 있는 시작 버튼과도 같다. 또 다른 예시는 도형으로 들 수 있겠다. 여기서는 정확히 같지는 않지만 다음의 두 삼각형과 같이 서로의 확대/축소 버전일 뿐인 도형들에 대해 생각해 볼 수 있다.

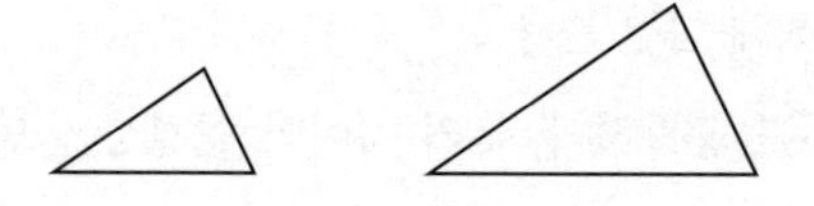

삼각형들이 모든 측면에서 정확히 일치해야만 같은 것으로 간주 될 때도 있다. 가령, 우리가 퍼즐을 맞추고 있다면, 정확히 그 자리에 딱 맞는 삼각형만이 들어갈 수 있을 것이다. 이건 우리에게 같은 버전의 다른 도형들을 가리키는 '합동'이라는 개념을 알려준다.

반면, 삼각형의 크기가 중요하지 않은 경우도 있다. 만약 각도를 계산하려고 하는 경우거나 전체적인 특성을 측정하려 하는 것이라면 말이다. 이로써 우리는 동위각이라는 개념을 알게 된다. 이 동위각은 앞의 삼각형 두 개에서와 같이 동일한 도형의 확대/축소 버전에서 똑같이 얻을 수 있다. 여기서는 전체적으로 같은 비율로 확대되었는지가 중요하다. 그래야 동일한 각도, 그리고 동일한 3면 사이의 비율이 나오기 때문이다.

삼각형의 모양이 어떻든지, '삼각형'이기만 한다면 상관없을 때도 있다. 예를 들어 직사각형의 사진 프레임을 고정하고자 한다면, 우리는 액자 뒤 각 모서리에 삼각형 모양이 만들어지도록 가로대를 고정시키면 된다. 그리고 그 삼각형 모양은 어떻든 상관이 없다.

이로써 우리는 최초로 '삼각형'이라는 개념에 다다를 수 있다. 이는 3개의 직선 모서리로 이루어져 그에 따라 3개의 각을 갖는 도형이다.

우리가 그저 삼각형이 합동이냐, 비슷하냐, 그렇지 않냐를 물어보는 것이라면, 합동과 비슷한 삼각형에 관해 연구하는 것은 의미 없고, 부자연스럽게 보일지도 모른다. 내게 훨씬 흥미롭게 다가오는 점은 우리가 어떤 맥락에서 삼각형과 관련해 이 다양한 종류의 '유사성'에 대해 신경 쓰고 있는가이다. 더 많은 것들을 삼각형으로 셈하는 맥락도 존재한다. 추상수학에서는 삼각형의 길이를 정의할 때 길이가 0인 하나 이상의 변을 가지는 것도 허용된다고 본다. '퇴화' 삼각형이라고도 부르는 이것은 그러한 것들을 삼각형으로 셈하는 일부 구조의 측면에서도 중요하다. 아래 도형들은 직선과 점처럼 보이지만 사실은 삼각형으로 셈한다. 여기서 나는 만족스럽게도 꽤 전복적인 사실을 발견했다.

첫 번째 삼각형은 한 변의 길이가 0일 때 나타나는데, 가령, 점이 찍힌 모서리가 0이 될 때까지 점점 더 짧아지는 것을 상상할 수 있을 것이다. 두 번째 삼각형은 세 변의 길이가 모두 0인 경우로, 전체가 하나의 점으로 줄어드는 것이 이 경우에 해당한다.

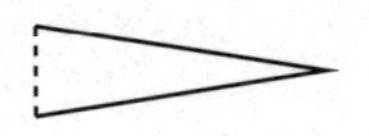

내 연구 분야인 범주론에서는 면이 직선 모서리로 그려져 있는지와는 관계없이 변이 세 개 있다면 '삼각형'이라고 부른다. 범주론은 모든 것 사이의 관계만을 보고, 우리가 그린 도형들은 추상적인 관계를 나타낸다 보기 때문이다. 가령, 다음의 AB 관계는

다음의 AB 관계와 다른 것으로 셈하지 않는다.

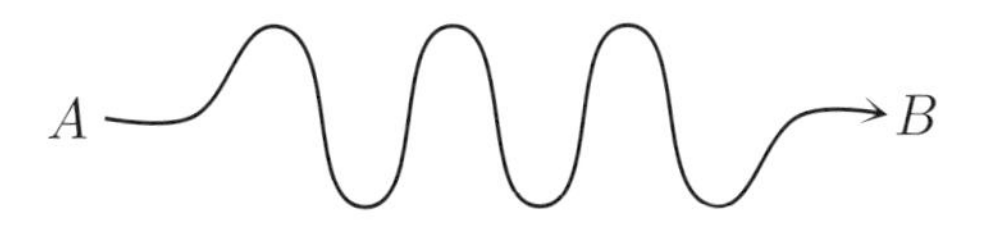

두 가지 모두 '동일한' 삼각형으로 셈한다.

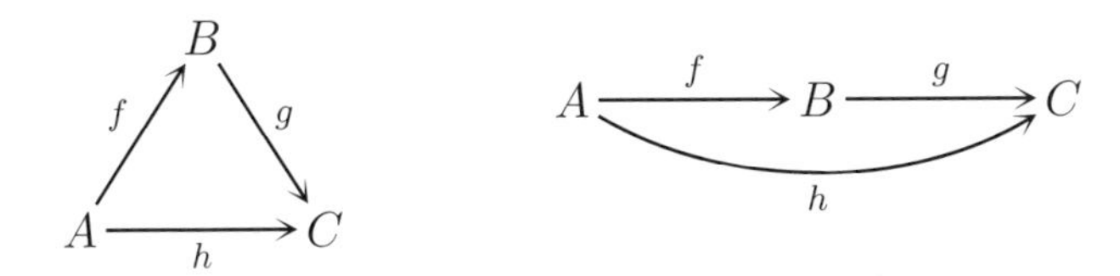

이상하게 들릴지는 모르겠지만, 아마도 내가 다음 시나리오를 설명하면 당신은 이에 대해 편안해질 수 있을 것이다. 대학원생이었던 시절, 내 생활은 집과 학교, 수학과 사무실로 이루어진 삼각형 안에서만 이루어지고 있었다. 지금은 이걸 '삼각형'이라고 부르지만, 당연히 실제로 그 공간들 사이를 직선으로 걸어 다녔던 것은 아니다. 길이 그렇게 되어 있지는 않았으니 말이다. 실제로는 다음 장의 지도[5]와 같은 모습이기는 했으나, 그렇게 세 곳만을 왔다 갔다 하는 것이 삼각형처럼 느껴졌다.

---

5 지도 사진 ⓒ OpenStreetMap 제공. 오픈 데이터베이스 라이선스(Open Database License)에 따라 이용 가능한 데이터로, https://www.openstreetmap.org/copyright에서 다운로드가 가능하다.

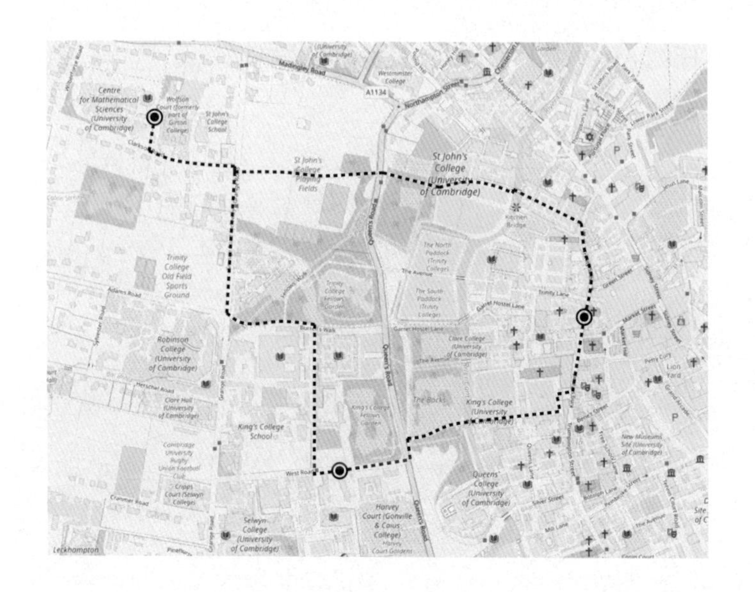

이 연구 분야에서는 수학의 시작점을 '모든 것이 같은 동시에 다르다는 감각'으로 본다. 그리고 우리가 1+1이 2이기도 하고, 2가 아니기도 하다는 것을 생각하는 것이 여기에 속한다. 우리는 이 연구 분야의 개념이 심화되어 더욱 복잡해지기 전, 삼각형과 같은 간단한 도형을 통해 연습하는 것으로 시작했다. 불행히, 아무도 우리가 무엇을 연습하려 하는지 설명해 주지 않는다면 그 간단한 것들이 의미 없어 보일 수 있다. 하지만 일단 잘 연습을 해둔다면, 바이러스 전파와 같이 더욱 복잡한 상황들에서 연결성을 찾는 것이 훨씬 더 쉬워질 것이다.

바이러스 질병은 반복 증식으로 퍼져 나간다. 이는 각 감염자가 평균적으로 특정한 수의 사람들을 감염시키는 원리이다. 감염자 수가 3명이라고 가정해 보자. 그러면 그 감염자 3명이 각각 평균 3명의 사람을 감염시킬 것이고, 이는 3×3=9명이 된다. 그리고 그 감염자 9명은 각각 3명을 또 감염시킬 것이고, 이렇게 되면 3×9=27명이 된다. 각 단계에서 새로운 감염자의 합계는 기존 감염자 수에 3을 곱한 결과가 된다.

반복 증식을 나타내는 이 '거듭제곱'은 수학자들이 반복 덧셈을 연구하는 것과 같이 추상적으로 연구하는 분야다. 거듭제곱은 지수를 생성하는데, 여기서 이 '지수'가 중요한 부분이다. 일상생활에서 무언가 '기하급수적으로 증가'한다고 말할 때는 그 무언가가 매우 빠르게 증가한다는 것을 나타내는 것이다. 그러나 수학에서는 이것이 매우 특수한 의미를 갖는다. '거듭제곱'으로 증가한다는 의미이니 말이다. 이는 실제로 빠르게 증가하기는 하지만, 정확히 우리가 다른 기법들을 사용해 연구할 수 있는 방식으로 빠르게 증가한다. 무엇보다도, 이는 다양한 조건에서 바이러스의 전파를 연구 및 예측하는 방식과도 연관된다. 바이러스의 수가 적었던 시작 시에는 아주 천천히 번식하는 것처럼 보이는 경우에도 말이다. 지수의 그래프는 다음과 같이 생겼다.

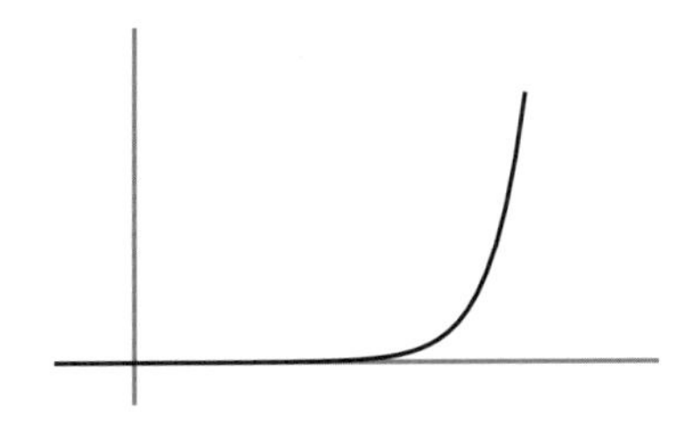

보다시피 처음에는 굉장히 평평해 보이지만, 나중으로 갈수록 다소 급격하게 올라간다. 지수를 추상적으로 연구하면 과학자들은 바이러스 수가 그렇게 심각해 보이지 않는 극초기에 해당 바이러스 발생에 대해 더 잘 이해할 수 있을 것이다. 반면, 불행히도 지수를 제대로 이해하지 못한 과학자들은 그 상황을 그저 공포증 때문이라고 생각할 것이다.

이는 바이럴 동영상과도 관련이 있는 것으로 밝혀졌다. 어떤 영상 하나가 '바이러스처럼 퍼지는 경우'에는 그 영상이 종종 놀랍도록 빠르게, 다소 급작스럽게 퍼진다. 여기서 중요한 점은 이것이 바이러스 질병 전파와 같은 것들을 추상적으로 보여줄 수 있다는 점이다. 다만 우리는 지금 바이러스 감염 대신, 영상이 전파되는 방식에 대해 생각하고 있을 뿐이다. 그래서 사람들 각각이 그 영상을 공유하면, 이번에는 그 사람들의 친구나 팔로워 몇 명이 영상을 공유하는 것으로 이어진다. 그 수가 처음에 상대적으로 적은 3명이라고 가정하고, 그 프로세스가 계속해서 진행된다면, 지수의 작동 원리로 인해 그 수는 빠르게 커질 것이다. 100만 명에게 그 영상이 공유되는 데에는 앞서 언급한 단계가 13번만 진행되면 된다.

지수는 겉보기에 관련이 없어 보이는 다양한 종류의 상황을 지배한다. 예컨대, 고기를 굽는 동안 그 온도에도 지수 함수가 적용된다. 요즘에는 고기가 익는 동안 온도를 측정할 수 있을 뿐만 아니라, 앱과 연결해 원하는 내부 온도에 도달하기까지 얼마나 더 시간이 필요한지를 예측해 주는 고기 온도계를 구입할 수도 있다.

그런데 여기서 이 예측은 지수를 이용한 계산이다. 방사성 붕괴도 지수와 관련이 있다. 다만, 여기서는 1 미만의 숫자로 거듭제곱하는 방식이라 그 수가 점점 작아진다.

앞서 언급한 상황들 사이에는 생명을 위협하는 정도 외에도 몇 가지 차이점이 있다. 바이러스성 질병이나 바이럴 영상 모두 확산을 제약하는 요인은 감염될 수 있는 혹은 영향을 받을 수 있는 사람의 수다. 일정 비율 이상의 사람들이 감염되거나 영상을 보면, 더 감염되거나 영상을 볼 사람이 적어져 자연스럽게 확산이 느려진다. 하지만 고기를 요리할 때는 그런 일이 발생하지 않는다. 물론, 고기를 아주 오랫동안 요리하면 결국 타버리겠지만 말이다. 지수 성장이 제한된 자원에 의해 제약을 받는 상황은 언제나 발생한다. 이는 인구가 결국 식량 자원을 고갈시키기 시작할 때의 인류 증가세와도 관련이 있다. 제한된 자원에 의해 한계를 마주하는 지수 성장 모델은 보통의 지수 성장보다는 더 미묘하다. 이는 본래 19세기 중반 벨기에 출신 수학자 피에르 프랑수아 베르헐스트Pierre-François Verhulst가 연구하던 것으로, 다음과 같은 그래프를 만들어 낸다.

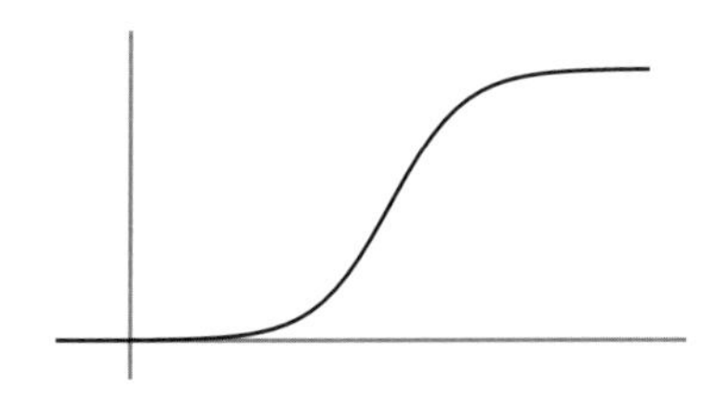

앞의 그래프는 시작 시 지수 그래프와 굉장히 비슷하지만, 계속해서 그릴 경우 어느 순간 평평해진다.

이 모든 것은 이러한 상황들을 분석할 때, 유사점뿐만 아니라 차이점도 찾아내는 것이 중요하다는 점을 시사한다. 비유를 너무 확장하지 않고, 각 상황에서 무엇이 사실인지 이해하는 데 집중해야 한다는 의미다. 이를 통해 '정답'이라는 개념을 고집하는 대신, 다양한 상황 속에서 진실이 성립하는 이유를 파악하고, 이를 단서로 다른 가능한 답을 탐구하는 방법을 배울 수 있다. 이로써 우리는 1+1의 다양한 답을 탐색할 수 있다.

1+1이 2가 아닐 때

이 장을 시작하면서 1+1이 다양한 것들로 변하는 예시를 살펴봤다. 그 예시들을 '실제 수학이 아닌 것', 또는 '실제 숫자가 아닌 것', 또는 '실제 덧셈이 아닌 것'으로 무시해도 상관없다. 하지만 수학자들은 그러한 상황에서 실제로 어떤 일이 일어나고 있는지 연구하기를 선호한다. 부분적으로는 그 상황을 더 잘 이해하기 위해서, 부분적으로는 1+1이 2일 때에 관해 더 깊은 이해를 하기 위해서 말이다.

운전을 배울 때였다. 선생님은 클러치 작동법을 더 잘 이해할 수 있도록 나에게 일부러 차를 멈추게 했다. 무언가 잘 되지 않을 때를 곰곰이 생각하고 탐구하면 우리는 그것이 잘될 때를 더 잘 이해할 수 있다.

1+1이 다른 결과를 낳을 때를 탐구하는 것에도 비슷한 점과 차이점이 포함된다. 우리는 1+1=0인 상황을 봤지만, 그 상황들 사이에서도 비슷한 점과 차이점이 있는 것을 발견했다. 어떤 상황에서는 앞서 언급했던 반복되는 '않지'가 등장하는 시험 문제에서처럼 무언가 '상쇄돼서' 0이기도 했고, 또 어떤 상황에서는 내가 어렸을 때 사탕의 세계가 0이었던 것처럼 세계 전체가 0이어서 0이었다. 이들 모두 약간은 다른 상황들이다.

세계 전체가 0인 경우, 1=0이다. 이는 '잘못된' 것처럼 보일지 모르지만, 보통의 숫자 세계에서만 잘못된 것일 뿐이다. 이는 0의 세계에서는 정답이다. 그리고 1과 0에 대해 더욱 복잡한 개념을 가진, 더욱 복잡한 물체의 세계에서도 정답이다.

무언가 상쇄된 세계에서는 1과 0이 실제로 다른 것이기 때문에 다르게 생각해야 한다. 1은 그 자체로 상쇄되기 때문이다. 그래서 이런 세계는 두 개의 대상과, 두 대상의 특정한 '상쇄' 관계를 만족시키는 결합 방식을 가진 하나의 추상적 구조로 요약될 수 있다. 우리는 이를 다음과 같은 작은 표로 나타낼 수 있다.

	0	1
0	0	1
1	1	0

만약 여기서 0이 모두 '-0'을, 1 하나가 '-1'을 의미한다고 해석하면, 이 표는 우리에게 양수와 음수를 곱하는 것에 대해 이야

기하고 있는 것이다. 이는 홀수와 짝수를 더하는 것과 동일한 패턴을 가진다.

×	양수	음수
양수	양수	음수
음수	음수	양수

+	짝수	홀수
짝수	짝수	홀수
홀수	홀수	짝수

우리는 수학에서 하나의 패턴이 종종 다양한 공간에서 발생하는 것을 목격하고, 이 표에서처럼 그 패턴을 분리한다. 일단 그 패턴을 알아채면 우리가 이전에 생각하지 못했던 다른 공간에서도 그 패턴을 발견하기 시작한다. 나는 이 특정한 패턴을 통해 '관용'을 이해할 수 있었다. 간혹, 관용이라고 하면 그게 우리가 관용하지 못하는 사람들까지 다 관용해야 한다는 의미로 이해하며 스스로 곤경에 빠질 수 있다. 그러나, 나는 아래 표에서 나타난 것과 같이 이것도 위의 표와 동일한 패턴이라고 생각한다. 만약 우리가 무관용을 관용하면, 우리는 그 무관용이 퍼지는 것을 허용하는 것이다. 그렇기 때문에 무관용은 관용하면 안 되는 것이고, 이는 '관용'으로 셈한다.

	관용	무관용
관용	관용	무관용
무관용	무관용	관용

이는 1+1=0과 같이 모든 게 상쇄되는 것들이 있는 맥락에서도 동일하다. 이들은 상위 등급인 학부생 수학 수업을 듣기 전까

지는 보통 공부하지 않는 추상적인 구조를 가진다. 이는 '위수 2의 순환군'이라고 부른다.

더해주는 1이 아무런 영향이 없는 1+1=1인 상황은 어떠한가? 이는 이전 패턴처럼 두 개의 대상이 있지만 두 대상은 다른 유형의 관계를 가지는 추상적 구조로 요약될 수 있다. 여기서는 무언가 상쇄되는 것이 아니라, 무언가 실제로 추가적인 영향을 주지 않고 스스로 차곡차곡 쌓이는 것이다. 이 상황은 다음과 같은 표로 설명할 수 있을 것이다.

	0	1
0	0	1
1	1	1

이는 우성 유전자와 열성 유전자를 나타내는 표와 비슷하다. 이 경우에는 1이 '우성', 0이 '열성'이다. 결과로 0을 얻기 위해서는 두 개의 0으로 시작해야 하는 반면, 하나의 1만 가진다면 그 결과 1이 보장될 것이다.

'관용' 패턴과 위의 '우성/열성' 패턴은 두 가지의 다른 구조를 가지지만, 일단 관찰을 해보면 우리가 이미 이해하고 있는 아주 작은 패키지로서 그 구조를 생각할 수 있다.

포장

포장지 하나에 모든 것을 싸는 것은 더 많은 것들을 한 번에 쌀 수 있는 유용한 방법이다. 하지만 달걀을 담을 상자가 없다면 10개가 넘는 달걀을 들고 가기는 다소 힘들 것이다. 어떤 것들은 우리가 한 무더기의 물건을 가방 하나에 던지는 것처럼 상당히 일반적인 방식으로 묶을 수 있지만, 달걀 같은 것들은 더욱 세심하고 특수하게 담아야 한다. 어떤 포장 용기가 물감 팔레트나 화분과 같은 다른 것들로 다시 사용될 수 있다는 것을 발견한다면 만족스럽기도 할 것이다.

다양한 것을 추상적으로 연결하는 힘은 우리가 그것들을 더 효율적으로 나를 수 있도록 포장하는 방법이기도 하다. 우리가 여기서 포장하려는 것은 추상적이므로, 그것을 '나른다는' 건 물리적으로 이곳저곳 끌고 다닌다는 의미가 아니라 우리 두뇌 속의 생각을 나르는 걸 의미한다.

수학자들은 모든 유형의 '관용/무관용' 시나리오를 하나로 묶어 '위수 2의 순환군'으로 생각할 수 있다. 그래서 이제 그 시나리오들은 우리가 나를 수 있는 하나의 사고가 된다. 그럼 우리 두뇌의 나머지 부분은 더 많은 생각을 할 수 있는 공간으로 사용될 수 있는 것이다. 우리는 어렸을 때 '읽는 법'을 배웠던 것처럼 이미 이것을 어떻게 해야 하는지 배웠다.

한 번에 하나의 글자를 인식해야 하는 단계에 있을 때는, 문장 전체를 읽는 것이 너무나 힘든 일이다. 그래서 우리는 의식적이든 무의식적이든 글자별로 읽는 대신 한 번에 단어 전체를 인식하는 것으로 시작한다. 이는 사실 글자들을 우리의 두뇌가 더욱 쉽게 옮길 수 있도록 하나의 단위로 포장하는 방법이다. 이는 단어가 글자를 빼먹거나 오타가 났다고 하더라도 그 단어를 인식할 수 있도록, 우리의 두뇌가 '오류를 시정'하거나 빈 공간을 채울 수 있다는 것을 의미한다.

그러고 나서 우리는 단어별로 읽는 대신 단어들을 문장 전체로 포장하기 시작함으로써 다음 단계로 나아간다. 이는 속독의 일부에 해당한다. 여러 가지를 계속해서 더 많이 포장하는 이 방식은 특히 길고 복잡한 곡들을 익힐 때 사용하는 방법이기도 하다. 피아니스트가 악보 음악을 연주하는 걸 보면, 그들이 그 모든 점과 구불구불한 선들을 어떻게 그렇게 빠르게 해독할 수 있는지 미스터리하게 보일지도 모른다. 하지만 그들은 대개 패키지를 통해 이를 인식한다. 우리는 한 번에 하나의 음만 읽지 않는다. 글자와 단어처럼, 악보 전체를 음표 별로 읽는 것은 너무나 힘든 일일 것이기 때문이다.

대신 코드로 음표들을 인식하고, 코드들을 코드 진행으로 인식한다. 한 곡이 너무나 길고 복잡한 경우, 우리는 코드 진행을 작은악절로, 작은악절들을 큰악절로, 큰악절들을 악장으로 포장하는 것을 시작한다. 일단 작은악절들의 모음을 하나의 큰악절로 묶으면, 우리는 큰악절을 하나의 단위로 생각하고 큰악절들 사이의 관계를 찾을 수 있다. 이러한 방식으로 30분짜리 곡 하나는 결국 큰악절 5개가 되고, 이는 1만 개의 음표보다 생각하기가 훨씬 간

편하다.[6]

수학은 우리가 제한된 두뇌의 힘으로 더 많은 것을 이해할 수 있도록 아이디어들을 포장하는 기법을 개발하는 것과 관련된다. 그리고 지금까지 반복 덧셈, 그리고 거듭제곱을 통해 그 예시들을 살펴봤다.

수학적 패키지

반복 덧셈에 대해 생각하면, 2+2+2+2 같은 것을 생각하기 마련이다. 우리는 이런 식을 계속해서 생각할 수는 있지만, 이게 너무 긴 숫자열이 되면 꽤 지루해질 것이다. 그것이 우리가 이 숫자열을 '곱셈'이라는 새로운 패키지로 셈하는 이유이다. 이 경우는 4×2가 될 것이다. 더하기를 많이 하는 게 아니라면 그렇게 중요하지 않다. 냉장고에서 달걀 두 개를 꺼내서 한 데 담지 않아도 카운터로 무사히 옮길 수 있지만, 달걀 여섯 개로 케이크를 만들고 있다면 달걀 상자 전체를 가지고 와서 여섯 개의 달걀을 깬 뒤 다시 냉장고에 갖다 놓아야 하는 것처럼 말이다. 참고로 지금 내가 살고 있는 미국에서는 달걀을 냉장고에 보관해야 하고, 한 상자에 보통 최소 열두 개가 들었다.

4×2를 반복 덧셈으로 쓰는 것은 그렇게 어렵지 않지만, 그런 식으로 44×22를 쓰려고 하는 것은 터무니없이 지루한 일이 될

6 베토벤 '피아노 소나타 8번' 음표의 수를 대략 측정한 결과, 20분짜리 곡임에도 불구하고 약 1만 개의 음이 있는 것으로 나타났다.

것이다. 곱셈은 여러 가지가 모인 하나의 패키지이기 때문에 덧셈보다 더 힘들다. 하지만 우리가 이것을 하나의 패키지로 이해할 수 있다면, 그 생각으로 훨씬 더 많은 것을 얻을 수 있다. 예를 들어 3×3×3×3과 같은 거듭제곱을 할 수 있을 것이다. 반복 덧셈 같은 경우, 위와 같은 숫자열을 하나의 패키지에 넣는 방법이 우리에게 도움이 될 수 있다. 이 경우 우리는 위의 문자열을 '지수'를 사용해 3^4이라고 쓴다. 이건 선물 포장처럼 아주 작은 행동이지만, 우리가 궁극적으로 지수의 세계로 날아가서 바이러스 전파와 같은 것들을 이해하도록 도와줄 수 있는 시작점이다.

여러 가지를 하나의 단위로 묶는다는 이 아이디어는 숫자가 아닌 것들에도 사용할 수 있다. 숫자가 아닌 것들을 더하고 곱할 때처럼 말이다. 그리고 이러한 방식으로 우리 주장의 논리나 다른 사람들의 주장을 하나로 묶어 복잡한 책을 읽거나 복잡한 곡을 연주할 때처럼 훨씬 더 복잡한 주장들을 이해할 수 있게 된다.

논리적 주장은 '논리적 조건 명제'라고 불리는 '만약… 라면, ~일 것이다'라는 명제로부터 시작한다. 그리고 '이 하나의 명제가 참이라면, 그다음 명제는 참이어야만 한다'라고 말하고, 이런 논리적 명제 위에 또 다른 명제들을 계속해서 쌓아가면서, 아니면 틈 하나 남기지 않고 그 명제들을 쭉 따라가기 위해서 그 명제들을 이쪽 끝에서부터 저쪽 끝까지 줄지어 세워놓으면서 시작점부터 결론까지 발전하게 된다. 어린아이들은 이러한 방식으로 여러 논리 단계나 인과 관계를 따라가는 것을 더 못한다. 예를 들면, '나는 더 오랫동안 깨어 있을 수 있다면 더 오랜 시간 동안 이 장난감을 가지고 놀 수 있을 거야'까지 생각할 수 있을지는 모르지만, '그러면 나는 충분히 잠을 못 자고 아침에 짜증을 내게 될 거야'까지는 생각할 수 없을 것이다. 솔직히 어른으로서 나 또한 종종 좋은 논법을 제시하지 못하고, 재밌는 일을 하면서 늦게까지 깨어 있는 것도 좋아한다. 하지만 내 논리를 인정하는 것은 내가 또 다른 논리 명제를 따르지 않았기 때문이 아니라, 내가 또 다른 논리 명제를 따라갔고, 결국에는 지금으로서는 늦게까지 깨어 있어야 더 재미를 볼 수 있으니 괴로운 아침이 가치 있을 것이라고 결론을 내린 것이기 때문이다.

체스의 실력을 논할 때는 각자의 움직임, 그리고 만들어 낼 수 있는 결과를 예측하는 능력 역시 포함된다. 체스를 처음 해보는 사람들은 이후 어떤 약점을 남길지를 알아채지 못하고, 지금 당장 적의 말을 잡는 것에 대해서만 생각할지도 모른다. 하지만 이와는 반대로 체스 경험이 더 많은 사람 같은 경우는 이후 더 강자의 위치에 있을 수 있다면 이를 다 알고 현재의 말을 희생한다. 나는 스스로가 체스의 즉각적인 상황 너머를 이해하지 못한다는 것을 인정한다. 하지만 나는 복잡한 논리적 주장을 세우고 따라가는 것은 아주 잘한다. 이건 우리가 다른 곳에서는 할 수 없다고 할지라도, 일부 맥락에서 이런 종류의 프로세스를 잘할 수 있으며 즐길 수도 있다는 것을 보여준다.

논리적 주장을 여러 단위로 포장하는 것은 패턴 인식에 도움이 될 수 있다. 이는 좋은 논리적 주장뿐 아니라, 논리적 오류에 있어서도 사실이다. '허수아비 공격의 오류'는 누군가 당신의 주장을 훨씬 더 약한 허수아비 같은 주장으로 대체해서 공격하는 경우를 말한다. 예를 들어, 누군가 부자인 흑인이 존재한다는 것을 근거로 들어 '백인의 특권'이라는 개념을 거부하고 있다고 가정해 보자. 그/그녀는 '백인의 특권'에 반박하는 주장을 하고 있는 게 아니다. '모든 흑인이 가난하다'는 아이디어에 반박하고 있는 것이고, 이는 그/그녀가 하려는 주장이 아니다. '허수아비'일 뿐인 것이다. 일단 어떤 일련의 생각들을 허수아비 오류라는 하나의 단위로 이해하게 되면, 어떤 일이 일어날지 생각하고 다른 곳에서도 그것을 인식하는 것이 훨씬 더 쉬워진다. 가령, 사람들이 역사 속 '노예 상인' 기념물을 철거하는 데 반대하며 '역사를 지워서는 안 된다'라고 주장하는 것과 같다. 그러나 여기서는 그 누구도 역사를 지우려고 하는 것이 아니다. 그것은 허수아비 오류일 뿐이다. 기념물을 없애는 것은 역사를 지우는 것과 같지 않다. 오히려 역사는 계속 그곳에 존재하고, 이는 우리가 역사를 기념하느냐의 문제인 것이다.

사실 허수아비 공격의 오류에는 항상 그 안에 거짓에 상응하는 것이 포함된다. 이는 누군가의 실제 주장을 취해 이를 훨씬 더 약한 주장과 동일시해서 무너뜨리려는 것을 기반으로 하기 때문이다. 지금까지 우리가 한 것은 주장을 묶는 데에만 해당되지 않는다. 우리가 그 주장들을 얼마나 더 작은 단위들로 나눌 수 있는지도 살펴본 것이다. 아마 이는 서류 가방 안에 작은 칸막이를 넣고 다니는 것과 같을 것이다. 사실 나는 가방을 바꾸지 않는 한 이렇게 하기는 싫다.

여러 주장을 하나의 패키지로 묶어 단위로 이해하는 것은 그것이 더 넓은 맥락에서 어떻게 맞춰지는지 이해하는 데에 도움이 된다. 그 반대 종류의 프로세스도 있다. 여러 주장을 구성 요소들로 분해하는 것은, 그것이 어떻게 도출되는지, 그리고 그 뿌리가 어디에 있는지 정확히 이해하는 데 도움이 된다.

구성 요소

사람이 어떤 생각을 하는지 그들의 관점에서 이해하려면 논리의 기본 구성요소를 이해하는 것이 중요하다. 우리에게는 논리적으로 보이지 않는다고 하더라도, 항상 근거는 존재한다. 그리고 우리가 감정이입을 잘하는 사람이라면, 그런 근거들을 찾아서 인정하는 것이 중요하다. 이것이 바로 논리를 쪼개거나, 논리의 핵심을 뽑아 기본 구성요소에 이를 수 있는 원칙이다.

인간의 믿음에 관한 기본 구성 요소는 사람들의 개인적인 기본 원칙이나 기본적인 믿음이다. 그리고 그것들을 이해해야 사람들 사이의 의견이 왜 일치하지 않는지 그 근거를 이해할 수 있다. 이는 매우 기본적인 원칙에 관한 의견이 불일치하기 때문이거나, 아니면 사람들이 한 당사자가 논리적이면 나머지 당사자는 그렇지 않다는 것을 너무나 많이 믿기 때문일 수 있다.

어찌 되었든 살아감에 있어 그 모든 건 삶의 요소들을 분해한 뒤 재조립하면서 이해할 수 있게 된다. 그리고 우리가 그것을 위해 더 많은 기법을 가지면 가질수록, 우리가 이해할 수 있는 것은 더욱더 많아질 것이다. 우리는 모든 것이 힘들다는 걸 인정해야 한다. 그래서 우리는 모든 것을 더 기본적인 부분으로 분해해 이해해야 한다. 또한 기본적인 부분이 어떻게 시작되는지를 이해하고 그 이해를 모두 모아 어려운 것들을 쌓아야 한다. 이건 층으로 된 케이크를 만드는 것과 같다. 먼저 케이크를 한 장씩 만들고 나서, 아이싱을 만들고, 그다음 그것을 쌓기 시작하는 것이다. 케이크가 그 층을 견딜 수 있을 만큼 충분한 힘을 가지고 있는 것도 중요하다. 아니면 층을 유지하기 위해 어떤 구조적인 지지대나 케이크 스탠드를 추가해야 할 것이다.

더 형식적인 수학 세계에서는 어떤 기본적인 이치를 그냥 '참'이라고 가정하고, 그 가정 위에서 다른 진리들을 찾아 나간다. 그러나 우리에게 중요한 건 그 기본적인 이치가 '참'이라고 주장하거나 증명하는 자체가 아니라, 그 사실을 기반으로 어떤 결과가 나오는지를 연구하는 것이다. 우리는 그러한 이치가 참인 맥락을 연구하고, 그로부터 또 어떤 것들이 따라오는지 살펴볼 것이다. 이는 우리가 다른 누군가의 믿음을 이해하기 위해 할 수 있는 것이기도 하다. 타인의 기본 원칙을 식별하고 나서, 동의하거나 믿을 필요 없이 그들로부터 다른 무언가가 따라오는 것을 보는 것 말이다. 이 모든 것은 1+1이 다양한 세계에서 다양한 답이 되는 것처럼 다양한 것들이 존재하는 다양한 세상을 연구하는 것이다.

그래서 서수의 세계에서는 1+1=2가 기본 이치일 수 있지만, 또 다른 위수 2의 순환군 세계에서는 1+1=0이 기본 이치일 수도 있다. 또 우성/열성 세계에서는 1+1=1이 기본 이치일 수도 있을 것이다. 그렇다면 이제 질문은 더 이상 '왜 1+1=2일까?'가 아니라, '어디에서 1+1=2일까?', 그리고 '1+1=2인 세계에서 다른 어떤 게 또 진리여야만 할까?', 아니면 더 근본적으로 '1+1=2인 세계는 어떨까?'가 될 것이다.

1+1=2일 때

우리는 마침내 '왜 1+1=2일까?'라는 질문의 추상수학 버전에 도달했다. 그 답은 실제로 1+1이 우리가 있는 맥락의 종류에 따라 달라져 항상 2와 같지 않기 때문이다. 우리는 그 기본 구성 요소에 대해 생각함으로써 이 맥락을 탐색할 수 있다. 1이라는 아이디어와, 하나를 다른 하나와 결합하는 아이디어로 시작한다. 그러고 나서 이게 절대적으로 0개나 1개, 또는 3개가 아니라 2개를 만든다고 규정한다. 그다음 스스로 이것이 어떤 맥락을 주는지 물어보는 것이다. 즉, 그런 시작점을 가진 세계에서는 또 어떤 것들이 참이어야만 하는지 말이다.

이건 본질적으로 우리가 '서수'를 얻는 방식이다. 즉, 1, 2, 3, 4…등과 같은 정수를 얻는 방식이다. 이는 종종 자연수라고 불린다. 0도 포함될 수 있기는 하지만, 그 경우는 전혀 다른 이야기가 된다. 우리는 1부터 이 세계를 만들어, 붕괴나 실종, 재생산 없이 덧셈의 과정을 구축한다. 추상수학에서 이는 자유롭게 구조를 생성하는 것으로 불린다. '자유' 부분은 우리가 기본 이치 이외에 그 상황에 다른 추가 규칙을 부과하지 않음을 의미한다. 그저 무언가가 유기적으로 자라서, 그 결과 어떤 종류의 정글이 만들어지는지 보기 위해 까치발을 하고 볼 뿐이다.

그래서 1+1은 모든 맥락에서 2와 같지는 않지만, 1+1=2인 공간은 광범위하다. 우리가 그런 추상적인 세계를 이해하는 것은 도움이 되기 때문에, 우리는 실제 세계에서도 그런 공간들을 찾아, 우리가 1+1=2인 추상적인 세계에서 배워 온 모든 것들이 구체적인 세계 내 일치하는 부분에서는 참일 것임을 알 수 있다.

1+1=2인 세계에 대해 탐색할 수 있는 것들은 수없이 많다. 여기서 '우리가 모든 걸 더할 수 있다면, 제거하는 건 어떻게 하지?'라는 궁금증이 생길 수도 있다. 이건 완전 다른 차원의 문제로, 우리를 다음 장에 다룰 미스터리한 '음수'의 세계로 데려간다.

2장

수학은 어떻게 작동하는가

"왜 $-(-1)=1$인가?"

어떤 이는 너무나 명확하다고, 또 어떤 이들은 상당히 이해하기 힘들다고 생각하는 당황스러운 '사실' 중 하나다. 이것도 그냥 받아들이고 외워야 하는 '사실'인가? 그저 받아들이고 기억해야 할 수학적 사실이 있기는 할까? 그렇다면, '사실'이란 무엇일까?

어떤 이들은 $-(-1)$이 1이라는 것을 의심 없이 바로 받아들이지만, 나는 이들이 '수학 좀 하는 사람들'로, 여기에 의문을 제기하는 사람들이 '수학을 모르는 사람들'로 치부될까 불편하다. 뭐, 어느 쪽이든 '저런 사람들'이라고 칭하는 것 자체가 불편하다. 수학적 능력은 타고나는 것이고, 어떤 사람들은 그저 그런 수학적 사고를 타고나지 못한 것이라고 보이게 만드니까 말이다. 하지만 실제로는 모두가 일정 수준의 수학적 능력을 가지고 있고, 모두가 제대로 된 도움만 받으면 그 능력을 더 키울 수 있다.

$-(-1)$이 1임을 바로 받아들이는 사람들은 그냥 $-(-1)$이 1임을

받아들이는 사람 그 이상도, 이하도 아니다. −(−1)이 과연 1이 맞는지 의문을 제기하는 사람은 그저 이에 의문을 제기하는 사람일 뿐이다. 중요한 건 받아들이거나, 의문을 제기하는 이들을 딱 반으로 나누려는 게 아니라는 거다. 수학은 모든 것에 의문을 제기하고, 그것들이 왜 참인지 아주 진지하게 궁금증을 가지는 것이다. 당신에게 −(−1)이 1이라는 사실이 명확하기보다는 의심쩍게 받아들여진다고 해서, 그게 당신이 '수학을 못하는 사람'이라는 뜻이 아니다. 오히려 당신이 수학자처럼 사고하고 있다는 의미일 수 있다. 다른 사람들에게 명확해 보일지 모르는 것들에 대해 궁금증을 가지는 것. 그것은 심층수학 중 많은 것들이 발전할 수 있었던 이유이다. 이번 장에서는 이처럼 명확해 보이는 방정식에 도달하기 위해 얼마나 많은 추상적 사고 과정이 필요한지 살펴볼 것이다. 하지만 여기서 나의 의도는 사실 그 방정식을 설명하려는 것이 아니다. 뭐, 뜻하지 않게 설명이 될 수도 있겠지만 말이다. 오히려 나는 수학에서 '참'을 우리가 어떻게 결정하게 되는지를 설명하고 싶다. 특정한 것이 왜 참인지를 조사하는 과정에서, 우리는 수학에서 어떤 것이 맞는지를 어떻게 알게 되는지 그 과정을 살펴볼 것이다. 실제로 우리는 어떤 것이 맞다는 것을 도대체, 어떻게 알게 되는 것일까? 그래서 이번 장에서는 우리가 수학에서 참으로 받아들이게 되는 것을 결정하기 위해 사용하는 프레임워크에 대해 알아보고자 한다.

어떤 것을 참으로 받아들일 때 그것을 용인하는 정도는 사람마다 다르다. 어떤 사람들은 인터넷에서 '그게 참이다'라고 말하는 논문을 읽으면 그냥 참이라고 받아들일 것이다. 그 논문을 누가 썼건, 출처가 어디이건, 어떤 것을 인용했건, 다른 논문에서 그에 동의하건 안 하건 상관없이 말이다. 또 어떤 사람들은 석좌교수나 신뢰하는 뉴스 출처, 종교 지도자, 정치 스타와 같이 자신이 믿는 누군가가 참이라고 선언한 것이라면 그것을 기쁜 마음으로 참이라고 받아들인다. 어떤 사람들은 무언가를 참이라고 느낄 때 그것을 믿을 것이다. 별자리 운세가 정확하다거나, 동종요법이 효과가 있다거나 하는 것처럼 말이다. 나의 경우, 바흐의 음악을 들으면 수학이 더 잘 된다고 느껴진다.

학문에는 무언가의 참을 평가하는 프레임워크가 존재한다. 즉, '이게 참으로 느껴진다'거나, '그래서 이게 참이라고 말할게'라거나, '인터넷에서 참이라고 본 거니까 참이 틀림없어' 보다 더 명확한 프레임워크 말이다. 이 프레임워크는 우리의 세계를 이해하고자 할 때 무작위적인 의견이나 추측에 그치지 않고, 더 엄밀한 검증에도 견딜 수 있는 튼튼하고 안전한 기반 위에 두고자 하는 노력의 일환이다. 우리가 이해하는 것을 그저 바라보는 것에서 그치지 않고, 그것을 기반으로 무언가를 구축하고자 하는 것과 관련된다. 1인용 텐트를 설치할 때보다 큰 빌딩을 지을 때 더 탄탄한 기반이 필요하다. 비유적이든 아니든, 누군가 이렇게 큰 빌딩을 짓고자 하는 욕구를 갖게 되는 이유에 대해서는 학문 연구와 식민주의 사이의 불편한 연관성에 대해 생각하면서 다시 이야기해 볼 것이다.

불편한 연관성을 가지고 있기는 하나, 학문이라는 건 어떤 프레임워크가 바람직하게 적용되는 시작점부터 구축된다. 좋은 정보라고 여겨지는 것에 어느 정도 의견이 일치하고, 해당 프레임워크에 적절한 방식으로 좋은 정보를 쌓아나가는 거다. 특정 스포츠의 경우 규칙을 합의하고, 그 프레임워크 내에서 팀과 토너먼트, 챔피언십을 구축하는 것과 같다. 물론 그렇게 만들어진 토너먼트에서 나온 결과들이 '옳다'는 것을 의미하지는 않는다. 그저, 그런 결과들이 해당 프레임워크에 의해 결정된 결과들임을 의미할 뿐이다.

또한, 프레임워크는 객관적이어야 한다. 어떤 권위적인 인물 하나를 믿는 것에만 의존해서는 안 된다. 하지만 프레임워크의 어떤 측면에서는 해당 프레임워크에 따라 전문가임이 입증된 '전문가'를 식별하기 때문에, 결국에는 그러한 권위에 의존하는 것으로 보일 수도 있다. 그래서 그런 전문가들은 무작위적인 권위를 통해 지배하고 있는 것이 아니다. 해당 프레임워크에 의해 유능한 사람들로 자리를 잡아 온 것이다. 원칙적으로는 해당 프레임워크에 따라 더 유능해진다면 누구든 더 전문가다워질 수 있다는 것이다.

수학의 프레임워크는 '논리'다. 나는 사실 책을 믿는 것도 싫다. 하지만 논리의 프레임워크를 이해하면 책이나 온라인에 게재된 논문을 보고 어떤 것을 더 믿을 수 있는지 조금 더 수월하게 판단할 수 있게 된다. 어떤 사람들은 온라인에서 읽은 내용을 너무나 쉽게 믿는다. '편향된 뉴스 출처를 믿으면 안 된다', '위키피디아 같은 것을 믿으면 안 된다'는 식의 반발도 존재한다. 더욱 생산적인 입장은 우리가 그런 출처들을 믿지 않아도 되도록 아니, 아예 접할 대상으로조차 생각하지 않도록 모든 것을 평가하는 방법에 대해 배워야 한다는 것이다.

수학이 옳다는 것을 우리는 어떻게 알까?

이번 장은 수학의 작동 방식에 대한 부분으로, 특히 이에 대해 '수학에서 옳은 것들을 결정하는 프레임워크는 무엇인가?'라는 측면에서 생각해 볼 것이다. 학문마다 좋은 정보라고 여겨지는 것을 결정하는 프레임워크는 다르다. 과학은 증거를 사용하고, 무엇을 좋은 증거라고 여기는지에 대한 명료한 프레임워크를 가진다. 중요한 것은, 증거를 기반으로 한 과학적 결과가 절대적으로 참이 아니라, 과학적으로 참이라는 것이다. 즉, 특정한 과학적 프레임워크에 의해 뒷받침된다는 의미다. 보통 이는 어느 정도의 테스트가 진행되었고, 그 상황이 얼마나 중요한지에 따라 해당하는 증거가 95%, 혹은 99% 정도의 정확도로 그 결론을 뒷받침한다는 것을 의미한다. 이렇게 말하면 과학이 100%의 정확도를 가지지 않기 때문에 그 어떤 것도 확실하게 아는 것이 없다는 뜻으로 들릴지도 모른다. 물론 어느 정도는 맞는 말이다. 내재된 불확실성이 있는

데도 과학이 절대적으로 옳다고 주장하는 것은 위험하다. 그 불확실성이 존재하지 않는 것처럼 하기보다는, 그 불확실성이 무엇을 의미하는지 이해하는 것이 훨씬 더 좋다. 그러고 나면 우리는 '확실하게 알지 못하는 것'과 '모든 게 참인 가능성'이 똑같지 않다는 걸 이해할 수 있다. 과학자들이 오늘날 지구 온난화가 인간에 의해 발생했다는 사실이 95% 정확하다고 말한다면, 참이 아닐 가능성보다 참일 가능성이 훨씬 더 높은 것이다.

수학은 증거가 아닌 '논리'에 따라 작동한다. 논리는 수학에서 무엇인가가 '옳다'고 여겨진다는 것을 결정하는 방식이다. 그 무엇인가가 무조건 옳다는 뜻이 아니다. 수학의 프레임워크인 '논리'에 따라 옳다는 뜻이다.

이는 우리에게 수학에서 왜 '작동하는 것을 보여줘야 하는가?'라는 불만스러우면서도 중요한 질문에 다다르게 한다. 이는 많은 아이가 수학이라는 존재에 대해 갖고 있는 골치 아픈 문제다. 아이들은 답하기 위한 수학적 질문을 가지고 있고, 답을 알게 되면 그 답을 써 내려간다. 답이 옳더라도, 그 '작동 방식을 명확히 설명하지' 못하면 만점을 받을 수가 없다.

그렇다면 공정한 것일까?

여기서 핵심은 모든 것의 정답을 아는 것과 수학 사이에는 연관이 없다는 사실, 그리고 수학이 마치 정답을 얻는 것 하고만 관련이 있는 것처럼 제시되는 상황이 너무 흔하다는 것이다. 수학은 마치 우리가 알아야 하는 사실이 있는 것처럼 제시된다. 즉, 그 사실은 선생님이 발표하고, 학생들의 역할은 그 사실에 의문을 제기하는 것이 아니라, 배우는 것이다. 그 결과, 선생님의 역할은 그러한 사실을 정당화하거나 설명하는 것이 아니라, 그저 발표하는 것이 되어 버린다. 이는 극단적인 예시이기는 하지만, 나는 수학을 가르치는 것이 무조건 이렇다는 것이 아니라, 수학 교육의 너무나 많은 부분이 이와 같다고 말하려는 것이다.

이는 학생들에게 '수학은 권위를 기반으로 한다', '독재자가 내린 명령과 같이 위에서부터 내려온 참이 있다', '우리 인간은 그저 의심 없이 그런 명령에 복종해야만 한다'는 인상을 심어준다. 이는 수학이 무엇인지에 대해 잘못 보여주는 것일 뿐 아니라, 아이들에게 잘못된 자세를 전해주는 것이기도 하다.[7] 만약 아이들이 지식이란 권위자에게서 나오는 것이라고 생각한다면, 이 아이들은 성인이 되었을 때 객관적 프레임워크가 아닌 권위적인 인물에게서 지식을 얻는 어른이 될 위험이 있다. 그렇게 되면 이들이 누구를 권위적 인물로 보는지에 따라 믿는 것이 달라지며, 그러한 믿음은 이성이 아닌 권위를 근거로 하고 있기 때문에 우리는 이들을 논리적으로 설득할 수 없다.

이는 실제 수학과는 정반대에 가깝다. 수학에서 중요한 것은 모든 것을 논리에 따라 추론하는 것이다. 그렇게 되면 논리 그 자체의 기반을 제외하고는 권위에 의해 전해 내려져 와야 하는 것이 없다. 문제는 학교에서 배우는 수학은 종종 답이 있는 질문으로

---

7 데이브 쿵(Dave Kung) 교수의 TEDx 강의 '교양 시민을 위한 수학(Math for Informed Citizens, https://youtu.be/Nel5PF8jtsM)'에서 굉장히 생생하게 표현된 이 구절을 발견할 수 있다.

이루어져 있으며, 해답은 무엇이 정답인지 알려준다. 그렇기에 검산을 통해 본인이 구한 답이 그 해답과 비교해 '정답'인지를 확인할 수 있게 된다.

하지만 연구수학에는 해답이 존재하지 않는다. 아직 정답을 알지 못하기 때문이다. 삶에는 분명히 해답이 없다. 그렇다면 궁금한 것은 바로 이것이다. 해답이 없다면, 우리가 좋은 답을 가지고 있는지 어떻게 알 수 있을까? 해답이 없을 때 좋은 답으로 여겨지는 것을 결정하는 방법을 배우는 것. 이것이 바로 수학의 요점이다. 그리고 이는 우리의 작동 방식을 보여주는 것이 중요한 이유이다. 그 작동 방식이 바로 수학이기 때문이다. 수학은 '정답을 얻는 것'이 아닌, 정답을 뒷받침하는 근거를 세우는 것과 관련된 것이다.

이제 이 모든 것들이 실제로 무엇을 의미하는지에 대한 수많은 질문을 제기함으로써 -(-1)이라는 문제에 대해 탐구해 볼 것이다. 이는 수학자들이 이러한 것들의 의미를 풀어서 논리적으로 이해하기 위해 자신의 직관을 파고드는 전형적인 방법이다. 질문의 목적이 어떤 것에 대해 논의해서 답을 얻는 것을 넘어, 더 많은 것을 이해하는 것인 한, 우리는 날카로운 질문을 함으로써 훨씬 더 강력한 논리적 기반을 세울 수 있다.

아이들이 노는 정글짐을 만든다고 가정해 보자. 정글짐의 안전성을 보장하기 위해 우리는 가능한 모든 방식으로 이를 테스트하고자 할 것이다. 그저 느껴지는 정도로만 놀아보는 것으로 테스트를 끝냈다고 하지는 않을 것이다. 우리가 잘 지었을 것이라고 믿지 않고, 달려들어도 보고, 뛰어내려도 보고, 부딪혀도 보고, 땅 밖으로 뽑으려고도 해볼 것이다. 수학의 견고함은 모든 것을 믿고자 하는 욕구에서 오는 것이 아니라, 달려들고 뛰어내려 우리의 프레임워크가 견딜 수 있음을 알고자 하는 욕구에서 오는 것이다. 프레임워크가 그렇게나 강력한 이유 중 하나는 바로 우리가 프레임워크에 대해 굉장히 깊게 의문을 가지기 때문이다. 단순하게 들리는 우리의 질문이 그저 '멍청한' 질문이 아니라는 것이다. 사실은 상당히 중요하다.

이런 질문 가운데 일부를 파고드는 것은 때때로 고된 일이라는 것을 인정한다. 우리는 삶을 잘 살아 나갈 수 있도록, 일상생활에서 어느 정도의 것들은 참으로 받아들인다. 걸음마를 뗀 아이들이 끝없는 호기심으로 모든 것에 대해 궁금해하는 시기, 이때는 아이들이 세상을 탐색할 수 있는 놀라운 기회가 될 수 있다. 그뿐 아니라, 가끔은 당신이 집에서 나가려고 아이들의 신을 신겨줘야 할지도 모른다.

하지만 수학적 측면에서는 '삶을 잘 살아 나가려'는 것이 아니라, 더 튼튼한 구조를 세우려 노력할 것이다. 튼튼한 집 구조를 만드는 것이 아주 힘든 일로 보일 수는 있겠지만, 일을 더 빨리 끝내기 위해 몇 가지 단계를 생략하고 그냥 넘어가는 것보다 낫다. 즉, 수학적인 측면에서 연구를 할 때 우리는 처음에는 다소 막연하게 임하고 머릿속 이미지가 희미해지기 전에 방향을 찾는다. 하지만 이는 실제로 건물을 세우기 전에 그 건물에 대한 최초의 설계 아이디어를 대강 그려보는 것과 같다.

-(-1)이 왜 1인지를 이해하는 것에는 음수, 그리고 음수의 의미가 무엇인지 골똘히 생각해 보는 것이 포함될 것이다. 그렇다면 결국 0, 그리고 0의 의미가 무엇인지 생각해 보는 것으로 이어질 테고, 이는 또 숫자, 그리고 우선 숫자가 무엇인지에 대해 생각해 보게 할 것이다. 이러한 것들을 생각하면서, 수학자들이 종종 어떤 것의 실제 의미에 대해 너무나 당연하게 여겨왔다는 것을 깨닫고, 어떻게 더 나은 추론 방식을 발전시키는지를 살펴볼 것이다.

'음수'라는 아이디어

음수는 어렵다. 양수로도 이미 벅찬데 말이다. 우리는 여러 물체의 모음 사이에 비슷한 점이 있다는 것을 깨닫는 데에서 양수의 개념이 나온다는 것을 살펴보고, 이를 추상적인 개념으로 바꾸어 봤다. 하지만 음수는 실재적인 것들 사이의 비슷한 점에서 나올 수 없다. 우리는 '음수'를 실제로 볼 수 없기 때문이다. 딸기 -2개, 바나나 -2개를 세서, '아하! 이런 물체들의 모음에서 공통점을 가지는 것이 -2라는 개념이구나!'라는 생각에 도달할 수 없다.

대신, 음수의 개념을 이해하기 위해 시도할 수 있는 대표적인 방식 몇 가지가 있다. 첫 번째는 '방향 전환'에 대해 생각해 보는 것이다. 앞으로 10걸음 걸었다가 뒤로 10걸음 걷는다면, 처음 걷기를 시작한 지점으로 돌아가게 될 것이다. 이러한 방향은 서로를 상쇄하고, 우리는 뒤쪽으로 향하는 것을 '음陰'이라고 부를 수 있다. 이는 적절한 직관이고 비논리적인 것은 아니지만 정확히 논리적이지도 않으며 전이가 잘 되는 것도 아니다. 그렇다면 이는 사과 −10개나 −10파운드와 같이 −10을 이해하는 데에 어떻게 도움이 되는 것일까?

또 다른 방식은 '빚'이라는 개념을 통해서다. 만약 당신이 누군가에게 10파운드를 빚졌다면, 당신은 10파운드를 가지고 있지 않을 뿐 아니라, 그보다 더 안 좋은 상황인 것이다. 실제로는 10파운드가 더 줄어든 것이기 때문이다. 하지만 이는 이미 추상적인 개념이며, 누군가에게 그 어떠한 것도 빚을 진 적이 없는 아이들에게는 이해하기 어려운 개념이다. 쿠키를 가지고 있거나 쿠키를 가지고 있지 않을 수는 있는데, 친구에게 쿠키 하나를 빚진다는 것은 어떤 의미일까?

어딘가에서 쿠키를 가져와 친구에게 줘야 한다는 것은 실제로 무슨 의미일까? 보통 누군가 당신에게 쿠키 한 개를 준다면, 당신은 쿠키 한 개를 갖게 되는 것이다. 하지만 친구에게 쿠키 한 개를 빚진다는 것은 누군가 당신에게 쿠키를 준다고 해도, 어쩔 수 없이 친구에게 그 쿠키를 줘야 하고, 그 결과 당신이 가진 쿠키는 0개가 된다는 뜻이다.

숫자와 관련된 논의에 도의적 책임을 가져오는 것이 다소 이상하기는 하지만 이 모든 것은 음수가 사실 어려운 개념이라는 사실을 지적하고 있으며, 우리는 그것을 인정해야 한다. 음수는 양의 정수보다 더 추상적인 단계이다. 최소한 양의 정수는 구체적인 물체에서 추상화한 것인 반면, 음수는 이미 추상적인 것에서 추상화한 것이기 때문이다. 여러분이 두손 두발 다 들고 여기서 포기할까 두렵기는 하지만, 어쨌든 나는 우리의 두뇌가 이를 할 수 있다는 사실이 좋다. 그리고 우리가 자라면서 편안하게 우리의 상상력을 이용하고 상상 속 세계에서 이리저리 돌아다니는 한, 여러 가설에 점점 더 잘 대처할 수 있게 된다는 사실이 좋다. 약간 마술적 사실주의 같은 것이다. 즉, 어떤 면에서는 소설 너머의 이야기라는 의미다. 소설은 현실 세계를 기반으로 한 상상 속 시나리오지만, 마술적 사실주의는 현실을 변형하는 장르다. 그러므로 현실 세계에 기반한 허구의 시나리오를 넘어서 조금 다른 일이 가능해지는 상상의 세계를 다룬다. 그리고 아마도 판타지는 이를 넘어선 것일 테다. 판타지는 현실 세계에서 출발하지 않고, 완전히 다른 무언가에서 시작되는 상상 속의 시나리오이기 때문이다.

우리가 불신을 잠시 멈추는 것에 한계가 있을 수 있다는 것이 내게는 무척이나 흥미롭다. 책 전체가 그 책의 등장인물 중 한 명이 지어낸 소설로 밝혀진 책들도 있다. 큰 스포일러가 될 수 있으니 책 제목은 밝히지 않을 것이다. 어떤 사람들은 이 어마어마한 비밀이 공개되면 화를 내며, 누군가가 그런 소설 전체를 지어내는 것은 말이 되지 않는다며 비판한다. 그 책이 실제로는 한 작가에 의해 쓰여졌다는 사실에도 불구하고 말이다. 그 독자들은 실제 인간이 소설책만 한 길이의 이야기를 쓸 수 있다는 사실을 받아들일 수는 있지만, 소설 속 인간이 실제 책 안에서 그런 이야기를 쓸 수 있을지도 모른다는 사실을 받아들이지는 못하는 것이다.

모두가 소설 속 판타지에 대해, 그리고 수학 속 추상화에 대해 받아들일 수 있는 정도가 다르다. 어떤 사람들은 비소설을 읽는 것만 좋아하는 한편, 또 어떤 사람들은 소설은 좋아하지만 마술적 사실주의는 싫어한다. 개인적으로 나는 마술적 사실주의는 좋아하지만 판타지는 싫어한다. 하지만 나는 수학 속 추상화는 좋아한다. 이것을 용인하는 것뿐 아니라, 즐기고 감상하기도 한다. 그 자체로 즐기기도 하지만, 그것이 하려는 것을 감상하기도 한다. 추상수학은 상상 속 또는 가설 속 현실 세계에 대해 꿈꾸는 것으로 이루어진다. 종종 더욱더 높은 수준의 가설을 쌓아가는 것으로 이루어지기도 하지만, 여기에는 목적이 있다. 그 목적은 현실에 대해서 알려주는 것이다. 어떤 면에서 음수는 삶 속에서 단순 연산과 관련이 그렇게 없는 다양한 시나리오를 포착하기 위해 수학자들이 만들어 낸 소설이다. 앞뒤로 걷는 시나리오는 '빚'처럼 보이지 않을 수 있지만, 조금만 더 추상적으로 생각해 본다면, 아마 그 둘에 어떤 연관성이 있는지 확인할 수 있을 것이다. 이전 장에서 다양한 것들 사이의 연관성을 발견했던 것과 같은 방식으로 말이다. 전진, 후진 시나리오에서 앞으로 10걸음, 뒤로 10걸음 간다면 걷기 시작한 시점으로 되돌아온다고 이야기했다. 빚 시나리오에서는 친구에게 쿠키 10개를 빚졌다면, 누군가 쿠키 10개를 줘도, 결국 우리에게 남은 쿠키는 0개라고 이야기했다. 받은 10개를 친구에게 줘야 하기 때문이다. 이 두 시나리오 모두 아무것도 반환되지 않는다는 아이디어를 사용한다. 그래서 음수를 이해하려면 0부터 이해해야 한다.

0

0은 당황스러운 숫자이다. 나타내는 것이 없지만 여전히 '무언가'이기 때문이다. 이는 무無를 나타내는 무언가이다. 딸기 0개가 모여 있는 것, 바나나 0개가 모여 있는 것을 보고 그 둘에 어떤 공통점이 있는지를 찾아내기는 어렵다. 무언가가 0개 있는 것을 눈으로 보는 것은 어렵기 때문이다. 나는 한때 내가 구멍 3개가 있는 홀 펀치 3개, 구멍 2개가 있는 홀 펀치 2개, 구멍 1개가 있는 홀 펀치 1개를 가졌다는 사실을 발견하고는 기뻤다. 어떤 사람들은 내가 구멍 0개가 있는 홀 펀치 0개를 가졌다고 이야기했지만, 나는 확신할 수 없었다. 아마 구멍 1개조차 뚫지 못하는 모든 게 구멍 0개인 홀 펀치 아닐까? 그렇다면 내 물병, 내 컴퓨터, 내 커피잔, 그리고 내가 가진 거의 모든 것이 구멍 0개인 홀 펀치인 것이다.

이와 비슷하게, 우리는 거의 모든 곳에서 딸기 0개와 다른 것들의 0개를 '볼' 수 있다. 이는 다소 혼란스럽다. 당신이 나와 비슷하다면, 무한히 많은 0개를 본다는 사실에 머리가 핑 돌 것이다. 정신을 차리려면 눈을 깜박이고 심호흡을 해야 한다. 나는 종종 수학을 할 때 갑자기 상상 속 그 무엇이 아닌 '모든 걸 본다'라는 감각을 느끼고는 한다. 상상 속 무한한 세계가 갑자기 번쩍하고 나타나며, 약간의 현기증과 함께 혼란, 흥분이 뒤따르다가 현실로 돌아온다. 나는 이 순간을 즐긴다.

0이라는 개념에는 길고 다채로운 역사가 있어, 수학사 책 전체를 채울 수 있을 것이다. 하지만 이는 이 책의 목적과는 거리가 멀다. 내 목적은 0이 약간 이상하다는 느낌을 실제로 입증하는 것이다. 0이라는 개념과 그 개념을 실제 숫자로 생각해 숫자 체계에 포함한 결정 사이에도 차이가 있다. 이는 미묘하지만 중요한 차이인데, 내게 이는 수학이 발명되었느냐, 아니면 개발되었느냐 하는 질문과 관련되는 것으로 보인다. 그 개념들이 이미 존재해서 우리가 발견한 것이지만, 그 개념들을 써 내려가고 추론하는 방법은 인간이 만들어 낸 것 즉, 우리가 발명한 것이라는 게 내 입장이다. 간혹 그 개념과 그 개념을 공부하는 방식은 구별하기가 그렇게 쉽지 않다. 그럴 때면 나는 그 개념이 발명된 것인지, 발견된 것인지 구분하는 것이 가능하지도 않다고 생각하고 그것이 그렇게 중요한 것 같지도 않다.

이집트, 마야, 바빌로니아, 인도 문화와 같이 매우 다양한 고대 문화[8]에서 0이라는 개념을 고려하고 이에 대한 부호를 사용했다. 고대 그리스인들은 0의 지위에 대해 더 걱정했으며, 이게 숫자로 여겨져야 하는지 확신하지 못했다. 오늘날까지도 무언가를 숫자로 여겨지게 만드는 것에 대해 사람마다 편하게 느끼기도, 불편하게 느끼기도 한다. 오늘날 사람들은 대부분 0과 음수, 분수에 대해 괜찮아하는 것 같지만, '허수'와 같은 고급 개념에 다다르면 더욱 까다로워진다. 허수에 대해서는 추후 4장에서 다룰 것이니 지금은 몰라도 상관없다. 나는 허수는 숫자가 아니기 때문에 숫자로 불려서는 안 된다고 말하는 사람들의 항의 메일을 받은 적이 있

---

8 우리가 소위 '고대 그리스인'이라고 부르는 사람들 중 일부는 실제 그리스가 아닌 '그리스 제국'에 속하는 다른 지역 출신이다. 이에 대해서는 4장에서 다시 언급할 것이다.

다. 물론 내 잘못이라는 게 아니라 허수가 숫자로 불리는 사실 자체가 마음에 들지 않는 것이었다. 실제로 무엇이 '숫자'로 여겨지는지 궁금해함으로써 우리는 대체 숫자가 무엇인지 물을 수밖에 없게 된다. 그리고 이 모든 것을 통해 나는 역사 전체에 걸쳐 뒤처지는 사람들이 있을지라도 우리가 숫자로 여겨지는 것들을 점점 더 용인하게 되었다는 사실을 되새기게 된다. 당연지사다. 우리는 점진적으로 사회를 더 용인하게 되었기 때문이다. 하지만 그중 일부는 뒤처져 있어, 아마 여성과 흑인은 용인될지라도 게이는 용인되지 않을 수 있고, 게이와 레즈비언, 바이섹슈얼은 용인될지라도 트랜스젠더는 용인되지 않을 수 있다.

지름길을 택해 '0이 숫자냐 아니냐?'는 어려운 질문으로 가는 한 가지 방법은 그 질문을 재빠르게 피하는 것이다. 무엇이 '숫자'인지가 중요한가? 이에 대해 걱정하는 대신, 우리는 그저 0이 기본 구성 요소가 되는 세계에 관해 공부해 그 세계가 과연 어떤 종류의 세계인지를 볼 수 있는데 말이다. 그러한 시스템에서 우리는 무엇이 0인지, 혹은 0이 무엇을 나타내는지에 대해 구별할 필요가 없다. 그저 0이 그 시스템에서 다른 모든 것과 어떻게 상호작용하는지만 말할 수 있으면 된다.

수학에서 이를 행하는 가장 보편적인 방법은 이전 세계를 더 높게 쌓아 올리는 것이다. 지금까지 우리 모두 스스로 숫자 1에서 시작해 덧셈으로 지어진 세계를 구축해 왔다. 이를 통해 우리는 숫자 1, 2, 3… 등을 얻게 되었다. 그리고 이 세계에 0을 포함하려면, 다른 숫자들을 기반으로 이를 '쌓아 올릴' 때 어떤 일이 벌어질지 알아야 한다. 우리가 이를 다른 숫자에 더했을 때 어떤 일이 일어날지 알아야 한다는 뜻이다. 우리는 남몰래 우리가 '무'를 나타내고자 한다는 것을 알고 있기에, 다른 어떤 숫자에 0을 더하든 그 숫자가 변하지 않는다고 말할 수 있다. 즉, $1+0=1$, $2+0=2$, $3+0=3$과 같이 나온다는 것이다. 이런 식이 무한하므로 모든 식을 나열할 수는 없고, 대신 이 개념을 다음과 같이 한마디로 정리할 수 있겠다.

> 어떤 숫자로 시작하든
> 0을 더해도 그 답은 우리가 시작한 숫자와 똑같다.

그러나 이건 좀 장황하다. 그러므로 시작하는 숫자에 이름을 붙이자. 앞으로 그 숫자를 x라고 부를 것이다. 앞으로 이 문자는 '우리가 시작하는 아무 숫자'를 의미하게 된다. 숫자를 문자로 바꾸는 과정이 불편하기도 하지만, 이에 관해서는 뒤에서 다시 다루겠다. 하지만 지금은 적어도 이 방법이 위의 설명을 훨씬 짧게 쓸 수 있게 만든다는 걸 알아주면 좋겠다.

> 어떤 숫자 x에 대하여, $x+0=x$이다.

이는 우리가 실제로 어떤 의미에서 0이 '아무것도 아님'을 나타내는 숫자인지 설명하지 않았기 때문에 약간 속임수처럼 보일지도 모른다. 하지만 대신, 우리는 0을 다른 것들에 더했을 때 어떤 일이 일어나는지를 통해 0의 특징을 묘사했다. 이는 추상수학에서는 전형적인 현상으로, 이해를 돕는다기보다는 실용적인 것으로 볼 수 있다. 우리는 직감에 따른 것을 우리가 추론할 수 있는 것으로 바꾸었다. 그 결과 우리는 이에 대해 추론할 수 있으나, 이에 대한 직감은 줄어들었을지 모른다. 추상수학에는 언제나 이 둘 사이의 긴장이 존재한다.[9]

어찌 됐든 우리가 0이 포함된 세계로 들어갈 방법은 이거다. 그냥 0을 집어넣는 것. 우리는 '0이라고 불리는 것이 있고, 이는 위 명제에 따라 작용함을 선언한다'라고 말하고 나서 이제 이것을 여러모로 만지작거려 볼 것이다. 그다음 비슷한 것을 함으로써 음수의 세계로 들어갈 수 있다.

음수

음수로 된 세계를 세우기 위해서도 0에 대해 사용했던 속임수와 비슷한 회피 속임수를 사용할 것이다. 음수가 무엇인지 말하지 않고, 대신 무엇을 할지 말할 것이다. 이는 '뒤로 10걸음 가서' 우리가 걸음을 시작했던 지점으로 되돌아가는 것과 같다. 음수라는 개념은 어느 정도 '우리가 시작했던 곳으로 되돌아가는' 방식이다.

---

9 프랑스 수학자 다비드 베시스(David Bessis)는 본인의 저서 『매스매티카(*Mathematica*)』에서 이에 대해 깊이 있게 다루고 있다.

이 경우, 우리가 시작한 지점은 0이며, 그래서 우리의 세계에 0이라는 개념이 있었어야 했던 것이다.

그래서 특별히 우리가 시작했던 곳으로 되돌아가려는 목적으로 우리의 세계에 새로운 구성 요소 일부를 포함하기로 했다. -1의 정의는 '1을 상쇄하는 것'이다. 반물질과 같다. 나는 어렸을 때 후추가 소금의 반물질이라고 생각했다. 즉, 소금을 엄청 많이 뿌렸을 때, 후추를 좀 추가해서 짠맛을 중화시킬 수 있다고 생각한 것이다. 이게 사실이 아니라는 것, 그리고 음식이 너무 짜면 별다르게 할 수 있는 일이 없다는 것이 밝혀졌다는 것이 여전히 조금은 슬프다. 게다가 나는 후추를 좋아하지 않아서, 성인이 되어서 후추에게 느낀 실망감은 두 배가 되었다.

좀 더 격식 있게 -1이 1을 상쇄한다고 말하고 싶다면, 1에 -1을 더하면 0이 된다고 말하면 된다. 무언가가 다른 무언가를 상쇄한다는 이러한 개념은 '역원'이라고 하며, 이 경우 우리는 덧셈의 과정을 거꾸로 하고 있기 때문에 '덧셈에 대한 역원'이다. 이제 우리는 1을 상쇄하는 것만으로는 만족할 수 없다. 어떤 숫자든 상쇄할 수 있기를 원하게 된다.

이 시점에서 나는 당신이 그 어떤 것도 상쇄하기를 원치 않을 수 있다는 것이 떠올랐지만, 지금은 이 모든 것의 뒤에 있는 수학적 욕구에 대해 설명하고자 한다. '원한다'는 것은 사실 '이게 바로 수학적 욕구이다'라고 말하는 것과 같다. 나는 우리 모두 다른 욕구를 가지고 있다는 것을 안다. 어떤 사람들은 열려 있는 찬장 문을 보고 닫고자 하는 욕구를 느낄 수 있겠지만, 적어도 나는 아니다. 어떤 사람은 산을 보고 등산하고 싶다는 생각을 하겠지만 이것도 나는 아니다. 하지만 나에게는 수학적 욕구가 있다. 이 욕구는 간혹 추정의 욕구이다. 한 가지를 상쇄하면, 다른 모든 것도 상쇄할 수 있는지 확인하고 싶은 것이다. 주방에서도 그런 욕구를 느낀다. 말하자면 한 가지 곡물가루로 케이크를 만들고 있었는데, 밀가루, 귀리 가루, 아몬드 가루, 쌀가루, 코코넛 가루 등 갖가지 곡물가루로 케이크를 만들면 어떻게 되는지 확인하고 싶어지는 것이다.

이 특정한 수학적 욕구를 따라가 보자. 1을 상쇄하기 위해 −1을 구성 요소로 둔다면, 이를 사용해 우리가 다른 모든 정수를 상쇄하기 위해 필요한 모든 것을 쌓을 수 있다는 사실을 발견할 수 있다. 이는 모든 정수가 1을 여러 번 모아서 만들어지기 때문에, 우리는 모든 정수를 상쇄하기 위해 −1을 똑같은 횟수만큼 사용할 수 있다.

가령, 음수 2개를 더하면, 양수 2개를 상쇄하는 것이다. 이를 기호로 써보면 다음과 같이 쓸 수 있다.

$$(-1)+(-1)=-2$$

이것이 −2의 정의처럼 보일지 모르지만, 실상 그렇지 않다. 이러한 관점에서 −2의 정의는 '2를 상쇄하는 것'이다.[10] 여기서는 다음의 단계를 거친 것이다.

---

10 어떤 x에 대해서든 x를 상쇄하는 하나가 있는지도 확인해야 하는 약간의 미묘함이 있다. 그렇지 않으면 $-x$의 정의는 모호해질 것이다.

- 구성 요소 1이 있다.
- 이 세계에서 정의상 2는 $1+1$로 만들어진다.
- 이 세계에서 정의상 -2는 무슨 일이 있어도 2를 상쇄한다.
- $\{1+1\}+\{(-1)+(-1)\}=0$이다. 따라서, $(-1)+(-1)$은 2를 상쇄한다.
- 따라서, $(-1)+(-1)$은 -2이다.

여기서 차분하게 생각해 보면, $-(-1)$이 무엇인지 알 수 있다. 음수는 다른 것을 상쇄하는 것이라는 사실을 기억하라. 다소 막연하지만, '무언가'를 나타내기 위해 앞서 사용했던 문자를 다시 사용할 것이다. $-x$는 '덧셈으로 x를 상쇄하는 무언가'를 의미한다.

따라서 '$-(-1)$'은 '(-1)을 상쇄하는 무언가'를 의미한다. (-1)을 상쇄하는 무언가는 1이고, 그래서 $-(-1)=1$이 되는 것이다. 위에서와 같이, 이러한 단계를 아래처럼 나타낼 수 있다.

- 구성 요소 1이 있다.
- -1은 무슨 일이 있어도 1을 상쇄하며, 이는 $1+(-1)=0$을 의미한다.
- $-(-1)$은 무슨 일이 있어도 -1을 상쇄한다.
- 하지만 등식 $1+(-1)=0$ 또한 1이 -1을 상쇄한다는 것을 알려준다.
- 따라서 1은 $-(-1)$이다.

다소 힘들게, 아니면 계시적으로 보일지도 모른다. 학교에서 소위 '수학을 잘한다'라고 여겨지는 사람들이 아마 이를 힘들다고 생각할 것이고, 보통 예술 계통을 전공하는 학생들처럼 '수학을 못한다'라고 여겨지는 사람들은 이를 계시적으로 보는 것이 당연할 테다. 내가 처음 이걸 배웠을 때 어떤 걸 느꼈는지 기억할 수는 없다. 다만, 내게는 만족스럽기만 한 설명으로 남았다는 것이 기억난다. 이는 실로 모든 것의 근원과 의미를 파헤치는 과정이기 때문이다.

당신은 왜 우리가 이것을 신경 써야 하는지 궁금해할지도 모른다. 사실 나는 모두가 그 모든 것에 대해 신경 써야 한다고 생각하지 않는다. 우리 모두 다양한 것들에 관해 신경을 쓰는데, 실제로 내 입장에서 모두가 신경 썼으면 하는 유일한 것은 인간의 고통, 폭력, 기근, 편견, 소외, 비탄을 줄이는 것뿐이다. 그다음으로 바라는 것은 모두가 모든 것을 왜, 그리고 어떻게 참, 혹은 참이 아닌 것으로 여기는지에 대해 그 어느 때보다 더 깊게, 주의를 기울여 생각해 보는 것이다.

사람들이 올바른지 평가하는 프레임워크가 없는 상태에서 그들이 옳다고 추정한다면 우리는 이 세상에서 여러 문제에 마주하게 될 것이다. 결국 모순, 의견 충돌, 음모론과 함께하게 될 것이다. 이는 약간 다루기 힘든 균형이다. 우리는 사실에 대해 정반대 방향의 의견을 모두 가지고 있기 때문이다. 간혹 모든 의견이 동등하게 유효하기도 하지만, 사람들은 그렇지 않다고 주장한다. 또 간혹 모든 의견이 동등하게 유효한 것은 아니지만, 사람들은 그렇다고 주장한다.

어떤 것들은 진정 그저 하나의 의견일 뿐이다. 그리고 우리 모두가 음식이나 음악, 영화 등에 대한 개인적인 취향의 관점에서 각기 다른 의견을 가질 자격이 있다. 그러나 간혹 사람들은 그러한 취향에 옳고 그름이 있다고 생각한다. 내가 토스트나 모차르트의 빅팬이 아니라고 해서 잘못된 것은 아니다. 이에 대해 잘못된 것이 그 어떤 것도 없기 때문이다. 그저 나는 둘 중 어느 것도 좋아하지 않을 뿐인데 사람들은 항상 내게 잘못됐다고 말하려 한다.

그러나, 모든 의견이 동등하게 유효하지 않은 상황 또한 존재한다. 무언가를 뒷받침하는 증거의 양이 어마어마하다면, 지구는 납작하다는 둥, 2020년 미국 대통령 선거가 만연한 사기로 인해 민주당에게 '빼앗겼다'는 둥 본질적으로 그런 증거가 없는 무언가를 믿는 것보다 증거가 어마어마한 쪽을 믿는 것이 훨씬 더 유효하다고 생각한다. 참고로 선거가 민주당의 사기라는 증거는 없으나 공화당에 유리하게 하기 위한 게리맨더링과 유권자 압박이 있었다는 증거가 상당하다. 이는 무조건적으로 한쪽이 옳고 다른 쪽이 잘못됐다는 뜻이 아니라, 한쪽이 증거와는 반대된다는 뜻이다.

수학자들은 특히 그들이 무언가 얼마나 옳다고 느껴질 수 있든지 간에 스스로 옳다고 추정하지 않는다. 옳다는 느낌은 종종 오히려 길을 잃게 만들기도 한다. 그래서 그것을 확실하게 하기 위해 계속해서 의문을 제기하도록 해, 우리가 그것을 뒷받침하는 엄밀한 논거를 가질 때까지 옳은 것으로 여기지 않는다. 자기 의심은 우리의 자존감을 생각하면 항상 좋은 것만은 아니다. 그런데 이는 종종 수학의 기반이 더 탄탄해지는 방식이 되어, 결국 더 많은 수학이 쌓일 수 있게끔 해준다. 수학자들이 실제로 숫자가 무엇인지 분명하게 정의하려고 한 최근까지도 일어난 일이다. 여기서 최근이란 수학의 역사적 맥락에서 상대적으로 최근을 말한다.

수학자들이 불안을 느끼게 될 때

무엇이 숫자일까? 우리는 일찍이 이 질문을 피해 봤지만, 더 복잡한 숫자를 보려고 한다면 이를 피하는 것은 점점 더 힘들어진다. 음수를 포함한 정수의 세계를 구축하는 데에도 꽤 정교한 과정이 필요했지만, 결국 우리는 그것을 해냈다. 그러나 분수의 세계를 제시하는 것은 더 정교한 일이다. 분수는 비율을 나타내기 때문에 '유리수'라고도 부른다. 하지만 '무리수'라는 숫자에 대해 생각해 보려 한다면 그것은 상당히 다른 문제이다. 이 세상에서 무리수가 무엇을 설명하는지 말하는 것은 그렇게 어렵지 않다. 하지만 무리수를 하나의 수학적 세계로 구축하는 것은 매우 힘들다. 정수에 대해 이 작업을 했을 때는 1을 기본 구성 요소로 시작해 거기서부터 도출해 냈다. 무리수의 경우, 처음 그 구성 요소들이 무엇이 되어야 할지가 전혀 명료하지 않다.

이 지점에서 무리수가 뭔지 당신이 기억할지 혹은 알고 있었는지 모르겠다. 그래서 무리수가 무엇인지부터 짚고 넘어가려 한다. 문제는 무리수가 무엇인지 설명하는 게 굉장히 어렵다는 점이다. 무리수는 간혹 '반복 없이 영원히 계속되는 소수'로 여겨지기는 하나, 도대체 그게 무슨 뜻이란 말인가?

소수가 반복 없이 영원히 계속된다면, 우리는 그게 무엇인지 어떻게 알 수 있을까? 소수 자리를 얼마나 많이 제시했든 간에 전부를 제시하지는 못할 것이고 사실 무한한 수를 배제할 것이다. 중요한 것은 소수 자리의 숫자들이 절대 반복되지 않기 때문에 우리가 그들을 설명하기 위해 사용할 수 있는 패턴이 없어 어떤 한 패턴으로 설명할 수도 없다.

여기서 다시 한번 당신이 이상함과 현기증, 어지러움을 느끼고 압도된다면 좋은 수학적 본능을 가지고 있는 것이다. 수학을 '잘하는' 사람들이 이 모든 것을 너무나 가볍게 해치우는 것처럼 보이고, 그래서 이 모든 것에 당황하는 누구든 '내가 수학을 잘하는 사람이 아니구나'하고 느끼는 것이 적절한 것으로 보이는 경우가 많을지도 모른다. 사실은 정반대다. 누군가 이 모든 것을 너무나 쉽게 해치운다면, 그들이 간과하고 있는 미묘한 것들이 어느 정도 있는 것이다.

무리수에 대한 이야기는 꽤 길다. 무리수의 개념은 수학자들이 그것을 이해하는 방식을 찾아내기도 훨씬 이전에 나타났다. 고대 그리스의 수학자들은 이미 분수로 설명할 수 없는 것들이 있다는 것을 이해하고 있었다. 그런 '숫자'를 제시하는 것은 그렇게 어렵지 않다. 오히려 그게 분수가 아님을 증명하는 것이 더 어렵다. 가령 이 사각형에 대해 다음 장 그림과 같이 생각한다고 해보자.

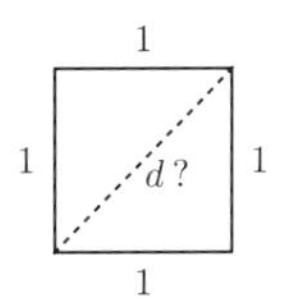

이 사각형의 모든 변인 길이가 1이다. 내가 지금 무슨 단위를 사용하고 있는지 궁금해할지도 모르겠지만, 추상수학에 있어서 굉장히 즐거운 점은 단위가 상관이 없다는 것이다. 내가 어떻게 느끼든 1인 것이고, 단위는 상관이 없으므로 구체화할 필요도 없다.

그렇다면 이제 저 사각형의 대각선 길이가 얼마인지 궁금해지기 시작할 것이다. 물론 전혀 궁금하지 않을 수도 있겠지만 앞서 말했듯 여기서 말하는 호기심은 '수학적 충동'이다. 만약 작은 피타고라스 삼각형을 기억하고 있다면, 대각선의 길이는 알아낼 수 있을 것이다. 피타고라스 명제는 직각삼각형에 있어서 '더 짧은 두 변을 제곱해 합한 것이 가장 긴 변을 제곱해 합한 것과 같다'는 것이다. 이를 문자를 사용해 더욱 간결하게 표현하자면 다음과 같다.

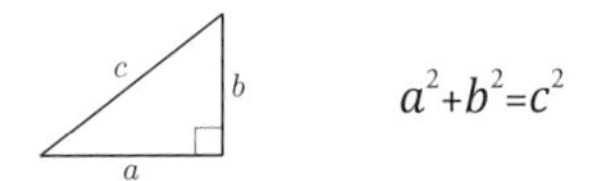

$$a^2+b^2=c^2$$

그리고 이제 위에 제시했던 사각형을 구성하고 있는 삼각형 중 하나에 이 식을 적용할 수 있다. 다시 문자를 사용해서 대각선의 길이를 d라고 한다면, 식은 다음과 같아진다.

$$1^2+1^2=d^2$$

이는 결국 다음과 같다.

$$2=d^2$$

즉, d는 제곱을 했을 때 그 답이 2라는 속성을 가진 숫자라는 것이다. 여기서 이 속성을 만족시키면서 분수의 형태인 d는 없다는 걸 우리는 모두 안다. 즉, 다음 두 가지 중 한 가지라는 것이다. 위 사각형의 대각선이 측정 가능한 길이가 아니라는 것. 혹은 분수가 아닌 숫자들로 측정되는 길이가 있다는 것.

전자는 논리적으로 못 봐줄 정도는 아니지만, 다소 제한적이고 불만족스럽다. 길이가 없는 선이 어떻게 있을 수 있겠는가? 이게 이상하다는 것을 느끼는 건 좋은 수학적 본능이다. 만약 분수를 숫자라고 친다면, 분수들 사이에 숫자가 없는 아주 작은 틈이 있을 것이다. 그 틈 속에 또 다른 분수를 넣을 수도 있지만, 우리가 컴퓨터 스크린에 있는 곡선을 확대하면 결국 아주 작은 픽셀들이 나타나는 것처럼 그 분수를 확대해 봐도 여전히 그 틈은 존재할 것이다.

숫자들 사이에 아주 작은 틈이 있다는 것은, 말하자면 우리가 자라면서 우리에게 키가 없는 순간들이 존재한다는 것과 같다. 이것은 정말 특이한 발상이다. 이에 대한 대안은 새로운 종류의 숫자를 우리의 삶에 들이는 것이다.

우리는 항상 더 많은 것들을 내 삶에 들이지 않겠다고 결정할 수 있다. 그래서 많은 이들이 동성 결혼이나 논바이너리 젠더, 여성 수학 등 새로운 존재의 방식을 유효한 것으로 받아들이는 것을 꾸준히 거부한다. 하지만 수학은 이렇게 작동하지 않는다.[11] 수학이 고정되어 있고 엄밀하다는 아이디어와는 대조적으로, 수학자들은 항상 더 많은 것들을 받아들이고 싶어 한다. 이는 꼭 더 많은 것들을 특정한 세계에 들이고 싶어 한다는 것이 아니다. 이는 항상 그러한 것들이 이미 가지고 있던 것들과 만족스럽게 공존할 수 있는 새로운 세계를 조사하고자 하는 것이다.

그래서 수학에는 위 사각형의 대각선에 대해 포용적인 선택을 취해야 한다. 변의 길이가 없다고 선언하는 대신, 분수가 아닌 숫자들이 틀림없이 존재함을 인정해야 한다는 것이다. 여기서 다시 한번 질문이 생긴다. 분수가 아닌 숫자들이라면, 대체 그들은 무엇일까?

1872년 수학자 게오르크 칸토어Georg Cantor와 리처드 데데킨트Richard Dedekind는 각자 자신이 가르치는 학생들에게 수학을 어떻게 엄밀하게 가르칠 수 있을지에 관해 걱정하고 있었다. 좋은 교사들이 으레 그렇듯, 그들은 학생들의 반응을 상상하고, 그들에게 공감하며, 학생들이 물어볼 만한 질문들을 사전에 생각해 보는 식으

11 불행히도, 개인 수학자 중 일부는 이렇게 작동하기도 한다.

로 강의를 준비하고 있었을 것이다. 좋은 선생님은 모든 것을 더 욱 깊게 이해할 수밖에 없도록 만든다. 다양한 관점을 가진 학생들에게 개념을 설명하기 위해서는 스스로가 다양한 관점에서 그 개념들에 대해 이해해야 하기 때문이다. 게오르크 칸토어와 리처드 데데킨트도 모두 수학자들이 전반적으로 엄밀하게 숫자 체계를 정립하지 않아야 한다는 것을 깨달았다. 그래서 그들이 직접 그렇게 시작한 것이다.

이는 두 수학자 모두 거의 동시에 했던 인류의 호기심 가득한 특성 중 하나이지만, 둘은 꽤 다르다. 두 접근법 모두 많은 기술적 배경지식을 거치지 않고는 다소 설명하기에 어렵기는 하지만 이 개념들에 대한 간략한 힌트를 주고자 한다. 먼저, 칸토어의 아이디어는 '반복 없이 영원히 계속되는 소수'에 훨씬 가깝다. 그는 또 다른 수학자인 오귀스탱 루이 코시Augustin Louis Cauchy가 이전에 제시했던 아이디어 일부를 사용해 그것이 무엇을 의미할 수 있을지 정확하게 밝힐 수 있는 방법을 찾았다. 그 결과 그 구조는 대개 '코시 수열'로 불리게 되었다. 데데킨트의 아이디어는 부스러기를 하나하나 찾으려는 대신, 케이크 한 조각을 찾을 수 있는 방법에 대해 생각하는 것에 훨씬 가까웠다. 케이크를 자를 수 있는 방법을 발견하게 되면, 그 부스러기 하나하나를 다소 간접적이라고 하더라도 효과적으로 찾을 수 있다. 이 두 구조 모두 우리에게 분수 사이의 '틈을 채울 수 있는' 방법을 알려준다. 전체적으로 더욱 엄밀해질 수 있도록 말이다.

하지만 여기서 내 목적은 무리수를 포함한 숫자 체계로 불리는 칸토어나 데데킨트의 '실수' 구조를 설명하려는 것이 아니다.

나는 그저 이런 개념들을 더 잘 가르치기 위해서는 모든 것을 더욱 깊게 이해해야 하며, 이러한 유형의 이해가 수학 연구 발전을 이끌어 내는 것들 가운데 하나라는 생각을 전하고 싶을 뿐이다. 실수를 정확하게 만든 칸토어와 데데킨트의 작업은 미적분학이라는 분야 전체가 엄밀하게 발전할 수 있도록 했고, 그 결과 현대 세계의 모든 발전이 가능했다. 결국 이 모든 것은 학생들에게 과연 자신이 무언가를 설명할 수 있을지에 대해 걱정하던 두 명의 교수로부터 파생된 것이다.

학생들이 하는 질문의 중요성

이 모든 것은 학생들이 내게 하는 질문의 중요성을 강조한다. 이는 내가 탐색 질문 즉, 그저 우리가 말한 것을 받아들여서가 아니라, 왜 그런지 알고 싶어서, 어디에서 나온 것인지 알고 싶어서 하는 질문을 하는 학생들을 환영하는 이유이다. 순수하게 들릴지 모르는 질문이지만, 실은 굉장히 깊은 질문 말이다. 덧붙이자면, 이건 학생들이 그저 교수들을 괴롭히거나 테스트하는, 혹은 교수들을 곤란하게 만들거나 그들의 약점을 잡으려고 질문을 하는 것과는 매우 다르다. 나는 학생들이 여성 교사들, 특히 비백인 여성 교사들에게 그런 곤란한 질문을 할까 봐 두렵다.

나는 그 학생들을 탓하려는 것이 아니다. 교육 체계의 상당 부분이 그런 종류의 '총명함'을 가치 있게 여기고 보상하도록 세워져 있다. 다른 누군가와의 논쟁에서 상대를 구석으로 몰아 답할 수 없게 만듦으로써 '이기는' 그런 종류의 총명함 말이다. 안타깝지만 이는 결국 교사들이 사람들에게 그런 질문은 멍청한 것이라고 말하기도 함으로써 스스로를 그런 구석으로 몰게 될 수밖에 없는 분위기를 만든다. 이는 내가 끊고자 하는 악순환이다.

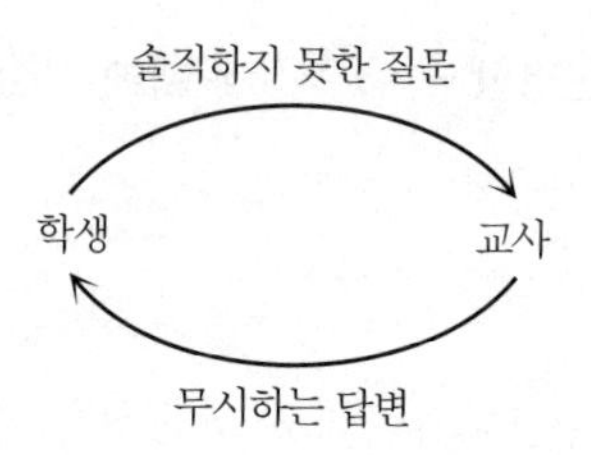

이러한 악순환을 끊을 수 있는 한 가지 방법은 다른 누군가를 멍청해 보이게 만들어야 하는 제로섬식 총명함 같은 것을 더 이상 가치 있게 여기지 않고, 진정성 있고 순수한 질문들을 소중하게 여기는 것이다. 우리는 흔히 '좋은' 질문과 '멍청한' 질문이 있다고 생각하지만, 나는 그런 질문들을 그 질문을 하는 사람이 진정 무언가를 이해하려고 하기 위해 하는 질문인지, 아니면 그저 자신이 똑똑해 보이기 위해 하는 질문인지 두 가지로 분류했으면 좋겠다.

내 생각에는 누군가 진정 무언가를 이해하고자 하는 질문은 항상 좋은 질문이다. 그리고 가장 순수한 질문은 대개 내가 가장 어려운 것을 생각하게 만드는 질문이다. 나는 아이들이 원에 면이 몇 개인지 궁금해할 때가 너무 좋다. 과연 원의 면은 직선이 없으니까 아예 없는 걸까, 아니면 전체를 빙 둘러싸고 있으니까 1개인 걸까, 아니면 무한히도 많은 걸까?

이 답들이 서로 모순되기 때문에, 그들 중 하나가 반드시 맞고 나머지가 틀릴 것이라고 생각하기 쉬울지도 모르겠다. 이는 우리가 특히 논쟁이나 갈등과 관련해 모두가 맞다는 느낌을 발견해서 더 깊은 이해를 하는 대신 '제로섬 게임'으로 이끄는 우리의 안타까운 경향 중 일부분이다. 나는 내가 〈$x+y$: 한 수학자의 젠더 다시 시작하기 성명서〉에서 도입했던 용어를 사용해, 제로섬 접근법을 '인그레시브ingressive'하다고, 다 같이 더 깊은 이해를 추구하는 것을 '컨그레시브congressive'하다고 부르겠다. 더 깊은 이해를 추구하는 접근법에는 종종 수학과 연관된 것보다 훨씬 더 많은 뉘앙스가 포함된다.

이분법적 논리 vs 뉘앙스

어떤 갈등 상황이 있다고 치자. 대립하는 두 가지 입장 다 겉보기에는 모순되어 보이지만, 각각 나름의 의미에서 옳을 수 있는 많은 상황이 존재한다. 이는 우리가 단순히 옳고 그름을 나눌 수 있는 이분법적 상황에 있지 않음을 의미한다.

하지만 수학은 논리를 기반으로 한다. 그것도 대개 이분법적 논리를 기반으로 해서 대부분 명제들이 참, 아니면 거짓이다. 그렇다면 내가 지금 모순된 말을 하고 있는 것일까? 나는 내가 명제들이 참인 감각을, 그리고 이들이 실제로 서로 모순되지 않음을 보여주려고 한다고 말할 수 있기를 바란다. 문제는 다양한 것들이 참이 될 수 있다는 '그러한 감각'을 가지게 되는 뉘앙스가 수학의 기반을 구축하기 위해 사용하고 있는 이분법적 논리 속 다양한 수준에서 작동한다는 것이다.

수학의 기반에 있는 논리는 내가 수학에서 정답과 오답이 있다고 인정하는, 본질적인 부분이다. 그러나 이는 우리가 논거를 세우기 위해 사용하는 기본 논리이다. 논거 그 자체가 아니라는 말이다. 기본 논리는 A와 B가 명제일 때 'A는 B를 암시한다'는 형태의 논리적 함의에서 세워진다. 이 논리적 함의는 'A가 참인 경우, B는 반드시 참'이라는 뜻이다. 'A는 B를 암시한다'고 말할 수 있는 또 다른 방법은 'A이면 B이다'이다. 혹은 더 길기는 하지만 'A가 참이면 B는 참이다'도 있다.

이와 같은 명제들이 이분법적이라는 것에는 일리가 있다. 어떤 함의가 참 혹은 거짓이라는 점에서 명제는 엄밀하게 이분법적이다. A가 B를 참으로 되게 만든다면 그 함의는 참이다. 참이 아닌 것으로 만든다면, 그 함의는 거짓이다. A가 완전히 강제적으로 B를 참이 되게 만드는 것이 아니라, 살살 참이 되게 만든다는 점에서 여전히 모호함이 존재할 수는 있다.

하지만 수학적 논리에서 그러한 경우 그 함의는 여전히 거짓으로 여겨진다. 그리고 그게 바로 뉘앙스가 들어오는 지점이다. 뉘앙스는 '흡수'되기 때문이다. 한 예로, 다음의 명제에 대해 생각해 보라.

'당신이 인간이라면, 당신은 포유류이다.'

이는 정의상 절대적으로 참이다. 생물학에 따르면 인간은 포유류로 분류되기 때문이다. 그렇다면 이번에는 다음 명제에 대해 생각해 보라.

'당신이 백인이라면, 당신은 부자이다.'

현재, 모든 백인이 부자는 아니지만 백인 중 일부는 부자다. 여기서 더 중요한 것은 백인이 영국과 미국, 아마도 전 세계에서 흑인보다 평균적으로 더 부자라는 것이다. 이 함의가 어떨 때는 참이고, 또 어떨 때는 참이 아니라고, 또는 평균적으로 참이라고 말하고 싶을 수도 있겠지만, 이분법적 논리와 논리적 함의의 관계는 이렇지 않다. 결론은 간혹 참이기만 하기에, 기본 논리에 따르면 함의 자체는 거짓으로 여겨진다. 내가 말하고자 하는 것이 바로 이것, 뉘앙스가 이분법적 논리로 흡수된다는 것이다.

뉘앙스가 흡수된다면, 뉘앙스를 잃게 되는 것인지 궁금할 수 있다. 하지만 여기서 중요한 것은, 뉘앙스가 영원히 흡수 상태로 남아 있지는 않는다는 것이다. 우리는 수학에서 추상화를 할 때마다 이를 영원히 하지는 않을 것이다. 그저 하나의 임시 단계로서 그 상황에서 우리가 이해할 수 있는 게 무엇인지 확인할 것이다. 이후에 우리는 우리의 생각들을 더 다듬을 수 있게 된다. 이분법적 논리라고 하더라도, 우리는 해당 뉘앙스를 계속해서 더욱더 깊게 탐색할 수 있고, 우리가 원하는 정도로 뉘앙스를 표현할 수 있다. 다음과 같이 말이다.

'영국과 미국에서 백인의 중간 소득은 흑인의 중간 소득보다 더 높다.'

다음으로, 개별 소득은 부의 유일한 지표가 아니기에, 가계소득, 아니면 가계 자산을 살펴볼 수 있을 것이다. 아니면 교육 및 보건과 같은 자원에 대한 접근성을 살펴볼 수도 있을 것이다. 투표나 투옥, 경찰 폭력 등 사회로부터의 포용이나 배제의 지표들을 살펴볼 수도 있다. 중앙값을 제외한 백분위수를 살펴볼 수도 있다. 우리는 우리가 원하는 만큼 뉘앙스를 계속해서 볼 수 있다.

그 뉘앙스는 맥락에 따른 상황에서 만들어지기도 한다. 즉, 우리는 여전히 주어진 맥락 어디에서든 이분법적으로 정답과 오답을 가질 수 있지만, 우리가 있는 맥락의 구체화 정도에 따라 수많은 뉘앙스가 있을 수 있다는 것이다. 이는 1+1이 결국 하나의 정답을 가지고 있지는 않으나, 아마도 어떤 맥락에서는 하나의 정답을 가지고 있다는 사실과도 같다. 이와 비슷하게 '모든 사람은 인종 차별주의자이다'라는 명제는 당신이 취하는 '인종 차별주의자'의 정의가 무엇인지에 따라 참이거나 거짓일 수 있으며, 이 질문에 대해 생각하는 것은 사람들에게 수치심을 주려는 덜 생산적인 목적보다는 우리가 말하는 '인종 차별주의자'에 관심을 집중시킨다.

요약하건대, 수학에서 옳고 그름이라는 뚜렷한 개념이 분명히 있다는 게 어떤 의미에서는 맞는 말이라는 것을 인정한다. 논리를 기반으로 하기 때문이다. 논리는 특정한 방향으로 흘러가고, 그러한 방향을 거스르는 것은 올바른 논리가 아니다. 그러나 이는 '1+1=2'가 옳거나 그른 유형의 문제이며, 그것이 유일한 정답이라고 이야기하는 것이 아니다. 논리의 옳고 그름은 추론 과정의 옳고 그름과 더 관계가 있다. 예를 들어, 만약 우리가 'A는 B를 암시한다'가 참이라는 것을 알면, A가 참일 때마다 우리는 B가 참이라고 올바르게 추론할 수 있다. 그러나 B가 참이라는 사실을 안다는 게 A도 참이라고 추론할 수 있음을 의미하지는 않는다. 만약 A가 참이라고 추론한다면, 우리의 논리는 잘못된 것이다.

이는 일상생활 속 논쟁에서 훨씬 더 자주 볼 수 있는 일이다. 예를 들어, 우리나라에 불법 거주 중인 사람이 이민자라는 것을 안다. 분명 다른 어딘가에서 왔을 것이기 때문이다. 하지만 어떤 사람들은 이것이 이민자인 사람들 모두가 우리나라에 불법 거주하는 것을 의미한다고 생각한다. 이는 잘못된 논리이다. 이 상황의 옳고 그름에 있어서는 뉘앙스가 없다. 논리가 그저 잘못됐을 뿐이다. 한편, 누군가는 이민자를 두려워할 수도, 이민자를 반대할 수도, 이민자를 좋아하지 않을 수도 있다. 이런 관점들은 무지하고, 혐오감을 자아내며, 어쩌면 편견이 아주 심하고, 종종 위선적이기도 하지만, 엄밀하게 논리적으로 잘못된 것은 아니라고 말하고 싶다.

그래서 나는 수학이 정답을 얻는 것이 아니라, 좋고 타당한 근거를 구축하는 것과 관련된 것이라고 말하겠다.

정답보다는 정당한 근거

대학 수학 정도면 그 초점이 정답이 아닌 정당한 근거로 전환되는 경향이 있다. 이는 이전에 '정답'을 얻는 게 쉽다고 생각해 수학을 좋아했던 사람들에게 충격일 수 있다. 대학에서 질문은 '이 질문의 답은 무엇인가?'에서 '이것이 올바른 답인지 보여줄 것'으로 옮겨 가는 경향이 있다. '답'이라는 표현은 무엇이 답인지가 아니라, 정당한 근거를 강조하기 위해 질문 속에 주어지는 것이다.

아이들에게 강조하는 것 또한 이러한 방식으로 전환할 수 있다. 이것을 설명할 때 내가 가장 들기 좋아하는 예시는 작가 크리스토퍼 다니엘슨Christopher Danielson의 훌륭한 책 〈이 중 속하지 않는 것은?Which One Doesn't Belong?〉이다. 각 페이지에는 4개의 그림이 있고, 거기에 바로 '이 중 속하지 않는 것은?'이라는 질문이 나온다. 그런데 여기서 4개의 그림 중 어떤 것도 당신이 선택하는 맥락에 따라 그 '속하지 않는 사진'이 될 수 있다. 즉, 정답과 오답은 없고, 여러 그림이 속하지 않는 게 말이 되는 것이다. 이는 우리의 초점을 정답 대신 타당한 근거로 옮겨준다.

나는 이를 구구단과 같은 것들에 대해서도 해보고는 한다. 아이들에게 '6 곱하기 8이 뭐지?' 대신 '6×8=48이라는 것을 보여줘'라고 물을 수 있다. 만약 우리가 '6×8=48이 뭐지?'라고만 묻는다면, 아이들은 생각하지 않고 이를 그저 '알기만' 할 수도 있다. 나는 나의 의식적인 두뇌 부위를 작동시키지 않고도 '6 곱하기 8은 48'이라고 말할 수 있다. 하지만 누군가가 나를 믿지 않는다면, 나는 다음과 같이 내 답을 뒷받침하는 설명을 여러 개 제공할 수 있을 것이다.

- 8씩 더해 8, 16, 24, 32, 40, 그다음 48임을 구할 수 있다.
- 6 곱하기 8의 답을 알아내기 위해 6=3+3을 이용해서 3 곱하기 8을 한 다음, 그 답을 3 곱하기 8에 더하여 48을 구할 수 있다.
- 이와 비슷하게, 8=4+4를 이용해서 6 곱하기 4를 한 다음 그 답을 6 곱하기 4와 더하여 48을 구할 수 있다.
- 6 곱하기 8이 8 곱하기 6과 같다는 사실, 그리고 8=10-2를 이용해 10 곱하기 6을 한 다음, 거기에서 2 곱하기 6을 빼서 48을 구할 수 있다.
- 6=5+1임을 이용해서 5 곱하기 8에 8을 더하여 48을 구할 수 있다.

이는 아이들이 똑같은 것을 할 때 다양한 '전략들'을 배워야 하는 경우 학교에서 구현되는 방식이다. 나는 종종 부모들이 이게 얼마나 의미 없는 일이냐고 항의하는 것을 듣기도 한다. 아이들이 한 가지 방식으로 계산을 할 수 있는데 왜 다른 방식까지 모두 알아야 하냐는 것이다. 특히 나머지 방식들이 부모들 스스로 알지 못하는 방법일 경우에는 더더욱 그렇다.

여기서 중요한 점은 무언가에 대해 다양한 사고방식을 가지고 있다면 그것에 대해 더 깊은 이해를 하고 있는 것이 전제가 되며, 당신이 하고 있는 것이 확실한지 점검할 수 있는 더 많은 방법들을 알려준다는 것이다. 집의 지붕을 고치기 위해 올라갈 발판을 만드는 것과 비슷하다. 목숨을 걸기 전에, 단 한 가지 방식이 아닌 여러 가지 방식으로 발판이 안전한지 당신도 확인하고 싶을 것이다.

이는 수학이 단순히 정답을 얻는 것이 아닌, 그 정답을 어떻게 알게 되었는지에 관한 것임을 아는 게 중요한 이유이다. 여기서 한 가지 문제는 구구단이 전형적인 수학 교육에서 너무나 일찍 특색이 되어, 소위 '수학 좀 잘한다' 하는 사람들은 기본 구구단을 너무나 빠르게 익힌다는 것이다. 이는 그들이 구구단을 암기한 것처럼 보이게 만들고, 구구단을 암기하는 것이 좋은 수학자가 되려면 중요한 부분인 것 같은 부자연스러운 상황을 만든다.

물론 항상 그런 것은 아니다. 나는 개인적으로 구구단을 암기한 적이 없다. 나의 멋진 박사 지도교수님이신 마틴 하일랜드 Martin Hyland 교수님께서 어린 시절 구구단으로 인한 다툼에 관한 이야기를 해주신 적이 있다. 여덟 살이었던 마틴 하일랜드는 매일 학교에서 구구단 시험을 봤다고 한다. 그리고 3일 연속 모든 문제를 맞히는 학생은 더 이상 시험을 보지 않아도 되었다는 것이다. 그리고 마틴 하일랜드는 당시 미션을 달성하지 못한 유일한 학생이었다. 그리고 그 반에서 세계적으로 유명한 연구수학자이자, 케임브리지대학교 교수가 된 유일한 학생이었다. 교수님의 말씀에 따르면, 그는 '의미 없는 것처럼 보이는 것에 대한 기억력은 꽝'이지만, 아이디어의 모양에 대한 기억력은 좋았다. 추상수학은 아이디어의 모양에 관한 것이지만, 안타깝게도 너무나 많은 아이들이 이를 암기해야만 하는 의미 없는 사실로 본다.

나 또한 사실을 암기하는 것에 꽝인 사람이다. 구구단을 알고 있고, 평균보다 빠르게 외울 수 있지만, 10단까지만 그렇고 11단도 가능할지는 잘 모르겠다. 하지만 최소한 기계식으로 암기하려고 노력하지는 않았다. 마치 내 이름이 내 기억에 있는 것처럼 구구단도 어느 정도는 내 머릿속에 있다. 하지만 내가 내 이름을 암기했다고 말하기에는 좀 이상하다. 나는 내가 구구단을 안다고 말하는 게 좋다. 아니면 내가 그것들을 '내면화' 했다거나. 하지만 실제로 내가 한 것은 숫자들 사이의 다양한 관계를 깊게 이해하는 것이었다. 또 정신적 시각화 같은 다양한 방법, 곱하는 숫자의 순서가 상관없다는 교환법칙, 곱셈의 결합법칙, 덧셈과 곱셈의 분배법칙 등도 있다. 이러한 도구들은 아주 빠르게 기억을 불러일으킬 수 있게 만들었다. 이를 통해 나는 구구단을 이해하지 못한 사람들에게 설명할 방법을 더 많이 알 수 있었고, 항상 그렇게 할 기회를 즐겼다. 그래서 나는 가르치는 것에 이끌리고, 모든 게 '명백하다'고 생각하며 설명을 필요로 하지 않는 학생들보다, 순수한 질문을 하는 학생들을 가르치는 것에 특히 이끌린다. 추정상 명백한 것들은 종종 수학을 하는 과정에 있어서 가장 많은 빛을 비춰준다. 그런데 만약 그 빛을 간과하고 넘어가면 우리는 내가 수학에 관해 심오하고 이해에 도움이 된다고 생각하는 것들 중 많은 것을 놓치게 된다. 한 가지 대표적인 예는 0으로 나누는 것에 관한 것이다. 수학의 프레임워크에 대해 다루었던 모든 주제에 대해 정리하기 위해 이에 대해 논의하는 것으로 이번 장을 마무리하고자 한다.

왜 우리는 0으로 나눌 수 없는가?

'왜 0으로는 나눌 수 없는가?'라는 문제는 수 세기 동안 사람들을 괴롭혀 왔다. 어떤 사람들은 이것이 명백하다고 말한다. 쿠키 한 꾸러미를 나눠서 사람들에게 각각 0개의 쿠키를 나눠주려고 한다면, 우리는 모든 쿠키를 절대 다 사용할 수 없을 것이다. 하지만 이는 '나누다'라는 것이 어떤 의미인지 그 해석에 따라 달라진다. 여기서 그 또 다른 해석이 등장한다. 만약 우리가 0명의 사람들 사이에서 쿠키 한 꾸러미를 나누어 주려고 한다면, 각각이 갖게 되는 쿠키는 몇 개인가? 약간 까다로운 문제다. 모두가 0개의 쿠키를 가진 것처럼 보일지 모르기 때문이다. 또한 0명의 사람이 각각 1개의 쿠키를 가졌으니 모두가 1개의 쿠키를 가진 것으로 볼 수도 있다. 같은 방식으로 모두가 2개의 쿠키를 가졌다고도 할 수 있다. 우리가 '모두'를 고려한다고 하지만, 이 '모두'가 총 0명일 때, 이런 상황을 '공허하다'고 한다. 우리가 해당 조건을 사람들의 공집합에 적용했으니 그 상황이 공허하게 만족된다는 것이다. 이는 내가 '우리 집 안의 코끼리가 모든 코끼리가 보라색이다', 즉, '우리 집 안에 코끼리가 0마리 있는데, 그들 각각이 보라색이다'라고 말하는 것과 같다.

왜 0으로 나눌 수 없는지를 이해하기 위해, '나눗셈'이 무엇인지에 대한 이해가 우리에게 더욱 필요하다. 나눗셈은 어렵다. 확실히 곱셈보다 어렵고, 곱셈은 이미 덧셈보다 어려운 것이다. 나눗셈이 어려운 이유는 부분적으로는 실생활 시나리오에서 나눗셈에 대해 두 가지 다른 해석이 존재하기 때문이다.

예를 들어, 12를 6으로 나누는 것에는 12개의 카드를 취해, 사람 6명에게 나눠주는 것일 수 있다. 실제 카드 게임을 하는 것처럼 할 수 있다. 모두가 각각 1장의 카드를 받고, 다시 한번 처음부터 시작해서 모두에게 또 다른 카드 한 장씩을 주는 것과 같다. 그리고 마지막에 각각이 몇 장의 카드를 가지고 있는지 확인하고, 그 답이 2장이라는 것을 알게 되는 것이다.

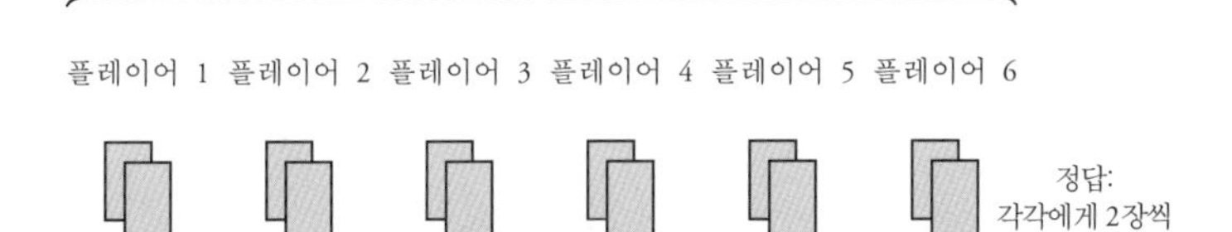

하지만 여기 또 다른 방법이 있다. 이번에는 12장의 카드를 집어서, 6장씩 포개는 것이다. 그럼 12장 중 6장은 한 패에 쌓이고, 또 다른 6장은 또 다른 패에 쌓일 것이다. 마지막으로 몇 개의 패가 생기는지 확인해 보면, 2개인 것을 발견하게 된다.

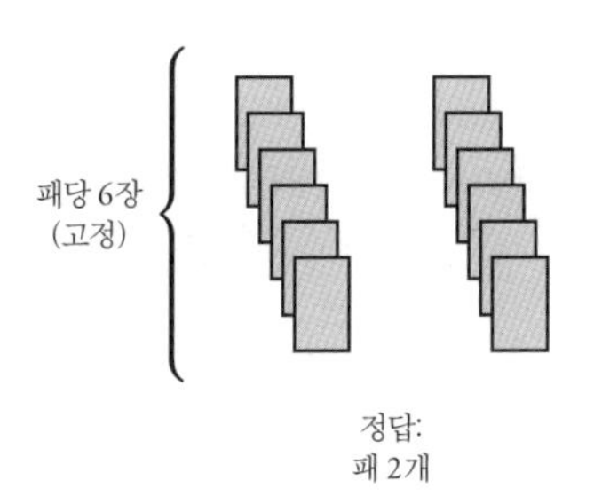

이 차이가 매우 혼란스러울 수 있다. 한 번은 내가 학교에서 나눗셈을 너무 힘들어하는 아주 어린 학생을 한 명 도와줄 때였는데, 나에게는 그 아이를 도와주기 위한 책이 한 권 있었다. 문제는 그 책에서 위의 첫 번째 방법으로 나눗셈을 설명하고 있었지만, 아이가 원했던 것은 두 번째 방법이었다는 것이다.

어떤 방식으로 하든 사실 답은 똑같다. 하지만 그 과정이 상당히 다르다. 전자의 경우 답이 '카드 2장'이었지만, 후자의 경우 '패 2개'이다. 전자에서는 패의 수를 고정했고, 각 패에 몇 장의 카드가 있는지 셌지만, 후자의 경우 각 패의 카드 장수를 고정하고, 패의 수를 셌다. 이 두 경우가 왜 똑같은 답을 줄 수밖에 없는지는 그렇게 명백하지 않다. 최소한 나는 이게 그렇게 명백하다고 생각하지 않으며, 수학적으로 명백하지 않기 때문에 이것이 명백하지 않다고 생각하는 사람들이 명백하다고 생각하는 사람들보다 더 수학자 같이 생각하는 것이라고 여긴다. 그러나 이것이 명백하다고 생각하는 사람들은 수학 숙제를 빠르게 해서 칭찬을 받는 사람일 가능성이 높은 한편, 명백하지 않다고 생각하는 사람들은 이에 대해 받아들이고 생각하며 수학 속도가 느린 사람처럼 보일 것이다.

수학자들은 두 가지 방식 중 하나를 선택해 나눗셈을 정의하지 않는다. 애매한 것이 한둘이 아니기 때문이다. 또한, 우리가 이미 시도한 또 다른 방법이 있다는 것은 새로운 개념을 생각해 낼 필요가 없다는 것을 뜻하기 때문에 두 방법으로 나눗셈을 정의하지 않는다. 우리는 음수에서 '상쇄'나 '역원'에 대해 생각했던 것처럼 정의할 수 있다. 음수를 정의할 때, 우리는 덧셈과 관련해서 역원에 대해 생각했다. 덧셈의 과정을 상쇄한 것이다. 나눗셈과 관련해서 우리는 덧셈이 아닌 곱셈에 관한 역원에 대해 생각해 볼 것이다. 이는 우리가 이미 개발한 사고 절차 일부를 재사용할 수 있다는 것을 의미하는 것뿐 아니라, 0으로 나누는 문제에 관해 더욱 엄밀하게 생각할 수 있게도 해줄 것이다.

역원으로서의 나눗셈

우리가 곱셈을 상쇄함으로써 음수를 정의했던 것과 같이, 엄밀한 수학에서 나눗셈은 곱셈을 상쇄하는 절차로 정의된다. 이는 추상적으로는 뺄셈과 나눗셈이 같은 것이라고 말하는 것이다. 하지만 우리는 이 유추를 하는 방식에 있어서 유의해야 한다.

우리는 음수를 정의할 때 '덧셈을 상쇄하고 우리가 시작한 지점으로 다시 돌아가는 것'을 생각함으로써 시작했다. 그리고 이는 우리가 다시 0으로 되돌아간다는 것을 의미했다. 우리는 이미 덧셈에 대해서 0을 '아무것도 하지 않는' 대상으로 특징지었다. 즉, 어디에든 0을 더해도 그것이 변하지 않는다는 것이다. 그래서 우리는 곱셈에 대해 '아무것도 하지 않는' 대상이 무엇인지 알아내는 것부터 시작해야 한다. 이것은 더 이상 0이 아니다. 모든 것에 0을 곱하면 바뀌기 때문이다. 모두 0이 된다.[12]

---

12 물론 0에 0을 곱하면 0이 바뀐다고 할 수는 없다.

대신 곱셈에 대해 '아무것도 하지 않는' 숫자는 1이다. 즉, 어떤 수에든 1을 곱해도 그 수는 변하지 않는다. 여기서 우리가 시작한 숫자를 나타내기 위해 다시 한번 여기서 문자 x를 사용함으로써 더욱 의례적으로 설명할 수 있다. 지금 이야기하고 있는 것은 어떤 숫자 x에 대하여 $x \times 1 = x$라는 것이다.

이에 대한 기술적 용어는 '항등원'이다. 우리는 1을 곱셈에 관한 항등원 즉, '곱셈 항등원'이라고 하며, 0은 덧셈에 관한 항등원 즉, '덧셈 항등원'이라고 한다.

그렇다면 이제는 항등원으로 돌아가기 위해 숫자를 상쇄하는 방법에 대해 물을 수 있을 것이다. 곱셈에 관해서는 곱셈을 통해 숫자 4를 상쇄해 1로 어떻게 돌아갈 수 있을지를 물을지 모른다. 우리를 위해 이렇게 해주는 숫자는 $\frac{1}{4}$이다. 즉,

$$4 \times \frac{1}{4} = 1$$

인 것이다.

이는 우리가 음수를 정의한 방식과 같이 분수를 추상적으로 정의할 수 있는 방식이다. 우리는 곱셈 역원이 세상의 모든 숫자에 대해 존재하기를 바란다고 결정했기에 이들을 기본 구성 요소에 넣는다. 그렇게 되면 '4 빼기'가 '4의 덧셈 역원 더하기'를 더 짧게 말하는 방식인 것과 같이, '4로 나누기'는 '4의 곱셈 역원 곱하기'를 더 짧게 말하는 방식인 것이다.

중요한 점은 이것이 항상 우리에게 실제로 12 나누기 6과 같

은 나눗셈에 대한 답을 찾을 수 있는 방법을 말해주지 않는다는 점이다. 이는 원칙적으로 우리에게

$$12 \times \frac{1}{6}$$

을 하라고 알려준다.

이는 '12에 6을 상쇄하는 수를 곱하기'를 의미한다. 실제로 우리는 $\frac{1}{6}$이 6을 상쇄하게 할 수 있도록 12를 '무엇을 6배 한 것'이라고 표현하는 방법을 알아내야만 한다. 즉, 우리가 12가 2×6임을 알 수 있다면, 우리는 다음을 알아낼 수 있다.

$12 \div 6 = 12 \times \frac{1}{6}$	정의상
$= 2 \times 6 \times \frac{1}{6}$	12를 2×6으로 재표현
$= 2$	6을 $\frac{1}{6}$로 상쇄

만약 이것이 굉장히 난해한 것 같다고 한다면, 나도 온 마음을 다해 동의한다. 그리고 바로 내가 말하려던 것이 바로 그것이다. 나눗셈은 실제로 난해하다. 아마도 분배를 사용해 나눗셈을 하는 게 훨씬 더 간단해 보일지도 모른다. 이는 참이기는 하지만 완전히 그런 것은 아니다. 우리는 역원을 통해 추상적으로 정의한 나눗셈을 훨씬 더 잘 이해할 수 있고, 이를 도형과 대칭 같은 '분배라는 개념이 실제로 존재하지 않는' 다른 세계로도 확장할 수 있다.

추상적인 접근법을 통해서도 음수에 관한 유추를 통해 여러 가지를 이해할 수 있다. 예를 들어, 우리는 $-(-x)=x$와 비슷한 결과를 보자마자 이해할 수 있다. 이 식이 말하고자 하는 것은 'x의 덧셈 역원의 덧셈 역원은 x'라는 것이다. 여기서 우리는 곱셈 역원에 대해서도 이를 할 수 있다. 단계별로 말이다. 먼저 우리는 x의 곱셈 역원[13]을 $\frac{1}{x}$이라고 쓴다. 즉, 다음과 같이 x를 1로 상쇄하는 숫자라는 것이다.

$$x \times \frac{1}{x}=1$$

이제 $\frac{1}{x}$의 역원을 구해 본다면? 이는 수학을 배우는 수많은 학생들의 마음에 공포가 드리우게 만드는 질문일 것이다. 분수로 나눈다고 하면 다음과 같다.

$$\frac{1}{\frac{1}{x}}$$

하지만 이는 '$\frac{1}{x}$을 상쇄하는 수'일 뿐, 우리는 이미 x가 그 수라는 것을 안다. 그래서 우리는 다음을 안다.

$$\frac{1}{\frac{1}{x}}=x$$

13 덧셈 역원에 관해, 우리는 x를 상쇄할 수 있는 숫자는 단 하나임을 보여줘야 한다. 그렇지 않으면 이 정의는 모호해진다.

이는 다음 수준의 추상화에서 $-(-x)=x$와 '같다'. x의 역원의 역원은 항상 x다. 역원이 존재하는 한 어떤 종류의 역원을 이야기하는 것이든지 말이다.

더 일반적으로, 이는 우리가 분수로 나눌 때 왜 '위, 아래를 거꾸로 해줘야' 하는지를 설명한다. 지금까지 우리가 얘기한 것에서부터 도출해 내기에는 몇 단계 더 거쳐야 하기는 하지만 말이다. 하지만 내가 진정 원했던 것은 이것이 왜 '우리가 0으로 나눗셈을 할 수 없다는 것'을 뜻하는지 설명하는 것이었다. 아니, 오히려 우리가 0으로 나눗셈을 할 수 없다는 것이 무슨 뜻인지 설명하고자 한다.

우리가 0으로 나눌 수 있는 경우와 나눌 수 없는 경우

질문. 0으로 나눈다는 것은 무슨 뜻일까? 우리가 지금까지 공부한 것은 나눗셈이 '곱셈 역원을 곱하는 것'을 뜻한다는 것이다. 당신은 0의 곱셈 역원이 $\frac{1}{0}$이라는 존재하지 않는 수라고 생각할지 모른다. 어느 정도는 참이지만, 여기에는 우리가 제거해야 할 논리가 있다. $\frac{1}{0}$이 존재하지 않는다는 것을 우리는 어떻게 아는 걸까? $\frac{1}{2}$, $\frac{1}{3}$, $\frac{1}{4}$…처럼 그저 하나의 구성 요소로서 포함할 수는 없는 걸까? 우리는 사전에 그들이 무엇인지 알 필요는 없다. 그저 구성 요소로서 포함하고 어떤지 이리저리 둘러보면 된다. 이건 매우 좋은 질문이다.

여기서 난제는 만약 우리가 $\frac{1}{0}$에 대해 그렇게 하려고 한다면 몇 가지 문제에 마주하게 된다는 것이다. 만약 이 새로운 대상이 0에 대한 곱셈 역원이 된다면, 이는 '0을 상쇄하고 1로 돌아가'야 인지상정이다. 이는 숫자 a가 다음과 같이 된다는 것이다.

$$0 \times a = 1$$

하지만 위와 같은 일은 일어날 수 없다. $0 \times a$는 항상 0이기 때문이다. 이는 0이 곱셈 역원을 가질 수 없다는 것을 의미한다. 즉, 문제의 속성을 만족시킬 수 있는 숫자가 될 수 없다는 뜻이다. 최소한 보통의 숫자 체계에서는 말이다. 그리고 이는 실제로 '당신이 0으로 나눗셈을 할 수 없다'고 하는 것과 같다. 보통의 숫자 체계에서는 0에 대한 곱셈 역원이 없다는 뜻이다.

이에 관한 또 다른 사고방식은 '0을 곱하는' 절차를 거꾸로 할 수 없다는 것이다. 왜냐하면 모든 것이 0이 되어 버리기 때문이다. 거꾸로 하려고 한다면, 어디로 되돌아갈지 알지 못할 것이다. 모든 게 같아지기 때문이다. 이것은 당신이 모든 문자를 X라고 쓴 코드를 만드는 것과 같다. 그렇게 되면 나는 당신에게 다음과 같이 암호화된 메시지를 보낼 것이다.

XXXX XX X XXXXXXXXXX XXXXXXXX

하지만 당신은 이 암호를 해독하고자 하는 희망조차 없을 것이다.

모든 문자가 결국 같은 것으로 변하기 때문이다.

이제 우리가 여기서 또 다른 결과를 이용했다는 사실을 알아차리는 것이 중요하다. 우리는 $0 \times a$가 항상 0이라는 사실을 이용했다. 당신은 이게 어디로부터 도출된 것인지 궁금해할지도 모른다.

물론 궁금해하기 좋은 질문이다. 이 또한 상당히 심오한 질문이기 때문이다. 아마도 이게 항상 참이 아니라면, 우리는 0으로 나눗셈을 할 수 있다는 걸까? 아주 좋은 생각이다. 실제로 우리가 왜 0으로 나눗셈을 할 수 없는지 묻는 것은 늘 그렇듯 최고의 질문은 아니다. 이보다 더 나은 질문은 '어떤 경우에 0으로 나눗셈을 할 수 없는가? 그리고 어떤 경우에 0으로 나눗셈을 할 수 있는가?'이다.

우리는 보통 숫자의 세계에서는 0으로 나눗셈을 할 수 없다. 나머지 상호작용의 규칙이 0으로 나눗셈을 하면 모순이 발생함을 뜻할 것이기 때문이다. 그렇다면 그러한 상호작용 규칙은 어디서 오는 것일까? 사실 이는 보통의 숫자 세계의 정의에 속한다. 이에 대해서는 추후 다시 이야기하겠다. 우선은 탐색할 수 있는 완벽하게 유효한 수학적 세계들이 있다는 것이고 그 세계들에서는 다양한 일들이 일어난다.

수학자들은 당신이 0으로 나눗셈을 할 수 있는 다른 세계들을 탐색한다. 많은 아이처럼 수학자들은 당신이 0으로 나눗셈을 할 수 없다는 사실에 꽤 절망스러워하기 때문이다.

우리는 0으로 나눗셈을 해 무한대를 얻을 수 있다는 것이 말이 된다고 느낀다. 무한대 또한 평범한 수가 아닌 경우를 제외하고 말이다. 그래서 우리는 무한대를 포함하는 세계에 있어야 한다. 그리고 그런 세계를 만들 수 있는 방법은 다양하다. 그중에는 필자가 연구에서 직접 해본 방법도 있다. 이 방법에서 당신은 기본적으로 무한대를 기본 구성 요소로 두고, 거기에서부터 시작한다. 다른 상호작용 규칙은 생각하지 않는다. 무한대가 포함되면 그런 규칙들이 어떤 모순들을 일으키기 때문이다. 예를 들어, 어떤 것들을 다른 수로 곱한다고 하더라도 같은 결과가 나온다는 법칙인 '곱셈의 교환법칙'을 생각하지 않아야 할 수도 있다. 아니면 덧셈과 곱셈이 상호작용하는 방식 중 일부를 생각하지 않아야 할 수도 있다. 아니면 '덧셈이 반복되는' 곱셈을 생각하지 않아야 할 수도 있다.

만약 이번 탐색으로 인해 더욱더 혼란스러운 느낌이 든다면, 어느 정도는 제대로 가고 있는 것이다. 우리가 당연하다고 들어왔던 것들에 대해 제대로 생각해서 의문을 제기하기 시작할 때 발견하게 되는 이상하고 혼란스러운 성질들은 너무나 많다. 그 이상하고 혼란스러운 성질들을 이해하는 것이 수학의 핵심 부분이다. 이는 유럽인들이 처음 호주에서 오리너구리를 마주하고는 모순처럼 보이는 이 생명체의 모습에 너무나 당황해했던 것과 다소 비슷하다.

물론 오리너구리는 모순의 생명체가 아니었다. 세상에 대한 유럽인들의 시각이 너무나 좁아서 그런 생명체를 이전에는 받아들일 수가 없었던 것이다. 혼란스러운 것을 이해하는 것은 우리의 사고를 발전시키는 데에 있어 중요한 부분이며, 수학자들에게 동기를 부여하는 원동력 중 하나이다. 다음 장에서 확인할 수 있을 것이다.

3장

우리는 왜 수학을 하는가

"왜 1은 소수素數가 아닌가?"

이 질문에 대해 바로 나오는 대답은 '소수는 1과 자기 자신으로만 나눌 수 있는 수이지만 1은 소수로 치지 않으니까'이다. 당신이 이 답을 만족스러워하지 않기를 바란다. 이건 '정의가 그렇다고 하니까'라고 하는 것과 다를 바 없으니 말이다. 이건 내가 두려워하는 '내가 그렇게 말한 건데 뭐!'의 또 다른 변형으로, 다음과 같은 질문으로 이어진다. '그렇다면 그 정의는 왜 그렇게 말하는가?'

아마 이건 사람들을 영원히 약 올리는 질문일 것이다. 어떤 정의가 가지고 있는 아주 짜증 나는 사소한 경고 같기도 하다. 학생들이 시험에서 1점 감점을 받아, 세세한 것에 대한 수학의 집착에 짜증을 느끼는 질문이기도 하고 말이다.

아마도 이미 내가 꺼냈던 이야기에서 영감을 받은 당신은, 1을 소수로 여기고 싶은 느낌이 들지도 모른다. 소수에 포함했을 때 어떤지 살펴보기 위해서 말이다. 이는 우리가 0, 음수 등 다른 것들에 대해 했던 것과 같다.

그런데 왜 1을 소수에 넣고 싶은가? 1이 왜 소수가 아닌지 묻는 것은 아주 좋은 질문이다. 이 질문에 대한 답을 잘하려면 우리는 스스로에게 먼저 왜 소수에 대해 생각했는지부터 물어야 한다. 소수의 목적은 무엇인가? 우리가 소수를 공부하는 이유는 무엇인가? 우리가 수학에서 무언가를 공부하는 이유는 무엇인가? 실제로, 우리가 도대체 무언가를 하는 이유는 무엇인가?

이번 장에서 나는 우리가 왜 수학을 공부하는지 이야기해 볼 것이다. 진심이다. 우리가 학교에서 수학을 공부하는 이유는 그저 시험을 통과하고 자격요건을 충족시키기 위해서인 것처럼 보일지 모른다. 하지만 수학자들은 수학을 사랑하고, 통과할 시험이 더 이상 없어도 수학을 할 만큼이나 수학에 신경을 쓴다. 우리는 아직 답을 얻지 못한 급한 문제들이 있으므로 수학을 공부한다. 무언가에 대해 더 이해하고자 하기 때문에, 아니면 다른 사람들의 답을 곧이곧대로 받아들이고 싶지 않기 때문에, 멀리서 아른거리는 무언가가 보이는데 그걸 더 잘 보고 싶기 때문에 수학을 공부한다. 가끔 퍼즐 조각들을 맞추고서는 채워야 할 빈 곳이 더 있음을 확신하기 때문이기도 하다. 가끔은 무엇이 들었는지 알 수 없는 상자가 하나 있고, 그 안에 뭐가 들었는지 그냥 알고 있어서일 때도 있다. 또 가끔은 산이 하나 있고, 그저 이끌려서 그곳에 올라가 경치를 보고 싶어서일 수도 있다. 그리고 당연히, 가끔은 해결하고 싶은 구체적인 문제가 있어서일 때도 있다. 이건 아마도 수학에 대한 가장 명백한 동기일 것이다. 하지만 사실 이보다는 훨씬 더 많은 이유들이 있다. 가끔은 그냥 재미를 위해서 수학을 하기도 한다. 자라나는 무언가를 키우는 것은 재밌기 때문이고, 햇볕을 찾는 이유는 눈이 부시도록 아름답기 때문이다.

수학은 종종 마치 우리에게 필요할 하나의 스킬 같은 압박이 되기도 한다. 하지만 정말 정직하게 말하자면, 학교에서 배우는 수학은 직접적으로 유용하지는 않아서 본인이 재미를 느끼지 못한다면 사실 그것을 하는 의미는 없다.

무의미한 수학

주기적으로 납세 기간이 다가오면 다음과 같은 밈이 떠도는 걸 쉽게 확인할 수 있다.

> 삼각형 시즌이 돌아올 때마다
> 우리가 삼각형에 대해 공부했다는 게 너무 기뻐.

이 밈의 의미는 우리가 학교에서 열심히 삼각형에 대해 배웠지만 전혀 쓸모가 없다는 것이다. '실생활'에서 삼각형이 필요한 적이 없기 때문이다. 그러나 우리는 세금에 대해서는 빠삭하게 알고 있어야 하기 때문에, 삼각형에 관한 쓸데없는 것들을 배우는 대신에 학교에서 납세 방법과 같은 것들을 공부하는 게 훨씬 더 유용했을 것이라는 거다. 이건 정규직이라면 자동으로 소득 처리가 되는 영국과는 달리 한 사람도 빠짐없이 직접 소득 신고를 해야하는 미국과 더 관계가 깊은 이야기이기는 하다.

이 밈은 여러 가지 방면에서 동시에 나를 슬프게 한다. 먼저, 여기에는 진실이 어느 정도 담겨 있다. 우리가 학교 수학에서 하는 많은 것들이 사실 일상생활에서 정말 유용할까, 싶은 것들이기 때문이다. 아니면, 직접적으로는 유용하지 않을 것이기 때문이다. 나는 이게 핵심이라고 생각한다. 중요한 것은 '유용하다'는 것이 다소 광범위한 것들을 뜻할 수 있기 때문에, '직접적으로 유용한 것'으로서의 수학에 초점을 아주 오랫동안 맞추어 왔으면서도 직접적으로 유용하지 않은 것들을 가르치고 있다는 것이다.

이런 문제를 고칠 수 있는 방법에는 두 가지가 있다. 한 가지는 직접적으로 유용한 수학을 가르치는 게 될 것이다. 여기에는 세금, 담보 대출, 대출 상환, 예산 편성과 같은 것들이 있을 것이라고 생각한다. 개인적으로는 끔찍할 정도로 지루한 것들이라는 생각이 들지만 말이다. 굉장히 제한적이기도 하다. 만약 '세금 신고하는 법'을 알려준다면, 이는 세금 신고하는 것 외에는 달리 쓸모가 없다. 담보 대출과 비슷하게 작동하는 것 역시 많지 않다. 그래서 담보 대출에 대해 이해하는 것은 담보 대출을 이해하는 것 이외에 다른 것에는 그렇게까지 도움이 되지 않는다.

사실 이 모든 것은 '왜 수학 교육을 하는가?'라는 질문으로 수렴한다. 그리고 이는 왜 우리가 수학을 하는지는 물론이고, 왜 우리가 교육을 하는지까지 이어진다. 그리고 우리가 삶에서 무언가를 왜 하는지까지도.

내가 공립 학교에서 수학 시간이 끝날 때 받았던 질문 중에 정말 좋아하는 질문이 하나 있다. 파나마의 여섯 살짜리 여학생이었다. 그녀는 '수학이 어디에나 있다면, 왜 우리가 학교에서 이걸 공부해야 하느냐?'고 물었다. 내가 수학적인 수준에서, 그리고 언어의 메타적 수준에서 모두 순수한 질문과 관련해 불가사의하다고 생각했던 것을 압축한 질문이었다. 내 스페인어 실력이 예전에 비해 너무나 녹슬어 있기는 했지만, 스페인어로 묻는 그녀의 질문을 충분히 이해할 수는 있었다. 그렇지만 뭐가 됐든 스페인어로 답할 수준은 아니었다. 그래서 그때는 통역사에게 의존할 수밖에 없었다. 수학에서 순수한 질문은 이렇다. 묻기에 굉장히 쉬울 수 있고, 또 이해하기에도 굉장히 쉬울 수 있지만 답하기에는 너무나 어려운 질문 말이다.

내가 생각하기에 정식 교육에서 중요한 것은 인생 교육에서의 중요한 것과 정반대다. 그건 바로 우리 스스로 처음부터 끝까지 모든 과정을 '경험'으로 배울 필요 없이, 인간 세대별로 이어져 오는 지식을 축적하는 거다. 그렇다. 어떤 것들은 경험을 통해서만 배울 수 있다. 가령 슬픔을 감당하는 법 같은 것들 말이다. 하지만 나 같은 경우, 여기에 있어서도 전문 심리학자로부터, 그리고 전문가가 그 분야에서 익힌 적절한 지식들로부터 어마어마하게 많은 도움을 받았다. 하지만 당신이 경험을 통해서만 배울 수 있는 한 가지는 당신이 한 개인으로서 고통에, 그리고 개입에 대응하는 방식이다.

우리는 우리가 그저 어떤 경험을 할 수 있게 되기를 기다려서 어렴풋이 알 수 있는 것보다, 정식 교육 동안 알 수 있는 것들이 훨씬 더 많다. 이는 '왜 그게 좋은 것인가 또는 그런가, 그렇지 않은가?'라는 질문을 불러일으킨다. 이에 대해서는 다음 장에서 다시 이야기할 것이다.

그래서 개인적으로 나는 실생활과 그렇게까지 밀접하게는 관련이 없지만, 대신 넓게는 전이 가능한 것들에 대처하는 데에 있어서 정식 교육이 가장 강력한 힘을 발휘한다고 생각한다. 뭐랄까 아주 구체적인 스킬이 아닌, 일반적으로 사용할 수 있는 기초가 되는 스킬 말이다.

이는 우리가 교육을 하는 이유를 아주 간단하게 설명한다. 그렇다면 우리는 수학은 왜 하는 걸까? 무슨 일이든 왜 하는 걸까?

사람은 그 무언가가 유용하기 때문에, 혹은 재미있기 때문에, 아니면 그것을 하지 않았을 때 어떤 심각한 결과를 마주하게 될 수 있기 때문에 그 무언가를 한다. 나는 여기에 복수, 분노, 증오와 같은 어두운 이유들이 포함되지 않는다는 것을 안다.

아마도 재미는 유용할 것이다. 여기서 앞서 내가 단어 '유용하다'의 다양한 의미에 대해 지적했던 지점으로 되돌아간다. 다소 실용적인 버전의 직접적인 유용성이 있기는 하지만, 전이가 더욱 손쉬운 버전도 있다. 그래서 '나는 살면서 최고의 효과를 내기 위해 할 수 있는 이걸 하고 있는 거야'라기보다는, '나는 살면서 내 뇌를 최대한 사용할 수 있도록 특정한 방식으로 내 뇌를 운동시키는 이 일을 하고 있는 거야'에 가까운 것이다.

여기서 문제는 '내가 이 똑같은 걸 살면서 사용하게 될까?'가 아니라, 오히려 '이걸 하는 데에 있어서, 어느 정도 나중에 이익이 될 수 있는 식으로 스스로를 발전시키고 있는 걸까?'인 것이다. 나는 바로 앞의 정의가 더욱… 유용하다고 생각한다. 그리고 우리가 수학을 하는 이유와도 더 관련이 깊다. 따라서, 우리가 대수학을 공부하고 있거나, 삼각형이나 소수에 대해 생각하고 있다면, 중요한 점은 훗날 우리의 일상생활에 대수학이나 삼각형이 필요할 것이라는 게 아니다. 우리가 나중에 일상생활에 대해 더 명료하게 생각할 수 있도록 하는 사고방식을 발전시키고 있다는 것이다.

그리고 우리가 공부하는 것 중 훗날 우리 삶에 딱 유용할 것임을 보여주는 정확한 사례들이 있다. 팬데믹 시기 동안 유행했던 밈을 떠올려 보겠다. 기하급수에 대해 수업하는 수학 선생님과 '이게 저희 삶에서 언제 필요한 건가요?'라고 말하며 지루해 하는 학생들이 그려진 밈이다. 안타깝게도 팬데믹이 시작됐을 때, 더 많은 사람들이 사전에 기하급수를 이해하고 있었다면 도움이 되었을 것이다. 과학자들이 기하급수의 작용 방식으로 인해 상황이 정말 나빠질 것처럼 보인다고 지적할 때였다. 오히려 어마어마하게 더 많은 사람들이 '미래를 예측하지 못하기에' 과학자들이 유언비어를 퍼뜨리고 있다거나, 지어내고 있다고 생각했다.

그래서 나는 학교에서 배우는 수학이 절대 직접적으로 유용하지 않다거나, 절대 그럴 수가 없다고 이야기하려는 것이 아니다. 이 장 후반에 이야기하겠지만, 수학자들이 대개 재미로 하는 것들 중 일부는 실제로 나중에 굉장히 직접적으로 유용한 것으로 드러났다. 미래에 무엇이 유용할지 예측하는 걸 인간이 그렇게 잘 하지는 못 한다는 게 드러난 것이다.

이번 장에서 우리는 우리가 하는 수학에 대한 매우 다양한 이유들을 살펴볼 것이다. 이는 우리가 수학을 하는 이유일 뿐 아니라, 우리가 수학을 하는 방식에 있어 왜 그 방식을 사용하는지에 대한 것이기도 하다. 수학을 '논리적인 것들이 어떻게 작동하는지 논리적으로 연구하는 것'으로 보는 우리의 관점에서 생겨난 굉장히 심오한 작동 원리들이 존재한다. 어떤 것을 논리적으로 공부하는 것에 있어서 중요한 부분은 아주 천천히 받아들여서, 그 상황의 기본 구성 요소가 무엇인지, 그리고 그들이 서로 어떻게 상호작용하는지를 이해하는 것이다. 우리는 이미 앞의 두 장에서 이 중 일부를 살펴봤다. 작동 원리를 이해하면 '정답'을 얻는 데에 확실하지는 않아도 도움을 받을 수 있을 뿐만 아니라, 한번에 더 많은 상황을 이해하는 데에도 도움이 될 수 있고, 비슷하게 훨씬 더 복잡한 상황을 이해하는 것으로 넘어가는 데 도움이 될 수도 있다. 수학적 일반화의 과정을 통해서 말이다.

'1은 왜 소수가 아닌가?'라는 질문을 해결하기 위해서, 우리는 소수의 정의가 아닌, 소수의 원리에 대해 더 깊게 생각해 봐야 한다. 그리고 그 원리는 사실 숫자의 기본 구성 요소다.

기본 구성 요소를 찾아서

수학자들이 소수에 관심을 갖는 더 깊은 이유는 우리가 기본 구성 요소에 관심을 갖기 때문이다. 이전 장에서 우리는 큰 아이디어를 작은 아이디어들로 나누고, 그들이 작은 아이디어 즉, 작은 기본 구성 요소에서 어떻게 만들어질 수 있는지를 확인하는 데에 관심이 있다고 이야기했었다.

우리는 소위 1, 2, 3,…과 같은 자연수에 대해 생각하고, 우리가 하나의 기본 구성 요소에서 시작해 '자유롭게' 쌓아나갈 수 있다는 사실에 대해 이야기하고 있었다. 숫자 1로 시작해서, 덧셈을 우리의 구성 방법으로 사용하는 것이다. 우리에게는 하나의 구성 요소만이 필요하고, 그것으로부터 전체를 쌓아나갈 수 있기 때문에 그 결과 만들어지는 구조는 상당히 단순하다. 숫자 자체가 단순하다고 말하려는 것이 아니다. 이 구축 과정의 관점에서 보면 굉장히 간단하다는 것이다.

우리는 스스로에게 더 많은 구성 요소를 줄 수 있다. 하지만 그건 너무 과하다. 우리는 2가 구성 요소로 작용하기를 원하지만, 2를 1+1로 쌓을 수도 있기에 실제로 2로 시작해야 할 필요도 없는 것이다. 이건 가능하면 짐을 줄여 가볍게 여행하고자 하는 것과 같다. 나는 직접 여행하는 것과 관련해서 가벼운 여행자여야 한다는 신조를 가지고 있지는 않다. 편안함과 재미 사이에서 균형을 잃고 싶지는 않기 때문이다. 하지만 수학에서는 우리가 정말 원한다면 얼마나 가볍게 여행할 수 있을지를 연구하는 원리를 즐긴다. 그것은 기본 구성 요소를 찾는 원리다. 우리는 동시에 충분한 구성 요소가 우리 세상 속 모든 것을 만들면서도 불필요한 것은 없기를 바란다.

이러한 두 가지 목적은 서로 정반대로 작용한다. 더 많은 걸

취한다면, 모든 것을 구축할 수 있는 가능성이 높아지지만, 불필요한 것이 생길 가능성 또한 늘어난다. 더 적은 것들만 취한다면 불필요한 것들이 생길 가능성은 줄어들겠지만, 모든 것을 세울 수 있는 가능성 또한 줄어들 것이다. 따라서 우리는 너무 많지도, 너무 적지도 않은 것 사이의 균형을 찾아야만 한다.

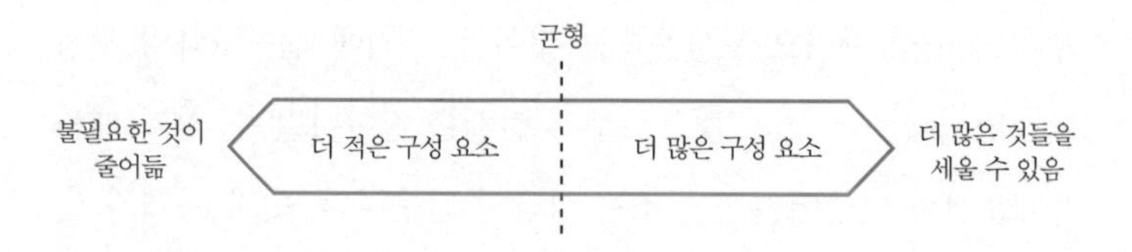

개인적인 믿음에 관해서는 완전히 이성적일 수 있는 두 가지 극단적인 방법이 있다. 첫 번째는 당신의 모든 믿음을 기초로 하는 것이다. 하지만 이 경우 당신은 당신의 믿음 중 어떤 것도 다른 믿음과 어떻게 비교할 수 있는지 보려는 노력을 하지 않기 때문에 그 어떤 것도 이루지 못한다. 나는 책 『논리의 기술The Art of Logic』에서 이를 논리적이지만 강력하게 논리적이지는 않다고 이야기했다. 이건 유용성 측면에서 전혀 논리적이지 않다.

또 다른 극단적인 측면에서, 어떤 사람들은 근본적으로 아무것도 믿지 않기로 결심한다. 완벽하게 이성적인 태도는 무언가에 대해 논리적으로 추론하는 대신 무언가를 받아들이지 못하게 한다고 생각하기 때문이다. 그러나, 그렇게 하면 기술적으로는 그 어떤 것도 추론할 수가 없게 될 것이다. 아무것도 아닌 것으로부터 무언가를 추론할 수는 없기 때문이다. 만약 당신이 무언가를 생각하지 않는 게 참이라고 계속해서 주장한다면, 완벽하게 꾸준히 이성적일 수 있는 게 당연할지 모른다. 그러나 다시 한번 말하지만, 나는 그게 특별히 도움이 될 것이라고 생각하지는 않는다.

우리가 수학에서 하려는 것은 모든 것을 세울 수 있도록, 하지만 불필요한 것들은 포함하지 않을 정도로만 세울 수 있도록 충분한 기본 구성 요소의 수를 늘리는 것이다. 아니면, 우리는 이걸 반대로 생각해 볼 수 있다. 불필요하다는 생각을 버리고, 우리가 다른 것들로부터 세울 수 없는 것들을 가지게 될 때까지만 취하지 않는 것이다. 이론적으로 이 두 가지 과정은 중간에서 만나게 될 것이다. 모든 것을 세울 수는 있지만 불필요한 구성 요소는 포함하지 않는 완벽한 균형점에서 말이다. 그리고 그 균형 지점을 찾는 건 매우 만족스러우며, 어떠한 수학적 구조를 깊게 이해하는 데에 있어 중요한 부분이다. 그리고 깊은 이해는 우리가 항상 수학에서 추구하는 것이다.

이는 우리가 소수에서 찾으려는 것이다.

기본 구성 요소로서의 소수

우리가 조사하고 있는 세계는 여전히 1, 2, 3…과 같은 자연수의 세계이기는 하다. 하지만 지금 우리는 약간 다른 관점에서 바라보고 있다. 우리는 이전에 덧셈을 통해 자연수의 세계를 만들어 나갔지만, 지금은 곱셈을 통해 만들고 있다. 이는 덧셈을 통해 만드는 것보다 더 복잡하다. 아주 깊게 봤을 때, 곱셈을 통해 세상을 만드는 것은 덧셈에 의해 정의되기 때문이다. 그래서 우리는 유기적으로 덧셈에서 생겨난 것을 취해서, 우리가 곱셈으로부터 이를 스스로 만들어낼 수 있는지를 보고 있는 것이다. 이는 유기 물질의 화학합성, 아니면 신시사이저에서 전자음으로 악기를 흉내내는 것과 약간 비슷하다.

우리는 이를 덧셈과 곱셈의 상호작용에 대해 연구하는 것으로 볼 수도 있다. 이는 굉장히 다른 당신의 친구 두 명이 어떻게 지낼지, 아니면 다른 두 마리의 동물이 생물학적으로 짝짓기를 할 수 있을지, 그리고 그렇게 된다면 어떤 일이 일어날지 궁금해하는 것과 비슷하다.

이는 진정 소수가 무엇인지 느낄 수 있는 세계로 우리를 데려다 준다. 우리가 곱셈을 통해 그 세상을 만든다면 소수가 기본 구성 요소가 될 것이다. 소수에 대해 생각할 때 내가 선호하는 방식은 이 개념을 먼저 떠올리고 나서 어떤 숫자들이 그 수가 될 자격이 있는지를 알아보는 것이다. 이는 우리에게 진정 필요한 숫자가 무엇인지 알아보는 것, 그리고 어떤 숫자가 불필요한지 알아보는 것으로 이루어진다. 그리고 거기에서 소수라는 것의 '보통의 정의'가 생겨난다. 나는 이를 '특성화'라고 부르는 것을 선호한다. 실제로 우리는 이 특정한 맥락에서 어떤 숫자가 좋은 기본 구성 요소로 여겨지는지 특성을 파악하고 하고 있기 때문이다.

그런데 문제는 이거다. 1이 좋은 구성 요소가 아니라는 것. 실제로 1은 곱셈에 의한 구성 요소로서 완전히 쓸모없는 숫자다. 어디에든 1을 곱한다고 하더라도 아무 일도 일어나지 않기 때문이다. 이건 구성 요소가 아니다. 실제로 우리는 이것을 다음과 같이 정의한다. 즉, 1은 곱하더라도 아무것도 아니라는 것을 뜻하는 '곱셈의 정체성'이라는 것이다. 따라서 정체성은 세계 구축에는 쓸모가 없어 구성 요소로부터 항상 배제된다. 이는 곱셈의 정체성이 완전히 쓸모없다는 것을 뜻하는 것은 아니다. 세계를 만들 때 필요가 없을 뿐 매우 중요하다. 마치 내가 사회에 필요한 사람이지만 집을 지을 때는 쓸모가 없는 것과 마찬가지다.

이는 1이 소수가 아닌 이유에 대한 답을 준다. 하지만 우리는 여기 있기 때문에 이것을 끝내고 소수인 것들의 특성을 확인하는 게 당연하다. 중요한 것은 더 큰 숫자 모두 세계를 만드는 데에는 도움이 되지만, 일부는 불필요하다는 것이다. 더 작은 수 두 개를 곱함으로써 만들어지는 숫자들은 구성 요소로서는 불필요하다. 구성 요소는 더 작은 숫자로부터 항상 만들 수 있기 때문이다. 즉, 우리는 구성 요소로서의 4가 필요하지 않다. 2×2로 4를 만들 수 있기 때문이다. 6도 마찬가지로 2×3으로 만들 수 있기 때문에 불필요하다. 이외 모두 마찬가지다.

요약하면, 생산적인 구성 요소는 1을 제외한 모든 숫자가 된다. 불필요한 숫자는 더 작은 수 두 개의 곱으로 표현될 수 있는 수 모두가 해당된다. 그럼 우리에게 남는 것은 '1과 자기 자신을 제외한 약수가 없는 모든 숫자, 1은 포함하지 않음'이다.

절차상 마지막 문제는 바로 이것이다. 우리가 1을 구성 요소로 포함하지 않는 경우, 우리가 현재 세계에서 1을 얻게 될 수 있을지 궁금할 수도 있다는 것이다. 수학자들은 '아무것도 하지 않는 것'을 유효한 구축 절차로 고려함으로써 1을 얻는다. 이것은 우리가 덧셈을 통해 세계를 만들 때조차 0을 포함하는 방법과 같다. 우리는 '아무것도 하지 않을' 수 있고, 그렇게 하면 우리에게는 0이 남는다. 곱셈으로 세상을 만들 때에는 '아무것도 하지 않음'으로써 1이 남는다. 그래서 우리는 1을 구성 요소로 포함하지 않고 하나의 절차로 포함시킴으로써 이 세계에서 1을 얻을 수 있다.

만약 여기에 관심이 간다면 약간 더 기술적인 설명에 들어가고자 한다. 이 설명이 꼭 필요하지는 않을 테니 가볍게 읽고 넘어가도 괜찮고, 어렵다고 걱정하지 않아도 된다. 구성 요소에 대한 또 다른 사고방식은 어마어마하게 많은 소수들이 있을 때 모든 자연수에 대한 '레시피'를 만드는 것이다. 소수의 목록을 쭉 작성하고, 그 소수를 몇 번이나 곱해야 하는지 제시하는 방법이다. 그래서 6에 대해서는 '다른 수 없이 2 한 번, 3 한 번 곱한다'고 말할 수 있다. 10에 대해서는 '다른 수 없이 2 한 번, 3 0번, 5 한 번 곱한다'고 말할 수 있다. 10=2×5이기 때문이다. 8에 대해서는 '2를 세 번 곱한다'고 할 수 있으며, 곱셈을 통해 2를 세 번 곱한다는 것이 2+2+2가 아니라 결국 8이 나오는 2×2×2다음은 이 레시피 속에 있는 하나의 표이다.

맨 왼쪽에는 '성분', 즉 소수가 나열되어 있다. 우리가 만들려는 숫자는 맨 위에 있고, 각 열은 각각의 소수가 그 숫자가 되려면 몇 번이나 있어야 하는지를 알려준다.

		우리가 만들려는 숫자								
		2	3	4	5	6	7	8	9	10
성분	**2**	1	0	2	0	1	0	3	0	1
	3	0	1	0	0	1	0	0	2	0
	5	0	0	0	1	0	0	0	0	1
	7	0	0	0	0	0	1	0	0	0

곱셈의 반복은 2^3과 같이 지수로 쓴다는 것을 기억하라. 그래서 우리가 '3을 0번 곱한다'고 하는 것은 3^0 즉, 1을 의미한다. 그래서 위 표에 제시된 2에 대한 레시피는 다음을 알려준다.

$$2=2^1\times3^0\times5^0\times7^0$$

나는 실제로 큰 스프레드시트 맨 왼쪽에 있는 성분들을 통해 이와 같은 레시피를 쭉 적어 나갔다. 이를 통해 나는 머릿속으로 산수를 할 필요 없이 레시피의 규모를 키웠다, 줄였다 하면서 같은 것에 대해 다양한 레시피를 비교할 수 있었다. 이는 내가 5~6개 혹은 그 이상의 디저트를 만드는 파티를 연다고 했을 때, 쇼핑 리스트를 계산할 수 있다는 뜻이기도 하다.

이제 질문은 다음과 같다. 우리는 이 성분들로 1에 대한 레시피를 만들 수 있는가? 우리는 아무것도 곱할 수가 없다. 표를 살펴보면, 이는 1에 대한 모든 열에 0만 있는 것과 같다. 즉, 2^0, 3^0, 5^0을 비롯해 모든 수에 대해 0제곱을 하는 것이다. 이 모든 것을 곱한다면 1을 얻을 수 있기에 우리는 굳이 1을 구성 요소로 포함할 필요가 없는 것이다. 마치 다음 표의 1열과 같이 말이다.

		우리가 만들려는 숫자									
		1	2	3	4	5	6	7	8	9	10
성분	**2**	0	1	0	2	0	1	0	3	0	1
	3	0	0	1	0	0	1	0	0	2	0
	5	0	0	0	0	1	0	0	0	0	1
	7	0	0	0	0	0	0	1	0	0	0

이 표는 모든 걸 더 명확하게 이해하도록 돕는 '더 높은 수준의 추상화'를 보여주는 예시다. 단, 당신이 추상적 개념 그 자체를 받아들이는 걸 전제로 한다. 이 수준이 딱이다. 왜냐하면 다른 '아무것도 아닌' 상황 다수가 비슷하게 작동한다는 것이 드러나기 때문이다. 여기서 우리는 무언가를 '0번' 한다는 것에 대해 생각하고는 그게 무슨 의미일 수 있는지 혼란스러워진다. 나는 단순히 소수와 숫자 1을 이해하려는 게 아니다. 이게 다소 구체적인 시나리오임을 인정한다. 오히려, 나는 항상 가능한 한 깊게, 그리고 동시에 내가 다른 것들도 이해할 수 있는 데에 도움이 되는 방식으로 모든 것을 이해하고 싶다.

이 '레시피'에 대해 들은 것이 조금 더 있을 것이다. 각 자연수에 대해서는 기본 구성 요소로부터 세계를 만들 수 있는 레시피는 단 한 개다. 여기서 바로 불필요한 것들이 제거된다. 이는 우리의 레시피에서 모호함을 없애준다. 이 개념은 '산술의 기본 정리'라 불리는 것으로 요약된다. 즉, 모든 자연수는 고유한 방식에 따른 소수의 곱셈으로 표현될 수 있다는 것이다.

모든 자연수가 소수의 곱셈으로 표현될 수 있다는 사실은 우리에게 모든 것을 만들 수 있는 충분한 구성 요소가 있다는 것을 알려준다. 이 표현이 고유하다는 사실은 우리가 불필요한 구성 요소를 갖지 않아도 된다는 것을 말해준다. '고유하다'는 것이 약수의 순서를 바꾸더라도 사실 다른 레시피를 만들지 않는다는 것을 뜻한다는 걸 이해해야 한다. 예를 들어 6은 2×3이나 3×2로 표현할 수 있지만, 이는 동일한 레시피로 여겨진다. 레시피 표에서 똑같은 결과를 보여주기 때문이다.

이제, 1을 구성 요소로 포함했을 경우, 6=3×2×1이나 6=3×2×1×1×1이라고 말할 수도 있을 것이다. 아니면 1 여러 개 중 몇 개든지 포함해서, 우리의 레시피는 더 이상 고유하지 않게 될 것이다. 이는 1을 소수로 포함하지 않는 이유라고 생각할 수도 있지만, 나는 이를 불필요함을 없애는 이유로 생각하는 게 더 좋다. 그리고 이건 결국 우리가 1을 소수에 포함하지 않는 이유가 된다.

수학을 혼란스럽게 만들 수 있는 이유 중 한 가지는 대개 같은 이야기를 말할 수 있는 방법이 무수히 다양하고, 또 다양한 방식들이 각기 다른 사람들에게 울림을 준다는 것이다. 이 이야기를 할 수 있는 한 가지 방법은 소수를 정의하고 나서 '기본정리'가 참임을 증명하는 것이다. 하지만 나는 이 이야기를 다른 방식으로 하고 싶다. 나는 '기본정리'가 목적이 되는 것이며, 소수의 정의를 우리가 이 정리를 참으로 만들기 위해서 해야 하는 것이라고 생각한다. 내게 수학은 참이 되기를 원하는 것에 대한 꿈을 꾸고, 그 꿈을 실현하기 위해 해야 하는 것을 하는 것에 더 가깝다. 꿈을 현실로 만드는 방법에는 여러 가지가 있을지 모르지만, 그 방법들이 어떤지 보기 위해서는 그 방법들 하나하나를 별개로 연구할 수 있다.

우연히도, 이건 내 삶 대부분을 살아온 방식이기도 하다. 내가 내 삶, 그리고 크게는 세상에서 현실이 되었으면 하는 것을 생각해내고, 그 꿈을 현실로 만들기 위해 해야 하는 것을 하는 것. 종종 우리가 해야 하는 것은 다소 비현실적이거나 심지어는 불가능한 것으로 드러나기도 한다. 하지만 그러한 방식으로 꿈에 대해 생각하는 것은 최소한 내가 그에 대한 무언가를 이해할 수 있게 도와주고, 그 중 일부를 현실로 만들 수 있는 방법을, 아니면 최소한 지금 가진 것보다 최소한 현실에 약간 더 가까워지도록 만들 수 있는 방법을 이해할 수 있도록 도와준다.

추상수학은 종종 꿈과 욕망에서 동기를 얻는다. 우리는 하고 싶은 것을 꿈꾸고, 그것을 할 수 있는 세상을 만들어 내고, 무엇이 그것을 현실로 만들 수 있을지 탐색하고, 정의와 구성 요소를 창조해 그 꿈의 세계를 만든다. 이는 수학이 주류 교육에서 일반적으로 제시되는 방식과는 다소 다르다. 문제는 우리가 수학 교육의 다양한 목적을 이리저리 섞는 경향이 있다는 것이다.

수학 교육은 무엇을 위한 것인가?

광범위하게 말하면 나는 교육에서 수학이 중요한 이유가 세 가지 측면 정도 있다고 믿는다. 첫째, 직접적인 유용함의 가능성이 있다. 둘째, 고등수학뿐 아니라 과학, 공학, 의학, 경제학 중 대부분에 있어서 수학은 다양한 과목의 추가 연구 기반으로서 중요하다. 많은 사람들이 꼭 이 분야를 공부하게 되지는 않을 테지만, 이 분야들의 문을 누구에게나 너무 일찍 닫아서는 안 된다.

수학이 교육의 중요한 부분인 세 번째 이유는 간접적인 유용성이다. 즉, 수학을 할 때의 사고방식은 우리가 일상을 살아감에 있어 아주 강력하게 작용할 수 있다는 의미다. 이러한 측면은 우리 일상과 가장 맞닿은 부분이기도 하고, 대부분 사람과 연관되어 있기도 하다. 수학은 모두와 관련되어 있기 때문이다. 하지만 이건 다소 가장 덜 강조되는 부분이다. 순서가 잘못됐다. 만약 우리가 '직접적 유용성' 대신 이 측면을 강조한다면 삼각형 등에 대해 공부하는 이유를 이해할 수 있는 가능성이 훨씬 더 높아질 테고, 이는 '직접적 활용'이라는 제한적인 측면 대신 우리가 수학을 왜 하는지 더욱 깊은 측면으로 우리의 초점을 전환할 수 있도록 도와줄 것이다.

이건 코어 근육 강화를 위해 운동을 하는 것과 비슷하다. 삶에는 오로지 코어 근육만을 포함하는 활동은 없다. 하지만 탄탄한 코어 근육을 통해 나머지 근육을 더 잘 사용할 수 있게 되기 때문에 코어 근육을 탄탄하게 만들면 도움이 된다. 남아 있는 힘을 더 잘 사용할 수 있게 될 뿐 아니라, 발이 걸려 넘어지거나 등을 다치는 근육 문제 같은 것들로부터 스스로를 보호할 수 있다. 여기서 한 가지 중요한 점은 탄탄한 코어 근육이라는 것은 우리가 다른 근육도 더 잘 사용할 수 있게 해서, 그 근육들을 직접적으로 더 키울 필요 없이도 더 강해질 수 있다는 것이다.

수학에서 가장 유용한 부분은 우리 두뇌에서 코어 힘과 같이 작용하는 부분일 것이 틀림없다. 이는 우리가 배운 바, 특별하게 어떤 것에 직접적으로 적용 가능한 게 아니다. 우리는 두뇌의 나머지 부분을 직접 훈련할 필요 없이 더 잘 사용할 수 있도록 해주는 방법으로 두뇌를 강화해 왔다.

예를 들어, 삼각형들이 가진 다양한 유형의 유사성에 대해 생각함으로써 추상화하기, 이질적인 것들 사이의 연관성 찾기를 더 잘하게 되었다는 점이 그렇다. 이러한 추상화 스킬의 경우 삼각형에 관한 것들은 그렇지 않더라도, 매우 널리 적용할 수 있는 것이다. 삼각형이 어떻게 딱 맞는지에 대해 난해하게만 들리는 주장을 강화함으로써 논리적 주장을 강화할 수 있는 일반적인 스킬을 연습할 수 있었으며, 그 스킬은 굉장히 유용하다.

한편, 수학 중에는 직접적으로 유용했었으나 실제로는 더 이상 그렇지 않은 부분들도 있다. 간접적으로도 유용하지 않다면, 오늘날 그것을 배우는 목적이 있을까 싶다. 가령, 우리 부모님 세대에서는 학교에서 계산자 사용법을 배웠다. 이는 계산기 이전에 존재했던 옛날 장비로, 로그 이론을 사용해 별도의 복잡한 장비 없이 큰 수를 곱할 수 있는 작고 편리한 도구였다. 우리 모두가 이런 장비들에 대한 사용법을 아는 게 여전히 중요하다고 주장할 누군가가 있다고 생각하지는 않는다. 과거 어느 시점에는 승마가 중요한 스킬이었지만, 지금은 자동차가 있기 때문에 운전법을 배우는 것이 훨씬 더 중요한 것과 같은 이치다. 정확히 말하자면 차를 모는 것이 필수라는 게 아니라, 말을 타는 것이 일반적인 삶의 스킬로서 훨씬 덜 중요하다는 것이다. 물론, 어떤 직업을 가진 사람들에게는 여전히 매우 중요한 스킬이고, 또 많은 사람들이 재밌게 생각하지만, 극적으로 전이가 가능한 스킬은 아니다. 물론 좋은 삶의 스킬도 일부 가르쳐줄 것이라고 확신하기는 하지만 말이다.

그러나, '구식' 학교 수학이 모두 그렇게 쓸모없어졌다는 이야기는 아니다. 세로식 덧셈은 이제 완전히 유행을 지난 방식이기는 하지만, 계산자보다는 간접적인 유용성이 약간은 더 있다고 본다.

우리가 세로식 덧셈을 배우는 이유

세로식 덧셈은 153+39와 같이 10보다 큰 수들을 더하려고 할 때 등장한다. 당신이 살고 있는 세대 혹은 국가의 수학 교육에 따라, 숫자를 세로로 줄지어 놓고 오른쪽부터 더하는 것은 그저 자연스러운 방식일 수 있다.

3+9는 12이고, 이제 우리는 1을 다음 세로줄로 넘겨야 한다.

세로줄 왼쪽으로 한 번 가면 5+3이 있고, 우리는 1도 가지고 있기 때문에 결국 더하면 9가 된다.

$$\begin{array}{r} 153 \\ +39 \\ \hline \mathbf{192} \\ \hline 1 \end{array}$$

마지막으로 첫 번째 세로줄에는 1만 있다.

이는 너무나도 숫자를 더하는 알고리즘이며, 당신은 이게 더 이상 그렇게까지 유용하지 않다고 생각할지도 모른다. 우리에게는 언제 어디서나 휴대 전화라는 계산기가 함께 하기 때문이다. 개인적으로 나는 휴대 전화에 있는 계산기 애플리케이션을 상당히 많이 사용한다. 산수를 끝내주게 잘하지만 계산을 즐기지 않을 뿐더러, 내가 단번에 올바른 답을 항상 얻을 수 있을지도 확신을 못하겠다. 더욱이 인식적으로 피곤해지기도 하고, 계산을 하려면 두뇌 기능도 바꿔야만 한다. 예를 들어, 친구들과 저녁식사를 하고 각자 내야 할 돈을 계산할 때, 내 두뇌는 완전히 사회적 모드로 전환되어 지루한 계산을 하기 위한 산수 모드로 바뀌려고 하지는 않을 것이다. 가끔은 암산으로 덧셈을 하기도 하지만, 또 가끔은 그렇게 하지 않고 바로 계산기를 사용한다는 것이다.

누군가는 이렇게 주장하기도 한다. 계산기가 없을 때 아무것도 할 수 없는 상황에 대비해서 그래도 아직은 계산기 없이 덧셈하는 법을 알아야 한다는 것이다. 다소 보잘것없는 주장이다. 우리가 자동차는 없고 말이 있는 상황에서 어딘가에 가야 하는 경우에 대비해 말 타는 법을 알아야 한다고 말하는 것과 같으니 말이다.

나는 한번 이 주장으로 SNS에서 공격을 받은 적이 있다. 휴대 전화를 충전시킬 수 있을 정도의 충분한 돈을 가지지 못해서 계산기 어플도 사용할 수가 없는 상황이 있을 수도 있는데 그 상황을 내가 고려하지 않았다는 것이다. 그런데 마지막 남은 현금을 들고 식료품을 사기는 해야 하는 상황. 고른 식료품은 늘어나는데 결국에는 계산대에서 돈이 모자라는 것을 알고 고른 것들을 제자리에 갖다 놓는 부끄러운 일을 겪고 싶지는 않은 상황 말이다.

그것이 비극적인 상황임을 나도 동의한다. 하지만 수학 교육이 그런 만일의 사태를 대비해서 하는 것이라고 말하기에는 조심스럽다. 수학 교육은 어느 누구도 그러한 상황에 처할 수 밖에 없게 되지 않도록, 사람들이 그런 상황을 피하고 사회의 구조를 개선할 수 있는 가능성을 높여준다고 말하고 싶다. 무료 휴대 전화 충전소나 셀프 계산대 제공 가능성은 물론이다.

어쨌든 이 세로식 덧셈 알고리즘에 대한 큰 비평은 보통의 알고리즘과 마찬가지로 그 상황에 대한 이해를 대부분 건너뛰게 한다는 것이다. 나는 사람들이 이것이 알고리즘의 오류가 아닌 속성이라고 말할 것이라 믿는다. 즉, 이건 알고리즘에 대한 안 좋은 것으로 여겨지면 안 된다는 것이다. 우리가 무언가를 거의 자동으로 조종할 수 있게 해서 더 미묘한 차이가 있는 것들에 사용할 수 있도록 우리의 지능을 아껴주는 것. 알고리즘에서 중요한 것은 바로 이것이다. '자동 조종'은 비유적으로 사용할 때 보통 안 좋은 것으로 여겨지지만, 실제로 우리는 자동 조종 그 자체에 대해 감사해야 한다. 조종사가 자신이 쉬기 위해 자동 조종을 개시할 수 있다는 것은 기막히게 좋은 일이다. 이후 민감한 일이나 긴급 상황이 발생하면 다시 수동 조작을 해야겠지만, 적어도 자동 조종이 활성화되어 있는 동안만큼은 아주 기계적인 일들을 해야 하지 않아도 되니 훨씬 더 상쾌한 마음을 유지할 수 있지 않은가.

세로식 덧셈과 관련해서 이제 교육자들은 전반적으로 그 숫자들에 대해 벌어지고 있는 일을 더 의미 있게 이해할 수 있고, 따라서 더 발전시킬 수 있는 두 자릿수 이상의 덧셈 방법들이 있다는 것을 이해한다. 이제 일반적으로 아이들은 이런 덧셈을 할 수 있는 다양한 '전략들'을 배우고, 간혹 세로식 덧셈만 할 줄 아는 어른들을 당황하게 만들기도 한다. 예를 들어, 153+39의 경우, 아이들은 39는 거의 40이라는 것에 주목하도록 배운다. 그렇게 되면 세로식 덧셈보다는 153+40을 암산하는 편이 더 쉬울 것이다. 이렇게 하고 나서, '아, 그래도 1을 더하는 건 너무 많아'라고 생각하고 다시 1을 빼는 것이다.

또 다른 방법은 세로식 덧셈을 정확히 반대로 하는 거다. 100부터 시작해서 한 수에는 50이, 다른 수에는 30이 있는 것부터 인식하면 우선 180을 얻게 된다. 이제 남아 있는 것은 9와 3으로 총 12가 된다. 이제 이 12를 이전 총합인 180에 더하면 192가 된다.

이 모든 것을 통해 숫자 간 상호작용을 더 깊게 이해할 수 있게 되는 것은 사실이다. 하지만 다소 조심스럽게 행해져야 한다. 아이들이 여전히 정답을 얻는 것에만 초점을 맞추고 있으면, 한 번에 정답을 얻고 계속해서 다시 그것을 반복해야만 하는 것에 극도로 실망스러워 할 것이다.

나는 그런 방법을 모두 보는 것에 가치가 있다고 믿지만, 세로식 덧셈에 더 깊은 요점이 있다고도 생각한다. 이는 우선 세로로 된 숫자들이 해독과도 관련이 있는데, 이것은 굉장히 멋진 개념이다. 우리가 모든 숫자를 완전히 다른 기호로 생각해 내야 한다면 어떨까? 각 숫자들에 대해 무수히 다양한 기호를 생각해 내야 할

텐데, 사실 그것은 불가능할 것이다. 대신, 인류는 10개의 기호만을 사용해서 모든 숫자를 나타낼 수 있는 아주 편리한 방식을 생각해냈다. 이는 2천년도 더 전에 중국에서 '산가지'로 시작되어, 아라비아 숫자 0, 1, 2, 3, 4, 5, 6, 7, 8, 9를 사용하는, 현재 우리에게 친숙한 아라비아 수 체계로 이어졌다. 참고로 그보다 이전 문화들에서는 16과 같은 다른 아라비아 숫자들이 있는 시스템을 사용했다.

이 시스템은 주판을 사용하는 것과 비슷하다. 첫 번째 줄 주판알로 최대 10까지 셀 수 있지만, 일단 10까지 세고 나면, 다음 줄의 주판알 중 하나를 움직여 그 10을 기억하고, 맨 윗줄은 0부터 다시 시작되는 것이다. 10을 또 한 번 더 셌다면, 두 번째 줄에 있는 주판알을 하나 또 넘겨 10이 2번 있다는 것을 기억하고, 맨 윗줄은 또다시 0에서부터 시작된다.

다음 장의 사진은 내가 어린 시절 사용했던 주판을 찍은 것이다. 나는 이 주판을 평생 소중하게 간직했다. 여기서 맨 윗줄이 1의 자리라면, 두 번째 줄은 10의 자리, 세 번째 줄은 100이 자리인 것이다. 그럼 사진에서 보이는 숫자는 231이 된다.

이 아이디어는 기발하다. 나는 사람들이 이 아이디어가 얼마나 기발한지에 대해 충분한 관심을 둔다고 생각하지 않는다. 로마인들은 숫자를 나타내기 위해 이 시스템을 사용하지 않았고, 그 결과 로마 숫자는 훨씬 더 난해해졌다. 숫자 배치에 따라 XI처럼 덧셈을 나타내기도 하고, IX처럼 뺄셈을 나타내기도 했다. 로마인들은 다양한 방면에서 매우 발달했는데도, 이들이 수학에서 엄청난 발전을 이룩한 것에 대해서는 잘 알려져 있지 않다.

아라비아 숫자의 기발한 사용에 대해 생각해 보면, 다음과 같은 질문으로 이어질 수 있다. 우리는 진정 기호가 10개까지 필요한가? 9로도 가능하지 않은가? 진정 몇 개의 기호가 필요한 것인가? 이것은 최소 구성 요소를 찾는 질문과 연관되고, 더 넓은 맥락으로 일반화하는 문제와도 관련된다.

일반화

살면서 '일반화'는 당신이 광범위한 명제를 만들고 있거나, 소수의 대표적인 것들만을 기반으로 한 무리의 사람들에 대한 가정을 하는 것을 의미할 수 있다. 이는 종종 반생산적이거나 모욕적, 심지어는 위험할 수 있다. 하지만 수학에서의 '일반화'는 더 많은 것들을 이해 범위에 포함할 수 있도록 맥락을 신중하게 확대하는 것을 의미한다. 우리가 수학에서 일반화를 할 때에는 더 작은 세계에서 시작해서 더 큰 세계로 확장한다. 하지만 우리는 더 큰 세계가 더 작은 세계와 똑같이 작동할 것이라고 가정하지는 않는다. 대신, 우리는 더 큰 세계에서도 제대로 유지되는 방식으로 더 작은 세계에서 계속되는 무언가를 표현할 수 있는 방법을 찾고자 한다.

10개의 아라비아 숫자를 사용하는 것에 있어서, 이는 '10의 모든 배수가 0으로 끝난다'와 같이 말하는 대신, 우리가 각 줄에 각기 다른 개수의 주판알을 가진 주판이 있다는 가능성을 고려함을 의미한다. 그다음 우리는 만약 각 줄에 주판알이 9개 있다면, 9의 배수는 모두 0으로 끝나게 되고, 11개 있는 경우에는 11의 배수가 모두 0으로 끝난다는 것을 알 수 있을지 모른다. 그럼 여기서 일반화는 각 줄에 개의 주판알이 있는 경우, n의 모든 배수는 0으로 끝난다는 것이다. 다시 한번 우리는 모든 숫자에 관해 한번에 이론화할 수 있도록 문자 n을 사용해 구체화되지 않은 숫자를 나타냈다.

우리는 대체 왜 이 상황을 일반화하려는 걸까? 10을 아라비아 숫자의 기본 숫자로 선정한 특정한 이유는 없지만, 이에 대해 확실하게 '설명'할 수 있는 것은 우리에게 10개의 숫자가 있으며, 이 숫자들 모두 우리가 셈하는 데에 도움을 줄 수 있는 가장 자연스러운 대상이라는 것이다. 하지만 이는 역사적이거나 논리적인 설명보다는 감정적인 설명에 더 가깝다. 우리가 기호와 손가락 모두에 동일한 '아라비아 숫자digit'를 사용하는 사실을 설명하기도 한다. 발가락까지 세면서 20을 기본 숫자로 사용하는 마야족과 같이 기본 숫자를 다른 아라비아 숫자로 사용하는 문화도 있다. 기본 숫자를 20으로 하는 것은 프랑스에서 그 흔적을 찾아볼 수 있다. 프랑스에서는 70 이상의 숫자를 셀 때 문자 그대로 '60-10, 60-11, 60-12…' 최대 '60-19'라고 표현했다. 그리고 80에 대해서는 '10 여덟 개' 대신에 '20 네 개'로 표현했다.

일부 북미 원주민 문화에서는 셈을 할 때 숫자 8을 기반으로 하기도 했다. 멕시코의 북부 파메 언어와 같이 손가락 관절, 또는 캘리포니아 북미 원주민 언어인 유키와 같이 손가락 사이의 공간을 가리킨다는 이유로 말이다. 이 대신 5를 사용하거나 두 줄로 된 주판과 같이 양손을 사용한다는 이유를 대는 경우도 있다. 우리가 모든 손가락을 사용해 총 10을 나타내는 대신 최대 25까지 셀 수 있도록 말이다. 이는 물리적인 실행 계획의 관점에서 본 것이다. 하지만 추상적인 실행 계획의 관점에서는 60이 숫자 체계를 기반으로 하는 최적의 시작점이다. 60의 약수가 굉장히 많기 때문이다. 10의 약수로 1과 10을 제외하면 2와 5만 있지만, 60의 약수로는 2, 3, 5, 6, 10, 12, 15, 20, 30이 있다. 이는 수천 년 전 바빌론에서 굉장히 많이 사용되었다. 바빌론에서 숫자를 나타낼 때 자릿값을 사용하는 것 외에도, 이는 틀림없이 고대 이집트인이나 로마인들과 비교했을 때, 바빌론 사람들이 수학에서 굉장히 발전한 결과를 보여줄 수 있었던 이유이다.

나는 여기서 비공식적으로 '기본'이라는 단어를 사용하고 있지만, 이는 기술적인 의미이기도 하다. 우리가 아라비아 숫자에서 우리의 숫자를 대표하기 위해 사용할 수 있는 기본 숫자를 고를 때, 실제로도 이건 수학에서도 '기본'이라 칭한다. 따라서 보통

10개의 기호를 사용해 숫자를 쓰는 방식은 '10진법'이라고 부른다. 9만을 사용한다면, '9진법'이라고 부를 것이다. 우리는 1보다 큰 정수를 나타내는 기호들을 사용할 수 있다. 다시 말해두자면 1만으로는 다른 어떤 것도 할 수 없다. 따라서 가장 적게는 2개의 기호만으로 이걸 할 수 있을 것이고, 그 결과 등장하는 체계는 2진법이라고 부른다. 그런데, 우리가 10개의 아라비아 숫자를 사용한다고 할 때, 보통 그 숫자들을 0, 1, 2, 3, 4, 5, 6, 7, 8, 9로 쓴다. 그래서 보통 2개의 아라비아 숫자만을 사용한다고 하면 대개 그 숫자는 0과 1뿐인 것이다. 그 결과, 이진수는 결국 0과 1 여러 개가 나열된 것처럼 보이는 것이다.

기본 숫자에 대한 이러한 설명은 간접적으로 유용하기도 하고 사고하는 방식에 있어서 직접적으로 유용하기도 하다. 우리는 1과 0을 나타내기 위해 '위'와 '아래'라는 두 개의 위치를 사용함으로써 이진법으로 된 아라비아 숫자로 손가락을 사용해 최소한 원칙적으로는 손가락만으로 숫자 1023까지 셀 수 있게 된다. 물론 실제로 하려면 다소 까다롭다. 나는 생일 초도 이진수로 한다. '켠 초'는 1을, '켜지 않은 초'는 0을 나타내는 것이다. 이건 7개의 초만으로 최대 127개의 생일을 기념할 수 있다는 것을 뜻한다. 이는 살아 있는 사람 중 가장 나이가 많은 것으로 증명된 나이가 현재로서 '고작' 118세이기 때문에 앞으로 얼마간은 분명 필요할 것이다.

안타깝게도 이는 상당히 많은 집중력을 요하기에, 두뇌의 활성화된 부분을 너무 많이 사용하지 않고도 하나의 숫자를 추적하기 위해 손가락을 사용하려 한다면 그렇게 도움이 되지 않을지도 모른다. 하지만 이는 컴퓨터가 걱정해야 할 문제는 아니며, 이진법은 컴퓨터에서 사용될 때 그 영향력이 굉장히 크다. 여기서 우리는 손가락이나 촛불을 사용하는 대신, 이진수로 전기 스위치를 사용할 수 있다는 아주 놀라운 아이디어를 구현할 수 있다. 스위치를 켜고 끄는 것이 각각 아라비아 숫자 1과 0을 나타내는 것이다. 엄청나게 많은 이진 스위치에서 컴퓨터를 만드는 것은 우리가 숫자를 나타내는 방식에 대해 명백하게 불가사의한 것처럼 보이는 것을 굉장히 직접적으로 사용하는 것이다.

어떤 면에서는 세로식 덧셈이라는 아이디어와 연결하기에 약하다. 우리는 세로식 덧셈 없이도 보통 '자릿값'이라고 부르는 열에 대해 배울 수 있기 때문이다. 하지만 세로식 덧셈은 서로 일치하는 자릿수를 더하는 과정을 강조한다. 우리는 일치하는 자릿수를 맞추는 데에 신경써야 한다. 실수로 다음과 같이 해서는 안 된다는 것이다.

$$\begin{array}{r} 153 \\ +39\ \ \\ \hline \end{array}$$

이는 비슷한 숫자들을 모으는 게 더하는 것과 같다는 일반적인 아이디어로 이어진다. 예를 들어, 우리에게 바나나 2개와 사과 3개가 든 하나의 가방, 바나나 5개와 사과 1개가 든 가방이 있는 경우 두 개를 합쳐서 우리에게 몇 개의 과일이 있는지 확인하려 한다고 하자. 바나나와 사과를 한데 합쳐, 우리에게 바나나 7개와 사과 4개가 있다고 말하는 것은 꽤 자연스럽다. 우리에게 총 바나나 2개, 사과 3개와 바나나 5개, 사과 1개가 있다고 말하는 것이 더 보기 힘들 것이다. 아마 그렇게 말한다면 과일 간의 공통성에 저항을 나타낸 것일 테다.

숫자를 세로로 배열하는 것을 통해 우리는 그 열들이 다른 것을 나타낸다는 걸 인식하는 훈련을 하게 한다. 이는 어느 정도 153을 기호로 이루어진 열일 뿐 아니라, 무언가가 1개, 또 다른 무언가가 5개, 그 이외 또 다른 무언가가 3개 있다고 생각해야 한다는 것을 뜻한다. 사실 그 '무언가'는 100의 자리, 10의 자리, 1의 자리로, 그 열은 사실 다음과 같다고 말할 수 있다.

100의 자리	10의 자리	1의 자리
1	5	3
	3	9

과일이 있는 상황에서는 이와 비슷하게 다음과 같은 표를 만들 수 있을 것이다.

바나나	사과
2	3
5	1

그리고 세로열을 더하면 된다. 숫자가 있을 때의 미묘한 차이는 우리가 1을 여러 차례 더하다 보면 자연스럽게 10으로 바뀐다는 것이다. 이는 바나나와 사과가 있다고 일어나는 일이 아니다.

몇 개의 사과를 집어서 바로 바나나로 바꿀 수 있는 방법은 없으니 말이다. 즉, 대개 그렇게 할 수 있는 방법은 없지만, 어렸을 때 한 행사에 갔던 게 기억이 난다. 다양한 레벨의 게임이 있었는데 이기면 상품을 탈 수 있는 행사였다. 어느 레벨에서 상을 어느 정도 여러 개 타게 되면 그걸 더 나은 상으로 교환할 수 있다. 이는 1을 여러 개 모아서 다음 열로 넘길 수 있게 되는 것과 같다.

세로열로 하는 덧셈에는 두 가지 다른 원리가 작동한다. 첫 번째는 한 수준에서 특정한 개수의 숫자들이 다음 수준에서 하나의 숫자로 여겨지는 주판 원리, 그리고 두 번째는 '비슷한 것들 모으기' 원리이다. 후자는 사과와 바나나가 아닌 x들과 y들을 한데 묶는 대수학에서는 매우 중요하다. 그럼 우리는 (x^2+3x+1)과 $(2x+4)$와 같은 표현들을 더할 수 있게 되는 것이다. 1, 10, 100 여러 개가 나오는 대신, 이런 표현들에는 1 여러 개, x 여러 개, x^2 여러 개가 포함될 수 있다. 그 다음 이전과 같은 방식으로 세로식으로 이들을 더해서, 이게 확실히 사과와 바나나와 굉장히 비슷함을 알게 되는 것이다. 하나의 열에 몇 개의 x가 있어도 상관없다. 이들은 절대 x^2으로 바뀌지 않는다.

이러한 맥락은 새롭지만, 여기 사용된 원리는 세로식 덧셈을 해봤다면 친숙할 것이다.

$$\begin{array}{r} x^2+3x+1 \\ 2x+4 \\ \hline x^2+5x+5 \end{array}$$

이 이야기의 교훈은 '때로는 알고리즘이 우리를 흥미로운 사고의 과정으로 이끈다'라는 것이다. 비록 그것이 오늘날 수학에서 필요하지 않은 다소 시대착오적인 것이라 할지라도 말이다. 이와 비슷하게 논란이 될 수 있는 예가 바로 '긴 나눗셈'인 '장제법'이다. 장제법은 여러 자릿수로 이루어진 큰 수를 나누기 위한 알고리즘인데, 이것이 나에게 굳이 '의미 없는' 이유는 그리 효율적이지 않기 때문이다. 뭐, 다음 장에서 어떤 것이 좋은 수학을 만드는지 다시 이야기해 보겠지만 말이다.

물론 '대수학'과 같은 약간 다른 수학의 영역을 논할 때는 장제법이 부분적으로 적용될 수 있기도 하다. 하지만 나는 그것이 다소 억지스러워 보인다. 특히 이 알고리즘은 그리 좋지 않고, 많은 학생에게 큰 고통을 주며, 상황에 대해 통찰력을 주지 못한다는 점에서 특히 그렇다.

그래서 나는 장제법은 버려도 세로식 덧셈은 계속 사용하고 싶다. 정답을 얻기 위한 중요한 도구로 사용하기보다는 숫자의 작동 방식에 대한 추가 논의를 위한 수단으로 남겨 둬야 한다고 생각한다. 아이들이 알고리즘을 매끄럽게 수행하지 못하더라도 지나치게 부담 갖지 않도록 말이다.

그 결과, 수학에서 어떤 것들은 그저 유용한 테크닉일 뿐이다. 그리고 또 어떤 것들은 어떤 일이 벌어지고 있는 것인지 실질적인 통찰력을 주기도 한다. 참고로 암기의 경우 통찰력이라고는 전혀 없이 거의 대부분 전자의 분류에 속한다. 이에 대해서는 이후 다시 이야기할 것이다.

하지만 우리가 수학을 하는 이유는 또 있다. 바로, 아이들이 물웅덩이를 뛰어노는 것처럼 그저 호기심과 재미를 느끼기 때문이다.

물웅덩이에서 뛰어놀기와 산 타기

종종 아이들은 물웅덩이가 있으면 거기에 뛰어드는 걸 좋아한다. 내 신발의 방수 기능이 꽤 좋고, 내가 뛰었을 때 가까이에 물이 튀길 사람이 없는 한 나 또한 물웅덩이에서 뛰는 걸 좋아한다고 인정하겠다. 시카고로 온 이후, 나는 어린 시절 이후 처음으로 장화 한 켤레를 샀다. 사실 그 장화는 비 올 때 신는 용은 아니다. 내가 있는 곳은 배수가 잘 되지 않아 비가 올 때마다 엄청나게 큰 물웅덩이가 생기고는 하지만 말이다. 사실 그 장화는 눈이 녹는 때 신는 용이다. 간혹 눈이 녹으면 도로를 따라 발목 깊이의 작은 강이 생기고, 또 어떤 때는 정말 교차 지점이 있는 곳에 호수를 하나 만들기도 하니까 말이다. 운도 더럽게 없는 사람은 그 호수를 건너야 하는 것이다. 그래서 나에게는 장화가 필요했다.

솔직히 그 장화를 신고 그런 작은 연못들을 지나며 물을 튀기고, 물웅덩이에 발을 첨벙거리는 게 너무 재밌다. 앞서 말했듯이, 여러 가지 측면에서 나는 절대 자라지 않는 작은 아이일 뿐이다. 눈이 오면, 스노우 부츠를 신고 아직 아무도 걷지 않은 도로의 옆쪽에 나 있는 우회로를 걷는다. 그럼 갓 내린 눈을 밟으며 그 기쁨을 온전히 즐길 수 있기 때문이다.

가끔 수학은 물웅덩이에 점프하고, 막 내린 눈을 밟는 즐거움을 느끼는 것과 같다. 가끔은 거기에 있기에 우리가 오를 수 있는지 볼 수 있는 등산과 같기도 하다.

나는 스스로 원해서 등산을 해본 적이 없다. 물리적으로 위험한 것을 굉장히 싫어하기 때문이다. 그렇지만 나는 등산을 하고픈 욕구를 이해는 한다. 간혹 수학을 하고 싶은 욕구도 그와 같으니 말이다.

수학에 산이 있다는 건 추상적일 뿐이다. 하지만 우리는 여전히 호기심에 이끌려 거기에 뭐가 있는지, 우리가 뭘 할 수 있는지 보고싶어 한다. 어떤 수학자들은 정복하려는 욕구와 가까운 것에 의해 수학을 한다. 아직 답을 찾지 못한 문제가 있고, 그저 그 문제를 해결하고 싶어 하는 것이다. 나의 동기는 정복에 대한 것이라기보다는 빛을 비추고, 안개를 걷어 더 명료하게 보고자 하는 욕구다. 마치 산을 올라 정상에서 경치를 보고 감탄하고픈 것과 같이 말이다.

우리는 그저 호기심에서 수학을 하기도 한다. 그리고 순전한 호기심으로 무언가를 추구하는 건 굉장히 재밌을 수 있다. 그것이 어떤 사람들에게는 거부할 수 없는 매력으로 느껴지기도 할테다. 또 어떤 때는 조각 그림을 맞추는 것처럼 어떤 것들의 제자리를 찾아 맞춰주는 것이 만족스럽게 느껴지기에 재밌기도 하다. 물론 조각 그림 맞추기를 좋아하지 않는 사람들도 있다는 것을 알지만, 굉장히 많은 사람들이 수학을 즐긴다고 말하지는 않더라도 사실은 즐기고 있다는 것을 나는 안다.

〈xkcd〉라고 내가 정말 좋아하는 만화가 있다. 이 만화 중 한 편에서는 누군가 불가사의한 기계의 레버를 당겨서 그 결과 고통스럽게 감전당하는 이야기를 보여준다. 이후 스토리는 마치 업무 흐름도처럼 가지를 친다. 한쪽에서는 '나는 그걸 해서는 안 돼'라는 말풍선을 보여주는 '보통의 사람들'을 보여준다. 그리고 다른 한쪽에서는 '매번 그런 일이 일어나는지 궁금하네'라는 말풍선을 보여주는 '과학자들'을 보여준다.[14] 과학적 욕구는 자신의 행동을 하기 위해 모든 것에 대해 계속해서 시험해 보려는 것이다.

수학자들은 설명을 통해 그렇게 하려고 한다. 어떤 것에 대해 설명이 되지 않았거나, 어떤 설명이 만족스럽지 않다면, 우리는 계속해서 그것을 쑤셔보거나, 그 주변을 파보거나, 그것에 대해 탐색하고 싶어한다. 실제로 어떻게 되어 가고 있는지 확인하는 것이다. 만약 내가 어딘가에 가려고 하는데 길을 잃는다면, 이후에 내게 무슨 일이 있었는지 알아보기 위해 지도를 먼저 탐색할 것이다. 나는 최근에야 모두가 이 욕구를 느끼는 것은 아님을 깨닫게 되었다. 내게는 모든 것을 더 이해하고 싶은 무한한 충동이 있다.

가끔 이건 완전 기본 재료로만 빵을 굽길 원하는 것과 같이 결국 '제1원리'에 이르는 형태를 띤다.

---

14 해당 화의 정식 제목은 '차이(The Difference)'로, https://xkcd.com/242/에서 볼 수 있다.

제1원리

나는 달걀, 설탕, 마스카르포네 치즈, 커피, 브랜디, 핑거 쿠키로 티라미수를 만드는 것을 굉장히 좋아한다. 언젠가는 시중에 파는 핑거 쿠키가 아닌, 내가 만든 핑거 쿠키로 티라미수를 만들기로 한 적이 있었다. 마스카르포네도 직접 만들고 싶었다. 하지만 신선한 달걀을 얻으려고 닭을 기르거나, 소의 젖을 짜거나, 직접 브랜디를 만드는 정도까지는 하지 않았다. 우리는 누구나 주방과 수학 모두에 있어서 각기 다른 '제1원리'의 개념을 가지고 있다.

대학 수학 과정이 시작될 때 신입생들은 보통 상당한 충격을 받는다. 대학에서 수학을 하기로 결정한 사람들은 보통 이미 학교에서 수학을 잘했고, 아마도 학교에서 가장 수학을 잘했을 테고, 항상 수학이 쉽다고 생각한 사람들이었을 것이다. 그런 사람들에게 우리가 대학 수준의 수학에서 가장 먼저 하는 건 사소하면서도 애쓰는 것처럼 보일 수 있다. 우리는 제1원리에서 다소 기본적인 것들을 일부 증명해 보고자 한다. 수학을 잘하는 학생들이 수년간 '명백하게 참'이라고 여겼던 것들을 말이다. 그중 한 예가, 어떤 수에든 0을 곱하면 0이 된다는 사실을 증명하는 것이다.

초등학교 저학년 때 많은 아이들이 이 '0 곱하기는 0' 때문에 힘들어하는 것을 봤다. 마치 아이들 일부를 따돌리는 것 같았다. 어떤 애들은 이게 너무나 확실하다고 생각했지만, 또 어떤 애들은 왜 그게 참인지 이해하지 못했다. 그래서 '수학을 잘하는 사람'과 '수학에 꽝인 사람'들이 있다는 잘못된 생각이 더 부풀려진 것이다. 여기서 중요한 것은 수학자들이 왜 0을 곱하면 0이 나오는지가 명확하지 않다고 생각한다는 것이다. 그래서 우리는 제1원리로부터 이를 증명하고자 하는 욕망을 느낀다.

그리고 이 욕망은 가능한 한 적은 구성 요소로 숫자 체계 전체를 이해하고자 하는 욕망으로 돌아간다. 곱셈은 '덧셈의 반복'이기에 0을 곱하는 것이 '무언가를 0번 더해서' 우리가 0을 얻게 되는 것이라고 생각할지도 모른다. 곱셈에 대한 이러한 관점은 정수에 대해 생각해 봤을 때 굉장히 문제가 된다. 여기서 분수와 무리수에 대해 생각해 본다면 더욱 까다로워진다. 덧셈의 반복에 따라 π를 곱한다고 하면 어떤 뜻일까? 우리는 덧셈을 π번 반복할 수 없는데 말이다.

1장에서 봤듯이, 수학자들은 더 복잡한 숫자들뿐 아니라, 도형이나 전혀 숫자가 아닌 다른 것들의 가능성도 고려하며 일반적인 방식을 취한다. 그리고 이 아이디어는 덧셈과 곱셈이 별개의 두 구축 과정을 취하게 한다. 정수에 있어서 우리는 덧셈 반복의 측면에서 곱셈을 정의하고, 그 결과 나타나는 일종의 관계를 탐색할 수 있게 된다. 그래서 우리는 다음과 같이 정의할 수 있다.

$$2\times3=3+3$$

또는

$$3\times2=2+2+2$$

로 말이다. 또한 다음과 같은 그림을 그려서 위의 두 식이 같다는 것을 발견할 수 있다.

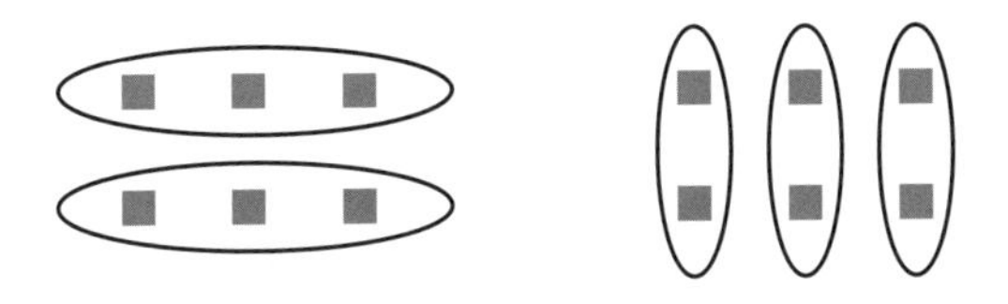

결국

$$2\times3=3\times2$$

라는 것이다.

여기서 나는 위 그림이 두 개의 답이 실제로 우리가 정답이 무엇인지 알 필요 없이 같다는 것을 보여준다는 사실이 좋다. 답이 아닌 과정을 보여준다는 점이 중요하다.

더 깊게 들어가 보면, 여기에서도 앞서 6×8을 다양한 방식으로 설명했을 때와 같은 방법을 이용할 수 있다. 우리는 $6=5+1$이라는 것을 알 수 있다. 그래서 다음과 같이 나타낼 수 있다.

$$\begin{aligned}6\times8&=(5+1)\times8\\&=(5\times8)+(1\times8)\end{aligned}$$

여기서 숫자의 순서가 다르다고 헷갈리지 않았으면 한다. 이후에 다시 이야기하겠지만, 나는 단지 괄호를 사용해 어떤 것들이 함께 묶이는지를 강조하고 싶을 뿐이다. 간단한 나뭇가지 그림을 통해 이 식을 보여주고자 한다. 이 식이 작동하는 원리를 살펴보자.

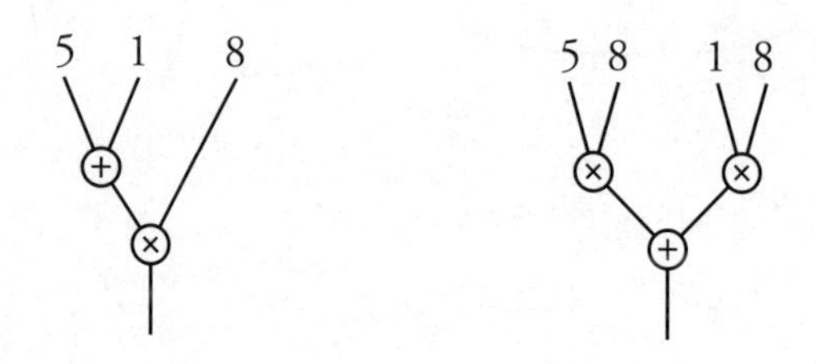

하지만, 이 그림은 실제로 위 두 가지 식이 왜 같은지에 대해 유용한 정보를 주지 않는다. 그저 기호들을 일렬로 나열한 것보다 대수학을 더 잘 이해할 수 있도록 도와줄 뿐이다. 또 다른 시각화 방법에 대해서는 다음 장에서 다뤄보겠다.

엄밀히 말해서, 관행적인 괄호 사용 방식 중에서도 어떤 것은 필수가 아니다. 그렇다면 위의 식을 아래와 같이 쓸 수 있을 것이다.

$$5\times8+1\times8$$

하지만 여기서 표기를 그렇게 하자고 약속한 것이 아니다. 이건 수학이 아니라 맞춤법이다. 나는 모든 사람들이 기호에 대한 임의의 약속을 기억해야 한다고 주장하기 보다는, 괄호를 더 사용해서 식을 더 명확하게 하는 편이 마음에 든다. 여기서 더 중요한 것은, 위 식 표현이 아래 식 표현보다 읽기 어렵다는 것이다.

$$(5\times8)+(1\times8)$$

어쨌든 다음의 식은 우리가 추상적으로 이해할 수 있을지 가늠하기 어려운 식이다.

$$(5\times8)+(1\times8)=6\times8$$

다만, 그저 기호가 나열되어 있는 것들을 보는 것보다는 더 이해하기 쉬울지 모른다. 만약 사과 5개와 또 다른 사과 1개가 있다고 한다면, 속으로는 우리에게는 사과 6개가 있는 것이라고 이해한다. 그리고 여기서 추상화의 수준을 높이고, 5개의 '무언가'와 1개의 '무언가'가 있는 경우, 우리는 그 '무언가'가 6개 있는 것이다. 여기서 '무언가'는 어떤 것이든 될 수 있다. 사과일 수도, 바나나일 수도, 코끼리일 수도, 아니면 사실은 숫자 8일 수도 있는 것이다. 그러므로 숫자 8 다섯 개에 숫자 8 한 개를 더하는 것은 숫자 8 여섯 개가 있는 것과 같다.

다음으로 무리수도 생각해 보려 한다면, 이 모든 것을 기본적으로 반대로 하면 된다. 덧셈을 통해 곱셈을 정의하고 작동 방식을 관찰하는 대신, 곱셈을 '이와 같이 작동하는 무언가'로 정의하는 것이다. 이것은 새를 처음 보고 '좋아, 저것들을 새라고 부르겠어'라고 이야기한 후 새들이 깃털을 가지고 있으며 난다는 것을 관찰하고, 한 발자국 뒤로 물러나 '음, 깃털이 있고 난다면 무엇이든지 새라고 부르는 게 어떨까?'라고 말하는 것과 같다. 그리고 좀 더 시간이 지나 다른 새들과 비슷하게 보이는데 실제로는 날지 못하는 것들을 발견하면 이름을 가다듬기로 결정할 수도 있는 것이다. 깃털과 날개를 가지고 있기 때문에 잠재적으로는 날 수 있는 것처럼 보일지 몰라도 말이다.

이런 분류는 간혹 엄청난 혼란을 불러일으키기도 했다. 여우원숭이는 본래 박쥐와, 천산갑은 개미핥기와 굉장히 가까운 종으로 분류되었던 것처럼 말이다. 이런 경우들은 과학자들이 잠시 잘못된 방향으로 가게끔 만드는 피상적인 유사성 때문이다. 지금까지 생물학에 충분한 관심을 주지 않은 사람들은 물에 사는 모든 것이 물고기여야만 한다고 생각하기도 한다. 온라인에서 어떤 사람들은 돌고래와 고래가 포유류일 수도 있다고 생각하는 이들을 멍청하다고 부르며 폭발적인 논쟁이 펼쳐지기도 한다.

작동 방식에 따라 숫자의 특징 짓기

살아 있는 생물들을 행동에 따라 특징 지을 때에는 유의해야 한다. 그리고 이는 숫자에 대해서도 마찬가지다. 우리는 숫자를 더할 수도 있고, 곱할 수도 있다. 이처럼 덧셈과 곱셈 사이에 어떤 상호작용이 있다고 말함으로써 숫자의 특징을 짓는다.

더 자세히 말하면, 우리에게는 덧셈이라는 개념이 있고, 이건 블록 같은 게 아니더라도 덧셈을 쌓아 올리는 것과 같이 작동한다. 따라서, 우리는 다음과 같이 말한다.

- $2+5=5+2$와 같이, 어떤 수들을 더할 때 그 순서는 상관이 없다.
- $(2+5)+5=2+(5+5)$와 같이 수를 묶는 방식은 상관이 없다.
- 덧셈에 대해 '아무것도 하지 않는' 숫자가 있는데, 그 이름은 0이다.
- 특정 숫자에 의해 덧셈을 '상쇄하는' 방식이 있는데, 이를 그 수의 '음수'라고 한다.

우리에게는 곱셈이라는 개념도 있다. 이는 덧셈과 비슷하지만, 상쇄에 관해 아주 작은 경고를 날려주는 개념이다. 곱셈의 원리는 블록에 관련해서는 덧셈보다 약간 더 어렵다. 하지만 다음과 같이 써보면, 그 유사성은 꽤 잘 보인다.

- $2\times5=5\times2$와 같이, 어떤 수들을 곱할 때 그 순서는 상관이 없다.
- $(2\times5)\times5=2\times(5\times5)$와 같이 수를 묶는 방식은 상관이 없다.
- 곱셈에 대해 '아무것도 하지 않는' 숫자가 있는데, 그 이름은 1이다.
- 특정 숫자에 의해 곱셈을 '상쇄하는' 방식이 있는데, 이를 그 수의 '역수'라고 한다.

마지막으로 우리는 다음과 같이 식을 써서 다음과 같은 덧셈과 곱셈 간 상호작용의 원리를 알게 된다.

$$(5+1)\times8=(5\times8)+(1\times8)$$

또는

$$8\times(5+1)=(8\times5)+(8\times1)$$

곱셈이란 결국 순서를 바꿔도 결괏값은 같으므로 두 식을 모두 말할 필요는 없지만 말이다. 단, 두 명제의 순서가 중요한 세계도 있으니 그러한 경우에는 두 가지 모두 말해야 한다.

상호작용과 관련된 마지막 식은 덧셈에 대한 곱셈의 '분배법칙'이라고 부른다. 저 식을 쓰면서는 다소 이해하기 힘든 것처럼 보일 수 있지만, '무언가의 5개를 무언가의 1개와 더하면 무언가가 6개 있는 것과 같다'로 생각한다면 수수께끼가 조금은 풀릴 것이다. 실제로 분배법칙에서는 곱셈이 말이 되는 경우라면 언제든지 덧셈이 반복되어야 한다는 것을 말해준다. 3=1+1+1인 것과 같이 숫자는 1이 여러 개 만나 만들어지기 때문에, 어떤 수가 3번 있다면 그 수가 1+1+1번 즉, 1을 세 번 더한 횟수만큼 있어야 한다. 그러므로 우리는 다음과 같이 식을 쓸 수 있다.

$$
\begin{aligned}
3\times7&=(1+1+1)\times7\\
&=(1\times7)+(1\times7)+(1\times7)\\
&=7+7+7
\end{aligned}
$$

기호가 쫙 늘어서 있어서 지루해 보일지도 모르겠다. 솔직히 나도 그렇다. 이에 대해서는 다음 장에 더 명료한 기하학적 방식으로 설명하겠다. 그리고 위의 식에 대해 모든 것을 완전하게 설명하지 않았다는 사실에 더 초점을 맞출 것이다. 지금까지 특정 숫자의 작동 방식 사례만을 제공해, 나머지 숫자들에 대해서는 여러분이 추론하도록 남겨두었기 때문이다. 수학에 있어서 이는 참 모호하다. 하지만 우리는 물리적으로 모든 숫자의 관계를 별도로 써 내려갈 수 없다. 숫자의 수는 무한하기 때문이다. 그래서 우리는 숫자를 나타내기 위해 문자를 사용하는 것이다. 그 모든 규칙을 추론을 위해 남겨두는 것 없이 모든 수에 대해 한번에 말할 수 있도록 말이다. 다만 이에 대해서는 5장에서 중심적으로 다루겠다.

우선, 0을 곱하는 것이 이 기본 원리에서 어떻게 도출되는 것인지부터 설명하려 한다. 그러니까 0을 곱했을 때의 결과가 항상 0이 된다는 건 수학의 기본 원리에 해당하는 것이 아니라, 이러한 규칙이 모여 만든 결과물일 뿐이라는 걸 말하고 싶다. 내가 이런 설명을 하는 목적은 우리가 대학 수학에서 당연하게 받아들이는 사실조차도 논리적으로 증명해야 하는 이유를 보여주려는 것뿐이다. 사람들은 평생 너무 당연하게 알고 있던 것을 증명할 때 그 과정이 얼마나 터무니없는지 느끼고는 하니까.

자, 확인해 보자. 다소 기술적이고 지루한 과정으로 보일 수 있다고 미리 경고하겠다. 당신이 이것을 이해하기를 바라서 그런게 아니다. 이해하는 것을 넘어서 이 난해함을 바라보고 경이로움을 느끼기를 바란다.

우리는 임의의 숫자 a에 대해, $0\times a=0$이라는 것을 증명하고자 한다. 그런데 여기서 0이란 무엇인가? 이는 덧셈에 관한 항등원으로서, 어떤 수에 더해도 아무 변화를 일으키지 않는 수이다. $0\times a$를 자기 자신인 $0\times a$에 곱함으로써 이에 대해 조사할 수 있음을 알 수 있다는 것이다. 이제부터 잠시 시각적으로 방해가 되는 × 기호의 사용을 멈추겠다.

$$
\begin{aligned}
0a+0a &= (0+0)a \\
&= 0a
\end{aligned}
$$

하지만 우리는 이제 그게 어떤 것이든 음수 즉, $-(0a)$를 사용해서 $0a$를 '상쇄'할 수 있다는 것을 안다. 그러니 이제 위 식의 좌변과 우변 모두에 이를 더해보자.

$$-(0a)+0a+0a=-(0a)+0a$$

그럼 각 $-(0a)$는 하나의 $0a$를 상쇄하고, 결국 남는 것은 다음과 같다.

$$0a=0$$

이 사실을 자연스러운 것으로 받아들였거나, 평생을 너무나 '명확한 것'으로 받아들였던 사람들에게는 다소 마음에 안 들지도 모르겠다. 하지만 쭉 둘러앉아 이게 왜 참인지 궁금해하는 사람들에게는 어느 정도 만족스러울 수 있다. 물론 그래도 어떤 책의 마지막 페이지를 펼쳤는데 지금까지의 모든 이야기가 꿈이었다고 말할 때와 같이 만족스럽지 않을 수 있다. 여기서 내가 말하려는 것은 모든 것이 명백하다고 생각하는 것이 꼭 당신이 더 나은 수학자임을 의미하지는 않는다는 것이다. 연구수학자들은 모든 것에 대해 더욱 많이 설명하려고 계속해서 노력할 뿐이다. 우리가 종종 모든 게 '명백하다'고 말할 때가 있는 것은 사실이지만, 일주일 동안이나 사라졌다가 돌아와서는 '맞아, 명확해'라고 이야기하는 수학자들에 대한 농담도 있다. 실제로 '명확하다'는 것은 '내가 그것을 어떻게 설명할지 알아'라고 하는 것과 같다.

이 수학적 욕구는 모든 것에 대해 더욱더 깊은 설명을 찾고, 모든 게 왜 그렇게 되는지 더 깊은 이유를 찾으며, 우리가 생각하고 있는 개념들 사이의 더 깊은 관계를 발견하는 것이다. 이것은 살면서 특정한 문제들을 해결하겠다는 욕구와는 완전히 다른 욕구이기는 하지만, 간혹 꽤 오랜 시간이 흐르고 나서 이 두 가지 욕구가 우연히 일치하게 되는 경우도 있다.

예상치 못하게 유용한 수학

수학이 얼마나 쓸데 없는가에 대한 가장 생생한 설명 중 하나는 영국의 수학자 고드프리 해럴드 하디G. H. Hardy의 에세이 『한 수학자의 사과A Mathematician's Apology』에서 많이 인용된다. 하디는 케임브리지대학의 굉장히 저명한 수학자였다. 이 책에서 그는 숫자 이론에 대한 자신의 연구가 얼마나 쓸모 없는지 설명한다. 나는 이게 잘 드러나지 않은 채로 희미하게 나타나는 자부심이라고 생각한다. 안타깝게도 여전히 '유용한' 연구를 경멸하는 수학자들이 일부 있다. 그리고 나는 여기에 문제가 있다고 생각한다. 누군가는 일부러, 활발하게 응용할 게 없는 것을 해야 한다고 생각하지 않기 때문이다. 이건 위험할 정도로 오만한 생각이며, 사람들이 쓸모없다고 여기는 자신의 연구에 따라 그 교훈이 우위에 있어야 한다고 주장하는 건강하지 않은 분위기를 만든다. 불편하지만 내게는 이게 부자들이 자신이 사용하는 화장실을 청소하지 않기에 우월함을 느끼며 화장실 청소하는 사람들을 깔보는 것과 비슷하게 들린다. 다만 나는 그런 연구자 중 일부는 자신의 연구가 응용 분야에서 제외될까 불안해서 그렇게 말하는 것임을 인정한다.

직접적으로 응용하려는 것이 아닌 다른 이유로 연구를 하는 것은 좋다. 하지만 응용할 수 없음을 적극적으로 자랑스러워 하는 것은 그렇지는 않다. 어쨌든 웃긴 것은, 하디는 숫자 이론에 열을 올렸고, 이는 우리가 정수의 작동에 대해 논의해온 것들 중 일부와 관련해 훨씬 더 깊게 파고 들어가는 수학의 가지라는 것이다.

우리는 '1을 평생 반복해 더한다'라는 재미없는 아이디어로 시작해 덧셈의 반복에 대해 생각하고, 이를 곱셈이라 부르고는 한다. 그다음 곱셈과 관련해서 구성 요소에 대해 생각하고, 이들을 소수라고 부른다. 그리고 나서 우리는 어떤 숫자가 소수인지 이해해 보려고 한다. 우리는 소수를 어떻게 찾을 수 있는가? 소수는 몇 개나 있는가? 소수에는 패턴이 있는가? 소수끼리는 서로 어떻게 관계되어 있는가?

하디는 숫자 이론에 응용할 게 전혀 없을 것이라고 확신했다. 하지만 그가 얼마나 잘못 생각했는지 한번 보라. 숫자 이론은 이제 온라인 암호 기술의 기본으로, 사람들 거의 모두가 어딘가에 로그인할 때마다 매일 사용한다. 우리가 사용하는 비밀번호는 온라인으로 전송되어야 하기 때문에, 다른 이가 훔쳐가서 우리 계정에 침입할 수 없도록 암호화되어 있어야 한다. 그리고 여기서 우리는 17세기로 거슬러 올라가는 숫자 이론에서 나온 정리들을 기반으로 소수를 현명하게 사용하고 있는 것이다. 여기서 기본 원리는 나눗셈은 어렵다는 것이다. 덧셈은 그렇게 힘들지 않다. 곱셈은 덧셈을 반복하는 것으로서 약간 더 힘들기는 하지만 여전히 괜찮다. 특히 컴퓨터에서는 말이다. 다만, 요인을 발견하기 위한 나눗셈은 굉장히 가정적이기에 어렵다. 3×5의 계산법은 조금 힘들기는 하지만 명백하다. 하지만 15를 3으로 나누는 것에도 숫자를 쪼갠다는 명료한 방법이 있는데 우리가 나누고자 하는 것이 무엇인지 미리 알지 못한다면 어떨까? 이건 우리가 찾고 있는 요인이 무엇인지를 말해준다. 또 다른 정수를 얻기 위해 15를 무언가로 나누려고 한다는 것이다.

당신은 아마도 15=3×5임을 인식할 수 있을지 모르겠지만, 247과 같이 더 큰 숫자를 생각해 본다면, 다른 무언가의 몇 배로 어떻게 표현할 수 있을지 알아내는 게 훨씬 더 힘들어질 것이다. 결국 모든 수에 대해 시도해볼 수도 있겠지만, 문제의 수가 점점 더 커진다면 그 방법에는 더 많은 시간이 든다. 여기서 중요한 것은 소요되는 시간이 우리가 알아보려는 숫자의 크기보다 더 빠르게 커진다는 것이다. 그래서 예를 들어 그 숫자가 100자리의 수거나 200자리의 수라면, 컴퓨터는 우리가 살아 있는 동안에는 그 계산을 끝낼 수 없을 것이다.

이는 비밀을 만드는 현명한 방법이다. 내가 큰 소수 2개를 골라서 곱한다면, 내가 어떤 숫자들을 곱한 건지 나만 알지, 다른 누구도 그것을 알 수 없기 때문이다. 그 아이디어, 그리고 그 아이디어를 이리저리 만져볼 수 있는 코드로 바꾸는 것 사이에는 다소 큰 단계가 필요하다. 그러나 아주 기본적인 개념이다. 실질적으로 풀 수 있는 코드와의 격차를 좁힐 수 있는 것은 '페르마의 소정리'라고 부르는 1600년대의 한 정리이다. 페르마의 큰 정리와는 다른 것이다.[15] 여담이지만, 우리가 적절한 시간 안에 그렇게 큰 2개의 소수를 찾을 수 있을 만큼 컴퓨터가 강력하지 않기 때문에 이 코드가 이론상으로는 확실하지 않고, 실제적으로만 확실하다는 사실은 굉장히 흥미롭다. 양자 컴퓨터가 우리의 삶을 아주 극적으

---

15 이 큰 정리는 '페르마의 마지막 정리'로, 페르마가 여백에 갈겨쓴 메모로 유명하다.

로 바꿔버리게 될 이유는, 양자 컴퓨터는 적절한 시간 안에 그렇게 큰 소수들을 찾을 수 있을 것이라고 믿기 때문이다. 즉, 인터넷 암호 체계 전체를 완전히 무너뜨려 우리가 온라인 계정을 안전하게 유지할 수 있는 완전히 색다른 방법이 필요할 것이라는 뜻이다.

하지만, 이 이야기의 교훈은 모든 수학이 결국 유용하다는 것이 아니다. 그렇게 들릴 수도 있겠지만 말이다. 내 관점은 약간 더 복잡미묘하다. 우리는 나중에 어떤 것이 유용할지, 아니면 유용하지 않을지 미리 알 수 없다. 그래서 우리가 유용하거나 쓸모없다고 인식하는 것에 의해 어떤 수학의 가치를 판단하는 것은 오해를 불러일으킨다. 어떤 것이든 우리가 무언가를 이해하도록 도와준다면, 그것에는 이후 인간에게 유익할 수 있는 잠재력이 있다.

간혹, 그 시간은 숫자 이론의 잠재력이 드러날 때까지 걸렸던 수백 년보다 훨씬 더 오래 걸리기도 한다.

정다면체의 유용성

아이디어와 그것을 실제로 응용하는 것 사이의 긴 궤적을 보여주는 사례 중 내가 가장 좋아하는 건 '정다면체'와 관련된 이야기다. 이 '정다면체'는 고대 그리스 수학자들이 2천 년도 훨씬 전에 생각했던 개념이다. 정다면체는 대칭의 수가 최대인 3차원 도형이다. 엄청나게 엄밀한 정의라고는 할 수 없지만, 대략적인 개념은 이러하다.

더 구체적으로 말하면, 정다면체는 평면인 2차원 도형에서 만들어진 3차원 구조로, 다음과 같은 모든 유형의 대칭을 특징으로 한다. 첫 번째, 2차원 면들은 모두 대칭이 최대여야 한다. 즉, 각과 변이 모두 같아야 한다는 뜻이다. 그다음 그들이 서로 붙는 방식도 대칭이 최대여야 한다. 그래서 모든 면이 같은 모양과 크기가 되어야 하며, 또한 서로 어디에서든 같은 각도로 만나야 한다. 마지막으로, 그 결과 나타나는 도형이 일종의 원형이어야 한다. 이는 명백하게 공식적인 정의는 아니다. 하지만 모서리가 바깥쪽을 향해 있어야 함은 물론, 안쪽을 향하는 모서리는 없어야 한다는 것이다. 모든 모서리는 바깥쪽을 향해야 한다. 그래야 구에 가깝고, 별 모양과는 덜 가깝다. 이 도형의 학명은 '볼록 다각형'이며 마지막 장에서 다시 다룰 것이다.

이로써 우리가 그렇게 딱 맞는 원리들을 정립할 수 있는 도형이 그렇게 많지 않다는 사실이 드러난다. 우선, 우리가 처음 시작부터 계속 사용할 수 있을 2차원 도형이 그렇게 많지 않다. 등변삼각형이나 사각형, 아니면 정오각형으로 시작할 수도 있을 것이다. '정-'은 모든 변과 각이 같다는 뜻이다. 단, 육각형은 불가능하다. 평면에 세 개의 육각형만 붙여도 빈틈없이 서로 맞아떨어지기 때문이다.

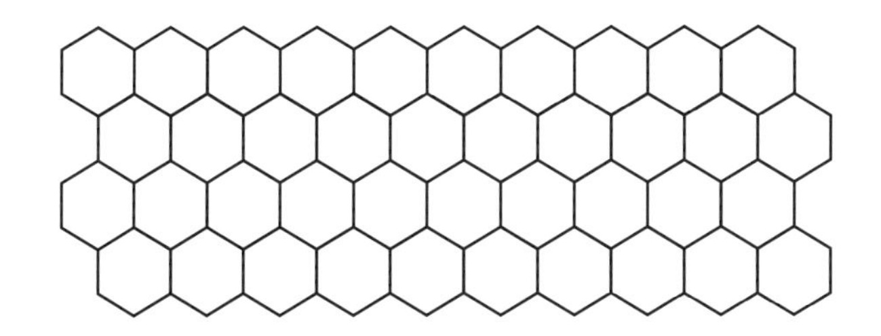

이건 그 자체로도 흥미롭고 실제로 유용한 사실이다. 그래서인지 나는 최근 그래픽 디자이너들이 이걸 회사 로고, 카펫 디자인, 배경화면 등 온갖 곳에 사용하고 있다는 것을 발견했다. 하지만 이 사실은 육각형을 사용해서 3차원의 무언가를 만들 수 있는 방법은 없다는 것을 뜻하기도 한다. 여기서, 사각형 또한 육각형처럼 딱 맞는다는 것도 참이다.

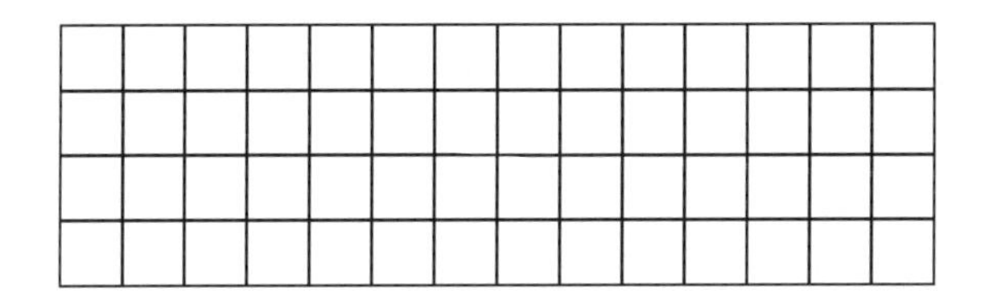

하지만 이 경우에는 각 모서리에서 4개의 사각형이 만나 평면을 채우기 때문에, 사각형 하나를 없앨 수도 있다. 그러면 모서리에서 만나는 사각형은 3개로, 틈이 생긴다. 만약 이 틈이 없어지도록 접으면, 3차원 도형이 된다. 큐브 만들기를 하는 것이다. 그럼 나머지 사각형 사이의 틈들도 이와 동일한 방식으로 채워야 한다.

육각형 3개는 틈 없이 딱 맞기 때문에 육각형으로는 이렇게 할 수가 없다.

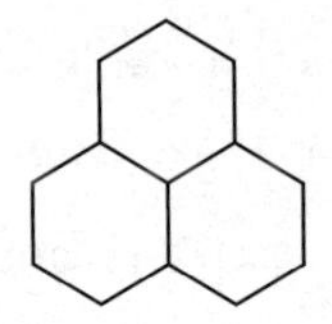

삼각형 3개로는 할 수 있는데, 여기서는 아주 큰 틈이 생긴다.

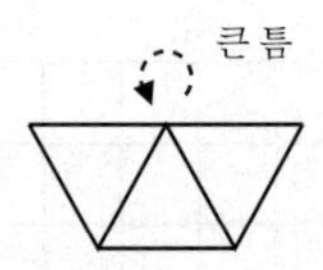

만약 우리가 이 두 개의 '열려 있는' 모서리를 붙인다면, 모자처럼 생긴 삼각형 모양을 얻을 수 있고, 하나의 삼각형 1개를 마지막 남아 있는 공간에 붙이면 그게 삼각 피라미드가 되는 것을 볼 수 있다. 그림을 보고도 이해가 가지 않는다면 가위와 테이프를 이용해 직접 한번 해보기를 바란다. 물리적으로 만들 수 있다면 사물에 대한 감각이 더 좋아지고는 하기 때문이다.

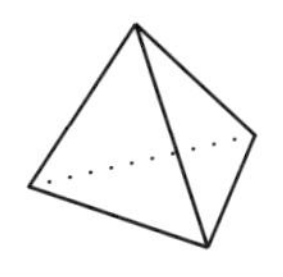

이 삼각 피라미드는 삼각형 5개로 만들어졌으며, 그래서 그리스어 4의 이름을 따 '정사면체tetrahedron'라는 이름이 붙었다.

삼각형 3개로는 위와 같이 큰 틈이 남는다. 우리는 4개의 사각형으로도 똑같은 작업을 할 수 있다. 이 경우에도 여전히 우리가 닫을 수 있는 상당한 틈이 생긴다.

이는 다음과 같이 사각형을 기반으로 한 피라미드처럼 보일 수 있다.

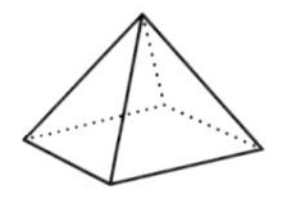

하지만 우리는 최대 대칭을 찾고 있기 때문에, 하나의 도형에 삼각형과 사각형이 섞이는 것을 원치 않는다. 물론 섞을 수야 있지만, 그럼 다면체가 아니게 되기 때문이다. 대칭적으로 이 작업을 계속 한다면, 우리는 다음의 3차원 다이아몬드와 같은 모양을 얻게 된다.

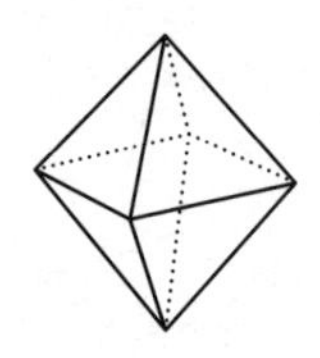

이 모양은 삼각형 8개로 이루어져 있기 때문에 '정팔면체octahedron'라고 부른다.

삼각형으로 만들 수 있는 모양은 하나 더 있다. 삼각형 5개를 모아도 틈이 남기 때문이다.

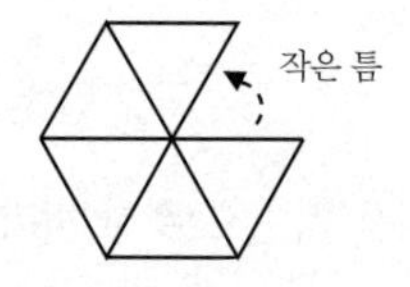

그리고 그 틈을 또 닫아보면, 훨씬 더 납작한 모자 모양의 도형을 만들 수 있다.

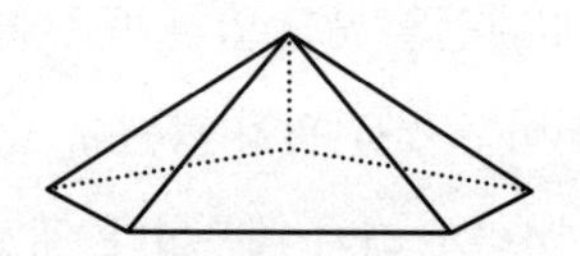

만약 패턴을 유지하면서 이 모양에 삼각형을 계속해서 추가한다면 훨씬 더 오랜 시간이 걸릴 것이고, 훨씬 더 많은 삼각형이 사용될 것이다. 무언가를 만들고 싶다면 집에서 이렇게 해보기를 추

천한다. 나는 살면서 이 작업을 여러 번 해봤고, 여전히 할 때마다 너무나 만족스럽다. 특히 안쪽에 테이프를 붙일 때 더욱 그렇다. 이 도형의 틈을 모두 닫으려면 삼각형 20개가 필요하기 때문에 이 도형은 숫자 20을 나타내는 그리스어의 이름을 따서 '정이십면체icosahedron'라고 부른다. 다음은 사진으로 만들어 본 정이십면체이다.

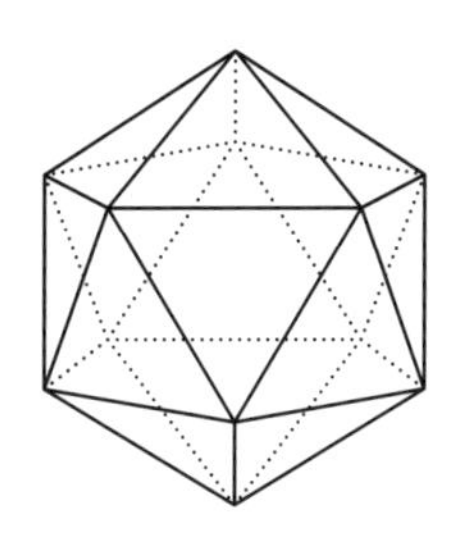

우리는 삼각형 6개로 이 방법을 시도해 볼 수 있다. 하지만 지금 이 도형은 육각형처럼 2차원 평면에 딱 맞기 때문에 3차원의 무언가를 보여줄 수 없다.

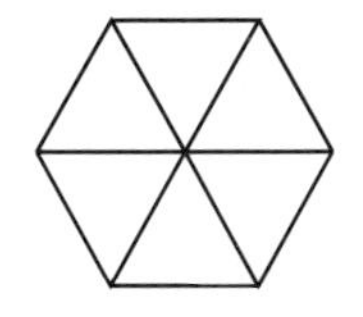

이건 오각형으로도 가능하다. 정오각형 3개를 이어 붙이면 아주 작은 틈이 남기 때문이다.

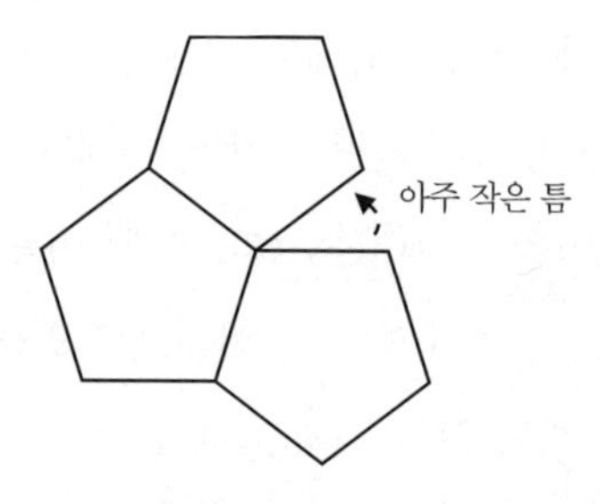

우리는 이 틈을 닫아서 약간 납작한 종류의 모자를 만들 수 있다. 그림으로 확실하게 그리기는 다소 어려운 모양새다. 그리고 더 많은 오각형을 대칭적으로 연결한다면, 오각형 12개가 있을 때에도 나타나는 틈을 닫을 수 있을 것이다. 이는 '정십이면체dodecahedron' 라고 부르며, 다음과 같이 생겼다.

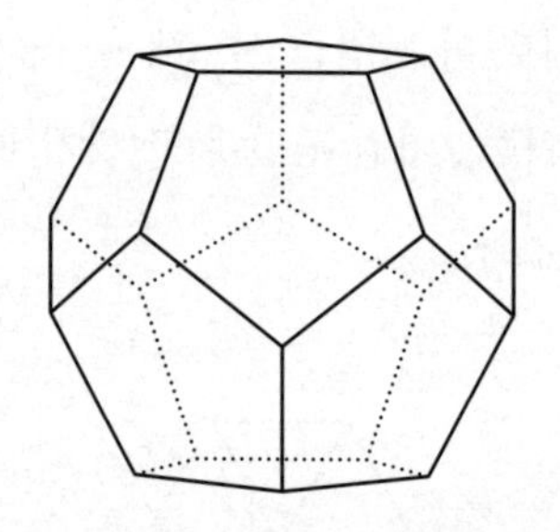

여기까지 우리가 찾던 최대 대칭으로 가능한 모든 것을 살펴봤다. 우리는 면 6개 이상을 가진 도형을 사용하지는 못한다. 최소한 하나의 점에서 도형 3개가 만나 하나의 틈을 남겨야 하기 있어야 하기 때문이다. 그리고 면을 6개 이상 가진 도형은 각이 너무 크기 때문에 딱 맞지 않을 것이다. 이것이 다른 3차원 도형들이 쓸모없다는 것을 뜻하지는 않는다는 점을 기억하라. 그저, 우리는 우리의 호기심에 따라 최대 대칭으로 무엇을 만들 수 있는지 궁금했던 것뿐이다. 그리고 나머지 3차원 도형은 모든 방면에서 아주 멋지다. 그저 이 속성만을 가지고 있지 않을 뿐이다. 그래서 정다면체에는 정사면체, 정팔면체, 정십이면체, 정이십면체가 있다.

이제 당신은 왜 정사면체가 이 도형이 가진 면 개수의 이름을 따오지 않았는지 궁금해 할지도 모른다. 물론, 그렇게 할 수도 있었겠지만, 그렇게 되면 정사면체는 'hexahedron'이 된다. h가 너무 반복되어 발음하기 어려운 긴 단어여서일지도 모르겠다. 더 많이 불러야 하는 이름이라면, 더 짧은 이름을 주는 게 보통이다. 실제로 'cube'라는 이름은 '6면 주사위'를 뜻하는 그리스 단어 '*κύβος*'에서 따온 것이다. 종종 일상적인 명사가 불규칙적으로 변화하는 것처럼 흔한 것을 가리키는 언어가 불규칙성을 갖게 되기도 한다.

어쨌든, 다 좋다 이거다. 그렇다면 여기서 중요한 것은 무엇인가? 아주 좋은 질문이다. 여기서 그 자체로 중요한 것은 대칭이 이루어지는 방식, 도형이 딱 맞는 방식, 2차원 사물이 3차원 사물이 되는 방식을 더 깊게 이해하는 것이다. 그렇다면 이것은 우리에게 어떤 도움이 될 수 있는가?

'정이십면체'라는 개념이 '유용'해지기에는 2천 년이 걸렸다. 이 도형은 이제 돔 건축물을 짓는 데에 사용된다. 건축가 리처드 버크민스터 풀러Richard Buckminster Fuller에 의해 유명해진 방식으로 말이다.[16] 다만 이 방법을 처음 사용한 것은 독일의 공학자 발터 바우어스펠드Walther Bauersfeld였다. 여기서는 우리가 건축 구조물로서 큰 구형을 세우고자 한다면, 매끄럽고 둥글게 만들기는 어렵다. 하지만 삼각형 조각들을 사용한다면, 작고 더 편리한 기본 구성 요소에서 하나의 구에 가까운 모양을 만들 수 있다. 정다면체는 모두 약간은 구처럼 생겼지만, 약간은 뾰족하기도 하다. 면의 개수가 많으면 많을수록, 뾰족함은 덜하다. 여기서 내 말은 더 많은 모서리가 있지만, 그 모서리들은 덜 극적이라는 것 즉, 지금은 '덜 뾰족하다'는 것이다. 삼각 피라미드인 정사면체의 모서리는 매우 뾰족하지만, 정이십면체의 모서리는 그보다는 부드럽다.

하지만 너무 뾰족해서 구가 될 수 없기는 하다. 그래서 버크민스터 풀러는 모든 모서리를 깎아 그 물체 전체의 뾰족한 부분을 깎아내는 방법을 생각해 낸 것이다. 각 모서리의 꼭짓점 1개에서 5개의 삼각형이 만나기 때문에, 모서리를 깎아내면, 오각형의 면이 새로 생기게 될 것이다. 그렇게 되면 기존에 있던 삼각형의 면에는 어떤 일이 일어나겠는가? 다음 그림은 우리가 삼각형의 모서리를 깎아냈을 때 어떻게 되는지를 보여준다.

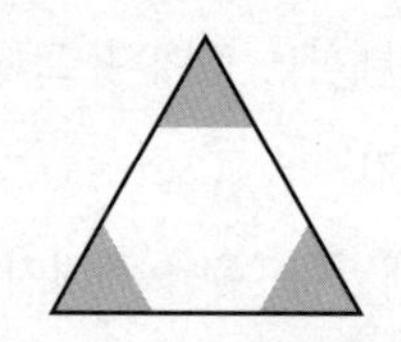

16 이후 등장하는 그의 건축물 '지오데식 돔(geodesic dome)'을 참고하자.

우리가 모서리를 그렇게 많이 깎아내지 않으면, 이 삼각형은 육각형이 된다. 즉, 중간에 있는 하얀 부분이 나타나게 되는 것이다. 그래서 정이십면체의 모든 모서리를 너무 심하지 않은 정도로 깎아내면, 삼각형의 모든 면은 육각형이 되고, 육각형으로 된 면 20개가 될 것이다. 하지만 각 모서리는 오각형으로 바뀔 것이다. 정이십면체에는 꼭짓점이 12개 있기 때문에, 이 새로운 도형에는 육각형 면 20개와 함께 오각형 면 12개가 생기게 된다. 그렇게 되면 꽤 구와 가까운 모양이 된다. 실제로 축구공을 만들 때 널리 사용되는 방법이 바로 이것이다. 굉장히 반가운 사실이다. 그리고 이 모양은 종종 버크민스터 풀러의 이름을 따서 '버키 볼Bucky Ball' 이라고도 부른다.

그리고 이것을 우리가 삼각형으로 만들 수 있는 편리한 구조로 바꾸는 마지막 단계는 우리가 삼각형 6개에서 육각형 1개를 만들 수 있다는 것, 그리고 삼각형 5개에서 오각형 1개를 만들 수 있다는 것을 깨닫는 것이다. 이는 그 구조물을 매우 편리하게 만들어 준다. 하나의 구성 요소 즉, '삼각형'만을 필요로 하는 방법이기 때문이다.

이는 지오데식 돔이 삼각형으로 만들어진 방식이며, 이는 종종 천체 투영관의 돔에 사용된다. 더욱 최근에 이 방법은 아이들이 사용하는 정글짐, 실외 다이닝 버블, 데코돔을 만드는 데에도 사용되었다. 어떤 구조물의 한 점에서 몇 개의 삼각형이 만나는지 여러 곳에서 관찰해 보면, 이 방식이 사용되는 것을 발견할 수 있을 것이다. 간혹 삼각형은 6개가 있을 수도, 아니면 5개가 있을 수도 있다. 그리고 이는 어디에 육각형이 있는지, 어디에 오각형 면이 있는지 그 흔적을 보여줄 것이다.

이야기를 조금 더 이어가 보자. 1950년대에 바이러스의 구조를 관찰할 수 있을 정도로 성능이 좋은 현미경이 개발되었다. 그 결과, 많은 바이러스가 정이십면체 구조로 되어 있다는 사실이 밝혀졌다. 고대로부터 이어져 온 정이십면체 연구가 실제로 활용되기까지 무려 2천 년이 걸린 셈이다. 과거에는 이런 활용 가능성을 아예 예측조차 하지 못했을 것이다.

응용 사례 중에서 실외 다이닝 버블에 정다면체를 사용하는 것이 조금 시시해 보일지도 모르지만, 이보다 덜 시시한 사례는 우리를 고대 그리스에서 미적분학까지 데려다줄 것이다.

무한대

이는 내가 책 『무한대를 넘어서Beyond Infinity』에서 언급했던 이야기이므로 여기에서는 요약해서 말하겠다. 사람들은 무한대가 실제로 수천 년을 뜻하는 것이라고 생각해 왔다. 수천 년 전 수학자와 철학자들이 제기한 질문은 오늘날 호기심 가득한 아이들이 종종 묻는 질문과 똑같다. 무한대란 무엇인가? 숫자는 무한대인가? 우리는 무한대에 도달할 수 있는가? 세상에는 무한한 것들이 있는가? 무언가를 무한대의 조각들로 나눈다면, 그 나눈 각각은 얼마나 큰가?

이 중 많은 질문은 그리스 철학자 제노와 그의 동료들이 연구한 것들이다. 그리고 여기서 알쏭달쏭한 것들이 제노의 모순에 압축되어 있다. 내가 가장 좋아하는 것은 '초콜릿 케이크를 영원히 보관하는 방법'으로 묘사하는 부분이다. 초콜릿 케이크의 반을 먹고, 이후에 그 남은 반의 반을 먹고, 그 다음에는 그 남은 반의 반의 반을 먹는 것. 이것을 계속하는 것이다. 그렇다면 이건 당신이 초콜릿 케이크를 절대 다 먹지 못하게 될 것임을 뜻하는가? 제노는 이것을 케이크가 아닌 A에서 B로의 여행이라는 관점에서 표현했다. 그리고 그 결론은 당신이 남은 거리의 절반을 계속해서 가야 하는 상황인데, 그 남은 거리의 절반은 항상 남아있을 것이라는 의미이다. 이건 당신이 B라는 지점에 절대 도달하지 못할 것이라는 뜻이지만, 우리는 어떤 공간에든 매일 도착한다.

또 다른 모순에서는 '움직임'이 진정 무엇인지를 다룬다. 제노는 공중을 날아가는 화살을 생각하며, 어떤 주어진 순간에 그 화살이 공중의 한 지점에만 있다는 사실에 대해 생각했다. 그렇다면 화살은 어떻게 움직이고 있는 걸까?

또 다른 모순에서는 아주 빠르다고 알려진 아킬레스라는 인물과 거북이 사이의 도보 경주를 다룬다. 거북이에게는 먼저 시작할 수 있는 기회가 주어졌고, 당연히 아킬레스는 거북이보다 몇 배 더 빨랐다. 그런데 거북이가 A 지점에서 경주를 시작했다고 한다면, 아킬레스가 A 지점에 도착할 때까지 거북이는 최소한 B라는 지점이든 어디든 틀림없이 조금은 앞서 있었을 것이다. 그다음에는 아킬레스가 B 지점에 다다를 때까지, 거북이는 C 지점이라고 하는 곳까지 또 약간은 앞서 있어야 할 것이다. 이 과정이 영원히 계속되는 것인데, 이건 아킬레스가 절대 거북이를 추월할 수 없는 것처럼 보이지만, 사실 이건 말이 전혀 되지 않는 것 같다.

이런 모순들에 대한 인간의 반응은 다양할 수 있을 것이다. 어떤 사람은 양손을 들고 '말도 안 돼!'라거나, '그래서 뭐가 중요하다는 건데?'라는 말을 할 수 있다. 또 어떤 사람은 콧방귀를 끼고는 '당연히 초콜릿 케이크 다 먹을 수 있지! 아킬레스는 거북이 추월할 수 있고!'라고 이야기할 것이다. 하지만 그게 이 모순에서의 사고 과정이 어쨌든 실제로 어떻게 진행되는 것인지를 다루지는 않는 것이다. 오히려 놓치고 있는 것이라고 할 수 있다.

수학자들은 이 둘 중 어떤 것도 하지 않는다. 우리는 당황스럽고 혼란스럽기 그지없지만, 그로써 우리는 관심이 생기고, 도대체 무슨 일이 일어나고 있는 것인지 알고 싶은 것이다. 2천 년이 넘게 걸렸지만, 수학자들은 결국 미적분이라는 영역을 발견함으로써 이 이상한 것들을 처리하는 방법을 알아냈고, 이는 결국 전기를 비롯한 다른 기술들을 통해 본질적으로 현대 생활의 모든 발전으로 이어졌다.

혼란스러움은 정이 안갈 수 있다. 그리고 이걸 하기에 자신이 충분히 머리가 좋은 사람이 아니라고 느끼게 할 수도 있다. 그래서 여기에서 도망쳐 다른 걸 하게 만들 수도 있다. 하지만 간혹 혼란스러워야 하는 사람들은 응당 그래야 하는 만큼 혼란스러워하지 않는다. 이건 착각이나 자의식 부족의 한 형태이다. 마치 그럴 자격이 없을 만큼 한심한데도 스스로 나라를 통치할 수 있다고 생각하는 것처럼 말이다. 한편 어떤 사람들은 적절하게 혼란스러워하고 압도 당한다. 그 상황이 정말 혼란스럽기 때문이고, 안타깝게도 그들은 이게 자신이 수학에 적합한 사람이 아님을 나타내는 신호라고 믿게 되기 때문이다. 실상 그와는 반대로, 이건 당신이 흥미로운 무언가가 진행되고 있음을, 그리고 그것을 알아냄으로써 더욱 똑똑해질 수 있는 기회가 우리에게 있음을 정확하게 감지했다는 신호이다. 이건 제노의 모순에서도 일어난 일이었지만, 수학자들이 이걸 알아내는 데에는 약 2천 년이 걸렸다. 그러니 분명 이건 쉽지도, 명확하지도 않다. 사실은 정말 경이로운 일이다. 다음 장에서는 무한대에 대한 그 수수께끼들이 미적분학의 영역으로 어떻게 이어졌는지, 그리고 그게 아주 뛰어나면서도 불편한 수학의 일부인 이유가 무엇인지 알아볼 것이다.

4장

무엇이 수학을 좋아지게 하는가

순환소수 0.9는 왜 1에 가까운 걸까? 정말 확실하게 1과 같다고 할 수는 없는 걸까? 1에 아주 아주 가까운 수이지만 절대 1에는 다다를 수 없는 수인 걸까?

순환소수는 끝없이 반복되는 패턴이 영원히 계속되는 소수이다. 순환소수 0.9는 다음과 같이 굉장히 단순한 패턴을 가진다.

$$0.9999999999999\cdots$$

맨 끝의 점 3개는 숫자 9가 '영원히' 계속 나온다는 것을 나타낸다. 이건 간혹 $0.\dot{9}$와 같이 위에 점 하나를 찍는 것으로 줄여서 쓰기도 한다.

순환소수는 흥미진진한 무한대의 비밀, 그리고 숫자가 무한대라는 아이디어와 관련된 매력을 가지고 있다. 하지만 무한대와 연관이 있다는 것은 순환소수가 다소 혼란스러울 수 있다는 것, 그리고 우리의 직관이 우리가 길을 잃게 할 수도 있다는 것을 의미하기도 한다.

사람은 저마다 모두 서로 다른 직관을 가졌다. 그래서 무엇이 옳은지, 무엇이 그른지를 두고 논쟁을 벌이고는 한다. 이번 장에서는 수학이 단순히 옳고 그름에 대한 게 아님을 알려주는 중요한 방법 한 가지에 관해 탐색해 보려고 한다. 우리는 앞서 '어떤 것이 참이다'라고 말하거나 결정하는 수학의 강력한 프레임워크를 살펴봤다. 그러나 사실 수학은 그보다 훨씬 더 많은 것을 담고 있다. 하지만 사람들은 어떤 수학적 논리가 타당하더라도, 여전히 그게 얼마나 좋은지 평가하고는 한다. 이는 논리적 정확도보다 훨씬 주관적이며, 이를 유용하게 생각하는지, 아니면 통찰력을 제공하는지, 혹은 만족스러운지와 같은 취향의 문제일 수도 있다. 그러므로 여기서는 수학에서 중요하게 여겨지는 가치들이 무엇인지, 그리고 수학이 우리의 직관과 어떤 방식으로 상호작용하는지 알아볼 예정이다. 수학은 우리의 직관을 강화하거나, 때로는 잘못된 직관을 수정해 주기도 한다. 더 나아가 좋은 수학이라는 건 단순히 무엇이 참이고 거짓인지 판단하는 데 그치지 않고, 그에 대한 깊은 통찰력을 제공한다. 이러한 통찰력은 다양한 상황을 하나로 통합하고, 논리를 더욱 폭넓게 적용할 수 있도록 한다. 나는 수학이 점점 더 복잡한 사고를 가능하게 하고, 이를 통해 발전을 이루는 방식에 관해 말하고 싶다. 다만, 우리는 이것이 유럽 백인 남성 문화에 따라 발전해 온 가치 체계임을 인정하기도 해야 한다. 그리고 이것은 우리가 이러한 것들을 왜 가치 있게 여기는지에 대해 불편한 질문을 제기한다.

수학적 가치

'무엇이 수학을 좋아지게 하느냐?'는 것은 수학이 참이냐, 거짓이냐보다 훨씬 더 모호한 질문이다. 그리고 훨씬 더 흥미진진한 질문이기도 하다. 수학자 모두가 항상 이에 동의하지는 않지만, 각 분야 내에서 특정한 것들에 대해 종종 거의 만장일치로 받아들여지는 것들이 있다. 그 가장자리에 반대하는 이들도 몇몇 있기는 하지만 말이다. 이는 수학이든, 영화든 삶에서 어떤 것에 대해 판단을 내릴 때 발생하는 일이다. 내가 이 글을 쓰는 시점에 IMDb에서 가장 높은 평점을 받은 영화는 〈쇼생크 탈출The Shawshank Redemption〉이다. 그리고 나는 이 영화가 당신의 취향이 아니라고 할지라도 아주 좋은 영화라는 데에 대부분이 동의한다는 사실을 짐작할 수 있다. 사실 나는 이 영화의 결말을 좋아하지만 폭력성은 너무 짙다고 생각한다. 그 다음 순위는 〈대부The Godfather〉다. 이 또한 폭력성 때문에 나는 보기가 힘든 영화다.

'수학적 아름다움'은 말이 많은 문제다. 동의하거나 정의할 수 없다는 것을 근거로 들어 이에 반대하는 수학자를 많이 봤다. 하지만 나는 그들의 의견을 반대라고 생각하지 않는다. 우리 인간은 일종의 아름다움에 대해 동의하지 않거나, 아름다움에 대한 명료한 정의를 본 적이 없기 때문이다. 개인적으로 나는 사람에 있어서 외적인 아름다움에 대해 생각하기를 포기했다. 진심으로 말하자면, 아름다움은 친절함과 관대함, 이 두 가지와만 연관이 있다고 생각하고, 내 스스로가 더 이상 다른 누군가가 외적으로 어떻게 생겼는지에 대해 신경 쓸 수가 없기 때문이다. 내가 피상적인 미의 문화로 인식하는 것, 그리고 특히 이것이 여성들에게 가하는 것에 대해 반항적인 반응임을 어느 정도는 인정한다.

'논리적 모순' 덕분에 옳고 그름의 개념이 있기는 하지만, 수학은 옳고 그름의 문제가 전혀 아니다. 하지만 2장에서 논의했듯이, 옳고 그름의 개념은 보통 수학이 정답과 오답을 가지고 있다고 생각하는 것보다 더 추상적인 단계에서 작동한다. 예를 들어, '1+1은 무엇인가?'라는 질문에 대한 정답은 2만 있는 것이 아니다. 우리가 지금껏 봐왔듯, 여러 맥락에서 다양한 정답이 있을 수 있다.

그러나, '만약 1+1=1이라면, (1+1)+1은 무엇인가?'라는 질문에는 정답이 있다. 이건 논리의 문제이기 때문이다.

'자연수의 맥락에서 1+1은 무엇인가?'라는 질문에는 정답이 있다. 이는 특정 맥락 속 수학의 표준적 정의에 대한 질문이기 때문이다.

나는 이것이 어디에나, 심지어는 보통 정답이 없다고 여겨지는 분야에도 존재하는 '정답' 수준이라고 주장하겠다. 가령, 예술에도 정답은 있다. 만약 두 가지 색상의 물감을 섞는다면, 그 결과 특정한 색상이 나타날 것이고, 당신은 그 색을 바꾸지 못한다. 그저 그렇게 된 것이니 말이다. 이게 다른 무언가가 되게 할 수 없다는 말이다. 다만, 두 색상을 다른 비율로 섞는 것은 할 수 있다. 아니면 다른 색상을 섞을 수도 있다. 하지만 일단 한 번 섞으면, 어떤 색상이 나오게 될지 그 '답'은 이미 정해져 있다. 다른 답을 얻을 수 있는 유일한 방법은 다른 과정을 거치는 것이다.

만약 당신이 어떤 건축물을 하나 짓고 있다면, 계속해서 올라가거나, 아니면 무너질 것이다. 드레스를 한 벌 만들고 있다면 만들 수 있는 방법은 많지만, 실제로 누군가의 몸에 맞는 드레스를 만들고 싶다면 거기에 맞게 해야 할 것들이 몇 가지 있다. 그렇지 않으면 맞지 않을 것이다. 맞지 않기를 원한다고 해도 이를 위해 해야 할 것들이 몇 가지 있다. 이것들을 하지 않으면 오히려 또 맞게 될 수도 있다.

글쓰기의 '규칙'은 역사상 점점 더 광범위해졌다. 문법의 규칙은 변화를 겪어왔고, 작가들은 '문장'이라 여겨지는 것, '단어'라고 여겨지는 것, 심지어는 단어 '철자법'의 경계까지도 넓혀 왔다. 어떤 세대건 이런 것들에 반대하는 이들은 있었다. '잘못된 것'이라 여겼기 때문이다. 하지만 언어는 항상 발전해 오고 있었다. 글쓰기의 경우 '옳고 그름' 혹은 '좋고 나쁨'에 대한 질문을 넘어, '누가 이 글을 읽을 것인가?'라는 질문 역시 존재한다. 하지만 그렇긴 해도, 작가는 아주 순수한 예술적 차원에서 아무런 외부 제약도 받지 않고 자기 마음대로 쓰고 싶어 할 수 있으며, 그 글을 누가 읽든 말든 신경조차 쓰지 않을 수도 있다. 이러한 글을 쓰는 작가들은 자기가 세운 규칙 외에는 아무 것도 따르지 않을 것이다. 아래는 트라우마를 불러올 정도로 컸던 슬픔이 주는 고통을 표현하기 위해 내가 쓴 시다.

또 다시

겨어엉악

아니 아니 아니

그런데 여기서 당신이 규칙이라고는 전혀 없는 창의적인 과정을 추구하고 싶다고 해도, 여전히 여기에는 우리의 두뇌가 옳고 그름의 개념을 수반하는 논리를 처리하도록 훈련하는 데에는 가치가 있다. 왜냐하면 삶, 그 속에 이 가치가 있기 때문이다. 만약 모든 이민자를 불법 이민자라고 믿는다면, 그것은 논리적으로 정확하지 않다. 백신이 어떤 질병을 100퍼센트 보호해 준다고 말한다면, 그것 또한 논리적으로 정확하지 않다. 반면 그 백신이 전혀 보호를 해주지 못한다고 한다면 그 또한 마찬가지다.

만약 당신이 '과학적으로 기후변화는 반드시 온다'라고 주장한다면 그건 논리적으로 부정확하다. 반대로 '기후변화는 분명히 실제가 아니다'라고 말하더라도 그 또한 논리적으로 정확하지 않다. 이러한 일들은 우리 일상에서 종종 일어나는데, 나는 모든 사람이 다양한 주장의 논리를 분명히 할 수 있을 만큼의 강한 사고력을 가지고 있으면 좋겠다. 그렇다고 해서 내 의견에 동의하지 않는 모두가 비논리적이라고 말하는 건 아니다. 의견이 다르더라도 논리적인 방식은 있을 수 있기 때문이다. 백신이 질병 예방에 아무런 효과가 없다고 생각하는 건 논리적이지 않지만, 백신의 부작용이 질병에 걸리는 것보다 더 두렵다고 판단하는 것은 유효한 결정이다. 위험을 대함에 있어 나의 판단 방식과는 다른 반응이지만, 적어도 우리는 그 차이에 대해 논의할 수 있다.

어쨌든 수학에 옳고 그름의 측면이 있다는 점에 대한 변호는 여기까지 하겠다. 이제는 우리가 수학을 소중하게 여기는 이유와, 좋은 수학이라고 간주되는 것 사이의 미묘한 차이에 더 집중해 보고자 한다. 무엇이 좋은 수학을 만드는지에 관해 모든 수학자가 같은 의견을 가지고 있지는 않지만, 나는 나를 포함해 많은 수학자의 일반적인 생각을 말하고 싶다. 먼저 순환소수 0.9를 예시로 들어 시작해 보겠다. 이 문제는 우리의 직관으로 이해하기 어려울 수 있지만, 수학자들은 이를 영리하고 약간은 교묘하게 해결했다. 그다음으로는 직관을 도와주거나, 직관이 옳다고 느껴질 때 그 직관을 바탕으로 논리를 전개하는 방식에 관해 이야기할 것이다.

나는 살아감에 있어 직관을 따르는 것도 중요하지만, 때로는 새로운 정보를 받아들여 직관이 잘못된 방향을 가리키고 있음을 깨닫는 태도도 필요하다고 생각한다. 이는 수학에서도 마찬가지다. '무한대'에 대해 존재하는 많은 질문과 같이, 우리의 직관만으로 순환소수에 관한 질문에 답하기는 부족하다. 우리의 삶은 짧고 유한하므로 무한에 대해 많은 경험을 하지 못했기 때문이다. 나는 우리가 열려만 있다면 어떤 엄밀한 사고가 우리의 직관을 '고쳐' 줄 수 있다는 사실이 재밌다. 물론 나의 직관에 결점이 있다는 걸 인정하고 그 방향 자체를 바꾸는 건 불편할 수 있다. 이는 우리가 '사람'에 가진 무의식적인 편견이 잘못되었다는 걸 깨닫게 될 때와 약간 비슷하다. 두 경우 모두 우리가 이전에 가지고 있던 생각을 그대로 유지하거나, 아니면 사고를 연마할 수 있는 우리의 역량에 칭찬을 보낼 수도 있다. 여기서 수학자는 보통 후자를 선택한다. 나 또한 이를 시도하려고 한다. 그리고 순환소수 0.9에 대한 질문은 이것을 언급하기 위한 좋은 시작점이다.

'순환소수'란 진정 무엇인가?

일반적으로 '무리수'란 '반복 없이 영원히 계속되는 소수'를 말한다. 하지만 우리는 그 소수를 끝까지 무한하게 다룰 수 없으므로, 이 개념을 설명할 다른 방식을 찾아야만 한다. 만약 찾지 못한다면 무엇이 무리수인지 설명하기까지 꽤 애를 먹을 것이다. 예를 들어보자. $\sqrt{2}$는 '제곱하면 2가 되는 숫자'이며, π는 '원주와 지름의 비율'이다. 이에 대해서는 6장에서 다시 다룰 것이다. 하지만 순환소수는 반복되는 패턴과 함께 영원히 계속되는 소수다. 그래서 우리는 최소한 단계별로는, 그들이 '영원히' 어떻게 될 것인지를 안다. 여기서 문제는 이것이 그 결과가 무엇인지를 알려주지는 않는다는 점이다. 아마도 나선형 계단이 반복하는 패턴이 무엇인지는 알지만, 이게 우리를 어디로 데려다주는지는 알지 못하는 것과 같을 것이다.

우리는 '순환소수 0.9'를 한 번 단계별로 생각해 볼 수 있다. 첫 번째 단계는 0.9 즉, $\frac{9}{10}$이다. 우리는 이 수가 1의 상당 부분을 차지하지만, 분명히 전부를 차지하지는 않는다는 것을 안다. 그리고 이를 다음과 같은 그림으로 나타낼 수 있다.

다음 단계는 0.99이다. 이는 $\frac{9}{10}+\frac{9}{100}$이다. 이 수를 다르게 생각해 보자. 먼저 $\frac{9}{10}$를 취하고, 그다음에는 남아 있는 수의 $\frac{9}{10}$를 더하는 것이다.

이는 초콜릿 케이크 절반을 먹고, 그 다음 남아 있는 것의 절반을 먹는다는 시나리오와 약간 비슷하다. 이를 그림으로 나타내면 다음과 같다.

이제 똑같은 것을 계속할 것이다. 0.999는 우리가 여기서 남아 있는 수에 $\frac{9}{10}$를 또 더한 결과다.

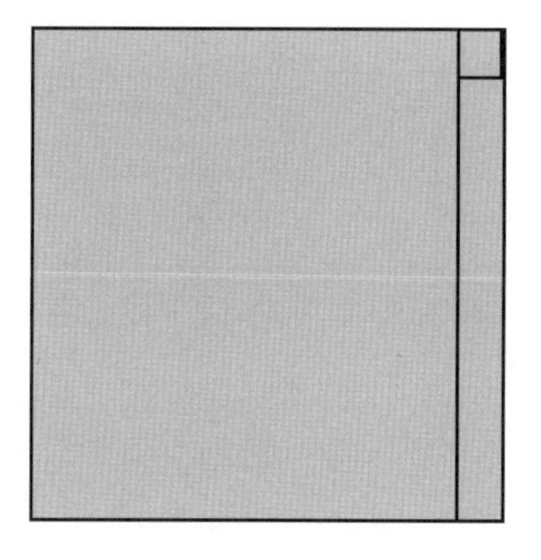

이미 남아 있는 틈이 너무나 작아 찾기 힘들어졌지만, 오른쪽 상단에 수직으로 아주 짧은 회색 사각형이 남아 있기는 하다. 다음 페이지의 그림은 저 오른쪽 상단 구석을 확대한 모습이다.

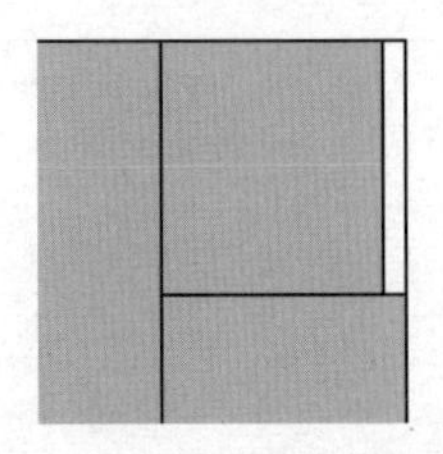

위 그림처럼 확대하기 전까지 이 남은 부분을 보지 못한다는 사실은 이미 이 주장이 그렇게 엄밀하지 않다는 신호가 된다.

순환소수 0.9라는 아이디어는 우리가 '이것을 영원히 계속해서 한다'는 것이다. 이 그림의 패턴을 영원히 계속 그려 나간다고 상상한다면, 사각형 전체를 채우려는 것처럼 보일 것이다. 그러나 다음과 같이 오른쪽 상단 구석을 훨씬 더 확대해 보면, 똑같은 사각형 몇 개가 반복되고 있고, 아주 작은 틈 하나가 다음과 같이 여전히 눈에 보이기는 한다.

어떤 이들은 항상 이 사각형을 확대해서 저 작은 틈을 찾을 수 있으므로 절대 1에 도달할 수 없다고 생각하기도 한다. 우리가 무한대에 아직 도달한 것이 아니기 때문에 한 개의 틈만 남아 있는 것이고, '무한대에서' 1에 도달할 수 있으므로 결국 순환소수 0.9가 1이 된다고 주장하는 이들도 있을 것이다.

이 경우 누가 옳은지에 대한 싸움을 해보자고 한다면 솔깃할 것이다. 이는 승자와 패자가 있어야 한다는 제로섬 게임으로 우리를 몰아넣는 이 사회에 의해 우리에게 깊이 스며들어 있는 경향이다. 즉, 하나의 주장에 있어서 누군가는 옳고, 누군가는 틀려야 한다는 것이다. 하지만 나는 모두의 의견에 일리가 있다는 '이치'에 대해서 생각하는 것을 좋아한다.

만약 당신이 저 사각형 끝에 항상 작은 틈이 남아 있을 거로 생각한다면, 우리는 인간이기 때문에 이 과정을 통해 실제로 무한에 도달할 수 없고, 그래서 우리가 그 상황을 그릴 수 있는 어느 시점에도 작은 틈이 남아 있을 것이라는 점에서 당신의 말은 맞다.

반면, '무한'에서 모든 형태가 채워진다고 생각할 수도 있다. 이 상황의 요점이 바로 그 지점이기는 하나, 이를 엄밀하게 이해하려면 상당한 노력이 필요하다. 그리고 바로 그것이 미적분의 핵심이다. 수학자들은 무한에서 일어나는 일에 관해 이와 같은 주장을 하기 위해 부단히 노력했고, 이 주장은 어느 정도까지는 말이 되는 것처럼 보인다. 그러나 질문에 관한 답을 곧이곧대로 받아들이지 않고 조금만 생각해 보면 일부 개념은 확실하지 않다는 것을 알게 된다. 그러므로 몇 가지 개념의 의미를 정말로 명확히 하지 않는 한 전부 다 불확실한 것임을 발견하게 될 것이다.

$0.\dot{9}=1$임을 보여주는 또 다른 흔한 주장 한 가지는 0.9999999999999…와 약간 비슷하다. 만약 우리가 여기에 10을 곱한다면, 우리는 소수점이 한자리 오른쪽으로 가서 9.99999999…가 된다는 것을 안다. 그런데 이는 9+0.999999999999…와 같다. 이제 이 논거를 0.9999999999999에 x와 같은 문자를 이름으로 붙여 주자. 우리가 지금껏 본 것은

$$10x=9+x$$

와 같다. 그럼 이제 이 방정식을 해결하면 되는 것이다. 양변에서 x를 빼면,

$$9x=9$$

가 되어 결국 $x=1$이 된다.

이 주장은 제대로 된 결과를 낸 것으로 보이지만, 나는 여기에 약간 기술적인 문제와 감정적인 문제가 있다고 생각한다. 당신은 수학에 관한 '감정적 문제'가 있을 가능성에 대해 한 번도 생각해 본 적 없을지 모르겠지만, 나는 설명이 부족하거나 상황을 제대로 이해시켜 주지 않는 증명에 감정적으로 반감이 있다. 그 주장이 논리적으로 맞다고 인정해야만 할지도 모르지만, 그건 내게 그

정답이 맞다고 이야기하는 것일 뿐, 그 정답이 왜 맞는지를 이해하는 데에는 도움이 되지 않는다. 나를 만족시키지 못한다는 것이다. 위의 주장은 내게 겉만 번지르르한 속임수처럼 느껴진다. 어떤 사람들에게는 매우 만족스러운 주장이겠지만, 나는 속임수를 좋아하지 않는다. 투명하고 명료한 것이 좋다.

그런데 여기서 더욱 심각한 문제는 바로 기술적 문제다. 위 주장은 감정적으로 불만족스럽기도 하지만, 그 안에 굉장히 거대한 논리적 결함이 한 가지 있다. 우선, 소수점을 오른쪽으로 한 자리 옮김으로써 0.9999999999999…에 10을 곱할 수 있다는 것을 어떻게 알 수 있는가? 이를 논리적으로 어떻게 정당화할 것인가? 실제로 우리는 이를 통해 '그렇다면 우선 0.9999999999999…란 과연 무엇을 의미하는가?'라는 아주 근본적인 질문을 할 수 밖에 없게 된다. 이 답을 모른다면 우리는 0.9999999999999…에 대한 주장을 할 수가 없다. 위 주장은 맞지만, 우리가 어떤 것들을 정의하고, 미적분에서 '소수점을 오른쪽으로 옮기는' 그 재미없고 사소한 단계 안에 숨겨진 상당히 심오한 정리들을 증명할 때만 맞는 것이다. 내가 학교 다닐 때 수학 선생님께서는 이런 것을 가리켜 '대형 해머로 달걀 깨기'라고 부르시고는 했다. 하려는 일에 비해 훨씬 과한 도구들을 사용하는 것을 뜻한다. 이 경우 그 도구는 과할 뿐 아니라, 전체적인 접근법 또한 정직하지 못하다. 미적분에서 심오한 정리를 증명하기 위해 투입되는 작업의 양은 $0.\dot{9}=1$을 증명하는 데에 투입되는 작업의 양보다 훨씬 더 많기 때문이다. 이는 수많은 계단의 첫걸음을 꼭대기에서부터 내려오면서 올라갈 수 있다고 증명하는 것과 같다. 우선 계단 꼭대기까지 올라갈 수 있다고 증명하지 못하는 것은 물론이고, 꼭대기로 올라가는 것에는 첫 번째 계단을 직접 올라가는 것부터 포함되기 때문이다.

이는 노력의 문제에만 해당하는 것이 아니다. 심오한 정리의 증명을 이해하기에 충분할 정도로, 그리고 왜 $0.\dot{9}=1$이 되는지를 직접적으로 이해하기에 충분할 정도로 이해했다면 말이다. 그리고 어쨌든 나에게 여기서 더 중요한 것은 이 직접적인 주장이 수학에서 굉장히 뛰어나고 매력적인 아이디어, 현대 세계에서 가장 중요한 발전 중 한 가지인 '미적분의 발전'의 시작이 된 아이디어를 사용하고 보여준다는 것이다.

미적분의 시작

미적분은 지난 수천 년 동안 무한하게 작은 것들을 이해하려는 욕구로부터 자라났다. 이는 연속적인 움직임과 곡선을 이해하기 위한 욕구와 관련된다. '곡선'에 대해 생각해 보면 이는 다소 기이하다. 곡선은 아주 작은 점들이 서로 연결되어 이루어졌지만, 그 방향은 어디에서나 바뀌고 있다. 만약 계속해서 같은 방향으로 갔다면 '직선'이 되었을 것이다. 한순간이 아닌 더 긴 시간 동안 같은 방향으로 계속해서 움직인다면 직선인 부분이 있겠지만, 매끄러운 곡선으로 나타나지는 않을 것이다.

일련의 직선들을 가지고 하나의 곡선에 가깝게 그려볼 수 있다. 그리고 고대에는 원에 가까운 도형을 그리기 위해 원의 안이나 밖에 직선으로 이루어진 다각형을 맞춰 그렸다. 다음 두 그림에서 나는 원의 안과 밖에 사각형을, 그리고 팔각형을 맞춰 그려 봤다.

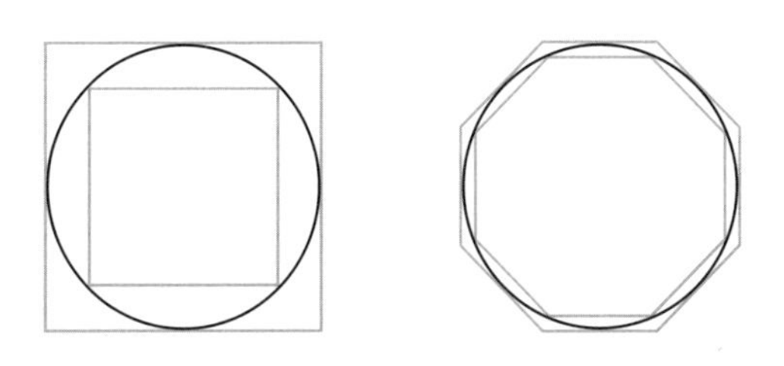

오른쪽의 두 팔각형은 왼쪽의 두 사각형보다 훨씬 더 가깝게 위치해 있으나, 원이 있는 두 팔각형의 사이에는 여전히 눈에 띄는 틈새가 있다.

이 아이디어는 면을 더 많이 사용하면 할수록, 내부와 외부의 근사치가 더욱더 가까워지며, 그 두 근사치 사이에 원을 끼워 넣음으로써 원을 더 정확히 그려낼 수 있다는 것이다. 이는 빵 두 조각 사이에 구부러진 파스트라미 한 더미를 끼워 넣을 때, 샌드위치가 입에 들어갈 수 있도록 두 조각의 빵을 더 밀착시켜 꾹 누르는 것과 같다. 실제로 미적분학에서 이 아이디어를 요약한 '샌드위치 정리'라고 알려진 것이 있다.

제논은 이 과정을 순간순간 살펴봄으로써 그 움직임을 이해하려 했다. 이는 시간을 무한하게 작은 조각으로 나눈다는 것을 뜻한다. 그렇게 하면 조각의 개수가 무한히 많아질 텐데, 이 작은 조각들을 서로 더할 수 있을까? 그렇다면 무한하게 작은 수많은 조각들을 우리는 '어떻게' 무한하게 더할 수 있을까? 앞서 살펴봤던 아이와 초콜릿 케이크 사례에서 남아 있는 케이크의 반을 우리가 계속해서 먹는다면, 그 조각들은 점점 더 작아질 것이다. 만약 우리가 '무한대로' 계속해서 먹는다면 무한대로 많은 조각들이 있을 것이다. 그렇다면 우리는 이를 어떻게 다 더할 수 있을까?

순환소수 0.9의 경우에도 우리는 같은 작업을 하고 있는 셈이다. 무한히 작아지는, 무한히 많은 분수들을 더하려는 것이기 때문이다. 이것을 그저 숫자를 더하는 일반적인 덧셈의 일부라고 생각할 수 있겠지만, 지금까지 우리는 정수와 정수를 더하는 방법에 대해서만 생각해왔다. 그리고 그 결과를 또 다른 정수에 더하는 방식으로 이 과정을 반복할 수 있다. 이렇게 하면 세 개의 정수를 더한 것이 되고, 이어서 네 개, 다섯 개, 여섯 개의 정수도 더할 수 있다. 이러한 방식은 '귀납법'에 따른 절차라고 불리며, 이를 통해 우리는 유한한 수의 숫자를 더할 수 있지만, 이 방법으로는 무한한 수의 숫자를 더하기는 어렵다.

어쨌든 이는 수학적 귀납법으로, 엄격한 논리가 적용된다. 철학에서 말하는 귀납법의 개념과는 조금 다르다. 철학적 귀납법은 엄격하게 논리가 적용되지 않기 때문이다. 철학에서의 귀납법이란 유한한 수의 경우에서 추론하는 것을 뜻한다. 가령, '지금까지 내가 살면서 매일 아침 해가 떴으니, 내일 아침에도 해가 뜰 것이다'와 같은 것이다. 이는 논리적으로 타당한 주장이 아니다. 그 결론이 맞다고 할지라도, 엄격한 논리의 결과가 아니다. 여태까지 당신이 살면서 매일 아침 일어난 일이라고 해서, 그게 내일도 일어날 것임을 뜻하지는 않는다. 이는 약간 미묘한 지점이다. 해가 지금까지 매일 아침 떴다는 사실은 물리학의 법칙에 따라 무언가 계속됐다는 것을 나타내는 것으로, 물리학의 법칙은 해가 내일도 뜰 것임을 보장한다는 사실 때문이다. 하지만, 이는 이전의 일출이 논리적으로 미래의 일출이 일어나게 할 것임을 의미하지 않는다.

한편, 수학적 귀납법은 이론적으로 엄격하게 적용된다. 위 경우를 수학적 귀납법에서는 다음과 같이 설명한다. 만약 우리가 $n=1$인 경우에 대해 무언가 참임을 증명할 수 있고, n번째 단계에 대해서 논리적으로 참임이 $(n+1)$번째 단계에서 논리적으로 참을 뜻한다는 것도 증명할 수 있다면, 이는 무한한 단계 전체에 대해서 참이어야만 한다. 철학적 귀납법과의 차이는 이 귀납법의 형태는 그 결과가 n까지 모두 참임을 관찰한 것이 아닌, 다음 단계가 이전 단계에서 따라온 것이라는 논리적인 증명을 포함한다는 점이다.

그래서 수학자들은 가만히 앉아 무한한 수의 숫자들을 더하는 방법에 대해 알아내려고 노력했다. 여기서 주목해야 할 첫 번째는 그 숫자들이 점점 더 작아지는 것이 아니라면, 우리는 무한한 수를 더할 수 없을 것이라는 점이다. 왜냐하면 그 합이 '영원히' 점점 더 커질 것이기 때문이다. 이게 무한대까지 더하는 것이지 않냐고 말하고 싶을지도 모르겠지만, 그렇게 말할 수는 없다. 무한대는 하나의 숫자가 아니기 때문이다. 대신 그 합은 '수렴하지 않는다'고 이야기한다. 따라서 우리는 점점 더 작아지는 숫자들이 연속하는 경우에만 무한한 숫자들을 더할 수가 있다. 조금씩 왔다

갔다 할 수는 있겠지만, 전체적으로 점점 더 작아져야 할 것이다.

실제로 그 궁극적인 정의는 다소 기발하다. 다만 그저 '정의'일 뿐이라는 것에 주목해야 한다. 수학자들은 우리가 일관적이고 생산적인 방식으로 이러한 것들을 추론할 수 있도록 무언가를 생각해 냈다. 그렇다고 절대적인 의미에서 이게 맞다는 뜻은 아니다. 그러나 나는 이게 꽤 괜찮다고 생각하며, 이는 수학을 옳게 만드는 것이 아닌, 우리가 이번 장에서 알아보고 있는 '수학을 좋게 만드는 것'이다.

우리는 실제로 무한한 수의 숫자들을 더하는 절차를 정의하지 않고, 제안한 답이 괜찮은 정답의 후보인지를 확인하는 방법에 대해 이야기해볼 것이다. 이는 우리가 무한한 수의 숫자들을 어떻게 더하는가의 문제를 깔끔하게 벗어난다. 나는 이것이 추론할 수 있을 정도로 충분하게 정확하지 않은 것들에 대해 추론할 수 있는 아주 훌륭하고 만족스러운 방법이라고 생각한다. 하지만 우리가 그 질문에 아직 제대로 답을 하지는 않았기 때문에 마땅찮은 것처럼 보일 수 있다는 것도 안다. 여기서 중요한 것은 제대로 답을 얻을 수 없는 것들도 있고, 억지로 그렇게 하려는 시도가 결국 훨씬 더 불만족스러운 결과로 이어진다는 점이다.

그래서 19세기 초 체코의 수학자 베르나르트 볼차노Bernard Bolzano는 수열의 '극한'이라는 개념을 생각해냈다. 이는 본질적으로 '무한한 합'의 좋은 후보가 되는 수이다. 실제로 우리가 숫자들을 영원히 계속해서 더할 수는 없지만, 그 덧셈의 과정에서 유한한 지점에 도달하고, 특정한 숫자에 얼마나 가까운지 확인하는 것을 상상할 수 있다는 것이다. 만약 우리가 생각해 낼 수 있는 한 아주 짧은 거리 내에 도달할 수 있다면, 그 숫자는 무한한 합으로 생각할 수 있는 좋은 후보가 된다.

여기서 이런 좋은 후보가 전혀 없을 수도 있다. 가령, 우리가 숫자 1을 영원히 계속해서 더한다면, 그 결과는 계속해서 점점 더 커질 것이고, 하나의 특정한 숫자로 줄어들지도 않을 것이다. 하지만 만약 좋은 후보가 있다고 증명할 수 있다면, 그런 숫자는 있을 수 있는 것이다. 수학에서는 이를 기술적으로 '극한'이라고 명명한다.

아주 창의적인 부분이 여기서 나온다. 0.9999999999999…를 하나의 극한이라고 정의해 보자. 이는 0.9, 0.99, 0.999, 0.9999…라는 수열의 극한이다. 즉, 이 수열이 향해 나아가는 수를 말한다.

그리고 그 극한은 1이 된다.

그래서 0.9, 0.99, 0.999, 0.9999…라는 유한한 절단 숫자의 연속이 1에 실제로 도달하지 않고 점점 더 1에 가까워진다는 것은 참이다. 우리가 $0.\dot{9}$를 해당 수열의 극한으로 정의한다고 하더라도, 그 수열의 극한은 실제로는 1이다. 이는 극한의 정의에 따른 수이다.

내가 '상등'이라는 개념을 재정의하는 것처럼 들릴지도 모르겠지만, 그것은 아니다. 이는 '상등'의 정의가 아닌, '극한'의 정의로 귀결된다. 요약하자면, 결국 다음의 두 단계로 이어지는 것이다.

- $0.\dot{9}$는 0.9, 0.99, 0.999,…라는 수열의 극한으로 *정의*된다.
- 그 극한은 실제로 1과 같다.

이에 대해 반대를 해도 좋다. 나는 개인적으로 당신에게 이해가 되지 않는 수학에 반대하는 것이 아주 멋진 아이디어라고 생각한다. 나는 항상 학생들에게 우리가 공부하고 있는 수학에 대해 어떻게 느끼는지를 묻는다. 그리고 그들은 수학에 대한 감정과 의견을 가지라고 장려하는 것을 경험해본 적이 없기에 나의 이 질문을 들으면 보통 깜짝 놀라고는 한다. 만약 $0.\dot{9}$에 대한 이 주장이 마음에 들지 않는다고 하더라도 괜찮다. 이를 좋아하지 않을 자격이 당신에게는 분명 있으니 말이다. 하지만 이에 대해 논리적으로 반박하고 싶다면, 몇 가지 안 되는 방법들이 있다. 만약 당신이 $0.\dot{9}$가 정확히 1이 아니라고 생각한다면 대체 무엇인가? 또 다른 방법 두 가지가 더 있다. 이게 어떤 다른 숫자라고 생각하거나, 이게 숫자가 아니라고 생각하는 것이다. 전자의 경우라면 어떤 숫자인 것인가? 1보다 작은 숫자라는 것은 말이 안 된다. 단절 숫자의 수열은 결국 당신이 말하는 숫자를 지나는 대신 그 숫자를 지나 1에 더 가까워질 것이기 때문이다. 단절 숫자의 수열은 절대적으로 1보다 절대 더 커질 수 없기 때문이다. 이는 그 수열이 당신이 말하는 숫자보다 항상 1에 더 가까워질 것임을 의미한다.

만약 $0.\dot{9}$가 숫자가 되어서는 안 된다고 생각한다면, 이는 아주 흥미로운 철학적 질문 그 이상이다. 우리는 이를 하나의 숫자로 정의하게끔 하는 논리적인 이론을 구축했다. 그리고 그 이론에 따르면 그 하나의 숫자는 1이어야만 한다. 이에 대한 논리적 모순은 없다. 그런데 여기서 극한의 정의 뒤에 있는 아이디어를 통해 수학자들은 실수 전체 즉, 분수로 표현할 수 있는 유리수와 무리수를 정의할 수 있게 되었다. 그리고 수학자들은 결국 이를 통해 극한의 개념에서 미적분 전체를 구성하며 끊임없이 변화하는 분수에 대해 연구할 수 있게 되었다. 그리고 결국 미적분을 통해 우리는 현대 세계의 대부분을 구축할 수 있게 된 것이다. 따라서 이 이론에는 어떠한 논리적 모순도 없을뿐더러, 전면적이고 포괄적이며 세상을 바꿀 정도의 영향력이 있었던 것이다.

이 논리적 단계들이 실제로 절대 1에 도달하지 않는 수열 0.9, 0.99, 0.999,…에 관한 당신의 직관과 일치하지 않는 것으로 보인다면 받아들이기 힘들지도 모른다는 것을 안다. 그러나 중요한 것은 $0.\dot{9}$의 정의를 내리는 논리적인 단계들이 당신의 직관과 일치하는지의 여부와는 관계없이 올바른 것으로 남아 있다는 것이다. 수학은 어떤 개인이 이를 이해해 자신의 직관과 일치시킬 수 있는지의 여부가 아닌, 논리적 모순의 존재 여부에 기초를 두고 있거나, 아니면 이에 해당되는 것이다.

직관을 사용하는 걸 좋아한다면 이게 불만스럽게 느껴질 수 있는 이유가 무엇인지 이해한다. 하지만 직관과 논리 사이 일치하지 않는 부분이 있다면, 수학적 충동은 당신의 직관이 왜 그 논리와 맞지 않는지 이해하려고 노력할 것이다. 그렇게 되면 고칠 수 있는 논리 속 결점을 찾게 되거나, 우리의 직관을 개선할 수 있는 기회를 얻게 되는 것이다[17].

가끔 우리는 무언가에 관한 직관이 거의 없는 상태에서 시작

---

17 앞서도 등장했던 프랑스 수학자 다비드 베시스가 본인의 저서 『매스매티카(*Mathematica*)』에서 이에 관해 쓰기도 했다.

할 수도 있다. 그렇게 되면 우리는 하나의 수학적 주장을 통해 그 상황에 관해 정확히 파악함으로써 우리의 직관을 발전시킬 수 있게 된다.

분명하게 밝혀내기

나는 무언가가 그렇게 되고 있다는 것을 증명하는 것이 아니라, 왜 그렇게 되고 있는지에 관해 제대로 밝혀내는 수학이 좋다. 내가 수학에서 가장 좋아하는 것 중 한 가지는 바로, 18과 24 같은 두 자리 숫자 두 개의 곱셈 방식이다. 18은 10+8, 24는 20+4라고 쓰고, 이를 행 24개, 열 18개, 또는 행 18개, 열 24개의 격자를 통해 곱하는 방식을 생각해 볼 수 있다. 모든 행과 열을 그리는 것은 지루하고 시간도 좀 걸리는 작업이기는 하지만, 어쨌든 추상적으로는 다음과 같이 그릴 수 있다.

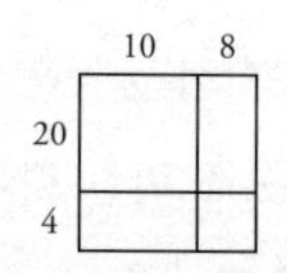

이 그림의 크기 조절 가능 여부는 중요하지 않다는 점을 기억해야 한다. 물론 여기 그린 그림은 크기 조절이 되지는 않는다. 이는 직접적으로 나타나는 대신 한 상호작용의 체계를 보여주는 '도식적인' 그림이다. 중요한 것은 실제 크기와 모양에 관해서가 아닌, 상호작용에 관해 우리의 기하학적 직관이 적용된다는 것이다. 이는 우리가 이전 장에서 나뭇가지를 사용했던 표기법보다 더욱 강렬하다. 나뭇가지는 여러 가지를 하나로 묶을 수 있는 다양한 방식을 보여주는 데에 적합하기는 했으나, 실제 상호작용에 관한 기하학적 직관력을 불러오지는 못했다.

우리는 격자로 나타냄으로써 많은 것들이 어떻게 각각의 칸에 있는지를 알아낼 수 있다. 각 칸은 직사각형이므로, 실제로 변에 붙어 있는 숫자만큼의 행과 열이 있는 것처럼 두 숫자를 곱할 수가 있다. 그 결과는 다음과 같이 나타난다.

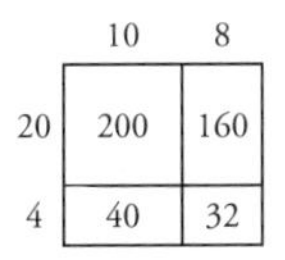

결국 각 칸의 숫자를 모두 더하면 432가 된다.

어떤 면에서는 이게 곱셈의 방식만큼 그렇게 수학적이지는 않지만, 내가 말하고자 하는 '분명하게 밝혀내는' 게 무엇인지는 확실히 보여준다. 그래서 나는 이를 알고리즘이 아닌 '도식'으로 부르기로 한 것이다. 여기가 미묘한 지점이다. 왜냐하면 여기에서도 아주 오래된 긴 곱셈 방식과 동일한 단계를 모두 거치기 때문이다. 순서는 다를 수 있지만 다음 장의 도식처럼 말이다.

$$\begin{array}{r} 2\ 4 \\ \times\ 1\ 8 \\ \hline 2\ 4\ 0 \\ 1\ {}^{1}9\ {}^{3}2 \\ \hline \mathbf{4\ {}^{1}3\ 2} \end{array}$$

우리는 정답을 얻을 수도, 얻지 못할 수도 있다. 이를 통해 우리가 무언가를 하고 있는 이유에 대해서 반드시 통찰력을 얻을 수 있는 것도 아니다. 세로식 덧셈과 같이, 이를 우리의 두뇌를 분리시킬 수 있도록 하는 하나의 알고리즘이라고 부르겠다. 우리의 두뇌를 분리시키는 것은 좋을 수도 있지만, 우리의 직관을 우회할 수도 있음을 의미하기도 한다.

칸 그림으로 곱셈을 함으로써 어느 정도 우리는 두뇌를 분리시킬 수는 있다. 하지만 우리의 기하학적이고 시각적인 직관에 더 의존함으로써도 그렇게 할 수 있다. 나는 이 방식을 좋아한다. 뒤에서 이 방법의 기분 좋은 점 또 한 가지를 더 살펴볼 것이다. 이는 다른 상황에서도 거뜬하게 일반화가 가능하다.

사실 이 칸을 통한 곱셈 방식은 정확히 내가 심층 수학이라고 생각하는 것은 아니다. 그렇지만 무언가를 시각화하는 데에는 상당한 도움이 되는 방식이다. 내가 생각하기에 심층 수학을 포함하는 좋은 방법 한 가지는 내가 어렸을 때 우리 어머니께서 내게 가르쳐주신 일종의 속임수다. 하나의 숫자가 9로 나눗셈을 할 수 있는지 없는지를 확인하는 것에 관한 속임수였다. 9로 나누어 딱 떨어지는 숫자 중 가장 큰 숫자를 90으로 뒀을 때, 이 숫자들 각각의 자리에 있는 수들을 더하면 항상 9가 될 수 밖에 없다. 이를 더욱 시각적으로 보여줄 수 있는 방법은 다음과 같이 숫자 격자판을 만들어 표시하는 것이다.

0	1	2	3	4	5	6	7	8	**9**
10	11	12	13	14	15	16	17	**18**	19
20	21	22	23	24	25	26	**27**	28	29
30	31	32	33	34	35	**36**	37	38	39
40	41	42	43	44	**45**	46	47	48	49
50	51	52	53	**54**	55	56	57	58	59
60	61	62	**63**	64	65	66	67	68	69
70	71	**72**	73	74	75	76	77	78	79
80	**81**	82	83	84	85	86	87	88	89
90	91	92	93	94	95	96	97	98	99

그럼 우리는 이 패턴이 발생하는 이유가 이 격자에서 9까지 세는 것이 10을 더해서 한 자리 아래로 내려갔다가 1을 빼서 왼쪽으로 가는 것과 같다는 것을 알 수 있다. 이는 우리가 항상 첫 번째 자릿수에 1을 더하고, 두 번째 자릿수에서 1을 뺀다는 뜻이다. 그래서 언제나 그 합이 9로 유지되는 것이다.

이 패턴이 딱 맞아떨어져 숫자 격자판의 대각선을 만들어내는 것과 관련해서 만족스러운 것이 한 가지 있다. 그러나 내가 이를 심층 수학이라고 생각하는 이유는 이것이 어떤 크기의 숫자들로든 확대될 수 있는 방식, 그리고 더 중요하게는 확대될 수 있는 이유 때문이다. 9로 딱 나누어떨어지는 숫자들의 경우, 그 숫자들을 더해서 나오는 합이 또 9로 나누어떨어지는지를 확인할 수 있다는 것이다. 여전히 확신하지 못하겠다면, 9로 나누어떨어지는 숫자들을 계속해서, 위와 같이 각 자릿수의 합이 9가 될 때까지 이 더하기를 계속할 수 있다. 예를 들어, 95,238이라는 수부터 시작한다고 해보자. 그럼 각 자릿수의 합은 9+5+2+3+8=27이 되고, 27의 각 자릿수를 더하면 2+7=9가 된다. 따라서 처음 숫자 95,238은 9로 나눌 수 있는 숫자인 것이다.

물론 요즘 세상에서 우리는 계산기와 그리 먼 사이가 아니다. 휴대 전화로든 컴퓨터로든 바로 사용 할 수 있기 때문이다. 계산기로 나누려는 식을 입력하고, 계산기에 나타난 결과가 정수인지 아닌지만 확인하면 되는 것이다. 그리고 이는 그 답을 알아야 할 필요가 없다고 한다면, 우선 어떤 수가 9로 나누어떨어지는지를 알고자 하는 이유와는 별개의 문제이다. 나는 수학의 이런 특정한 부분이 직접적으로 유용한 목적을 가지지는 않는다는 것에 동의한다. 아니면 멋진 범주론가 리처드 가너Richard Garner가 말했듯이 '이를 사용할 수 있는 유용한 사용법이 아직 없다'라고 생각할 수도 있을 것이다. 절대적으로 이는 내게 간접적인 유용성 영역 그 이상이다. 즉, 모든 것이 돌아가는 방식에 대해 분명하게 밝혀준다는 것이다. 예를 들면 수박의 개수나 야생마의 마릿수가 말도 안되는 경우를 포함하는 다소 부자연스러운 수학 숙제에서와 같이, 어떤 숫자가 9로 나누어 떨어지는지를 알아내야만 하는 상황을 고안해 내는 것이 도움이 된다고 생각하지 않는다. 일부러 만들어진 것이라는 점이 명확하기 때문이기도 하고, 실제로 여기에서 요점이 되는 것은 '간접적 유용성'이라는 사실에서 벗어나기 때문이기도 하다. 나는 직접적인 유용성을 꾸며냄으로써 간접적 유용성에서 벗어나고 싶지는 않다.

이 '속임수'의 작동 이유를 설명하는 것은 수학적 표기를 사용하지 않고는 다소 길고 지루할 수 있다. 하지만 여기에는 나누어 떨어짐을 의미하는 '가분성'이 어떻게 작동하는지, 자릿값이 어떻게 작동하는지 아주 심오한 수학적 원리가 포함된다. 하지만 나는 두 자릿수 숫자와 그 수들로 이루어진 격자의 대각선에 대한 아이디어에는 만족한다. 추상적이나 기분 좋게 직소 퍼즐jigsaw puzzle 속 각각의 칸들이 딱 맞는다는 아이디어에서 봤듯 말이다.

추상적인 조각 그림

그 어떤 것도 이상하게 삐죽 튀어나오지 않고 딱 맞는다는 의미는 내게 수학적인 '아름다움'의 한 측면이다. 어느 한 직소 퍼즐에서 마지막 퍼즐 조각이 딱 맞아 완전한 하나의 그림을 만들었다는 느낌을 생각해 보자. 이는 좋은 추상수학에서 얻을 수 있는 느낌과 다소 비슷하다.

나는 하나의 대각선에서 9의 배수들을 기하학적인 이미지로 나타낸 것을 그 예시로 들고 싶다. 또 다른 예시로는 아래에서 보여주고자 하는 것인데, 30의 약수를 그림으로 나타낸 것이다. 여기에서는 그 약수들을 그냥 쓰기만 하는 것이 아니라, 서로가 서로의 약수임을 보여줄 수 있도록 배열한다. 이에 따라 그려보면 다음의 정육면체가 만들어진다.

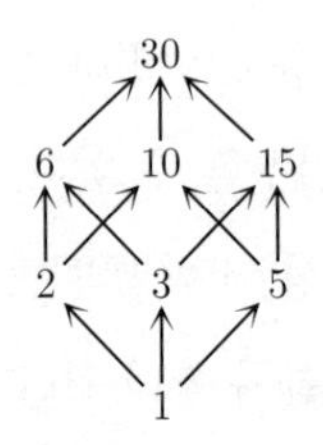

나는 이와 비슷한 도형에 숫자들이 딱 맞게 들어가는 것을 보면 굉장한 만족감을 느낀다. 이 그림에 대해서 직소 퍼즐과 비슷하지만 더 만족스러운 면이 있다. 그 중 하나는 우리가 이를 진지하게 3차원 정육면체라고 생각했을 때 각 차원은 30의 소인수 2, 3, 5 세 개 중 하나를 나타낸다. 그렇게 되면 같은 곳을 가리키는 화살표의 자리에는 그 화살표가 출발한 소인수를 곱한 결과가 나타난다.

또한, 다음과 같이 위 정육면체에서는 각각 소수 두 개의 곱인 약수들 즉, 6, 10, 15를 나타내는 평면 사각형들을 볼 수도 있다.

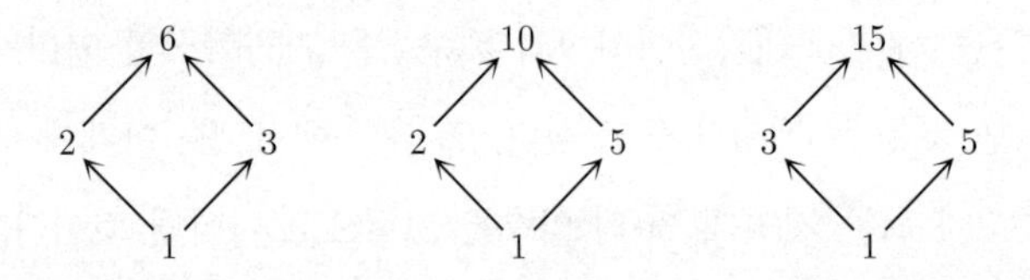

실제로 3차원 정육면체라고 생각하고 이 중 하나를 골라 그

면의 정반대에서 바라본다면, 어떤 하나의 관계를 발견할 수 있을지 모른다. 정반대에 있는 면은 먼저 고른 사각형에 남아 있는 하나의 약수를 곱해서 얻어진다는 것이다. 예를 들어, 6에 대한 사각형을 골랐다고 해보자. 여기에는 소인수 2와 3이 있다. 남은 소인수는 5이다. 6에 대한 사각형의 각 모서리에 있는 수에 5를 곱하면, 다음과 같이 정육면체의 정반대에 위치한 면을 얻을 수가 있다.

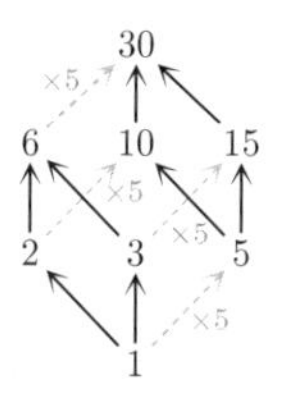

이 아이디어를 통해 우리는 다른 약수들의 '직소 퍼즐'을 맞춰 볼 수가 있다. 예를 들어, 6에 대한 사각형을 골라 전체 모서리에 2를 곱했다고 해보자. 2가 이미 사각형 안에 존재하기 때문에 새로운 방향으로 가지는 않을 것이다. 그렇게 되면 다음과 같은 그림을 얻는다. 이는 12의 약수를 그림으로 나타낸 것과 같다.

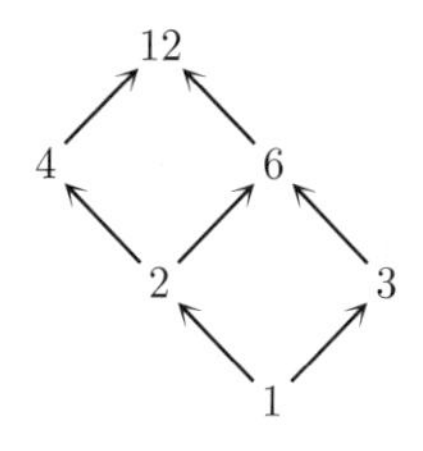

이는 마치 만족스러운 하나의 직소 퍼즐과 같이 숫자의 약수들이 상호작용하는 것에 대해 분명하게 보여준다. 또한 내 마음에 드는 것은 여기에 더 많은 수를 포함해 더 많은 상황에 일반화시킬 수 있고, 이를 확장시켜 의심할 여지없이 어마어마하게 광범위한 사례들을 통일시킬 수 있는 특징이 또 하나 있다는 점이다.

일반화와 통일

나는 범위를 확장하고, 다양한 상황을 포괄해 통합할 수 있는 수학의 능력 때문에 수학을 사랑한다. 이 중에는 이전 장에서도 언급했던 일반화가 있다. 일반화란, 특정 사례의 공통되는 속성을 더욱 많은 사례의 측면에서 설명할 수 있도록 확장한 걸 의미한다. 이러한 의미에서 일반화는 모든 것을 더욱 일반적으로 만드는 것과 관련된다. 이는 구체화하는 것과 정반대의 것이다.

어떤 숫자가 9로 나누어떨어지는지를 테스트하는 방법은 더 큰 숫자들에 대해서뿐 아니라, 3으로 나누어떨어지는 숫자들에 대해서도 일반화할 수 있다. 앞서 봤던 30의 약수를 나타낸 그림은 다른 여러 숫자들에 대해서도 일반화할 수 있다는 것이다. 42의 약수를 다음과 같이 생긴 비슷한 형태의 그림으로 나타낼 수 있다.

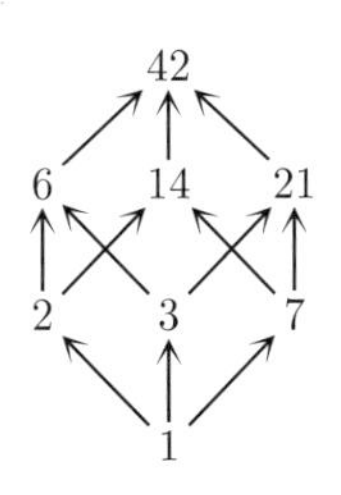

그러나 모든 숫자의 약수로 이런 정육면체를 만들 수 있는 것은 아니다. 24의 약수는 다음과 같은 그림을 만들어 낸다.

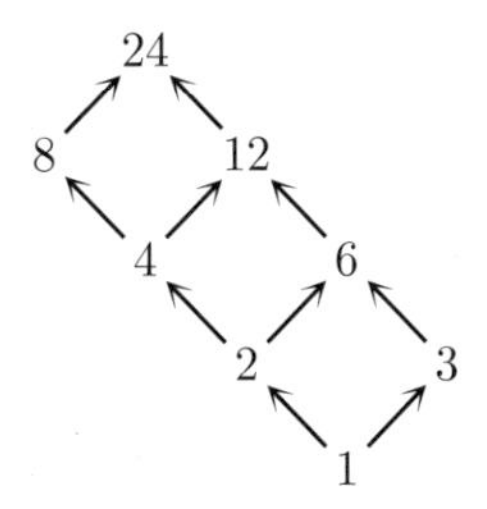

기억하라. 여기서 요점은 숫자와 약수들 사이에 화살표를 그림으로써 어떤 수들이 서로의 약수인지를 보여주고 있다는 것이다. 그러나 가계도에서처럼 우리는 추론이 가능하기 때문에 두 세대에 걸친 '불필요한' 화살표를 그리지는 않는다.

9로 나누어떨어지는지를 시험하는 방법은 숫자와 상당한 관련이 있다. 또한 약수들을 나타낸 이 그림들도 숫자와 끊으려야 끊을 수 없는 관계인 것처럼 보인다. 그러나 이 그림들이 어떻게 해서 그려지는지 더 깊게 들어가 보면 그렇지 않다. 이는 곱셈의 구성 요소로서의 소인수에 대한 질문으로 우리를 되돌아가게 한다. 그럼 이 그림들은 결국 증식력이 있는 소인수 구성 요소들을 사용해 문제의 약수 전체가 어떻게 구성되어 있는지를 보여주는 것이다.

30을 예로 들어보도록 하자. 여기서 작용하는 구성 요소 세 개는 2, 3, 5다. 30을 소인수분해 하면 이 숫자들 각각이 하나씩 포함되어 있고, 그 그림은 우리가 그 각각의 구성 요소 중 기껏해야 하나를 사용해서 만들 수 있는 수들을 모두 보여준다.

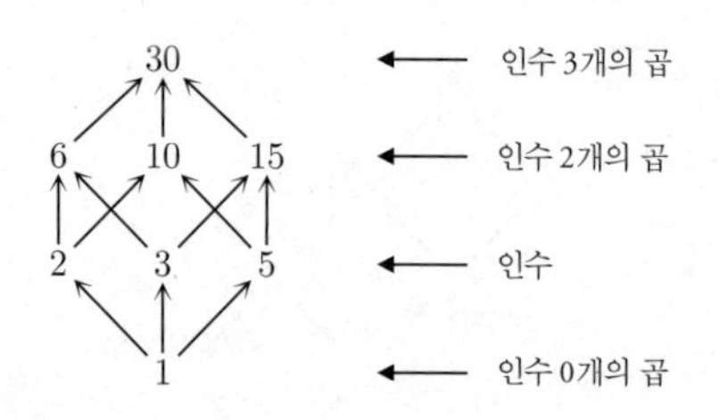

여기서 우리는 맨 아래에서 단위원인 1로 시작했다. 여기서 우리는 아직 아무것도 하지 않았다. 그래서 나는 이를 '약수 0개의 곱'이라고 이야기하기로 했다. 첫 번째 단계에서는 우리가 구성 요소 1개로, 그다음 단계에서는 구성 요소 2개로 만들어낼 수 있는 숫자들이, 맨 위 단계에서는 구성 요소 3개로 만들어낼 수 있는 수 1개가 있다. 즉, 여기에 있는 모든 구성 요소를 곱해서 30이 되는 것이다.

이는 우리가 또 다른 구성 요소 3개로 시작하더라도 언제나 똑같은 그림을 얻을 수 있는 이유를 보여준다. 42를 예로 들면, 2, 3, 7로 시작하게 될 것이다. 24라는 숫자는 소인수분해를 하면 2×2×2×3이기 때문에 다르다. 그래서 이번에는 동일한 구성 요소 2를 세 번 곱한 것으로 시작하게 된다. 이로써 우리가 만들 수 있는 수들이 다양하게 상호작용할 수 있게 된다. 구성 요소 두 개를 사용한다면, 동일한 구성 요소를 두 번 곱한 것을 사용해 2×2를 얻거나, 다른 구성 요소 두 개를 사용해 2×3을 사용할 수 있다. 하지만 우리는 여전히 각 숫자를 만들기 위해 몇 개의 '구성 요소들'이 사용되었는지에 따라 다음과 같은 계층을 얻게 된다.

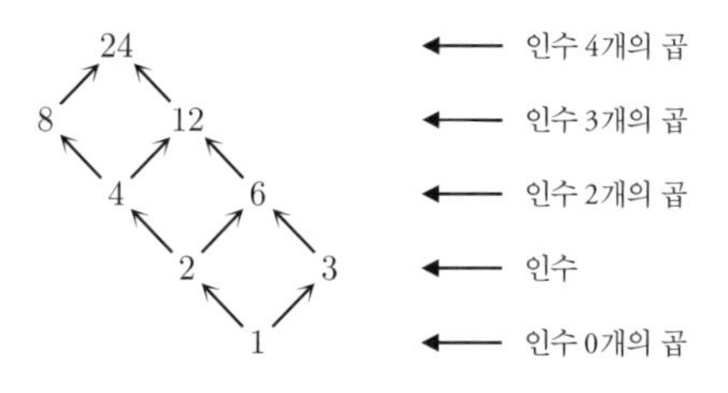

지금까지 우리는 여러 숫자에 대해 이 상황을 일반화 해봤다. 하지만 이 단계에서 이를 이해한다는 것은 우리가 어떠한 구성 요소와 어떠한 구축 방법에든 이를 일반화할 수 있어야 한다는 뜻이다. 이전에 나는 이를 특권으로 적용해서, 세 가지 유형의 특권이 상호작용하는 방식을 어떻게 볼 수 있는지에 관해 쓴 적이 있다. 가령 그 세 가지가 '부富', '백인', '남성'이라고 해보자. 이 경우 구축 방법은 그저 특권을 얻는 것이다. 그러면 아래와 같은 그림을 얻을 수 있다. 나는 굉장히 강력한 것을 보여준다고 생각해서 이 그림에 관해 자주 이야기하는 편이다. 맨 아래 단계에는 이 세 가지 특권 중 어떤 것도 가지지 못한 사람들이 있다. 그 다음 단계에는 한 가지 특권을 가진 사람이 있기 때문에 세 가지 가능성이 있다. 그 다음 단계에서도 두 가지 특권을 가진 사람들이 있기 때문에 세 가지 가능성이 있고, 이러한 단계들 사이에 뻗어 있는 여러 개의 화살표는 세 가지 특권 중 한 가지를 얻은 경우를 보여준다. 그렇게 되면 맨 위 단계에서 우리는 세 가지 특권을 모두 가진 사람을 볼 수가 있다.

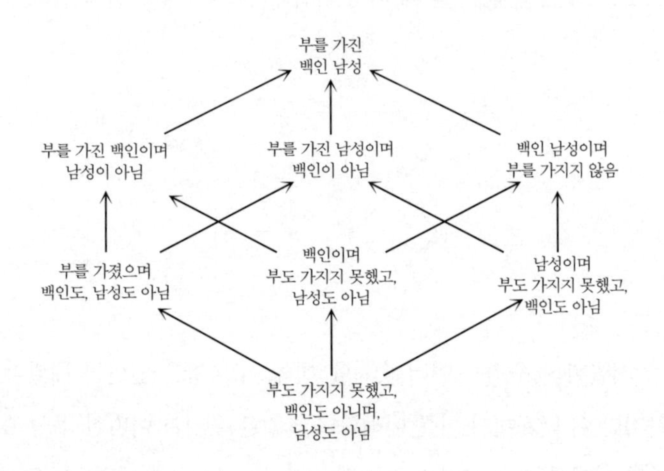

하지만 우리는 구성 요소를 반복한다는 아이디어를 사용해 이를 24에 대해 비슷하게 확장해볼 수 있다. 따라서 '부'라는 특권을 여러 번 갖게 되는 경우, 더욱더 부자인 사람들을 떠올릴 수 있게 된다. 가난한 사람, 여유 있게 사는 사람, 부자인 사람, 재벌을 떠올리면, 다음과 같이 24에 대한 그림과 비슷한 그림이 그려진다.

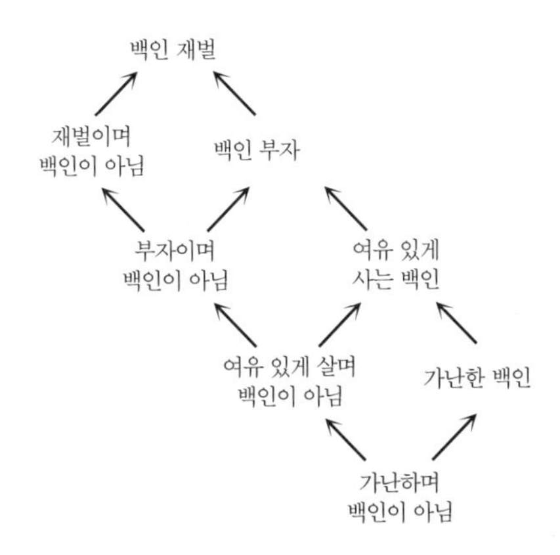

나는 이 그림의 형태가 여러 가지 상황을 통합하는 방식을 보면 수학의 매우 강력한 측면을 볼 수 있다고 생각한다. 이 그림의 형태는 다음과 같은 1차원적 움직임인 적용 가능성을 고려해서 그런 것만은 아니다.

또한 광범위한 상황을 통합하기도 한다.

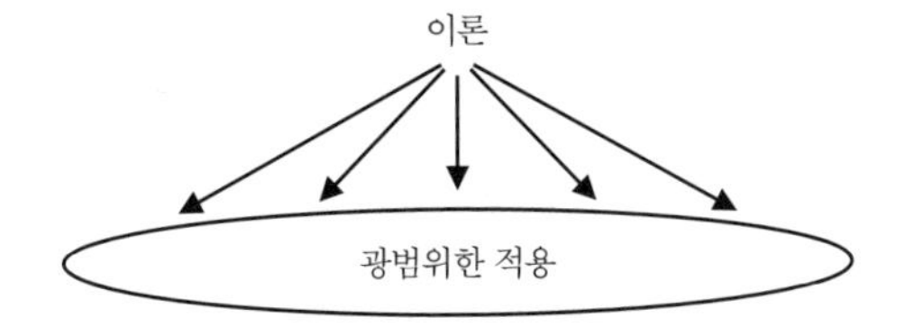

이와 비슷한 것은 직사각형 격자에서 숫자를 곱하는 방법에도 해당된다. 어떤 숫자에 대해서는 이와 동일한 방법을 사용할 수 있을 뿐만 아니라, 다소 다른 방식으로 일반화할 수도 있다. 더 큰 격자를 활용한다면 세 자릿수의 숫자에 대해 이 방법을 사용할 수도 있다.

	200	10	8
100	20,000	1,000	800
20	4,000	200	160
4	800	40	32

여기서 우리는 다소 지루하겠지만 위에 나온 9개의 숫자들을 모두 더해야 한다. 그렇기에 지금으로서는 이 단계가 실용적이기보다는 다소 이해를 돕는 과정일 뿐이다. 다시 한번 강조하지만, 세 자리 숫자들을 곱하는 실용적이고 효율적인 방법을 원한다면, 휴대전화의 계산기 앱을 이용하면 빠르게 계산할 수 있다고 말하고 싶다.

위 방식을 세 자리 숫자들을 곱할 때에도 사용해볼 수 있지만, 바로 그 지점에서 우리에게는 3차원 그림이 필요하다. 이 그림을 그리기는 좀더 어렵기 때문에, 그 그림은 실제로 숫자들을 계산하는 것을 위한 도구라기보다는 숫자들에 대해 생각하기 위한 추상적 도구에 더 가까울 것이다.

하지만 우리는 이를 일반화해 문자와 같은 다른 것들도 곱할 수 있다. 이 방법을 사용해 $x+2$와 $3x+1$을, 또는 $(a+b)$와 $(c+d)$를 곱할 수 있다는 것이다.

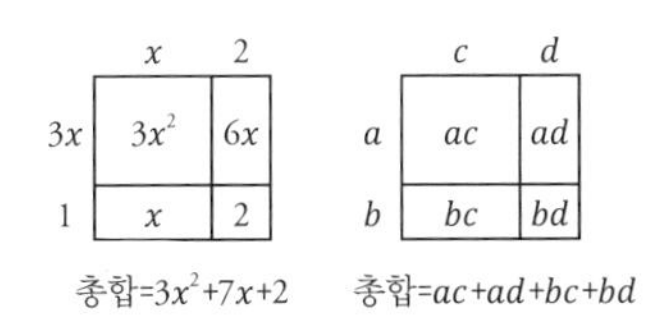

이렇게 곱셈을 해서 괄호를 푸는 방식은 '첫 번째 항끼리First, 바깥쪽 항끼리Outer, 안쪽 항끼리Inner, 나머지 항끼리Last' 곱해야 한다고 알려주는, 그 이름도 두려운 분배법칙 'FOIL포일'보다는 더 깊이 있고 명료하게 다가온다.

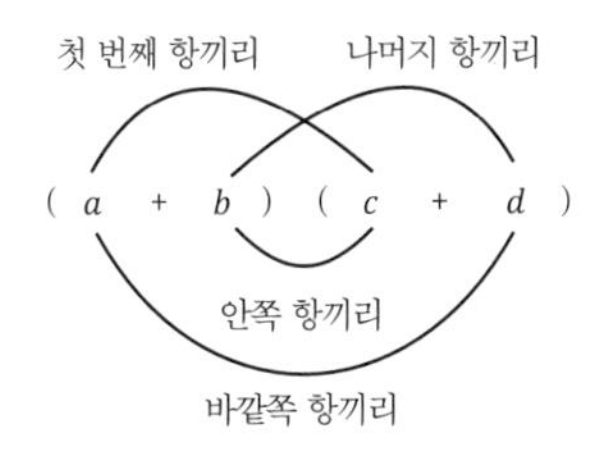

수학자들은 수학 공포증이 있는 학생들만큼이나 아니, 그보다 훨씬 더 이것을 싫어한다. 왜 그런지는 6장에서 다시 설명하겠다. 사실 FOIL은 '명쾌하지 않은 격자 방식'일 뿐이다.

지금까지 우리는 격자 방식을 사용해 숫자와 문자를 곱함으로써, 이 방법이 일반화의 가능성 역시 상당함을 살짝 엿봤다. 이제 더욱 복잡한 숫자들의 세계로 일반화 범위를 넓히고자 한다. 이제, '복소수'의 세계다.

복소수

이전에 '복소수'에 대해 들어본 적이 없을지도 모른다. 들어보기는 했어도 그게 무엇인지 잊어버렸을지도 모른다. 복소수는 실수보다 한 차원 더 아래에 있는 '규칙 파괴'선에 해당하는 유형의 숫자들이다. 우리에게는 다음과 같이 연속적인 규칙 파괴 사슬이 있다.

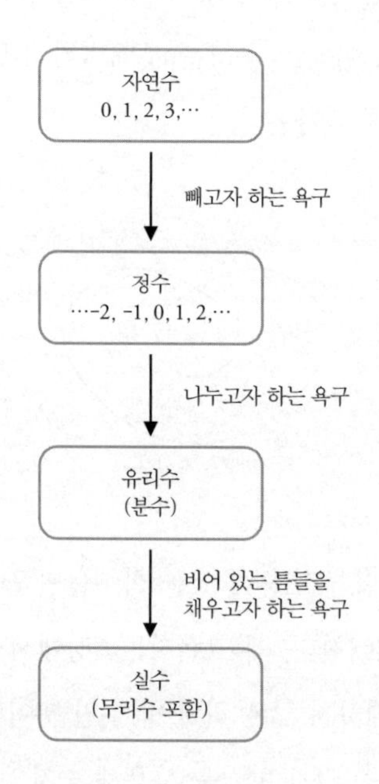

그리고 이 규칙 파괴의 다음 단계는 우리가 음수의 제곱근을 얻을 수 없다는 것에 좌절하면서 발생한다. 아마 당신은 그 좌절감을 느껴본 적이 없을 것이다. 이 책을 쓰고 있는 나조차도 구체적으로 그런 좌절감을 느낀 적은 없는 것 같다. 하지만 더 작은 수에서 더 큰 수는 빼지 못하고, 더 큰 수에서 더 작은 수를 빼는 것만 된다는 것에는 좌절감을 느꼈던 것이 기억난다. 또 유치원에 다닐 때였는데, 우리의 '손'을 종이에 대고 그려서 그 선을 따라 잘라낸 다음, 그 '손 한 뼘'을 이용해 이것저것 크기를 재보려 교실을 돌아다니면서 실망했던 것도 기억이 난다. 손 뼘을 사용해서 완벽하게 잴 수 있는 것이 없다는 사실을 알고는 실망했던 것이다. '두 뼘이 좀 넘는다'라는 식으로 말할 수는 있었지만, 나는 그 '좀 넘는다'라는 말이 엄청나게 짧은 길이일 수도, 아니면 손바닥 크기에 가까울 수도 있다고 이해할 수 있는 것이라 생각했기 때문이다.

어쨌든, 이후 학교에 입학한 후 음수의 제곱근을 얻을 수 없다는 말을 들었을 것이다. 그리고 곧장 그 다음 해에는 '이제 음수의 제곱근을 구할 것'이라는 선언을 들었을 것이다.

유감스럽게도 수학자들이 규칙들을 계속해서 바꾸는 게 아닌가 싶겠지만, 여기서 사람들이 오해할만한 부분은 누군가가 최초로 '음수의 제곱근을 얻을 수가 없다'고 말한 것에 있다. 그렇다면 이제 당신은 그게 왜 참인지 궁금할지도 모른다. 아니면 내가 지금까지 알아본 답들을 고려해 봤을 때, 그 답이 정의와 맥락으로 이어지고, 실제 질문은 '음수의 제곱근을 얻을 수 있는 경우와, 얻을 수 없는 경우는 언제인가?'라는 것을 깨닫게 되었을지도 모른다. 수학에서 '언제 이것을 할 수 있는가?'란 '이것에 대해 어떤 세계에서 분별 있는 답을 얻을 수 있는가?'라는 뜻이다.

우리가 지금까지 알아본 세계 중 가장 미묘한 곳은 보통의 수들, 즉 실수로 이루어진 세계였다. 이 세계에서 우리는 실제로 음수의 제곱근에 대한 답을 얻을 수 없다. 그 이유는 '제곱근'이 무엇인지에 관해 생각해 보면 알 수 있다. 4의 제곱근은 4의 제곱근을 제곱했을 때, 즉 4의 제곱근을 4의 제곱근과 곱했을 때 그 답이 4가 되는 수이다. 우리는 2×2가 4이며, 그래서 2가 4의 제곱근임을 안다. -2×-2 또한 4이기에, -2도 또 다른 4의 제곱근이다.

자, 여기서 중요한 것은 다음과 같다. 어떤 양수에 그 양수를 곱하면, 그 답은 양수가 된다. 어떤 음수에 그 음수를 곱해도, 그 답은 양수가 된다. 물론 0에 0을 곱하면 0이 된다. 이는 어떤 수를 제곱해서 음수를 얻을 수 있는 숫자에 대한 옵션을 남겨두지 않는다. 즉, 아예 선택지가 없다는 것이다. 문자 x를 사용해서 우리가 찾으려는 제곱근을 나타내면, 다음과 같이 요약할 수 있다.

x^2이 음수가 되는 x를 찾을 수 있는가?

- x가 양수면 x^2은 양수다.
- x가 음수면 x^2은 양수다.
- x가 0이면 x^2은 0이다.

따라서 x는 양수도, 음수도, 0도 될 수 없다.

x가 양수도, 음수도, 0도 될 수 없다면, 이는 모든 가능성을 벗어나는 것처럼 보일지 모른다. 그러나 양수와 음수, 0의 세계에서의 가능성만이 배제될 뿐이다. 여기서는 음수와 0을 포함한 모든 정수, 분수를 포함한 모든 유리수, 무리수를 포함한 모든 실수를

배제한다. 그리고 이 세계들에서 모든 숫자는 양수이거나, 음수이거나, 0이다. 만약 양수도, 음수도, 0도 아닌 숫자들이 있는 또 다른 세계가 있다면 어떨 것인가? 제곱을 해서 음수가 나오는 수가 나올 수 있을 것인가?

수학자들이 하는 일은 '무언가를 만들어내는 것'이다. 그것은 우리 수학자들이 실제로 음수와 분수에 대해서 했던 일이기도 하다. 이는 우리가 음수에 더 익숙했기 때문에 덜 명백했다. 무리수에 대해서는 약간 더 명백했다. 무리수에 대해서는 수열의 '극한'이라는 개념을 발명해야 했기 때문이다.

그래서 웃기기는 하지만, -1의 제곱근에 대한 답을 발명하게 되었다. 나는 웃기기 때문에 이것에 대해 생각하는 것을 좋아한다. 이는 우리의 상상력을 쥐어 짜낸 것이다. 그리고 그렇게 함으로써 그 답을 '허수'라고 부르고 i라고 쓰게 되었다. 새로운 구성 요소다. 이는 '레고 블록'을 새로운 유형의 특별 요소로 생각하는 것과 같다. 또한, 우리가 하고자 하는 첫 번째는 우리의 오래된 레고 장식에 이 새로운 구성 요소를 무한하게 공급할 수 있다면, 할 수 있는 것에 무엇이 있는지 그 전체를 탐구하는 것이다.

2장에서 언급했던 바와 같이, 어떤 이들은 이게 숫자라고 불리면 안 된다고 생각한다. 그렇게 생각해도 좋다. 하지만 수학자들은 이들을 '허수'라고 부르기로 결정하고, 완벽하게 이해할 수 있는 것으로 만들었다. 왜냐하면 허수가 거의 진짜 숫자처럼 작용하기 때문이다. 우리는 허수로도 덧셈과 곱셈을 할 수 있고, 덧셈과 곱셈 사이의 상호 작용을 구현하는 것도 할 수 있다. 이에 대해서는 이후 살펴볼 것이다.

또 어떤 이들은 '숫자'라고 하면 그저 '현실 세계에서 길이를 나타내는 무언가'라고 생각할지도 모른다. 하지만 이는 굉장히 폐쇄적이고 고정적인 정의다. 추상수학자들은 본질적인 특성보다는 행동에 따른 정의를 선호하고, 나는 이것이 더 개방적이고 포용적이라 생각한다. 이는 수용하는 데 한계를 짓지 않고, 객체가 어떤 규칙에 따라 행동하고 기능하는지에 따라 정의하는 방식이기 때문이다.

이런 '허수'를 숫자라고 부르는 것에 있어서 중요한 점은 우리가 이들을 숫자와 같이 작용하는 세상에 통합시킬 수 있고, 또 통합시킨다는 것이다. 그렇다면 첫 번째로 궁금한 것은 이들을 어떻게 더하느냐는 것이다. $i+i$의 답은 무엇이 될 것이라고 생각하는가? $2i$라고 하는 것은 상당히 합리적이다. i가 무엇인지 정확히 알지는 못한다고 하더라도, i가 두 개 있다고 생각하면 되는 것이다. 사실 실수 b에 대해 i가 b개 있다고 생각할 수 있다면, 그것은 bi라고 부를 수 있을 것이다. $b \times i$라고 하고 싶을 수도 있겠지만, 수학자들은 × 기호에 싫증이 난 상태이므로, $2 \times i$ 대신 $2i$라고, $b \times i$ 대신 bi라고 쓴다. 이제 우리는 여러 개의 i를 더하는 것에 관해 생각해 볼 수 있을 것이다. 만약 $2i$와 $3i$를 더한다고 한다면, 이들을 모아 $5i$를 얻을 수 있다.

그렇다면 그 '허수' 중 하나를 실수에 더한다면 어떨까? 예를 들어, 1과 i를 더한다면? 이는 사과와 바나나를 더하는 것과 같다. 지금 사과 한 개와 바나나 한 개를 가지고 있는 경우를 제외하고는 '사과와 바나나를 더하는 것'에 관해 이야기할 수 있는 방법이 많지 않다. 엉뚱하지만 내 제자 중 한 명은 '스무디'라는 답을 말한 적이 있긴 하다. 즉, 그 답은 $1+i$이다. 만족스럽지 않을 수도 있지만, 우리는 '그렇다는데 뭐 어쩌겠나?'라는 슬로건을 떠올릴 수 있을 것이다. 살면서 상당히 불만족스러울 때 생각나는 표현이다. 이 단계에서 우리가 1과 i를 더하는 것에 관해 이야기할 수 있는 방법은 이 이상 없다. 그냥 i에 1이 더해진 것 뿐이다. 그러나 이제 우리에게는 $1+2i$, $-4+3i$와 같이 실수 a, b에 대해 $a+bi$와 같은 조합을 만들 수 있는 가능성이 생긴 것이다. 이제 다음과 같은 2차원 그림에 관해 설명할 수 있게 되었기 때문에, 우리에게 수학이 더욱더 흥미진진해지고 있다고 할 수 있다.

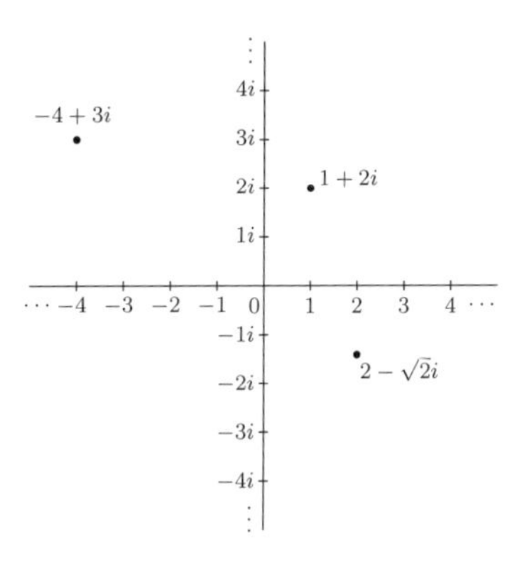

이들은 '복소수'라고 한다. 다소 '복잡하기' 때문이다. 복소수 각각은 x좌표, y좌표와 같이 실수 부분과 허수 부분을 가지고 있다. 물론 어떤 부분이든 0이 될 수 있다. 그래서 이들은 1차원인

선이 아닌 2차원인 평면에 존재하는 것이다. 우리는 실제 방향에 맞는 올바른 각도에서 새로운 '상상 속' 위치를 그려, 이게 완전히 다르다는 것을 보여줄 수 있다. 우연히도 이는 상상 속 위치가 비현실적임을 뜻하지 않는다. 여기서 '실제'는 기술적인 용어로 쓰이는 것이다. '실수'라는 것들에 관해서는 더욱 구체적인 것들이 분명하게 존재한다. 음수에 관해 생각하면 이미 추상적으로 되는 것도 목격하기는 했지만, 사실에 의거한 세계에서 실수를 재면 무엇이 되는지 말하는 게 더 쉽기 때문이다.

어쨌든 지금까지 우리는 허수에 실수를 곱해 봤고, 허수에 실수를 더해 봤다. 복소수끼리만 더하고 곱하는 것은 어떨까? 두 복소수 모두 실수 부분과 허수 부분이 있다면? 복소수끼리 더하기 위해서는 또 다시 사과와 바나나들을 소환해야 한다. 예를 들어보자. $(2+3i)$와 $(1+4i)$를 더하기 위해서는 실수 부분끼리 더해 $2+1=3$을, 허수 부분끼리 더해 $3i+4i=7i$를 얻게 되어 총 $3+7i$가 된다. 여기서도 다음과 같이 세로식 덧셈을 사용할 수 있다.

$$\begin{array}{c} 2+3i \\ \underline{1+4i} \\ 3+7i \end{array}$$

복소수끼리 곱한다면 다시 한 번 격자 방식을 사용할 수 있다. 이 다음에 오는 내용은 다소 기술적일지 모르겠다. 그러니 우리가 이미 배운 방법을 사용해 이 숫자들을 곱할 수 있다는 요점만 받아들이고 싶다면, 이 부분은 빠르게 읽고 넘어가도 좋다.

$(2+3i)\times(1+4i)$를 계산하고 싶다면, 다음과 같은 격자를 그릴 수 있다.

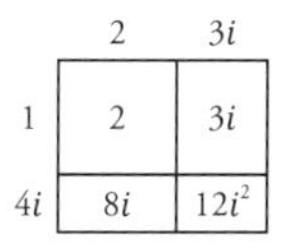

이는 전과 같이 작동한다. 그런데 여기서, 오른쪽 하단의 사각형에 있는 $3i\times4i$를 계산할 때 우리는 좀더 유의해야 한다. 계산하면 결과는 $12i^2$이 되는데, 여기서 우리는 또 다시 i^2이 무엇인지 알아야 한다. 물론, 우선 i의 요점 자체는 이게 -1의 제곱근이라는 것이며, 이는 i^2이 -1이라는 뜻이다. 즉, $3i\times4i$는 다음과 같다.

$$
\begin{aligned}
3i\times4i &= 12i^2\\
&= 12\times(-1)\\
&= -12
\end{aligned}
$$

따라서 정리하면 우리는 다음과 같은 결과를 얻을 수 있다.

	2	$3i$
1	2	$3i$
$4i$	$8i$	-12

총합$=(2-12)+(8i+3i)$
$=-10+11i$

전부 다 이해하지 못했더라도 괜찮다. 나는 그저 격자 안 숫자들을 곱하는 방식을 광범위하게 적용할 수 있으며, 이 방식이 굉장히 다양한 맥락에서 곱셈을 통합할 수 있었음을 보여주고자 한 것 뿐이다. 이는 수학자들이 연구 단계에서조차 굉장히 중요하게 여기는 것이다. 만약 이게 오랫동안 해결되지 못했던 어떤 문제 하나를 해결한다면, 다른 것 또한 해결할 수 있는 방법을 얻을 수 있거나, 훨씬 더 좋게는 각각에 대해 이해한 것을 공유하고 통합해 그것을 기반으로 무언가를 세움으로써 발전할 수 있을지도 모른다. 이는 수학에서의 발전 방식이다. 우리가 이전에 할 수 없었던 것들을 하는 것뿐 아니라, 더욱더 복잡한 주장과 구조들을 이해할 수 있게 되는 것이다. 복소수가 대표적으로 이것을 보여준다.

복잡성 구축하기

복소수의 맥락에서 '복잡하다'라는 단어는 정확하고 기술적인 무언가를 의미한다. 즉, 우리가 섞여 있는 실수와 허수의 세계를 다루고 있다는 뜻이다. 그러나 허수가 특정한 이미지를 불러일으키기 때문에 '허수'라고 부르는 것처럼, 복소수는 전반적인 복잡성이라는 이미지를 불러일으키기에 '복소수'라고 부른다. 한마디로, 모든 수학은 상상에 의한 것이며, 그 모든 것은 복잡하다. 하지만 또 다르게는, 허수가 실수보다 더 상상에 의한 것이라고 할 수 있다. 왜냐하면 허수는 현실 세계에서 구체적인 것들의 치수를 재는 데에 사용되지 않기 때문이다. 복소수는 실수보다 더 복잡한데, 이들은 실제 구조와 상상 속 구조라는 다른 구조들을 섞어 더욱 복잡한 세상을 만들기 때문이다. 복소수는 더 고차원적인 버전의 숫자라고 생각할 수 있다. 1차원의 선이 아닌 2차원의 평면에 있기 때문이다.

복잡성 그 자체를 위해 복잡성을 구축하고 있는 것으로 보일지도 모르겠다. 하지만 여기서 멋진 것은 상상을 통해 복소수를 만들어낸 것이라고 할지라도, 우리가 복소수를 통해 전혀 다른 새로운 수학의 가지를 만들어 물리학의 상당한 부분을 포함해 우리가 이전에 이해할 수 없었던 것들을 이해할 수 있게 되었다는 점이다. 실제로 우리가 이해하려 하는 것은 더 낮은 차원의 문제인데도, 우리에게 저차원에 대해 더 많은 통찰력을 주는 고차원의 문제를 들여다보는 경우가 있다. 복소수가 그런 경우에 해당한다. 우리는 실수라는 1차원 세계에서 시작하고, 이 세계는 전부 사실에 근거한 세계에 있다. 하지만 상상력을 발휘해 복소수를 포함해 보면, 모든 종류의 계산이 더 말이 되는 것으로 나타난다. 우리가 1차원 속에만 구겨져 있었을 때는 보지 못했던 패턴을 볼 수 있게 된 것이다.

그렇다면 그 패턴들은 어디에 존재하며, 그들은 실제인가? 물론 여기서 '실제'라 함은 기술적인 의미가 아니다. 그 패턴들이 어디에도 존재하지 않는다는 것은 어느 정도는 참이다. 어쨌든 그 어디에도 구체적으로 존재하지는 않는다. 또 다른 의미에서는 우리의 머릿속에 존재하는데, 그렇다면 그게 그들이 존재하지 않는다는 의미임을 누가 알 수 있겠는가? 우리 머릿속에 있는 그 패턴들을 통해 우리는 우리 주변 현실 세계에 관한 실제의 것들을 이해할 수 있다.

내게 이는 순환소수 0.9의 문제와 비슷하다. 한마디로, 우리는 이에 대한 답을 발명한 것이다. 즉, 무한하게 작아지고 있는 숫자들의 무한수열을 더하는 것에 대해 이해할 수 있는 방법을 개발했다는 것이다. 하지만 우리는 상상을 통해 $0.\dot{9}$에 대한 답을 쥐어 짜내지는 않았다. 순환소수를 추론하는 프로세스에 대한 엄격한 프레임워크를 생각해 냈고, 그 프로세스는 우리에게 정답을 줬다. 이를 논리정연한 방식으로 진행했다는 사실은 우리가 이를 기반으로 무엇인가 구축할 수 있다는 것을 의미하며, 이를 통해 우리는 미적분학이라는 분야 전체를 구축할 수 있었다. 미적분학은 우리의 삶에 있어 현대적인 측면 거의 대부분을 좌우한다. 그다음, 미적분을 복소수와 조합함으로써 우리는 '복소해석학'이라는 분야를 얻었고, 이는 현대 물리학의 많은 것들을 좌우한다.

그리고 이는 사실 논리정연함과 추상수학의 핵심이다. 이것은 우리가 복잡한 구조를 구축할 수 있게 해준다. 이를 통해 논리가 타당함을 확신하면서 복잡한 논증을 쌓아 나갈 수 있다. 또한, 복잡한 개념들을 하나로 묶어 그것을 구성 요소로 활용할 수 있게 한다. 이렇게 함으로써 우리는 점점 더 복잡해지는 개념의 세계를 이해하고, 기본 구성 요소를 넘어서 더 많은 것들을 창조할 수 있게 된다.

그러나 이로써 우리는 불편한 질문에 마주하게 된다. 그렇다면 그게 왜 좋은 것인가? 실제로 그건 좋은 것인가? 이 책에서 지금까지 우리는 수학이 무엇인지, 수학이 어떻게 작동하는지, 우리가 왜 수학을 하는지, 그리고 무엇이 수학을 좋게 만드는지에 관해 논의했다. 하지만 모두 어떤 특정 종류의 수학을 언급하는 것에 그쳤다. 바로, 지난 수백 년간 대부분 유럽 남성으로 이루어져 있던 학계 수학자들이 정의한 바에 따른 엄밀한 '형식 수학' 말이다. 다른 수학자들은 그 프레임워크의 정의를 가져왔고, 또 다른 수학자들은 그 프레임워크가 개발되었을 때부터 관여해 왔다. 그러나 그 유럽 백인 남성들의 통제와 영향력은 떼려야 뗄 수 없다. 이들은 안전한 기반 위에 수학을 세우기 위해 그 프레임워크를 생각해낸 것이다. 우리가 더욱 강력한 논거를 세우고, 더욱 복잡한 체계를 만들 수 있도록 말이다. 그리고 그 프레임워크는 성공적이었다. 그 이후 수학은 눈부신 발전을 이룩했다. 수학자들이 무엇이 참인지에 관해 광범위한 합의에 도달해서 그것을 기반으로 수학을 구축할 수 있었기 때문이다. 그렇지만 그게 과연 꼭 좋은 것이라고 할 수 있는가. 이는 우리가 세상에서 더욱 널리 가치있게 여기는 것이 무엇인지, 그리고 다른 유형의 수학에서 간과되고 있거나 평가절하되고 있는 것, 아니면 심지어는 프로세스에서 억제되고 있는 것이 무엇인지 질문을 던진다.

진보와 식민주의

진보는 반드시 좋은 것인가?

여기서 우리가 '진보'라는 아이디어에 관해 하고 있는 가정이 몇 가지 있는데, 아마도 논쟁이 좀 있기는 하겠지만, 이 진보라는 개념이 우리가 추측해야 하는 좋은 것은 아니라고 주장하려고 한다. 이는 지구의 천연자원 파괴, 실제로는 식민주의, 그리고 '문명화'와 '진보'라는 미명 하에 더 많은 전통문화를 쓸어버리려는 대개 백인인 식민주의자들의 욕구로 끝나는 진보의 개념이다.

주류 학계에서 '민족수학'이라고 부르는 수학의 분야가 있다. 이에 대해서는 모든 학문 분야가 그렇듯 다양한 정의가 존재하는데, 여기서 요점은 이게 논리적이고 엄밀한 학문적 살균 프로세스보다는 문화에 더 뿌리깊게 박혀 있는 수학이라는 점이다. 살균 환경은 실험실에서 배양물을 키우기 특히 좋은 곳이기에 뒤섞어본 비유다. 그리고 여기서 '문화'란 학계 내 사실을 따라 발전해온 문화가 아닌, 이미 존재하는 문화적 집단의 문화를 의미한다.

'민족수학'이라는 용어에는 학문적 의미가 있다. 하지만 안타깝게도 '민족적인 수학'이라는 함축적 의미로 읽힐 수 있는 위험도 존재한다. 마치 비백인들의 수학이라는 것처럼 들릴 수 있다는 것이다. 이는 안타깝게도 보통 '민족적'이라는 용어가 많은 이들에게 '비백인'을 의미하게 되었기 때문이다. 그리고 이는 지배적인 백인 문화가 백인을 민족성을 가지지 않은 사람들로 보고, 비백인을 '민족성'을 가진 사람들로 보는 경향이 있기 때문이다. 민족수학의 주제들은 전형적으로 비백인 문화 집단에서 나온 것이 사실이다.

이런 주제들에 대한 논의는 굉장히 우려스럽고 민감하다. 다양한 집단에 속하는 사람들이 다른 집단으로부터 공격을 당할까 매우 경계하기 때문이다. 유감스럽게도 그동안 주류 수학에 의해 많은 집단이 배제되고 공격받아 왔다. 그래서 이러한 경계심은 정당한 편에 속한다. 이런 논의들이 굉장히 까다로워지는 이유이기도 하다.

먼저, 역사적으로 수학이 모두 백인들에 의해 만들어진 것은 아니라는 점에 주목할 필요가 있다. 실제로 위대한 초기 수학의 발전은 고대 비백인 문화인 마야, 이집트, 인도, 중국, 아랍 문명으로부터 시작되었다. 이들 문명 모두 백인에 의한 주류 수학의 지배 훨씬 이전부터 수학적 아이디어의 발전에 있어 중요한 역할을 했다. 고대 그리스인들은 수학과 철학에 관해 수많은 사고를 했는데, 수학자 조나단 팔리Jonathan Farley는 내게 우리가 '고대 그리스인'이라고 칭하는 이들 중 일부가 실제로는 그리스인이 아니라, 아프리카 대륙을 포함한 그리스 제국의 다른 영토 출신임을 지적했다. 한 예로, 소인수를 찾는 기발한 방법을 생각해낸 에라토스테네스는 현재 리비아 지역인 키레네 출신이었다. 기하학의 대가인 유클리드도 그 당시 알렉산드리아의 유클리드라고 불렸다. 이는 당시 알렉산드리아가 학습의 중심지였기 때문에 유클리드가 그곳으로 이주했다는 것을 의미할 수도 있고, 아니면 그가 실제로 그곳 출신임을 의미할 수도 있다. 그리스 제국 사람들이라고 해서 무조건 '그리스인'이라고 칭하는 것은 제국주의적인 것이다. 이는 인도의 수학자 스리니바사 라마누잔Srinivasa Ramanujan이 대영제국 식민지 시절의 인물이라고 해서 영국 수학자라고 부르는 것과 같을 것이다. 일단 지금은 오늘날과 더 가까운 시기부터 살펴보고, 곧 라마누잔에 대한 이야기로 다시 돌아가 보겠다.

나는 이런 문제의 전문가는 아니지만, 우리 모두 이 문제에 대해 생각해 보는 것은 중요하다고 믿는다. 식민주의와 수학에 관해 생각하며 수많은 덫에 빠져 봤고, 앞으로도 계속해서 그 덫들에 빠질 것임을 잘 알고 있다. 유럽 중심의 백인이 지배하는 교육 체계 아래 훈련받은 사람들이라면 누구나 그럴 것이다. 그러나 나는 순수 수학 연구에만 안전하게 머무르는 대신, 일부러 이에 대해 생각하고 그 덫들에 빠지려는 위험을 감수한다. 내가 백인이 아니라는 사실이 곧 나를 제국주의에 대한 비난에서 자유롭게 만들지는 않는다. 한편으로는 수학의 화이트워싱에 대해 걱정하는 게 말도 안 된다고 생각하는 비백인들도 있다. 하지만 그게 말이 안 된다는 뜻은 아니다. 불행히도 억압과 배제란 의식적으로든 무의식적으로든, '억압하는 자'의 편에 서는 편이 가장 안전하다고 느끼는 '억압당하는 자'가 항상 있음을 의미한다. 그래서 반페미니스트인 여성, 흑인을 범죄자 취급하고 흑인의 투표권을 반대하는 정당을 지지하는 흑인, 이민에 관한 제약을 지지하는 아시아 이민자도 있는 것이다. 이는 그러한 억압 중 어떠한 것도 유효한 것으로 만들지 않는다. 이들은 그저 억압의 힘이 얼마나 강력한지를 보여주는 예시일 뿐이다.

종합하면, 우리가 고려해야 하는 미묘한 차이들은 어마어마하게 많다. 우선, 초기에 발전한 수학은 전부 비백인에 의한 것임을 인정해야 한다. 그다음으로는 백인이 현대 수학을 과도하게 지배하고 있다는 것을, 알고 있는 것을 대개 공유하려 하지 않고 있다는 것을, 수학 분야에서 과하게 많은 비율을 차지하고 있다는 것을 인정해야 한다. 실제로 전부는 아니지만 현대에 발전한 수학 대부분은 백인의 공이 크다. 이를 지적하는 것은 그 자체로 수학에 있어서 비백인의 역사를 지우는 것에 해당되지 않는다.

이제 이 모든 것과 동시에 수학이라는 학문 분야가 '논리와 엄밀함'이라는 신중하게 구성된 틀에 따라 조심스럽고 철저하게 성장해 왔다는 것도 사실이다. 주장하건대, 어떤 수학은 유지시키고, 또 어떤 수학은 배제해버리는 것은 바로 그 프레임워크이다. 그러나 자원과 교육에 대한 불평등한 접근성에 큰 의문을 갖는 것과는 별도로, 수학의 프레임워크 안에 세워진 가치관에 관한 의문점들도 존재한다. 그 프레임워크는 '진보'와 '발전'의 원칙에 맞게 조정된다. 나는 내심 그런 원칙들이 식민주의, 제국주의, 다른 것들을 정복하고자 하는 욕구와 떼려야 뗄 수 없는 관계라는 불편한 의구심을 품고 있었다.

다소 크든 작든, 비백인 문화가 다른 민족을 정복하는 데 관여했다는 것은 참이다. 백인이 비백인뿐만이 아니라, 다른 백인 민족도 정복하려 했다는 사실 또한 참이다. 그러나 나는 현재의 세계 질서는 백인이 '개발한 것', 그러니까 파괴적인 무기나 전쟁 도구로 비백인들을 제압해 온 강력한 방식과는 떼려야 뗄 수 없는 관계에 있다고 생각한다. 이는 역사적으로 덜 '개발된' 국가들을 정복하는 주요 수단이 되어왔다. 21세기에 들어서는 덜 직접적으로, 하지만 더 교활하게 파괴하는 무기들이 생겨났다.

우리가 '선진국'과 '개발도상국'에 관해 이야기하는 바로 그 방식이, 그 방식 안에 세워진 개발에 관한 우리의 판단을 품고 있는 것이다.

여기서 잠시 한 발자국 물러나, 어느 정도는 내가 개인적으로 이 가치 체계를 믿어왔다는 사실을 인정한다. 나는 구축하고, 발전시키고, 진보하는 수학의 능력을 사랑하기 때문에 수학을 사랑한다. 그리고 이는 수학이 참을 평가하고 합의를 이루기 위해 가지고 있는 강력한 프레임워크에 의해 좌우된다. 수학 말고도 이와 비슷한 이유로 내가 사랑하는 것들은 많다. 나는 어떤 음악들보다도 서양 클래식 음악[18]을 가장 사랑한다. 또한 서양 클래식 음악에서 가장 발전했고, 가장 복잡한 구조를 가지고 있으며, 순전히 구조적인 복잡성으로 인해 대충 그때그때 즉석에서 작곡할 수 없는, 귀로 듣고는 세대별로 전해져 내려올 수 없는 류의 음악을 가장 좋아한다. 그렇다고 다른 음악이 복잡하지 않다고 이야기하는 것은 아니다. 나는 지금 모든 게 적혀 있고, 의식적으로 구조 위에 또 하나의 구조로 만들어진 굉장히 고의적인 복잡성의 형태를 이

---

18 이는 유럽 중심 문화에서 그저 '클래식 음악'으로 널리 알려져 있기에, 이를 '서양 클래식 음악'이라고 부르는 것은 다른 문화권에도 클래식 음악이 있다는 것을 인정하려는 표준 방식이다. 그러나 '서양'이라는 표현은 그 자체로 문제가 되며, 실제로 말이 되지 않는다. 당신이 '극동' 지방에 사는 사람이라고 한다면, 그곳도 정말 '극동'에 있는 것이 아닌 것처럼 말이다.

야기하려는 것이다. 나는 실들이 치밀한 패턴으로 엮여 있는 듯한 복잡한 구조의 문학 작품을 좋아한다. 달랑 긴 종이 한 장에 단번에 쓸 수는 없는, 모든 부분 하나하나가 제대로 맞도록 세심하게 계획된 문학 작품을 좋아한다. 음식도 구조와 개발된 것이 포함된 음식이 좋다. 재료들의 조합을 처음 봤던 재료와는 전혀 다른 것으로 만들어버리는 세심한 테크닉을 사용한 양념이 좋다.

이 모든 것에는 '개발'이 포함되어 있다. 개발에 대한 나의 사랑이 단순히 미적인 것이라고 주장할지도 모르겠다. 하지만 나는 자기 비판적이며, 구조적 약탈과 식민주의와 같은 것들에 대해 걱정한다. 그래서 개발에 대한 사랑이 식민주의, 그리고 선진국이 개발도상국보다 우위에 있다고 보는 제국주의적 관점과 연관된다는 점, 그리고 이게 일부 국가들이 다른 국가들보다 부유한 이유이자, 일부 문화권이 다른 문화권을 억압하는 이유가 된다는 게 우려된다.

그리고 그 의문 속에서 나는 스스로에게 이런 질문을 한다. 이 끊임없는 발전은 과연 우리가 더 나아진다는 뜻인가? 우리가 이미 만든 프레임워크 외 어떤 프레임워크에서 일어나는 그런 발전이 우리를 더 낫게 만들어주는가?

문화권마다 모든 걸 다르게 할 수도 있는데, 우리의 방식이 더 낫다고 판단하는 우리는 누구인가? 앞서 언급한 인도의 수학자 라마누잔의 이야기는 이러한 문화 차이를 가장 생생하게 보여준다.

라마누잔과 하디

스리니바사 라마누잔은 인도 출신의 뛰어난 수학자다. 그와 관련해서는 흥미롭지만 비극적인 이야기가 존재한다. 1887년 인도에서 태어난 라마누잔은 정식 수학 교육을 받지 못했다. 그는 인도 쿰바코남의 고번망 아츠 컬리지Government Arts College에 장학생으로 입학했으나, 정식 교육에서 요구하는 영국 스타일 커리큘럼을 따라가는 대신 자신만의 공부를 계속했다. 그리고 그 결과, 그는 수학을 제외한 대부분의 과목에서 낙제했고, 장학금도 받지 못하게 되었다. 이후 영국에서 자금을 지원하는 곳이 아닌 파차이야파스 컬리지Pachaiyappa's College에서 더 교육을 받으려 했으나, 그곳에서 요구하는 것과도 여전히 맞지 않아 학위를 받지 못했다. 그는 극심한 가난에 시달렸고, 당시 수학을 공부하며 수학의 깊은 진실은 여신이 주는 것이라고 확신하면서 겨우 입에 풀칠을 하고 살았다.

1913년, 그는 케임브리지 대학교University of Cambridge의 '전통' 수학과의 G. H. 하디G. H. Hardy 교수에게 편지를 한 통 쓴다. 최소한 당대 유럽 스타일 수학 프레임워크에서는 전통적이었다는 뜻이다. 하디는 그 전통 수학 프레임워크에 따라 해야 하는 모든 것들을 한 사람이다. 수학에 대한 정규 학위를 취득했고, 논문을 썼으며, 여러 가지 세세한 증명을 제시해 상호 심사 연구 저널에 발표하기도 했다.

라마누잔은 이러한 것들 중 그 어떤 것도 하지 않았지만, 하디는 그런 라마누잔의 총명함을 인지하고 그를 케임브리지 대학교로 데려가 당대 유럽 스타일의 정규 수학 교육을 받게 해줬다. 이는 라마누잔이 믿는 종교에서 그가 해외로 가면 안 된다고 계시한 것, 그리고 그의 어머니가 그가 해외로 나가는 것을 굉장히 싫어했던 것을 생각하면 그에게 엄청난 발전이었다.

그가 케임브리지에 막 다니기 시작했을 때에는 특정 수준을 따질 것 없이 모든 수준에서 직접적인 문화권의 충돌이 있었다. 하디는 라마누잔이 유럽 수학의 프레임워크에 따라 결과를 증명하는 법을 배워, 그 결과들이 진정 참임을 확실히 해야 한다고 주장했다. 라마누잔은 왜 그렇게 하라는 것인지 이해를 하지 못했다. 그가 믿는 여신이 이미 그 진실들을 자신에게 말해줬다고 생각했기 때문이다. 결국 라마누잔은 자신이 참이라고 생각한 것 중 한 가지에 결점이 있음을 하디가 지적한 것에 어느 정도 마음이 움직여 설득 당하고 말았다.

우연히도, 라마누잔 스스로 그가 믿는 여신의 계시에 따른 것이라고 믿은 것은 사실이나, 그의 내면, 그리고 그가 가졌던 숫자에 대한 즐거운 친밀감은 그 모든 게 그의 '천재성'이라고 미화하려는 사람들에 의해 과장되기도 했다. 라마누잔이 아파서 병원에 입원했을 때와 관련되어 유명한 일화가 하나 있다. 하디는 아픈 라마누잔에게 병문안을 가서는 자신이 탄 택시번호가 1729번이었다고 말했다. 그러면서 그는 '정말 흥미로운 번호는 아니'라고 이야기했다. 이와는 반대로 라마누잔은 1729가 세제곱 수 두 개의 덧셈으로, 그것도 두 가지 방식으로 표현할 수 있는 가장 작은 수라며 바로 반박했다.

$$1729 = 1^3 + 12^3$$
$$= 9^3 + 10^3$$

이 즉각적인 반박은 종종 라마누잔의 천재성, 위대한 숫자 이론가인 하디조차 발견하지 못한 무언가를 바로 발견한 그의 능력을 상징하는 것으로 여겨진다.

그런데 훗날 그가 적은 기록들을 세밀하게 연구한 결과, 그는 페르마의 마지막 정리에 '거의 가까운 것'을 공부하고 있었다는 사실이 드러났다. '페르마의 마지막 정리'는 약 1637년 프랑스 수학자 피에르 드 페르마Pierre de Fermat가 어떤 책의 여백에 '나는 이에 대한 진정 놀라운 증명을 발견했지만, 이 여백은 너무 좁아서 그걸 다 담을 수가 없다'라는 문구와 함께 휘갈겨 쓴 유명한 내용이다.

$$x^n + y^n = z^n$$

이 정리는 다음의 방정식 에 대해 n이 3 이상이면 이를 만족하는 정수가 없다는 것이 요지다. $n=2$인 경우, 우리는 이 식을 만족하는 정수가 있으며, 이는 직각삼각형의 각 변의 길이에 관한 '피타고라스의 정리'과 관련이 있다는 것을 안다. 아마 당신도 학교에서 가장 흔하게 다뤄진 직각삼각형의 변의 길이로 3, 4, 5와 5, 12, 13이 있다는 것을 알아야 한다고 들어봤을지 모른다. 이 숫자들은 각각 삼각형 세 변의 길이를 뜻한다. 학교에서 일할 때 수학 시험을 채점하는 선생님들이 이 두 가지 삼각형으로 모든 걸 설명하려고 집착했던 기억이 난다. 아마도 계산기가 없던 세대의 사람들이 문제를 냈기 때문일 거다. 당시에는 피타고라스 정리를 풀기 위해 제곱근을 구해야 했는데, 그건 계산기 없이 아주 어려운 일이었기 때문이다.

위의 정리를 '페르마의 마지막 정리'라고 부르는 것은 사실 타당하지 않다. 페르마는 그 누구에게도 그의 놀라운 증명에 관해 말한 적도 없이 죽었고, 보통은 무언가를 증명할 때까지는 그것을 '정리'라고 여기지 않기 때문이다. 페르마의 정리는 1994년 영국 수학자 앤드루 와일스Andrew Wiles가 증명할 때까지 증명된 적이 없다. 실제로 그보다 1년 전인 1993년 앤드루 와일스가 제시한 최초의 증명에는 실수가 있는 것으로 드러났다. 하지만 그는 그것을 고치는 데에 성공했다. 어쨌든 궁극적인 증명은 페르마가 살던 시대를 훨씬 넘어선 수학적 발전에 달려 있었던 것이다. 그렇기에 이것이 하나의 증명에 대한 페르마의 아이디어일 수 있을 가능성은 없었을 것이다. 현재 수학자들은 페르마가 증명에 관해 오해를 받고 있다고 생각하고 있다. 심지어는 페르마가 어떻게 오해를 받게 된 것인지에 대한 아이디어도 가지고 있을 정도다.

어쨌든, 수십 년 전 라마누잔이 이미 이 '페르마의 마지막 정리'에 거의 가까운 것, 그리고 그중에서도 다음의 의미에서 해법과는 거리가 먼 1이라는 숫자에 대해 탐색하고 있었다는 것이다.

$$x^3+y^3=z^3$$

대신 페르마의 마지막 정리에 '거의 가까운 것'은 다음과 같다.

$$x^3+y^3=z^3+1$$

라마누잔은 이미 1729를 하나의 예시로 생각했다. 1729는 12^3+1이기 때문이다. 그래서 하디가 자신이 타고 온 택시번호를 보여줬을 때, 그 번호는 아무거나 고른 숫자가 아니라, 이미 라마누잔이 공부하고 있던 숫자와 우연히 일치했던 것이다. 사실 우리가 모든 걸 발명할 필요가 없다는 그의 사고방식과 관련해 신비하고 놀라운 것들은 이미 충분하다.

그렇다면 무엇이 위대한 수학자를 만드는 것일까? 택시번호 이야기와 라마누잔의 이야기에는 전체적으로 위대한 수학자가 되려면 이유없이 숫자를 거의 홀린 듯 좋아하고, 우연히 참을 발견할 수 있는 능력을 가진 극적이며 불가사의한 천재가 되어야 한다는 생각을 영속화시킬 수 있다는 위험이 존재한다.

위대한 무언가가 되기 위해 무엇이 필요한지는 확실히 모르겠지만, 좋은 수학자가 되기 위해서는 앞서 언급한 특정한 것들을 갖춰야 할 필요는 없다. 열린 마음으로 유연하게 사고할 수 있고, 동시에 다양한 관점에서 사물을 바라볼 수 있으면 된다. 또한, 일부 특정한 사항을 무시함으로써 다른 상황과의 연결성을 발견할 수 있어야 한다. 두 상황의 일부 특정한 세부 사항을 무시하면, 그것들이 서로 어떻게 일치하는지 더 명확히 볼 수 있다. 하지만 이런 세부 사항을 다시 고려할 수 있을 만큼 유연해야 하며, 다른 세부 사항을 무시한 채 사물을 새롭게 볼 수도 있어야 한다. 아주 엄밀한 명제를 세우고, 그것을 머릿속에 간직하면서 이리저리 움직여 또 다른 엄밀한 명제들과 맞추고 조절할 수 있는 능력도 필요하다. 더 나아가 만들어진 복잡성이 커지는 걸 견딜 수 있어야 하며, 때로는 그것을 갈망할 줄도 알아야 한다. 여기에는 이 복잡성을 다루는 일도 포함된다. 예컨대 특별한 달걀을 만들고, 그 달걀을 운반할 특수한 상자를 만들며, 그 상자를 운반할 특수한 트럭을 만드는 것과 같은 복잡성을 띤 과정 말이다. 이에 따라 작은 꿈에서 점점 더 큰 꿈을 쌓아 올리는 것, 바꾸어 말하면 수학자는 생생한 상상력과 독특하고 놀라운 아이디어를 머릿속에서 현실화하는 능력을 필요로 한다. 수학과 과학은 예술의 '창의적' 주제들과는 별개의 것이라는 믿음이 있지만, 사실 그 경계는 꽤 불분명하다. 이러한 믿음은 아마도 수학이 단순히 단계별로 계산하고 명확한 답을 구하는 것으로 생각하는 데서 비롯되었을 것이다. 그러나 좋은 수학자를 설명할 때 나는 한 번도 산수, 계산, 암기, 숫자 혹은 정답에 관해 언급하지 않았다. 수학 중 일부 계산적 부분은 계산을 포함할 수 있지만, 모든 수학이 계산적인 건 아니다.

그러나 나는 엄밀한 명제를 세우는 것에 관해서는 수없이 강조했다. 이는 내가 서양/유럽/식민지 수학이라는 특정 관점에서 좋은 수학자에 대해 설명하고 있다는 사실을 배반하는 지점이다.[19]

---

19 여기에서도 '서양'이라는 문제적 용어가 다시 한 번 사용되었다.

하디는 특정한 관점에서 라마누잔을 판단해 그에게 심오한 장래성이 있으나 기술적으로는 부족함을 발견했다. 그래서 그에게 서양의 식민 표준에 맞출 것을 촉구한다. 여기서 나를 괴롭히는 문제는 하디가 라마누잔에게 유럽 수학의 방식으로 모든 것을 증명하라고 주장한 것이 과연 옳았냐는 것이다. 유럽 수학 프레임워크에 따르면 그가 옳았던 것이 맞지만, 이는 결국 결론이 나지 않는 문제이다.

여기서 식민주의의 또 다른 측면이 등장한다. 라마누잔은 케임브리지에서 문화적으로 받아들여지지 않았음은 물론, 자신의 종교에 따른 요건에 적합한 식량을 찾을 수 없어 매우 아프기까지 했다. 특히 그는 굉장히 독실한 힌두교 신자이자 엄격한 채식주의자였고, 당시 케임브리지 대학에서는 그 식단을 찾아보는 것이 거의 불가능했다. 후에 내가 그곳에 다닐 때에는 그 정도는 아니었으나 역시 찾기가 어려웠다.

결국 그는 인도로 되돌아간 후 케임브리지로 다시 돌아가지 못했고, 스물두 살이라는 나이에 사망했다. 젊은 나이에도 불구하고, 그는 영국 수학계를 군림할 정도의 힘을 가지고 있을 정도로 인정을 받았다. 1841년, 인도인 중에서는 아르다시어 커셋지Ardaseer Cursetjee에 이어 역대 두 번째 영국왕립학회Royal Society 신입 회원으로 입회했으며. 심지어 최연소였다. 비록 그가 영국왕립학회 신입 회원으로 선출된 이후이기는 했지만, 인도인 사상 최초로 트리니티 컬리지Trinity College의 펠로우로 뽑히기도 했다.

여기까지 인도의 한 가난한 소년이 고귀한 케임브리지 수학계의 일원으로 받아들여진 이야기처럼 들릴지 모르겠으나, 다른 시각으로 보면 타문화 출신의 사람이 어떤 사회의 구성원으로 받아들여지려면 그 사회의 기준에 순응해야 한다고 주장하는 진부한 기관의 이야기 같기도 하다.

그는 유럽 스타일로 증명할 시간이 없었던 더 많은 '진실'들에 대한 어마어마한 양의 내용이 포함된 공책들을 남기고 떠났다. 수학자들은 백여 년의 시간을 들여 이를 연구했고, 현재까지 그 내용 중 거의 모든 것이 유럽의 방법론에 따르면 옳다는 게 증명되었다. 그러나 라마누잔은 이미 자기 자신의 근거를 들어 그 내용들에 대해 확신했다.

어떤 방법이 더 나은지 누가 결정할 수 있을까. 라마누잔이 제시한 결론 중 일부 역시 약간 틀렸을 수도 있다. 다만, 엄청난 통찰이 담겨 있으며 그 오류들은 깨달음을 준다. 실제로 앤드류 와일스가 처음 시도한 페르마의 마지막 정리 증명도 옳지 않음이 드러났다. 유럽 수학자들도 실수에서 자유로울 수는 없다. 수학자는 자기 증명이나 다른 사람의 증명에서 오류를 발견하는 경우가 많고, 그 결과 논문을 수정하거나 철회하는 경우도 종종 있다.

이는 어떤 면에서는 이 모든 게 전문가의 손을 거치는 전통적인 출판 방식과 위키피디아Wikipedia 같은 크라우스소싱 방식 간의 싸움을 연상하게 한다. 그 옛날 방식의 정보 전문가들은 위키피디아에 대해 종종 경악하고는 하는데, 누구나 참여해 기고할 수 있으므로 오류로 가득 차 있을 것으로 생각하기 때문이다. 물론 위키피디아에 오류가 있기는 하나, 상호 심사를 거친 논문이나 정보를 통제한 논문에도 오류는 존재한다. 지난 2005년 학술지 '네이처Nature'에서는 공공연하게 위키피디아와 '인사이클로피디아 브리태니커Encyclopedia Britannica'를 비교하며, 위키피디아가 전혀 나쁘지 않다고 발표했다.[20] 당시는 여전히 위키피디아 출시 초기였고, 2012년 결과[21]와 비교하면 훨씬 더 나은 상태였다. 공교롭게도 그해에 인사이클로피디아 브리태니커는 절판되었다.

여기서 드러나는 백인 중심 수학과의 차이점은 모든 계획과 변화에 저항하는 것이 옛 방식에 집착하는 인물들이 아니라, 오히려 상대적으로 오래된 방식이 열등하다고 선언한 신참들이었다는 점이다. 참고로 유럽 문화는 상대적으로 오래되지 않았다. 일부 현대 문화들은 왜 생겨났으며, 왜 기존의 방식들이 유효하지 않다고 선언했을까? 현대 문화에서는 여전히 고대 문화에서 어떻게 스톤헨지를 세우거나 피라미드를 만드는 것 등을 할 수 있었는지에 대해 완전히 이해하지 못한다. 아마도 현대 학계에서 인정하고자 하는 것보다 증명되지 않은, 상호 심사가 이루어지지 않은 방법들과 더 관련이 있기 때문일 것이다.

또한 이는 수학과 민족수학 간의 비교, 혹은 '자연 문화를 가능한 한 멀리 벗어나 발전을 바탕으로 한 수학'과 '문화에 항상 연결된 수학'을 비교할 때 핵심이 된다. 예컨대 우리가 계산이라고 인식하는 그 어떤 것도 하지 않은 채 이누이트족이 카약을 만들었다는 것이나, 아미쉬들이 헛간을 직접 들어 이동시켰다는 사실을 경

20 https://www.nature.com/articles/438900a

21 https://upload.wikimedia.org/wikipedia/commons/2/29/EPIC_Oxford_report.pdf

이롭게 여길 수 있다는 거다. 대신 그들은 문화의 일환으로, 대대로 내려온 방법을 활용한다. 우리는 그 탁월함을 '수학'이라고 부르며 그들의 걸출함에 경의를 표할 수도 있겠지만, 그렇게 함으로써 우리가 그들에게 문화적 규범을 강요하는 것은 아닐지 생각해봐야 한다. 우리는 이것에 '민족수학'이라는 이름을 붙여, 수학이기는 하지만 우리의 증명 기반 수학과는 약간 다른 맥락에 있다고 인정할 수도 있다. 그렇다면 우리는 다른 이들의 수학과 이들을 '구분'하고 있는 것일까?

결국 우리의 수학이 더 나은 것인가? 우리의 끊임없는 발전과 진보는 우리가 생존을 위해 의존하는 환경, 즉 지구의 파괴로 이어졌다. 반면에 식민주의, 유럽식, 제국주의적 사상과 무관하게 살아온 원주민들은 주변 환경과 조화를 이루며 환경을 고갈하거나 파괴하지 않으면서도 풍요롭게 살아가는 법을 알고 있다.

그렇다면 지속 가능한 삶과 환경 위기 이면의 급진적인 산업 발전 중 어떤 것이 더 큰 성과일까? 후자가 '진보'라면 과연 그것이 우리가 원하는 것일까?

나는 이에 대한 답을 가지고 있지는 않다. 그저, 우리가 이 문제를 진지하게 받아들이고, 계속해서 더 나아지려고 노력하는 것이 중요하다고 생각할 뿐이다.

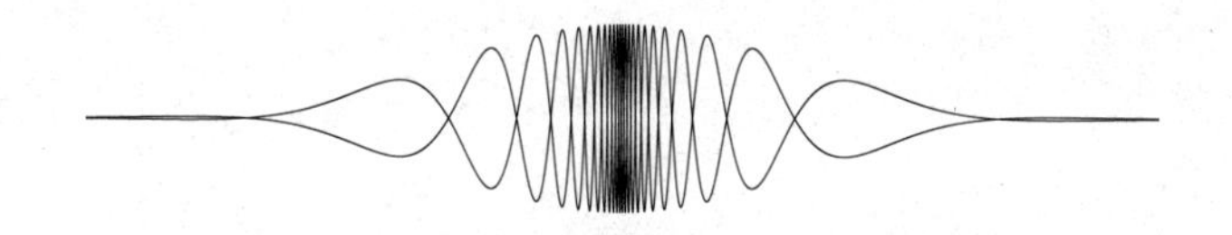

5장

문자

왜 $y=mx+c$인가?

실제로 이 문자들은 여기서 대체 무엇을 하고 있는 걸까?

이 책의 전반부에서 우리는 여러 장에 걸쳐 수학에 대한 전반적인 개념, 수학이 어디에서 왔는지, 어떻게 작동하는지, 우리는 왜 수학을 하는지, 그리고 그 목적이 무엇인지 생각해 봤다. 이번에는 더 구체적인 주제를 다룰 생각인데, 그 주제에 답하기 위해 순수한 질문에서 심층적인 수학의 세계로 뻗어나가는 과정을 살펴보겠다. 이번 장에서는 수학에서의 문자 사용이라는 골치 아픈 문제로 시작해 볼 것이다. 이는 우리를 '대수학'이라는 주제로 이끈다.

왜 우리는 숫자를 문자로 바꿀까? 종종 내게 몸을 떨며 이렇게 말하는 사람들이 있다. "수학 나쁘지 않아요. 숫자가 문자로 바뀌기 전까지는…."

그래서 $y=mx+c$라고 하는 식에 대해 다루기 전에, 우선 왜 우리가 숫자를 문자로 바꾸는지에 대한 질문부터 해결하고자 한다.

이에 대해 논의한 후, $y=mx+c$라는 특정 사례에서 그렇게 하는 이유에 대해 살펴볼 것이다. 마지막으로 이 방정식이 우리에게 무엇을 말해주고 있는지, 언제 참이고, 언제 참이 아닌지에 대해 살펴볼 것이다. 우리가 기억해야 하는 절대적인 참으로 다가올지 모르겠지만, 이 식은 특정 맥락에서만 참이기 때문이다.

숫자를 문자로 바꾸기 전에 우선 수학에 동기를 부여하는 것이 중요하기에 이와 같은 순서로 이야기하려고 한다. 숫자 대신 문자를 사용하는 것과 관련한 문제를 책의 앞부분에서 암시했었고, 그런 암시와 끌림은 수학 전반에서 핵심적인 역할을 한다. 더 나아가 우리가 하는 수학은 우리를 새로운 수학의 세계로 밀어넣기도 한다. 다만, 그 이끌림을 느끼지 못하거나 끌림에 당겨지지 않으면 그것은 자연스러운 흐름이 아닌 인위적인 압박으로 느껴질지도 모르겠다. 이는 마치 하나의 대접에 여러 가지 재료를 넣고 어떤 음식이 될지 잠자코 지켜보는 것과 같은 행위다. 목적이 없는 것처럼 느껴진다는 뜻이다. 설령 그것이 직관적이거나, 설명하기 어려운 선택이라 할지라도 말이다. 그리고 설명하기 어려울수록 설명하려는 시도는 더욱 중요하다.

내게 이것은 '파터노스터paternoster'에 오르는 것과 약간 비슷하다. 한 번도 이 승강기를 타보지 않았을 수 있다. 이는 멈추지 않고 계속해서 움직이는 특이한 유형의 엘리베이터 또는 승강기를 뜻한다. 문이 없는 '캡슐'들이 있고, 그 캡슐들이 그 건물 바닥 전체를 관통해 하나의 큰 원 혹은 크고 긴 타원을 그리며 움직이는 것이다. 상상해 보면, 가톨릭 신도가 기도문을 여러 번 반복해서 외울 때 어느 구절을 외우고 있는지 따라가기 위해 사용하는 묵주와도 비슷하다. 내 생각에는 그래서 이 승강기를 '파터노스터'라고 부르는 것 같다. '주기도문'을 라틴어로 '하나님 아버지'를 뜻하는 '파터 노스터Pater Noster'라고 하기 때문이다. 어쨌든 캡슐들은 움직임을 한 번도 멈추지 않는다. 언제든 전층을 올라가는 캡슐이 있고, 전층을 내려가는 캡슐도 있다. 그래서 어떤 층에 서 있든지 위로 향하는 방향과 아래로 향하는 방향, 두 개의 면이 있는 것이다. 그저 다음 비어 있는 캡슐이 지나가기를 기다렸다가 그 캡슐이 나타나면 올라타서 이동하면 된다.

셰필드대학University of Sheffield에 이 '파터노스터' 승강기가 하나 있는데, 사람들은 보통 재미로, 경험을 위해 이 위에 올라타고는 한다. 하지만 나는 한 학기 동안 정기 회의 참석을 위해 그 승강기를 타야 했다. 처음 그 위에 올라 탔을 때에는 완전히 공포에 휩싸였다. 그다음에는 내리는 게 올라타는 것보다 훨씬 더 무섭다는 것을 알게 되었다. 두 경우 모두에서 중요한 것은 결국 '예상'이었지만, 캡슐의 움직임을 예상하고 스스로 자연스럽게 그 캡슐에 실려가도록 하는 것은 직관에 굉장히 반하는 것이었다. 승강기에 타려고 하는 대신, 발을 하나 뻗고 있으면 승강기가 올라가다가 나를 집어 갔다고 하는 편이 더 맞을 것 같다. 이와 대칭처럼, 내려가는 방향의 승강기의 경우에는 타는 것이 내리는 것보다 훨씬 더 어려웠다.

내가 여기서 비유하려는 것은 다음 단계에 있는 수학의 추상화로 나아간 듯한 느낌이 든다면, 그리고 그것이 하나의 도약이라고 느껴진다면, 그 도약을 시도하려다 넘어지게 될 수도 있다는 것이다. 나도 한번 파터노스터에 발이 걸린 적이 있다. 다행히 승강기 바닥에 튕겨 올라가는 날개 형태의 안전장치가 있어 제대로 걸리지는 않았다. 하지만 수학의 가속도가 당신을 따라잡아 데려가는 느낌이라면, 그것은 훨씬 더 자연스럽게 느껴질 것이다. 그렇게 되면, '아, 내가 왜 문자를 사용하고 있지?'라고 생각하는 대신, '휴, 다행이다. 이렇게 더 좋은 표현 방법이 있었네'라고 생각하게 될 것이다.

무엇을 표현할 수 있는 더 좋은 방법이라.

이미 앞에서 여러 가지 예시들을 제시했고, 막연하게나마 당신이 그 요점을 이해하고 내가 제시한 예시들로부터 추론할 수 있기를 기대한다. 그게 아니면 내가 이해의 요지를 이해시키기 위해 굉장히 장황한 설명을 늘어놓아야 했던 곳을 통해서라도 말이다. 예를 들어 우리가 무언가를 더하는 것에 관해 이야기한다고 해보자. 사과든, 쿠키든, 바나나든, 그 무엇이든 지금 당장 타버리거나, 섞이거나, 번식하거나, 우리가 먹어버리지 않는 한 어떤 사물 한 개와, 그 사물 다섯 개를 더한다고 이야기해 볼 수 있다. 이는 훨씬 더 간결하게 다음과 같이 표현할 수 있다.

$$1x + 5x = 6x$$

여기서 요점은 차지하는 공간을 줄이기 때문에 간결하다고 할 수 있는 것은 물론, 우리가 저것들을 더 잘 갖고 갈 수 있도록 묶을 수 있다는 점에서도 간결하다고 할 수 있다. 나는 항상 옷을 넣어 진공청소기로 그 안에 있는 공기를 빨아들여 압축시키는 '압축팩'에 대해 상상하는 것을 좋아한다. 이렇게 하면 그 안에 있는 모든 게 압축되어, 들고 다니거나 더 작은 공간에 보관하는 것이 더 쉬워진다. 여러 가지 가능성을 포함한 어떤 상황을 표현하는 간결한 방식을 안다는 것은 우리가 그 상황을 압축해 한 가지로 줄일 수 있다는 의미와도 같다. x들을 사용한 위의 식에는 그 안에 사과 한 개와 사과 다섯 개를 더하면 사과 여섯 개가 된다는 사실, 쿠키 한 개와 쿠키 다섯 개를 더하면 쿠키 여섯 개가 된다는 사실, 코끼리 한 마리와 코끼리 다섯 마리를 더하면 코끼리 여섯 마리가 된다는 사실 등을 포함한다. 이는 무한한 수의 식들을 단 하나의 식으로 바꾸었다.

이는 우리가 3장에서 숫자로 할 수 있는 기본적인 것들에 관해 이야기할 때 많이 볼 수 있었던 것이다. 3장에서 나는 구체적인 예시를 제시했는데, 다음으로 시작했었다.

> $2+5=5+2$와 같이 숫자들을 더할 때에는 어떤 순서로 더해도 똑같다.

이 문장의 경우 전반적인 개념이기는 하나, 이게 $3+4=4+3$, $5+2=2+5$ 등을 의미하기도 한다는 사실을 추측할 수 있게 해준다. 한편, 나는 다음과 같이 표현함으로써 그러한 가능성 전체에 대해 정확하게 표현할 수 있다.

숫자 a, b에 대하여, $a+b=b+a$이다.

괄호를 묶는 방식에 대해서도 이와 비슷하게 다음과 같이 이야기 했다.

(2+5)+5=2+(5+5)와 같이
괄호로 숫자를 묶을 때에는 어떤 식으로 묶어도 똑같다.

이는 일반적인 원리를 보여주는 한 가지 사례일 뿐, 그림 전체를 그리고 있지는 않다. 일반적인 원리를 완전하게 표현한 명제는 다음과 같다.

숫자 a, b, c에 대하여, $(a+b)+c=a+(b+c)$이다.

우리는 홀수와 짝수 덧셈, 허용 오차에 관한 사고와 같은 것들에 대해 일반적인 격자 패턴을 살펴보기도 했다. 이에 대해 말로 다소 길게 설명할 수도 있겠지만, 다음과 같이 문자를 사용해 간결하게 표현할 수도 있다.

A	B
B	A

과연 우리가 일반적인 개념을 엄밀하게 표현했는지에 대해 걱

정하는 것이 지나치게 학자인 척 하는 것처럼 보일지 모르겠다. 구체적인 예시들을 봤을 때 일반적인 개념이 꽤 명백한 것처럼 보이는 경우에 말이다. 그리고 많은 경우 어느 정도는 이렇게 세세한 것에 얽매이는 것도 당연하다. 하지만 이전에도 강조했듯, 나는 해명 없이 정확성을 드러내는 것이 현학적이라고 생각한다. 그리고 만약 일종의 해명이 있어야 한다면, 내 생각에 그것은 더 이상 현학적으로 여겨지지 않는다. 실제로 나는 해명을 믿는다. 나는 문법을 빠삭하게 알지는 못한다. 독단적으로 문법 규칙을 따르는 것보다 소통을 믿기 때문이다. 만약 문법적으로 옳은 구조도 잘난척하거나 다소 동떨어진 것처럼 들리는 것이라면 차라리 피하고 말겠다. 물론 가끔은 어떤 문장이 전치사로 끝나는 것을 피하기 위해 필요한 문장의 뒤틀림을 즐길 때도 있다. 그러나 그렇게 해야 한다는 압박감을 느끼기보다 자연스럽게 그렇게 되는 것을 관찰하는 게 좋다. 이처럼 쉼표에 대한 규칙도 좋아하지 않는다. 나는 말줄임표의 용법을 정확하게 지키는 사람도, 이것을 완전히 반대하는 사람도 아니다. 그저 말줄임표에 대한 독단적인 규칙에 반대할 뿐이다. 나는 하나의 쉼표가 그 문장에 딱 맞는 것처럼 보이도록 사용하는 게 좋다.[22] 그리고 맞다. 말줄임표를 넣거나 뺌으로써 완전히 의미가 바뀌는 문장도 존재한다. 하지만 그런 문장들은 보통 의도적으로 만들어진 것이다. 계산적 사고를 통해 의도적으로 고안한 상황처럼 인위적인 느낌이 나는 것이다.

---

22 이것 때문에 카피 에디터들이 애를 먹는다. 나를 도와주고 있는 카피 에디터 분께 이 글을 빌려 사과의 말을 전한다.

내가 방금 기술한 숫자와 관련된 시나리오에서, 그 상황은 문자로 표현할 때 그렇게 추가되는 것이 많지 않을 정도로 명확했을 수 있다. 하지만 우리가 예시를 주는 경우, 모든 게 복잡해질수록 그 진행 상황은 덜 명백해질 수 있다. 아니면 심각하게 모호해질지도 모른다. 표준화된 테스트는 '이 수열에서 다음에 올 숫자는 무엇인가?'와 같은 것들을 묻는 질문을 사랑하는 것처럼 보인다. 이런 질문들은 항상 나를 약올린다. 그저 우리에게 숫자만 몇 개 주고서는 밝혀지지 않은 일종의 패턴에 따라 다음에 올 숫자가 무엇이 '되어야 하는지' 결정짓기를 바라기 때문이다. 이는 수학이라고 불려서는 안 된다. 초자연적인 힘이라고 불러야 마땅할 것이다. 시험 출제자가 무슨 생각으로 그 문제를 냈는지 초자연적인 힘을 이용해 알아내라는 것과 같기 때문이다. 논리적으로는 어떤 숫자든 그 다음 숫자가 될 수 있다. 예를 들어, 그 수열이 2, 4… 라고 해보자. 여기서 우리는 그 다음에 올 숫자가 6일지, 8일지, 아니면 완전히 다른 수일지 알 수 없다. 2, 4, 6, 8, 10과 같이 처음에 더 많은 숫자를 제시한다고 하더라도, 다음에 올 수 있는 가장 명백한 숫자는 12이겠지만, 이 수열은 당신이 매일 하게 될 팔굽혀 펴기의 횟수를 나타내는 것일 수 있는 것이다. 그럼 5일 후 운동을 쉬게 될 수도 있고, 그 다음 날 다시 시작하겠지만 12보다 더 큰 숫자일 수 있는 것이다. 그럼 그 수열은 다음과 같은 결과가 될 수 있다.

2, 4, 6, 8, 10, 0, 3, 5, 7, 9, 11, 0, 4, 6, 8, 10, 12, 0…

아니면, 다음과 같은 수열이 될 수도 있다.

$$2, 4, 6, 8, 10, 800, 7532, 15, \pi, -10000000000\cdots$$

이 수열이 절대적으로 어떤 수열이든 될 수 있다는 점, 그리고 유한한 수의 숫자를 수열로 나열하면 다음에 어떤 수가 올지 확신할 수 있는 논리적인 방법이 없다는 점을 지적하는 것 외에는 이 수열이 나오는 데에는 별다른 특별한 이유가 없다.

수학의 요점은 추측이나 초자연적인 능력이 아닌 '논리'를 사용해서 무언가를 분명히 정의하는 것이다. 그리고 이는 숫자를 문자에 따라 적는 것이 등장하는 이유이다. 우리는 이를 통해 특정 숫자에만 적용되는 특정한 관계가 아닌, 모든 숫자에 적용되는 숫자들 간 일반적인 관계를 표현할 수 있는 것이다.

관계

수학은 보이는 것보다 '관계'와 더 깊은 연관이 있다. 이러한 맥락에서 내 연구 분야인 '범주론'은 숫자의 본질적인 특성보다는 다른 것들과의 '관계' 측면에서 숫자를 연구하는 학문이다.

사실 방정식도 마찬가지다. 방정식은 일부 숫자들의 관계를 표현하는 식이라 할 수 있다. '1+1=2'가 숫자 1과 2 사이의 관계를 표시한 것과 마찬가지라고 본다면, 이는 그저 '사실'로 생각하는 것보다 더 미묘한 사고방식이라고 할 수 있겠다.

하지만 여기서 우리가 주목해야 할 점은 1과 2라는 특정 숫자 사이의 관계다. 그러므로 숫자 사이의 일반적인 관계를 표현하려면 특정 숫자뿐만이 아니라, 모든 숫자 사이의 관계를 표현해야 한다. 예컨대, 우리가 생각하는 숫자가 무엇이든 간에 각기 다른 순서로 더하더라도 언제나 같은 결과가 나온다. 즉, 어떤 수 a, b에 대해

$$a+b=b+a$$

라는 것이다.

이는 예시로 든 특정한 숫자들 사이에서가 아니라 어떤 숫자들이든 그 사이에서 발견되는 일반적인 관계이다. 해당하는 일반 관계가 더욱 복잡해질수록, 숫자를 사용해 엿보려고 하는 것보다는 문자를 사용해 표현하는 것에 더 이점이 많아진다. 수학은 패턴을 발견하는 것이다. 하지만 그 패턴을 정확하게 짚어낸다면, 이는 그 패턴을 모두의 추측으로 남겨두는 것보다 훨씬 생산적이다. 그다음 우리는 단번에 효과적으로 무한한 수의 관계를 써 내려갈 수 있다. 마치 아이가 하나의 원에 색을 칠해서 그 원에서 대칭이 되는 무한한 수의 선들을 그리는 것처럼 말이다.

다음과 같이 시작하고, 우리가 하나의 숫자를 가지면 그 다음 숫자를 결정하는 식으로 영원히 나열하는 무한수열에 관해 생각하고 있다고 누군가에 말하려 하는 상황을 가정해 보자.

$$0, 2, 4, 6, 8, 10\cdots$$

홀수와 짝수에 관해 알고 있다면 좀 더 명료하게 설명할 수 있을지 모른다. 아마 '각 홀수를 제외하고 그 다음 짝수를 포함한다'고 말할 수 있을 것이다. 그러나 수학자들은 여전히 약간 불만족스러울 것이다. 설명이 상당히 장황하고, 그 수열 계단 전체를 한 번에 한 계단씩 올라가는 느낌만 남기 때문이다. 수학자들은 각

자연수[23] n을 나타내기 위해 'n번째' 항이라고 표현해 무한수열에 관해 말하기를 좋아한다. 따라서 홀수에 대한 우리의 수열에서는 다음과 같이 이야기할 수 있다.

> 어떤 자연수 n에 대하여, 이 수열의 n번째 항은 $2n$이다.

그리고 이를 수열 a_n의 n번째 항이라고 부름으로써 훨씬 더 간결하게 만들 수 있다. 그 결과는 다음과 같다.

> 어떤 자연수 n에 대하여, $a_n=2n$이다.

이제 이 수열 전체에서 일어나고 있는 일이 무엇인지는 더 이상 모호하지 않다. 우리가 논리에 따라 완전히 분명하게 정의했기 때문이다.[24]

나는 이들이 여전히 만들어진 예시들임을 알고 있다. 하지만 전반적인 양을 문자로 표현한다는 이 아이디어는 수학 속의 수많은 가능성을 열어주는 강력한 아이디어이다. 이는 연구 수학에서

---

23 자연수가 서수임을 기억할 것. 여기서 나는 자연수를 0, 1, 2, 3, …으로 제시할 것이다.

24 팔굽혀 펴기 개수를 이런 식으로 표현하는 방법이 궁금하다면, 다소 복잡해질 것임을 인정한다. 아마 우리는 다음과 같이 말해야 할 것이다. 모든 자연수 n은 k와 r이 정수이고 $0 \leq r < 6$인 $6k+r$이라는 식으로 이루어져 있다. 그렇게 되면, $r \geq 0$일 경우 $a_{6k+r}=k+2r$, $r=0$일 경우 $a_{6k+r}=0$이다. 우리는 이 수열이 $n=1$에서 시작한다고 말할 수도 있어야 한다.

의 대수학 개념과는 상당히 다르기는 하나, 학교 수학에서는 대수학으로 여겨진다. '대수학'이라는 단어는 '해체된 부분의 재결합'과 같은 것을 뜻하는 아랍어 '알-자브르al-jabr'에서 온 것으로, 본래 부러진 뼈를 맞춘다는 것을 설명하기 위해 사용되었다. 수학적 용어로는 9세기 페르시아 수학자 알-콰리즈미al-Khwarizami에 의해 만들어졌다. 그는 학교에서 배우는 대수학에서처럼 방정식에서 기호를 조작하는 방법에 대해 썼다. 하지만 연구 수학은 실제로 여러 부분을 합치는 것과 관련된다.

여기서 우리가 무언가 최초로 한 수학자들을 어떻게 인정하게 되는지에 관한 여담을 이야기하고자 한다. 수학적 개념을 생각해 낸 최초의 인물을 인정하는 것은 절대적으로 '올바른' 관행이다. 그리고 그렇게 하는 것이 예의이다. 그 개념을 최초로 만든 사람이 다른 누군가라고 주장하는 것은 분명 잘못된 일일 것이다. 하지만 나는 개인적으로 수학이 그것을 생각해 낸 사람의 유명세가 아닌, 수학 그 자체의 논리를 기반으로 정립되거나 무너질 수 있다고 생각한다. 그래서 아마도 모든 주제에 있어서 그 최초의 인물에게 관심을 가지는 것이 그만큼 중요하다고 생각하지 않는다. 반대편에서 보면, 나는 그 개념을 생각해 낸 사람들에게 너무 많이 집중하는 것이 사실은 나쁜 것이 될 수 있다고 믿는다. 실제로 수학은 인간이 아닌 논리적 프레임워크에 달린 것이어야 하기 때문이다. 또한, 간혹 많은 수학자들이 거의 동시에 동일한 개념을 생각해 내고, 과연 누가 먼저 생각해 냈냐는 것에 집착하는 것이 중요하지 않기 때문이다.

그런데 일부 중요한 진보가 비백인에 의한 것이라는 사실에 집중하는 것과 관련해 고려해야 할 것이 한 가지 더 있다. 바로 수학에서의 '백인의 우월성'과 싸우는 것과 관련된다. 안타깝게도, 수학을 여전히 백인 남성의 영역으로 생각하는 이들이 존재한다. 그리고 우리가 그 백인의 우월성과 싸워야 하는 예시들이 더 많아질수록 사실 더 좋다. 지난 몇백 년간 백인들은 수학을 백인 남성의 영역으로 만들었다. 하지만 그들의 어떤 내재된 능력에 의해서가 아니라, 배제를 통해서 이룬 것이고, 우리는 그 부당함을 바로잡을 수 있고, 또 바로잡아야 한다.

여담은 여기까지. 일단 문자를 사용해서 숫자를 표현하는 것에 대한 이야기를 시작했으니, 이제 이를 위해 무엇을 할 수 있는지에 관해서 이야기해 보고자 한다. 지금 우리가 할 수 있는 것은 여러 관계를 더욱 복잡한 관계들과 결합할 수 있도록 우선 복잡성을 구축하는 것이다. 이는 '치환'의 요지이다. 치환을 통해 우리는 여러 관계를 결합한다. 그래서 $a=b^2$과 $b=c+1$임을 안다면, 이들을 결합해 $a=(c+1)^2$임을 발견할 수 있는 것이다. 이는 수학 관련 글에서 제시하는 수많은 예시가 그렇듯 전혀 흥미로운 예시는 아니다. 하지만 우리는 살면서 여러 관계를 누적하기도 한다. 가령 이모, 삼촌에 관해 이야기할 때 대부분의 사람들은 상당히 편하게 이해할 수 있지만, 죽은 사촌이나 두 번째 사촌에 대한 이야기로 넘어가면 많은 사람들이 굉장히 혼란스러워 하는 것을 알 수 있다.

문자를 사용하면 그런 '누적'을 통해 더 심층적으로 이해할 수 있지만, 맨 처음 문자를 사용했다는 그 사실에 불편함을 느낀다면 두뇌에 부담이 될 수 있다. 자전거를 타는 것에 문제가 있지 않는 한, 두 발로 직접 걷는 것보다 자전거를 타고 여행하면 훨씬 더 멀리 갈 수 있다는 사실과 비슷하다.

문자가 숫자보다 더 추상적이라는 것은 참이다. 그러나 숫자는 이미 통합하려는 것들보다 더 추상적이었고, 우리 대부분은 그 추상화에 대해 어느 정도 간신히 이해하고 있는 상태다. 그것도 상당히 어렸을 때 이해한 결과다. 이는 우리 모두가 추상적 사고를 할 수 있다는 걸 보여준다. 추상적 사고를 왜 하는지 알지 못한다면 당황스러울 수는 있다. 그런 경우에는 대부분 뚜렷한 동기가 없는 것일 테다. 공 잡기나 다림질처럼 더 많은 동기를 가지고 있다면 그것을 하는 방법을 당연히 배우겠지만, 그걸 해야 할 동기가 없기 때문에 여전히 하지 못하고 있는 것이다. 어쨌든 그렇게 좋은 일은 아닌 듯하지만. 나는 살면서 어떤 특정 시점에 여러 가지 스킬과 같은 것들을 정말 못하는데도 조롱을 꾹 참아가면서 계속하기보다는 더 이상 소중하게 여기기를 거부하는 것이 더 편해졌음을 인정한다. 이는 사람들이 수학을 잘하지 못한다고 대놓고 말하며, 어쨌든 수학은 할 가치가 없는 것이라고 주장할 때 작동하는 원리라고 생각한다. 이런 경우 해결책은 수학이 얼마나 유용한지 강조하는 것이 아니라, 수학이 힘들다고 생각하는 사람들에 대한 과소평가를 멈추는 것이다.

그렇다. 동기가 우리를 더 먼 곳으로만 데려간다는 것은 사실이다. 순간 이동처럼 내가 얼마나 동기 부여를 받았든 간에 실제로 할 수 없는 것들도 있다. 정말 해보고 싶은 일이지만, 어쨌든 여전히 하지 못하고 있다. 그래서 동기 부여가 우리를 위해 꼭 모든 걸 해줄 수 있는 것은 아니다. 분명 동기의 부재라는 문제가 끼어들 수 있다. 추상화가 틈새 활동처럼 보일지는 몰라도, 우리는 알아채지 못하면서도 흔히 발생하는 여러 가지 상황에서 추상화를 사용하고자 한다. 대명사 또한 혼란스럽고 정신적 과부하를 가져올 수 있는 일종의 추상화다. 우리는 대명사를 통해 '누군가'의 이름을 계속해서 '누구'라고 반복해 부르지 않을 수도 있지만, 한편으로는 특정한 사람이 아닌 불특정 다수, 일반적인 사람들을 부를 수도 있다. 내가 앞서 사용한 문장에서처럼 말이다. 나는 앞에서

> 우리는 대명사를 통해 *누군가의 이름을*
> 계속해서 '*누구*'라고 반복해 부르지 않을 수 있다.

라고 이야기했다. 이 문장은 누구에게나 적용된다. 만약 특정 인물을 예로 들어야 했다면, '대명사를 활용하면 에밀리의 이름을, 톰의 이름을, 스티브의 이름을 각각 반복해 부르지 않아도 된다'고 설명했을 것이다. 그럼 훨씬 더 지루했을 테다. 대명사를 사용하는 건 수학에서 숫자를 가리키기 위해 문자를 사용하는 것과 같다. 간혹 상황이 복잡해져서 대명사만으로 그 상황을 따라갈 수 없을 때는 사람에게도 문자를 붙이는데, '사람 A'가 '사람 B'에게 무언가를 했고, '사람 B'가 '사람 C'에게 무언가를 했고 하는 식이다.

우연히, 영어의 3인칭 중성 단수 대명사 '그들they'은 한 차원

더 추상적이다. 그 사람이 누구인지 이름도, 성별도 알지 못한 채로 그 사람을 부를 수 있게 해주는 것이기 때문이다. 우리는 누군가의 성별을 밝히고 싶지 않을 때 이 표현을 사용한다. 그 사람이 논바이너리non-binary라는 것을 알고 있거나, 아니면 그 사람의 성별이 무엇인지 모르거나, 지난 한 세기 동안 일반적으로 '그he'를 사용해 온 절대적인 편견을 영속화시키고 싶지 않고, 아마도 '그 또는 그녀he or she'라는 표현이 논바이너리를 고려하지 않는 것은 물론이고 불필요하게 길고 복잡하다고 생각하기 때문이다. 이렇게 '그들'이라는 표현을 사용하는 것은 어떤 이들에게는 너무나 멀게 느껴지는 추상화일 수 있다. 하지만 나는 모두 이러한 추상화를 할 수 있을 것이라고 확신한다. 충분히 그렇게 해야 할 동기를 가지고 있기만 하다면 말이다. 그런데 문제는 어떤 사람들은 그렇게 해야 할 이유를 느끼지 못한다는 것이다. 성별을 반영한 대명사에 대한 문제를 보지 못하기 때문이다. 훨씬 더 심각한 것은, 어떤 이들은 논바이너리를 포용하는 것 자체를 명확하게 거부하기 때문이다.

'문자'의 요점은 '알지 못하는 것'에 관해 말하고 있다는 점이다. 우리는 어떤 대상이 아직 무엇인지 모르는 상황에서 그것을 칭할 수 있기를 바라기 때문이다. 여기서 핵심은 그 양이 어느 정도인지 알지 못할 때 각각의 수량 사이의 관계를 쓰고 나서, 그 관계를 활용해 그것이 무엇인지 추론하면 된다는 사실이다. 다만, 안타깝게도 이와 관련해서 찾아볼 수 있는 예시는 다음 장의 케케묵은 문장처럼 억지로 만들어진 것들뿐이다.

엄마의 연세는 내 나이의 3배이지만, 10년 안에 내 나이의 2배가 된다.
나는 몇 살일까?

수학은 탐정 소설 같기도 하다. 가지고 있는 여러 가지 단서를 이리저리 조합해서 이전에 모르던 것들을 추론하니 말이다. 그리고 그 단서들이 무엇인지 알기 전에 그들을 칭하는 방식만 있다면 그 단서들을 조합하는 것은 훨씬 쉽다. 이 방법은 추론 과정을 더 쉽게 만들어줄 뿐 아니라, 그렇지 않으면 명백하게 불가능할 생각과 아이디어를 떠오르게 해준다. 그렇지만 직선처럼 그보다 더욱 간단한 상황을 기반으로 그 방법을 시도해 보는 것은 훨씬 더 도움이 된다. 여기서 바로 앞에 나온 방정식 $y=mx+c$가 등장하게 된다. 이는 특정한 형태를 가진 2차원에서의 직선들을 나타내는 식이다. 그렇다면 우리는 이 식이 옳다는 것을 어떻게 알 수 있는가? 물론, 먼저 이 식이 대체 무슨 뜻인지를 알아야 한다. 직선은 물론이고, 2차원의 점들을 설명하는 방법부터 말이다.

2차원

방정식에서 X와 Y는 2차원 평면의 X 좌표와 Y 좌표를 가리킨다. 우리는 이러한 방식으로 2차원을 나타내는 것이 우리 주변의 세계를 설명할 수 있는 한 가지 방식이라고 결론 내렸다. 이 체계는 17세기 프랑스 수학자이자 철학자인 르네 데카르트René Descartes

가 처음 발표했기 때문에 '데카르트 좌표계cartesian coordinate system'라고 부른다. 다음은 x좌표와 y좌표에 따라 구성된 2차원을 나타낸 그림이다.

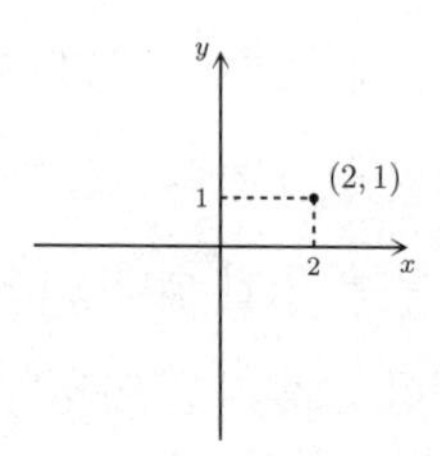

이 개념을 활용하면 평면 위 어떤 점에서든 두 개의 좌표를 부여해 그 점이 x축에서 얼마나 멀리 떨어져 있는지, y축에서 얼마나 멀리 떨어져 있는지 나타내어 분명하게 설명할 수 있다. 전통적으로 보통 x좌표를 먼저 부여한다. 그래서 내가 위 그림에서 표시한 점의 좌표는 $(2, 1)$이다.

그런데 다음과 같이 비스듬한 그리드를 사용한 완벽하게 정밀한 방법을 통해 두 방향을 확인할 수도 있다.

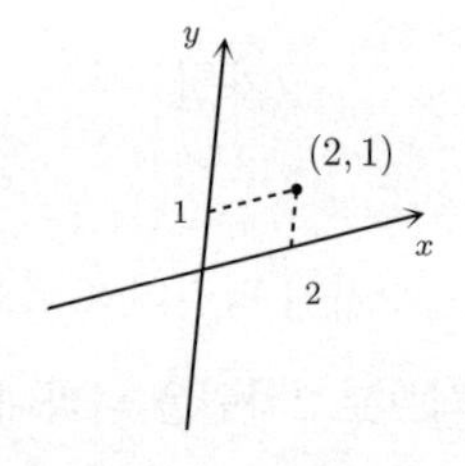

직각으로 된 축을 사용해야 할 특정한 이유는 없다. 어떤 면에서는 조금 더 편안하고 더 직관적일 수 있다는 점을 제외하면 말이다. 하지만 추상적으로 또 다른 각도로 된 축 한 쌍은 그런대로 괜찮다. 수학자들은 우리가 선택한 축에 따라 숫자를 표현하는 방법과 또 다른 축에 따라 숫자를 표현하는 방법 사이의 관계에 관해 연구한다. 참조 프레임을 바꿀 수 있는 것은 유용하나, 참조하려는 수 전체가 그 과정에서 어떻게 바뀌는지를 이해하는 경우에 한해서다. 그렇지 않으면 진정 다른 것과는 정반대로, 다른 맥락에서 동일한 결과를 얻은 것인지 인식할 수 없게 될 것이다.

축이 두 개가 아닌 2차원 공간에 대해서 생각할 수 있는 방법이 여러 가지 있다는 점도 명심하라. 자신이 살고 있는 국가의 지도를 살펴보면, 경도와 위도를 나타내는 선이 데카르트 좌표계와 다소 비슷하게 보일 것이다. 그러나 북극이나 남극 주변에서 지도를 확대해 보면, 경도와 위도를 나타내는 그 선들이 더 이상 데카르트 좌표계와 비슷해 보이지 않을 것이다. 오히려 위도선은 동심원, 경도선은 자전거 바큇살처럼 보일 것이다.

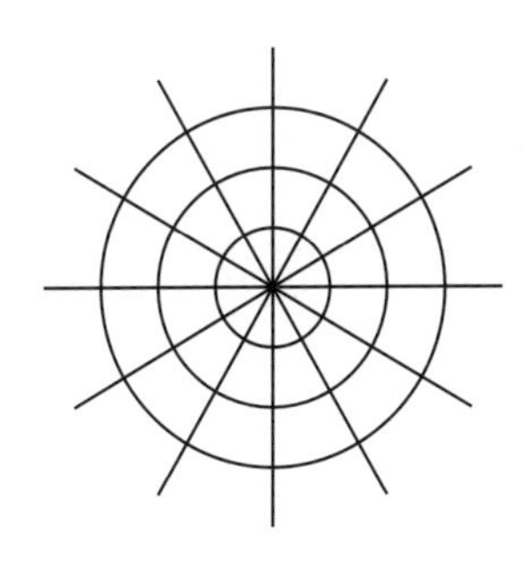

꼭 북극이나 남극이 아니더라도, 그렇게 하고 싶을 때면 이 좌표계를 활용해 언제든지 2차원에 좌표를 지정할 수 있다. x좌표와 y좌표 대신에, 선택한 중심점으로부터의 거리, 그리고 수평선으로부터의 각도를 구체화하는 것이다. 이 좌표들은 북극, 남극에서 일어나는 일처럼 보이기 때문에 '극좌표'라 불린다. 북극, 남극에서 지구의 모양이 엄청나게 다르지 않다는 점에 주목하라. 경도와 위도의 좌표를 지정하기 위해 선택한 방식이 이 원 체계가 나타나는 곳이라는 뜻일 뿐이다.

데카르트 좌표 대신 원에서의 좌표를 사용하는 것이 특히 이해하기 쉬운 경우들이 종종 있다. 한 예로, 레이더를 사용해서 감시탑 주변 구역을 싹 치운다고 해보자. 이 경우 센서는 원 안을 움직여, 언제든지 중앙 타워에서 감지한 물체와의 거리를 알고 있다. 이는 우리가 가장 자연스럽게 알게 되는 두 가지 정보가 센서의 각도, 그리고 센서에서 감지한 물체까지의 직선거리라는 뜻이다. 다음은 이를 도식적으로 나타낸 것이다.

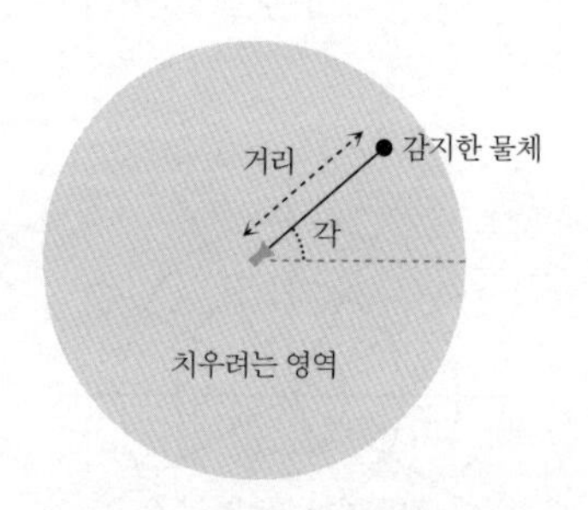

이는 실질적으로 x좌표, y좌표와는 상당히 다르다. 그래도 우리는 결국 똑같은 결과를 낼 수 있다. 이는 평면에 있는 어떤 점의 위치를 정확히 구체화하는 것이기 때문이다.

우연히도, 격자 설계로 되어 있는 도시에서는 기본적으로 데카르트 좌표계를 사용한다. 시카고에서는 거의 말 그대로 '좌표'를 사용한다. 800단위를 마일mile로 나타낼 수 있도록 선택된 거리 단위가 있고, 스테이트가State Street와 매디슨가Madison Street 시내 교차로에 점 (0, 0)이 있다. 그래서 '노스 미시간 800번가800 North Michigan Avenue'는 매디슨가의 북쪽으로 1마일 떨어져 있는 미시간 애비뉴의 한 지점을 나타내며, '웨스트 랜돌프 400번가400 West Randolph Avenue'는 스테이스가에서 서쪽으로 0.5마일 떨어져 있는 랜돌프가의 한 지점을 나타낸다.

이는 영국에서 도시의 건물들에 번호를 매기는 체계와는 굉장히 다르다. 미국의 도시들이나 격자 설계가 되어 있는 다른 도시들과 비교했을 때에도 굉장히 다른 방식이다. 영국에서는 도로를 따라 서 있는 순서대로 한쪽은 홀수, 다른 한쪽은 짝수가 배정된다. 시카고에서도 북쪽/남쪽 도로의 서쪽, 동쪽/서쪽 도로의 북쪽처럼 한쪽에는 홀수, 다른 한 쪽에는 짝수가 배정되지만, 모든 건물에 대해 번지가 매겨지는 것은 아니다. 그 숫자들은 건물에 따라 숫자가 점점 커지는 것이 아니라, 좌표를 나타내는 것이기 때문이다.

그런데 이 체계는 애리조나주의 선 시티Sun City에서 훨씬 더 까

다로워진다. 이곳 일부 지역은 하나의 원으로 이루어져 있다.[25]

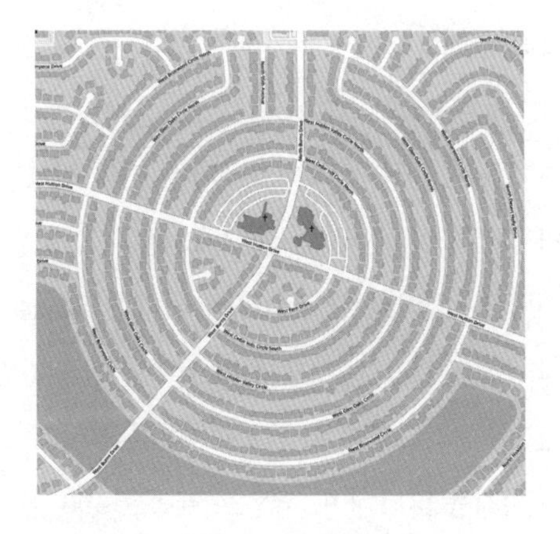

네덜란드 암스테르담에는 일종의 극좌표 '격자'가 있으며, 운하와 운하들 사이에 있는 거리는 다음과 같이 중심에 있는 반원을 따라 흐른다.

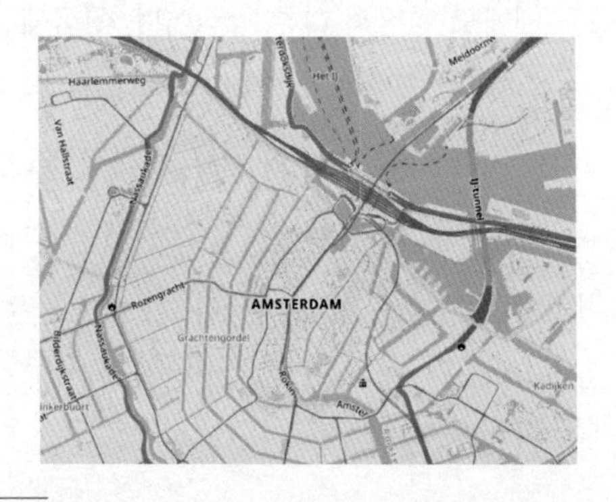

25 지도 사진 © OpenStreetMap 제공. 오픈 데이터베이스 라이선스(Open Database License)에 따라 이용 가능한 데이터로, https://www.openstreetmap.org/copyright에서 다운로드가 가능하다.

1장에서 언급했던 케임브리지를 통한 나의 '삼각형' 경로를 떠올려 보라. 그 경로는 훨씬 현대적이어서 완벽한 원에 가까운 선 시티의 원형 도로들과는 다르다. 기하학적으로 완벽한 반원과는 거리가 먼 모습이다. 하지만 나는 이 경로를 '반원형'이라고 해도 말이 된다고 생각한다.

여기서 내가 시사하고 싶은 바는 2차원에서의 위치를 설명할 수 있는 방법으로는 굉장히 다양한 것들이 있다는 것이다. 그래서 2차원에서 직선에 대해 설명하고자 할 경우, 먼저 어떤 좌표계를 사용할 것인지 생각해야 한다. 극좌표계를 사용한다면 일부 직선은 다른 직선들보다 설명하기가 훨씬 쉬울 것이다. 자전거의 바큇살처럼 생긴 반지름선은 다소 자연스럽게 나타난다. 이는 중앙으로부터 방향을 바꾸지만 각도를 바꾸지 않을 경우 따라가게 될 경로이기 때문이다. 하지만 반지름선은 다음과 같이 그렇게 자연스럽지는 않을 것이다.

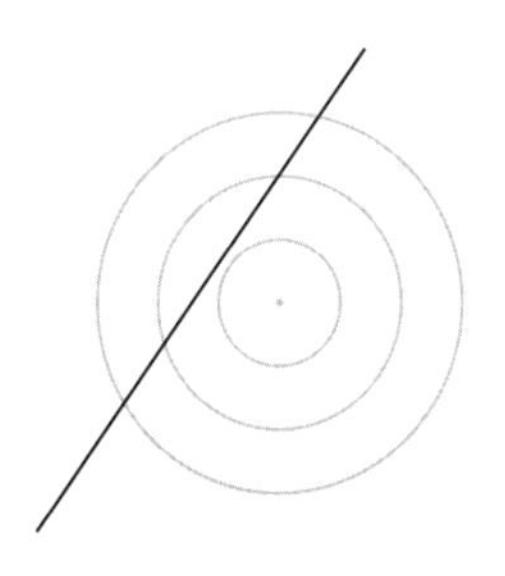

이 좌표계에서는 위와 같이 직선보다는 원이 훨씬 더 자연스럽다. 따라서 '왜 $y=mx+c$인가?'라는 질문에 대한 첫 번째 답을

얻기 위해서는 늘 그렇듯 왜 이것이 참인지가 아니라, 어떤 경우에 이것이 참인지를 물어보는 것이 더 낫다. 일단 우리가 하나의 직선을 설명하려고 한다는 것을 증명하기는 했으나, 이 식이 항상 참은 아니다. 좀 더 구체화해서 데카르트 좌표계에서 확인해 봐야 할 필요가 있다. 다음으로 할 일은 방정식이 우리에게 말하려는 것이 무엇인지를 이해하는 것이다.

그림을 방정식으로 나타내는 방법

그림과 대수 표현 간 관계는 심오하고 놀랍다. 이에 대해서는 이후 7장에서 다시 살펴볼 것이다. 실제로, 여러 개의 기호를 사용해 하나의 그림을 그릴 수 있다는 사실은 놀랍다. 4장 마지막에서 하나의 공식을 사용해 4장과 5장을 나눈 것처럼 말이다.

그 원리는 다음과 같다. 데카르트 좌표계 평면 위에 직선을 하나 그린다고 가정해 보자.

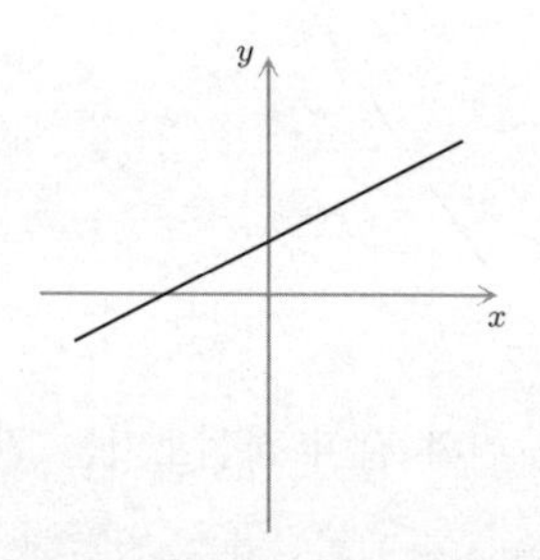

이제 이 직선 위의 모든 점에는 x좌표와 y좌표가 있다. 여기서

문제는 주어진 순서쌍 (x, y)가 이 직선에 있는지 알 수 있는 어떤 방법이 있냐는 것이다. 만약 여기서 모든 순서쌍 (x, y)를 말하는 것이라면 평면 전체를 얻게 될 것이다. 이는 우리가 원하는 것보다 많다. 따라서 우리가 원하는 것은 특정한 순서쌍 (x, y)일 뿐이며, 이들을 모두 나열해야 할 필요 없이 정확한 목록을 나열할 수 있는 방법만 알고 싶을 뿐이다. 이들은 무한하기 때문에 물리적으로 우리가 원하는 순서쌍 전부를 나열할 수는 없기 때문이다.

여기에서 바로 '문자'가 등장한다. 특정한 하나의 직선에 대해 모든 순서쌍을 나열할 수도 없지만, 가능한 모든 직선에 대한 순서쌍을 모두 나열할 수 있다는 희망은 훨씬 적다. 각 직선 위에 있는 점들 뿐 아니라, 직선의 수도 무한하기 때문이다. 그래서 그대신 우리는 그런 무한한 관계를 단번에 모두 효과적으로 표현할 수 있도록 '숫자를 문자로 바꾸는' 기적같은 일을 행하게 되는 것이다. 이것이 바로 숫자 대신 문자를 사용하는 목적이다.

그렇다면 앞서 살펴봤던 구체적인 문자 $y=mx+c$는 어떤가? 여기서 볼 수 있는 개념은 '상수' m과 c이다. 즉, 일단 하나의 직선을 정하면 숫자 m과 c는 계속 동일하다. 이 두 수를 바꾸면 다른 직선을 얻게 되는 것이다. 따라서 m과 c는 각자가 모여 하나의 직선을 발견하는 것이다. m과 c를 우선 정하면, 우리는 그 방정식을 통해 해당 직선 위 모든 점의 x, y 좌표를 정의하는 x와 y의 관계를 알 수 있다. 즉, 그와 같은 관계를 만족시키는 어떤 순서쌍 (x, y)는 절대적으로 그 직선 위에 있는 점을 가리키며, 그 직선 위에 있는 모든 점 또한 그 관계를 만족시키는 순서쌍 (x, y)인 것이다.

따라서 우리는 숫자 대신 문자를 사용함으로써 무한한 직선 각각에 대해 무한하게 존재하는 관계를 발견할 수 있게 된다. 이게 얼마나 멋진 일인지 우리는 충분히 그 감탄을 즐기지 못하고 있는 것 같다. 그러니 잠시 시간을 내어 살펴보며 더욱 감탄해보길 바란다. 이건 숫자가 얼마나 명백한지를 말하고 '멍청한' 질문은 장려하지 않는 데에만 정신이 팔려, 우리가 완전히 놓치고 있던 것이다.

여기까지 $y=mx+c$라는 식 뒤에 있는 개념에 관해 논의해 봤다. 하지만 이 식의 구체적인 것들에 대해서는 아직 다루지 않았다. 이에 대해 알아볼 수 있는 한 가지 방법은 몇 가지 예시를 들어보는 것이다. m과 c를 정하고 x, y 좌표가 어떻게 나오는지 알아보면 끝나는 것임을 기억하라. 그렇다면 $m=1$, $c=0$이라고 정하고, 순서쌍 (x, y)를 구해 보면 다음과 같다.

x	$mx+c$
1	1
2	2
3	3
4	4

그리고 이들을 그래프 위에 좌표로 찍어보면 다음과 같은 그림을 얻을 수 있다.

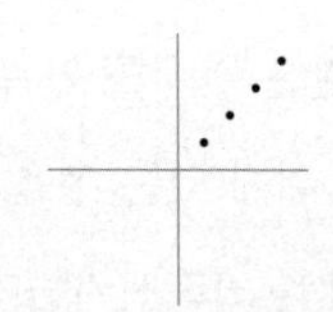

그럼 '아, 좋아! 하나의 직선처럼 보이는군'하며 다음과 같이 점을 따라 선을 그려볼 수 있을 것이다.

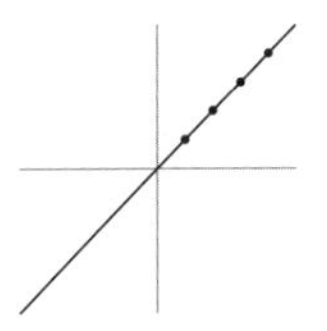

고작 몇 개의 예시를 들었을 뿐이고, 논리보다는 어느 정도 '초자연적인 힘'에 의해 추론한 것이기 때문에 이는 그렇게 수학적이지 않을 것이다. 실제로 다음의 예시와 같이 위에 표시된 점 네 개를 지나가는 그래프는 엄청나게 많다.

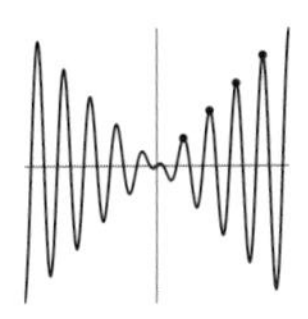

그리고 실제로 이 그래프는 훨씬 덜 조직적이지만 그래도 완벽하게 유효하다.

m=1, c=0이라면, m과 c의 정해진 값을 관계식 $y=mx+c$에 대입함으로써 두 수의 관계를 나타내는 식 $y=mx+c$는 $y=x$가 된다. 이렇게 말하는 것이 더 수학적이며 완전히 논리적일 것이다. 그렇다면 이제, 데카르트 좌표 평면에서 어떤 점들이 이 관계를 만족시키는가? $y=x$를 만족시키는 좌표를 가지는 점들이 무엇인지 질문해 본다면, 그 답은 수평 거리가 수직 거리와 같은 곳에 있는 좌표 전부이다. 이는 우리가 처음 그렸던 대각선 위의 점 전체를 말한다. 하지만 이제 우리는 고작 예시로 주어진 좌표 몇 개만으로 추측하거나 초자연적인 힘을 사용하는 대신, 이를 논리적으로 이해하게 되었다.

이제 m=2, c=1과 같이 또 다른 값의 m과 c에 대해서도 이를 시도해 볼 수 있다. 그럼 다음과 같은 표와 그 각각의 좌표에 대한 직선이 다음과 같이 나타난다.

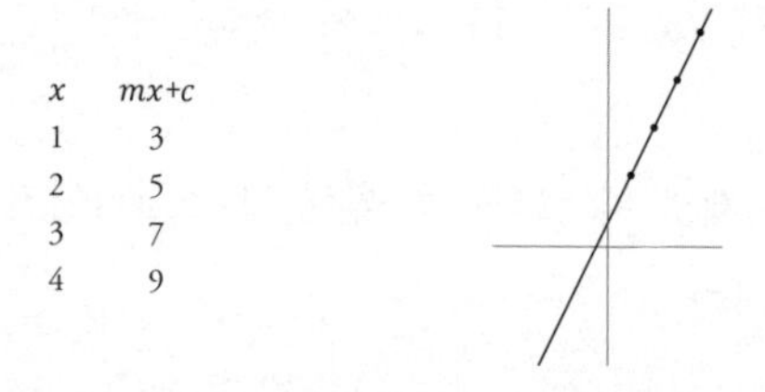

x	$mx+c$
1	3
2	5
3	7
4	9

그럼 아마도 m값이 커지면 커질수록 직선의 기울기는 더 가팔라지고, c값이 커지면 커질수록 직선이 그려지는 종이가 위로 더욱 길어지는 것과 같은 일종의 경향을 알아챌 수 있을 것이다. 음수 몇 개에 대해서도 위와 같이 해볼 수 있는데, m값이 음수면

직선은 아래를 향해 뻗을 것이고, c값이 음수이면 종이가 위로 길어지는 것이 아니라 아래로 더 길어질 것이다.

이 작업을 몇 번 하고 나면, 우리는 이 공식이 항상 직선을 도출하는 것이 '명확하다'고 느낄 수는 있지만, 이는 수학적이지는 않다. 위와 같은 '경향'을 찾는 것은 수학적인 것이 아니다. 실험적인 것에 가깝다. 그리고 새로운 수 몇 가지로 위 작업을 시도해 본다고 해도 그에 해당하는 모든 상황을 논리적으로 설명할 수 있는 것은 아니다. 어떤 경향을 발견하고 일반적인 패턴을 추측하는 것이 수학적 발견의 시작이기는 하나, 이를 수학적인 것으로 만들기 위해서는 이것을 단순한 추측에 지나는 것이 아닌 논리적인 주장으로 거듭나게 해야 한다.

그리고 여기서 직선에 관한 문제가 제대로 심오해진다. 모든 직선이 식 $y=mx+c$ 가진다는 것을 어떻게 증명할 수 있는가 하는 문제 때문이다. 물론 우리가 이야기하고 있는 맥락이 무엇인지 밝히는 것 외에, 이전에 얻은 정답 중 일부를 기반으로 추측해 볼 수 있기 때문에 결국 우선 '직선'이란 무엇인지 정의하는 것으로 이어진다. 그리고 이는 '기하'가 무엇인지 아주 신중하고 정확하게 정의하는 것이 된다. 수 세기 동안 수학자들은 이를 시도했고, 결국 그들이 이전에 생각했던 것보다 훨씬 더 많은 유형의 기하가 있다는 것, 그리고 한 기하 유형에서의 직선은 오로지 식 $y=mx+c$를 갖는다는 것, 그리고 다른 유형의 기하에서는 다른 식을 갖는다는 것을 알게 되었다. 그래서 이 방정식은 어느 상황에서든지 참은 아님이 밝혀진 것이다. 전혀.

직선이 직선으로 보이지 않을 때

우리는 직선을 어떻게 정의할 수 있는가? 이는 굉장히 심층적인 질문이다. 직선을 정의할 수 있는 방법 한 가지는 줄을 팽팽하게 잡아당기는 것에 관해 생각하거나, 빛이 이동하는 방식에 관해 생각해 보는 것이다. 빛은 항상 가능한 최단 거리를 취한다. 줄을 팽팽하게 잡아당기는 경우에는 그 특정 공간에서 양 끝점 사이에서 생길 수 있는 가장 짧은 경로가 생긴다. 그래서 건물의 한 모서리를 둘러싼 줄을 팽팽하게 잡아당기려 한다면, 방해물이 되는 그 건물을 고려해 해당 공간에서 가장 짧은 경로가 생겨날 것이다. 건물 모서리 주변에서 두 점 사이에서 팽팽하게 잡아당긴 줄을 위에서 바라본다고 하면 다음과 같은 모습이다. 물론 가상의 상황을 기반으로 한 것이고 현실적이지 않을 수 있지만, 여기서 중요한 건 이 원리에 대한 추상적인 개념을 이해하는 것임을 기억하자.

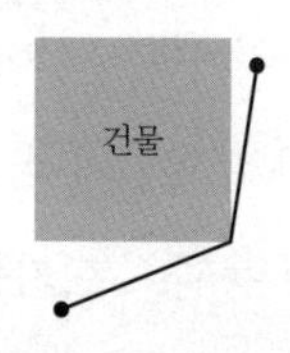

그리고 여기서 요점은 이거다. 두 점 사이의 가장 짧은 거리가 당신이 있는 공간의 모양에 따라 달라진다는 것. 이뿐 아니라, 당신이 사용하고 있는 거리의 개념에 따라서도 달라진다. 즉, 맥락의 영향을 굉장히 많이 받는다는 것이다.

예를 들어, '택시 거리'는 우리가 시카고 시내와 같이 격자 체계 위에 세워진 도시에 산다고 가정하는 유형의 거리로, 여기서 우리는 도로를 따라서만 갈 수 있다. 이 경우 아래 지도 위에 나타나는 두 점 사이의 최단 거리는 7블록이다. 어느 방향으로 꺾어도 동쪽으로 3블록, 북쪽으로 4블록 가야 목적지에 도달할 수 있기 때문이다.[26]

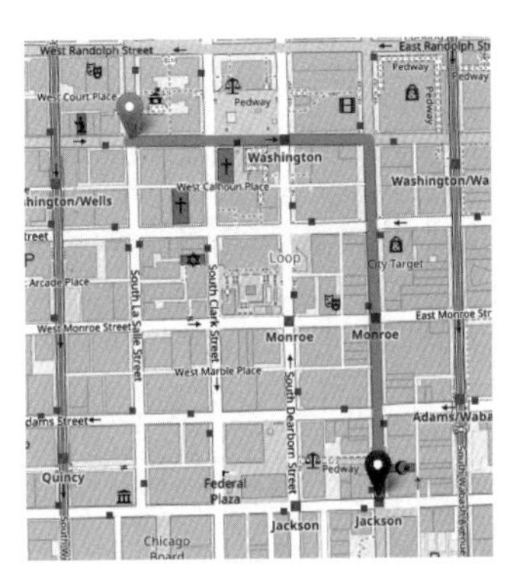

이는 다음 경로 모두 이 기하에서는 '직선'으로 여겨진다는 것을 의미한다. 우회전이나 좌회전 하는 것을 추가적인 수고로움이 드는 것으로 생각하지 않는다면, 각각의 경로가 점 A부터 점 B까지의 최단 경로이기 때문이다.

26 지도 사진 © OpenStreetMap 제공. 오픈 데이터베이스 라이선스(Open Database License)에 따라 이용 가능한 데이터로, https://www.openstreetmap.org/copyright에서 다운로드가 가능하다.

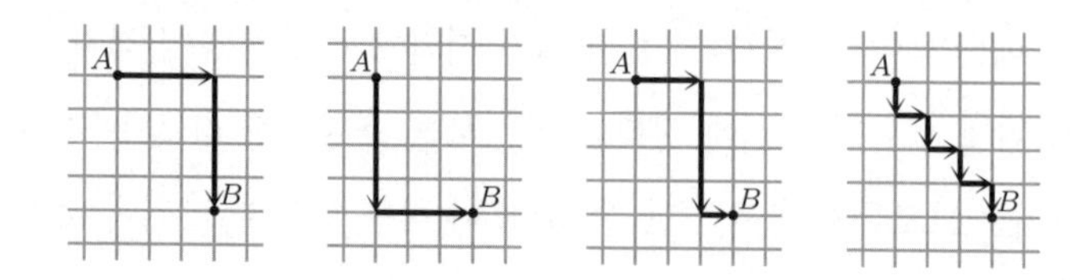

이는 까마귀가 A 지점에서 B 지점까지 날아갈 때 생기는 직선인 '대각선'과는 굉장히 다르다. 이는 직선이 당신이 있는 세계의 기하에 따라 달라진다는 의미이다.

2021년 영국 연안에서 놀라운 착시 현상이 일어났다는 사실이 보도되었다. 선박들이 바다 표면 위를 떠다니는 것처럼 보인다는 것이었다. 이런 현상을 '고위 신기루'라고 한다. 여기서 고위 신기루란, 어떤 물체가 실제 위치보다 더 높은 곳에 있는 것처럼 보이기 때문이다. 이는 실제 위치보다 더 낮은 곳에 있는 것처럼 보이는 '저위 신기루'와 반대의 개념이다. 이는 차가운 공기 위에 따뜻한 공기가 자리잡을 때 발생하는 현상이다. 차가운 공기의 밀도는 더 높기 때문에, 빛은 차가운 공기 속을 지날 때 속도가 더 느려진다. 이는 빛이 우리의 눈으로 향할 때 아래쪽을 향하게 만든다. 하지만 이는 다르게 말하면 해당 기하에서 다양한 공기 밀도에 따라 만들어진 빛의 '최단 거리'이다. 여기서 문제는 우리의 두뇌가 그렇게 똑똑하지 않다는 점이다. 두뇌를 모욕하는 것이 아니라 두뇌에도 한계가 있다는 말이다. 그래서 우리는 다양한 밀도를 고려하지 않고, 빛이 마치 '공간'이라는 기본 개념 속 직선으로 지나간 것처럼 해석한다. 그래서 선박이 하늘 위를 떠다니는 것처럼 보이는 것이다.

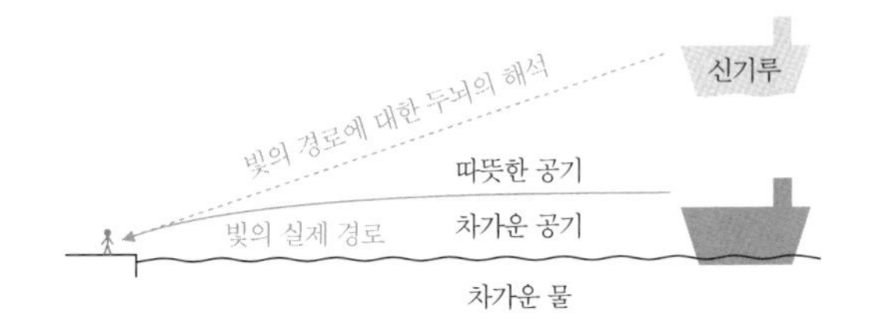

보이지 않는 곳에서 누군가가 당신에게 공을 던졌다고 가정해 보자. 그 공은 공기를 통과하면서 휘어 위에서부터 당신에게 떨어질 것이다. 마치 위 그림 속 광선처럼 말이다. 만약 당신의 두뇌가 공이 직선으로만 이동할 수 있다고 생각한다면, 당신은 그 사람이 틀림없이 하늘에 붕 떠있는 상태로 공을 던진 것이라고 생각하게 될 것이다. 실제로 공은 중력 때문에 곡선을 그리며 날아가며, 아인슈타인의 상대성 이론 주요 아이디어 중 한 가지는 그 직선을 중력의 끌어당기는 힘을 고려한 다른 기하 속 직선으로 생각하는 것이다. 우리는 지금 적절한 기하를 사용하고 있지 않기 때문에 그 공의 직선을 직선이 아니라고 보는 것뿐이다.

두 점 사이의 최단 거리 또한 지구와 같은 지구본 모양 위의 직선처럼 보이지 않는다. 그렇게 멀리 가는 것이 아니라면 직선처럼 보이기는 한다. 지구의 아주 작은 부분은 가까이서 보면 꽤 평평해 보일 정도로 충분히 크기 때문이다. 따라서 그렇게 멀리 떨어지지 않은 두 지점 사이의 최단 거리는 여전히 보통 우리가 생각하는 직선과 상당히 비슷해 보인다. 그러나 비행 경로를 한 번 살펴보면, 얼마나 휘어 있는지 보고 놀랄 때도 있을 것이다. 비행 경로는 항상 정확하게 최단 거리로만 가는 게 아니다. 기류같은 것들도 고려해야 하기 때문에 평면 공간을 통과하는 것이 아니기 때문이다. 기본적으로 시간과 연료, 돈을 아끼기 위해 A 지점에서 B 지점으로의 최단 경로를 취하려고 하기는 하지만 말이다. 나는 시카고에서 런던으로 가는 비행 경로가 북쪽으로 얼마나 떨어져 있는지를 확인할 때마다 놀란다. 시카고는 런던보다 훨씬 남쪽에 있기 때문에 대서양 중간을 가로질러 가는 것을 막연하게 상상해 보는데, 실제 최단 경로는 캐나다를 넘어 실질적으로 그린란드까지 올라간다. 특정 유형의 기하 속 A 지점에서 B 지점까지의 최단 경로는 '측지선'이라고 부른다.

다른 유형의 기하가 있다는 것을 알게 된 수학자들은 충격을 받았다. 그들은 기하에 대한 유클리드의 가설을 이해하기에 바빴다. 이 가설은 유클리드가 생각하기에 직선에 관해 참일 수밖에 없는 기본적인 사실들을 말한다. 그러나 직선이 다른 방향으로 갈 수 없음을 증명하려던 수학자들은 우연히 직선이 다른 방식으로 작동하는 새로운 유형의 기하를 발견하게 된다.

이들이 존재할 수 있을 것이라고 발견하게 된 새로운 유형의 기하 중 하나는 구의 표면 위 기하로, '구면 기하'라고 칭한다. 나는 이를 '둥글납작한' 기하라고 생각한다. 모든 게 불룩 튀어나와 있기 때문이다. 만약 구의 표면 위에 삼각형을 하나 그리는 것에 대해 생각해 본다면, 이는 어쨌든 불룩 튀어나올 수 밖에 없다. 오렌지 위에 볼펜으로 삼각형을 그린다고 생각해 보면 된다. 내가 좋아하는 장난이다. 이 '불룩 튀어나오는 것'은 그 삼각형의 모든 각도의 합을 살펴보는 것으로 요약할 수 있다. 보통 불룩 튀어나오지 않고 '납작한' 기하 속 삼각형의 모든 각의 합은 최대 180° 이다. 그러나 구의 표면에서는 그 합이 180°가 넘게 될 것이다.

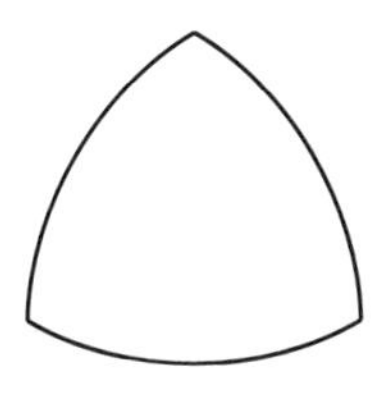

그렇다면 '불룩 튀어나온' 삼각형 대신, '불룩 튀어 나온' 기하도 있는지 궁금증을 갖게 될 수 있다. 아마 머릿속으로 막연하게나마 생각해 볼 수 있을 것이다. 만약 그렇게 한다면 당신은 수학자처럼 생각하고 있는 것이다. 그리고 이 지점에서 당신은 이 기하 속 삼각형의 각도를 모두 더해서 180° 미만이라고 추측할 수 있을 것이다. 이런 종류의 기하를 우리는 '쌍곡기하학'이라고 부른다. 상상하기에는 다소 힘들지만, 바느질이나 뜨개질, 코바늘 뜨개질을 해봤다면 아마 상상하기 쉬울 것이다.

코스터나 테이블 매트 같은 것을 만들기 위해 납작한 원형으로 코바늘 뜨개질을 하고 싶다면, 중앙에서부터 시작해 바깥으로 나가 동심원을 만들 수 있을 것이다. 원 전체가 납작하게 유지되려면 각각의 원에 대한 바늘땀을 신중하게 딱 알맞은 수 만큼만 늘려가야 한다. 그보다 바늘땀을 더 적게 한다면, 원 전체가 점점 좁아져 납작하게 유지되지 않고 점점 결국 그릇 모양이 되어버릴 것이다. 만약 납작한 것보다 더 많은 바늘땀을 넣는다면, 테두리에 실이 너무 많아 주름 장식이 있는 것처럼 보일 것이다. 이것은 '쌍곡기하학'의 모습과 비슷하다. 이보다 더 간단한 버전으로는 말을 탈 때 얹는 안장이나 과자 '프링글스Pringles'[27]가 있다. 이들은 세 개의 점으로 시작해 이들 사이를 가능한 한 가장 짧은 선들로 연결해서 만들 수 있으며, 다음과 같이 폭이 더 좁은 버전의 삼각형, 또는 '안으로 오목하게 들어간' 삼각형과 비슷해 보일 것이다.

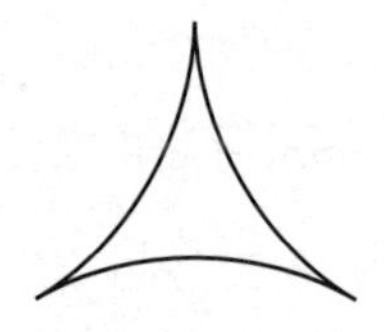

그래서 실제로 하나의 직선이 식 $y=mx+c$라는 식이 된다는 것은 절대적으로 참은 아니다. 하나의 '납작한' 특정 유형의 기하에서만 참인 것이다. 사실 이는 실질적으로 그런 유형의 기하를 정의한 것이다. 유클리드가 직선에 관해 아주 열심히 생각해서 특징지으려고 했던 그 유형의 기하 말이다. 그리고 그러한 유형의 기하를 우리는 '유클리드 기하학'이라고 부른다.

27 '겹쳐 먹을 수 있는 감자칩' 프링글스는 이런 기하를 통해 겹쳐 먹을 수 있게 된 것이다.

여기서 핵심은 무엇인가?

문자를 사용하는 이 모든 것에 있어서 핵심은 더 많은 수를 한 번에 표현하는 것이다. 이는 우리가 추론을 통해 더 많은 것을 이해할 수 있도록, 더욱 복잡한 것들을 추론할 수 있도록 여러 가지 기법을 구축하기 위한 것이다. 우리가 더욱 광범위한 장소에서 이해한 것들을 사용할 수 있도록 전이 가능성을 확대하기 위한 것이기도 하다.

우리는 앞서 숫자의 약수들을 그림으로 나타냈던 예시에서 30의 약수부터 시작해, 30이 세 개의 다른 소수인 a, b, c의 곱으로 이루어졌다는 것부터, 30이 실제로는 a, b, c라는 세 가지 숫자의 집합과 관련된 것까지 이해할 수 있었다. 일단 이 정도 수준의 추상화에 도달한다면, 30의 약수에 관해 생각할 때 전이는 훨씬 더 광범위하게 가능해진다. 이는 또 다른 형태의 간접적 유용성이다. 30의 약수를 이해하는 것이 '유용'한가? 나는 아예는 아니지만, 어쨌든 직접적으로는 그렇게 유용하지 않다고 말하겠다. 그러나 그 상황을 완전히 이해하고, 그로부터 사회 구조에 대해 알게 되는 것은 간접적으로는 분명히 유용하다고 할 수 있다.

사람들은 수학에 관해 말할 때 그것이 '무의미'하며, 앞으로 살면서 수학을 사용할 일이 절대 없을 것이라고 불평한다. 직접적인 유용성에 관해 듣기만 했고 수학이 직접적인 유용성과만 관련된 것이라고 믿게 되었다면, 안타깝지만 이런 말들이 맞을 수 있다. 나는 데카르트 좌표계에서 표현된 2차원 유클리드 기하학 속 직선의 방정식이 $y=mx+c$임을 아는 것이 직접적으로 그렇게 유용하다고 생각하지는 않는다. 나는 확실히 살면서 일상생활에서 이 식을 한 번도 써본 적이 없다. 그러나 절대적으로 유용한 것은 다양한 세계를 신중하게 탐색하고, 개인적인 한계를 극복하고 그 결과를 관찰하면서 하게 되는 엄청난 두뇌 훈련이다. 내게는 이게 추상화의 핵심이자, 숫자를 가리키기 위해 문자를 사용하는 것의 핵심이며, 다양한 유형의 기하에서 직선을 탐색하는 것의 핵심이다.

일반적으로 알려지지 않은 많은 양의 숫자들을 조작하는 방법에 대해 이해하고 있다면, 이는 특정한 개별 숫자들을 조작하는 법에 대해 배우는 것보다 전이 가능성이 훨씬 높을 것이다. 그렇다면 여기서 두 가지 질문이 생겨난다. 첫 번째, 수학자에게 어떤 기술이 왜 유익한 기법인가에 대한 질문이 있다. 그리고 두 번째, 앞으로 살면서 그 특정 기법을 사용할 일이 아마도 절대 없을 어느 누군가와 어떤 식으로 관련이 있는지에 관한 질문도 제시해 볼 수 있겠다.

두 번째 질문에 대한 나의 답은 내가 종종 받는 질문에 대한 답과 똑같다. 민감하고 섬세하며, 미묘하고 난해한 다양한 사회적 주장들에 명료함을 더해주는 설명과 표를 어떻게 생각해 내느냐는 것이다. 이 질문에 대해 나는 추상수학 과목에서 훈련을 받은 것이 그런 것들을 내게 더 매끄럽게 다가오게 해줬다고 답한다. 기호를 조작하는 것이 추상화를 사용해 세계를 이해할 수 있는 데에 도움이 되는 방법을 찾을 수 있는 능력으로 어떻게 이어지는지 정확히 이야기할 수는 없지만, 결국 두뇌 코어 트레이닝이라는 발상으로 되돌아가게 된다.

한번은 나를 제외하고 연사가 모두 응용수학자들이었던 '삶 속의 수학'을 주제로 하는 대담에 참여한 점이 있었다. 게리맨더링, CD 오류 정정,[28] 암호 해독, 초콜릿 분수를 수학적 관점에서 바라본 멋진 대담들이 진행되었다. 나 또한 논리 및 추상화, 정치적 주장에 관해 이야기했다. 마지막에 패널 질문 시간이 있어, 청중들이 원하는 연사에게 질문을 할 수가 있었다. 그런데 어떤 청중 한 명이 모든 연사에게 우리가 실제 일상생활에서 직접 연구한 것을 어떻게 사용하느냐고 물었다. 응용수학자들 모두 일상생활에서 그들의 응용수학 연구 결과를 직접적으로 사용하지는 않고, 실제 사용하는 수학은 전반적인 수학 기법과 과목에 관련된 것들이라는 것에 동의했다. 나는 추상수학을 옹호하며 그런 기법과 과목들이 추상수학의 내용이라고 말하고 싶었다. 그런 의미에서 실제로 나는 일상생활에서 직접적인 응용에만 초점을 맞추지 않는다면 인식할 수 있는 방식으로 내 연구 결과를 활용하고 있다고 할 수 있다.

---

28 CD는 이제 거의 쓰이지 않는 물건이 되었지만, 디지털 오류 정정 기술은 CD 이외의 다른 것들에도 사용된다.

6장

공식

그 모든 '삼각함수 공식'은 어떻게 생겨난 것일까? 그리고 왜 우리는 이들을 기억해야 하는 것일까?

나는 두 번째 질문에 대한 답이 무엇이 될지 곧 느끼게 되기를 바란다. 사실 삼각함수 공식이 어디에서 온 것인지 이해한다면 굳이 식들을 외울 필요가 없다. 5장에서 우리는 직선에 대한 식을 살펴봤는데, 우리는 그 식을 통해 하나의 그림을 나열된 기호만큼이나 엄밀하게 표현할 수 있었다. 우리는 그 직선 위에 있는 모든 점이 가지고 있는 공통점을 찾아 x좌표와 y좌표의 관계를 나타내는 형태로 그래프를 그릴 수 있었다. 이번 장에서는 사인, 코사인, 탄젠트 그래프 속 좌표들 사이의 관계를 부여하는 식들에 대해 살펴보고자 한다. 이 식들이 우리를 시험하기 위해 존재하는 것인가 싶기는 하지만, 실제로 이 식들은 우리를 도와준다. 나는 사실 식이 무엇인지를 계속해서 확인하고 싶다. 식은 무한한 것들을 한번에 할 수 있게 해주는 마법과도 같은 기계다. 가장 놀라운 식은 실제로 무언가를 설명하는 식들이다. 종종 우리가 그 식들을 더 잘 이해할 수 있게 해주는 것은 다른 무언가에 대한 수를 설명하려는 시도다. 그리고 어떤 식은 간혹 그 시도를 가장 간결하게 할 수 있는 방법이 된다. 하지만 이러한 간결함은 그 식이 어디서 나온 것인지 알 수 없다면 다소 갑작스럽고 당황스러운 것처럼 보일 수 있다. 강력한 기계를 사용하는 방법에 익숙하지 않다면 당신은 그것이 항상 당황스럽게만 보일 것이다. 200년 전에 누군가 보잉 747기를 봤다고 상상해 보라. 공식은 이런 강력한 기계 같은 것이며, 방정식은 우리가 다양한 수학 세계를 여행할 수 있게 해주는 기적의 다리 같은 것이다.

암기 vs 내면화

당신은 식이 그저 정의일 뿐이기에, 그것에 대해 따로 이해할 것은 없다고 생각할지도 모른다. 하지만 이는 우리가 식을 외워야 한다는 생각으로 이어진다. 그러나 수학에서의 정의는 무언가를 이유로 하며, 만약 우리가 그런 이유를 이해한다면 우리에게는 그 정의를 외우는 대신 내면화할 수 있는 기회가 주어진다. 내면화한다는 것은 외우는 것과 약간이지만 결정적으로 다르다. 무언가를 내면화하는 것은 이해, 직관, 반복적인 사용, 친숙해지기의 조합을 통해 당신의 의식에 새겨지는 것이다. 내게 '외우는 것'이란 무언가를 기계적 암기와 같이 순전한 억지를 통해 마음에 새기는 것과 같다. 아니면, '사인은 $\frac{\text{높이}}{\text{빗변}}$이고, 코사인은 $\frac{\text{밑변}}{\text{빗변}}$이며, 탄젠트는 $\frac{\text{높이}}{\text{밑변}}$과 같다'라는 삼각공식을 나타내는 '소-카-토아SOHCAHTOA', 곱셈을 해서 괄호를 푸는 방식을 나타내는 '첫 번째 항끼리First, 바깥쪽 항끼리Outer, 안쪽 항끼리Inner, 나머지 항끼리

Last'임을 나타내는 포일FOIL, '괄호, 거듭제곱, 나눗셈, 곱셈, 덧셈, 뺄셈'의 연산 순서를 나타내는 보드마스BODMAS, 펨다스PEMDAS나 페드마스PEDMAS같은 것일지도 모르겠다. 나에게 있어 이 모든 건 아래와 같이 프랑스어의 불규칙 과거 시제 동사를 나타내는 '미스터 반스 트램프드MR VANS TRAMPED'처럼 아무 관련도 없는 암기법을 사용하는 것과 같다.

죽다Mourir
머무르다Rester

오다Venir
가다Aller
태어나다Naître
밖으로 나가다Sortir

넘어지다Tomber
뒤집다Retourner
도착하다Arriver
오르다Monter
출발하다Partir
들어가다Entrer
내려가다Descendre

특히 마지막은 당신이 프랑스어를 할 줄 모른다고 하더라도, 내가 '암기'라고 부르는 것과 '내면화'라고 부르는 것의 차이를 아주 잘 보여주는 예시이다. 나는 이 암기법을 통해 몇 년간 형식적인 시험을 치르지 않고 이 동사들의 목록을 외워서 쓸 수 있었다. 하지만 실제로 평소 말할 때 이 동사들을 사용하는 경우에는 전혀 도움이 되지 않았다. 이 기억법을 사용해서 하나의 동사를 선택해 과거형을 어떻게 만드는지 확인하려고 머릿속으로 이 목록을 쭉 훑을 때마다 멈칫한다면 굉장히 과장하는 것처럼 들릴지도 모르겠다. 그러나 실제로 유창하게 사용하기 위해서는 이 동사들의 사용법을 내면화해야 한다. 그리고 반복적인 사용, 친숙해지기, 이해를 어느 정도 조합한다면 어떤 동사 형태가 옳은 것인지 마음 깊이 새길 수 있을 것이다.

암기와 내면화의 차이는 중요하다. 하지만 우리는 이 둘에 대해 충분히 명백하게 차이를 두지 않는다. 가끔 사람들은 수학에서 '암기'가 중요한지에 관해 논쟁을 벌이는데, 사람마다 그 의미는 조금씩 다를 수 있다. 나는 개인적으로 기계적 암기가 중요한 순간은 거의 없다고 생각한다. 도움이 될지도 모르겠지만, 기계적 암기를 하는 사람이 그 자체를 즐기는 경우에만 해당하는 것이라고 생각한다. 이를 즐기지 않는 사람이라면 이점보다 손해가 더 크다.

우리는 수학 교육에 관해 이야기할 때 손해의 문제에 대해서는 제대로 고려하는 법이 거의 없다. 학생들이 더 좋은 수학 시험 성적을 내는 데에 특정한 것들이 도움이 될 수도 있기는 하다. 하지만 우리는 그러한 것들이 일부 학생들에게 수학에 대한 너무나 심각한 트라우마를 일으켜 이후에 살면서 수학을 피하게 되지는 않을까 고려해 봐야 한다. 이 경우 장기적으로 봤을 때 결국 이들에게 수학을 혐오하는 것 말고는 알려준 것이 없게 되는 결과로 이어질 뿐이다.

여기서 웃긴 점은 학교에 다닐 때 나도 삼각함수 정의를 기계적으로 암기했다는 점이다. 훨씬 더 시간이 많이 지나 내가 학생들을 가르칠 때가 되어서야 삼각함수 속에 아름다운 관계가 있다는 것을 이해하게 되었고, 누군가 나에게 이에 대해 더 일찍 말해줬으면 좋았겠다고 생각했다. 상대적으로 별 문제는 없었다. 사실 그 공식들을 암기하는 게 별로 싫지 않았기 때문이다. 물론 사람들이 모두 나갈지는 않을 것이다.

내가 언급하고 있는 이 공식들은 삼각함수 즉, 삼각형의 변에 대한 사인, 코사인, 탄젠트에 관한 것이다. 사인파가 어떻게 생겼는지 아마 기억할 것이다. 사인파를 축 위에 그리면 아래 왼쪽에 있는 그래프처럼 생겼지만, 코사인파는 아래 오른쪽에 있는 그래프와 같이 약간 바뀐 형태가 된다.

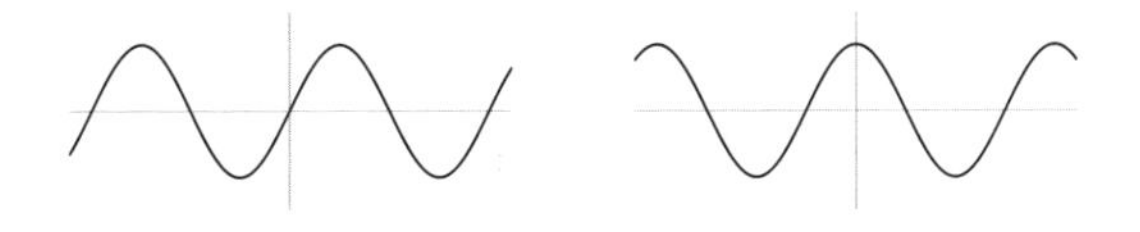

오늘날 우리는 계산기나 컴퓨터를 사용해 어떤 것의 사인 또는 코사인 값을 계산할 수 있지만, 우리는 삼각공식을 통해서 삼각형의 변을 사용해 직각삼각형의 각도에 삼각함수를 적용하는 방법을 알 수 있다. 삼각형의 변들은 다음 그림과 같이 우리가 사용하고 있는 각도와 관련해 기술되며, 여기서 해당 각도는 점으로 된 곡선으로 표시했다.

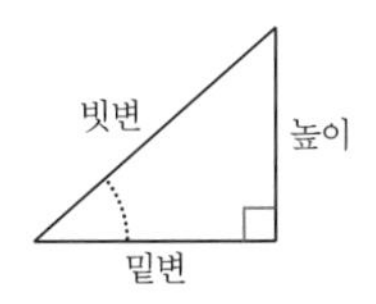

다음은 앞서 나왔던 암기법이 우리에게 알려주는 내용을 적은 것이다.

- SOH : 사인sin은 높이opposite를 빗변hypotenuse으로 나눈 것과 같다.
- CAH : 코사인cos은 밑변adjacent을 빗변hypotenuse으로 나눈 것과 같다.
- TOA : 탄젠트tan는 높이opposite를 밑변adjacent으로 나눈 것과 같다.

내가 다른 많은 학생들과 같이 이것을 암기해야겠다고 느낀 이유는 저러한 정의가 어디에서 나온 것인지 설명해주는 이가 아무도 없었고, 그래서 나에게도 그것을 설명할 수 있는 별다른 방법이 없었기 때문이다. 이제는 그들의 출처를 이해하기에 기계적으로 암기하기 위한 위 내용이 필요 없다. 또, 기계적으로 암기를 한 게 굉장히 오래되었기 때문에 내가 제대로 기계적 암기를 할 수 있을지도 확신할 수 없다. 이게 바로 기계적 암기의 또 다른 문제이다. 그러나 이와는 대조적으로 이 공식의 실제 핵심을 이해한다면, 자신이 이해한 내용을 복사할 수 있다. 이건 기계적 암기보다 훨씬 더 신뢰할 수 있는 방식이다.

삼각함수의 '실제 핵심'에 관해서는 다양한 의견이 있을 수 있겠지만, 여기서 중요한 점은 이들이 원과 사각형 사이의 관계, 원형 격자와 사각 격자 사이의 관계를 설명하고 있다는 점이라고 생각한다.

원형 격자 vs 사각 격자

5장에서 우리는 2차원 평면 위 점들을 설명할 수 있는 두 가지 방법으로 직각 격자인 '데카르트 좌표계'와 원형 격자인 '극좌표계'에 관해 이야기했다. 그리고 여러 장소에 있는 정보들을 변형하는 방법에 대해 알고만 있다면 평면 위 점에 대해 설명하기 위해 어떤 체계를 이용하더라도 문제가 되지 않는다는 것도 알아봤다.

여기서 핵심은 '극좌표계와 데카르트 좌표계 사이를 어떻게 번역할 것인가?'의 문제다.

우리가 한 점의 극좌표를 알고 있는 상황에서, 이 좌표를 데카르트 좌표계의 점으로 바꾸고 싶다고 가정해 보자. 우리가 알고 있는 것은 다음과 같이 직선이 축과 이루고 있는 각도, 그리고 원점으로부터의 직선거리다.

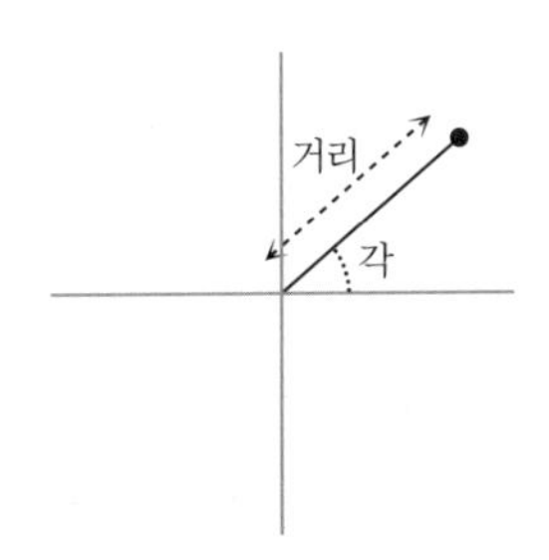

여기서 우리는 이들을 어떻게 x, y 좌표로 바꿀 수 있을까? 물론 여기에는 다음과 같은 직각삼각형이 포함된다.

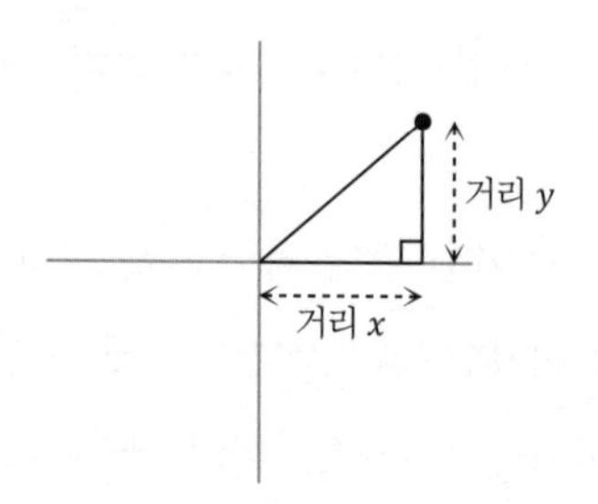

지금 우리는 직각 데카르트 좌표계의 프레임워크로 들어가려고 하는 것이니 정확한 직각임을 기억하라. 따라서 우리는 각도와 삼각형에서 '빗변'이라고도 하는 긴 변의 길이에 대한 정보로 시작해 나머지 두 면에 대해 알아볼 것이다.

데카르트 좌표에서 극좌표로 바꾸기 위해 우선 x, y 좌표로 시작하자. 이것으로 하나의 각도와 원점으로부터의 직선거리를 표현해볼 것이다. 이렇게 하면 삼각형에서 짧은 두 변의 길이로 시작해 빗변과 직각이 아닌 각도 중 한 각도를 알 수 있다.

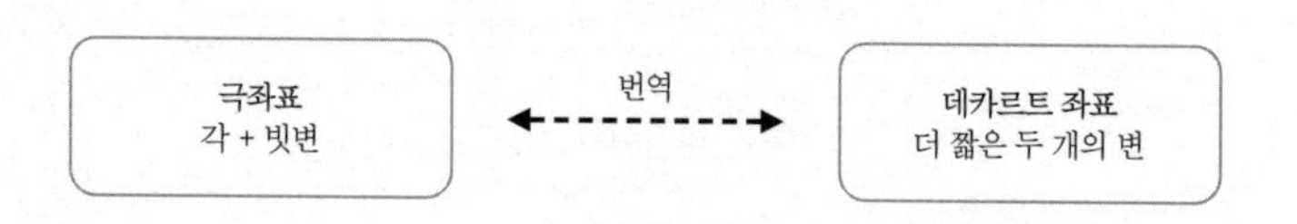

내가 설명한 내용에서는 2차원 평면에서의 특정한 점을 다루었지만, 수학자들은 한 번에 한 점이 아니라, 한 번에 상황 전체를 다루고 싶어한다. 우리는 한 번에 한 점을 번역하는 방법을 알아내는 것뿐 아니라, 두 세계 사이의 전반적인 관계 모두를 이해하고자 한다. 이는 언어 번역기가 사전 이상의 역할을 한다는 사실과 비슷하다. 한 번에 한 점이 아닌 여러 개의 점에 대해 번역하는 것을 생각해 본다면, 극 세계에서 하나의 원을 계속해서 돌고 돌면서 x, y 좌표가 어떻게 다른지 살펴보는 것을 상상할 수 있다.

예를 들면, 이것은 대관람차 같은 큰 바퀴를 타고 있는 것과 같다. 그 바퀴를 돌면서 수평적 움직임보다는 수직적 움직임을 더 생생하게 느낄 수 있을 것이다. 하지만 수직으로 움직이는 건 더욱 새롭다. 수직적 움직임은 측면에서 위로 올라갈 때 특히 감지하기 쉬울 것이다. 이는 맨 위에 다다르면 느려지고, 맨 위에 다다르면 마치 잠깐 정지한 것처럼 느껴질 것이다. 그리고 다시 반대편으로 내려가면서 수직으로 움직이는 속도는 다시 빨라지고, 바닥 주변을 이동할 때 다시 느려질 것이다.

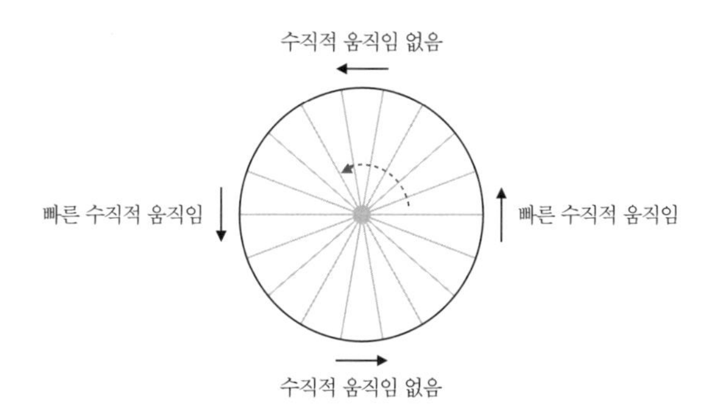

만약 수평적 움직임을 느꼈다면, 앞서 설명한 것과는 정반대임을 알 수 있을 것이다. 수평적 움직임은 맨 위, 또는 '맨 바닥'으로 갈 때 가장 잘 느껴지며, 측면으로 갈 때 속도가 느려진다. 그리고 가장 바깥쪽에 있는 지점에 도달해 전체적으로 수직적으로 이동하고 있을 때 수평적 움직임이 순간적으로 정지하는 느낌이 든다.

여기서 바로 사인과 코사인 함수가 등장한다는 것이 핵심이다. 수직적 움직임을 알아챘다면 그것은 사인 함수이고, 수평적 움직임을 알아챘다면 그것은 사인 함수와 상보적인 관계에 있는 코사인 함수다. 아래는 사인 함수의 그래프로, 원을 돌면서 각도가 변함에 따라 사인 함수가 수직 방향으로 어떻게 변하는지를 보여준다. 극좌표계의 작동 방식을 살펴봤던 이전 그림에서 중요한 것은 이 각도가 x축을 기준으로 측정되었기 때문에 0°와 180°가 원의 측면, 90°와 270°가 각각 맨 위와 맨 바닥이라는 점이다.

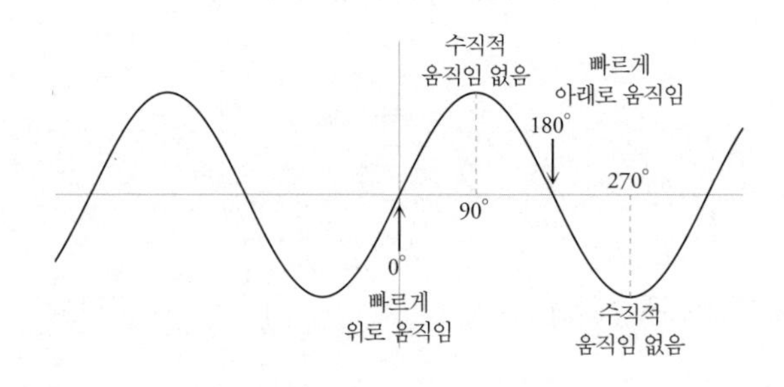

수학에서 영어 접두사 'co-'는 다소 보완적인 무언가를 가리킬 때 종종 사용된다. 그래서 정반대 또는 역의 관점에서 동일한 개념을 살펴본다는 것을 나타낸다. 이는 사인과 코사인이 상호 보완적이라는 뜻이다.

사인과 코사인이 왜 저렇게 되는지, 그리고 우선은 '사인'이라는 단어는 어디에서 나온 것인지 여전히 궁금할 것이다.

'사인'이라는 단어를 사용하게 된 것은 언어적 오해와 연관이 있다. 산스크리트어의 아랍어 음역을 잘못 통역한 것을 라틴어로 번역한 결과로 보인다. 안타깝게도 다른 언어에서 영어로 전용되면서 올바르게 전용되지 않은 단어의 사례가 많다. 예를 들어 '차이chai'는 '차tea'를 의미하기 때문에 무언가를 '차이티chai tea'라고 부르는 것은 '차차tea tea'라고 말하는 것과 같다. 차와 관련해 중국 음식을 좋아하는 서양인들은 '딤섬dim sum'을 먹으러 간다고 말할 때가 있다. 이렇게 말해도 상관은 없다. 다만 홍콩에서는 이를 '얌차yum cha' 라고 부르며, 이는 문자 그대로 해석하면 차를 마시러 간다는 의미지만 실생활에서 이 말을 쓰면 보통 차와 함께 딤섬을 먹는다는 뜻이다. 생략이나 간소화, 오해, 완전 삭제는 물론이거니와, 사용했던 이름 표기 방식조차 다 달라서 가족사 추적에 어려움을 겪는 이민자들도 많다.

일반적으로 삼각함수 연구는 고대 문명까지 거슬러 올라가는데, 우리가 지금 알고 있는 사인 함수는 실제로 4~5세기 인도 천문학자들이 개발했다. 사인이라는 이름은 대大 아리아바타Ayabhata the Elder라는 인물로부터 시작되었는데, 활시위나 현을 의미하는 산스크리트어 단어인 'jya'로 '정반현正半弦'을 지칭했던 것에 유래한다. 이 맥락에서 '현'은 한 원의 두 점을 연결하는 직선이다. 이는 활시위와 약간 비슷하다. 다음 장의 그림에서 보면, 원의 중심을 0에 두고 현이 수직이 되도록 원을 회전시키면 현의 길이가 수직 거리의 두 배가 되는 것을 확인할 수 있다.

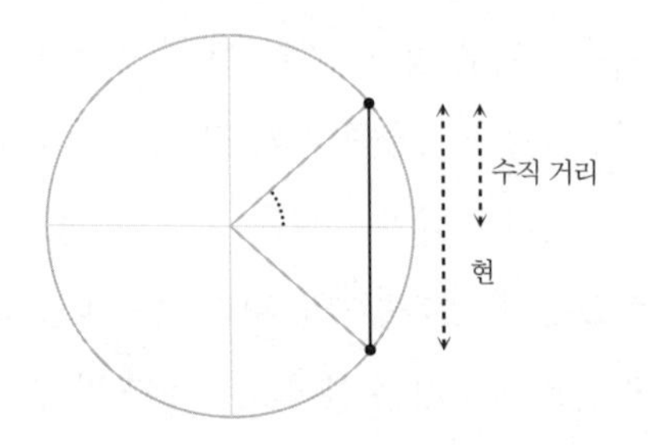

물론 이것이 큰 바퀴라고 생각한다면 그 중심은 바닥에 있지 않겠지만, 물에 반쯤 잠겨 있는 큰 바퀴라고 가정해 볼 수도 있겠다. 물론 이 상상을 실현하기 위해서는 방수 밀폐 캡슐이나 물 아래서도 작동하는 기계, 온갖 안전장치 같은 것들이 필요할 수도 있겠지만 말이다. 하지만 나는 물에 반쯤 잠긴 커다란 바퀴에 관해 생각할 때 세부적인 공학적 설계나 현실성에 대해서는 걱정하지 않고 그저 소파에 앉아있을 수 있다. 이게 바로 공학과 수학의 차이가 아닐까. 이와 같은 맥락에서 생각해 보면, 갑자기 이런 수학적 아이디어가 꽤 마음에 들기도 한다.

원의 중심을 양축 모두 0에 두는 이유는 편리하거나 깔끔해서, 아니면 우리가 게을러서, 그것도 아니라면 이 상황과 관련 없는 문제들을 제거하고 싶어서일 것이다. 그리고 어쩌면 이 모든 이유가 같은 의미일지도 모르겠다. 때때로 수학은 대조 실험을 하는 것과 비슷해서, 어떤 상황의 특정한 면에 집중하고 싶을 때는 그 상황을 다른 요소가 방해하지 않도록 설정해야 한다. 이렇게 설정하면 원의 중심을 0에 두었을 때 그것이 어떻게 작동하는지 이해할 수 있고, 중심이 변했을 때 어떤 일이 일어날지 그리 어렵지 않게 알아낼 수 있다.

또한, 중심이 0에 있을 때의 대칭성 역시 매력적이다. 이는 0을 중심으로 동심원을 이루는 극좌표의 개념을 다시 한번 상기시켜 준다. 나는 아래의 두 가지 중 하나의 방법으로 원을 배치해 보고자 한다.

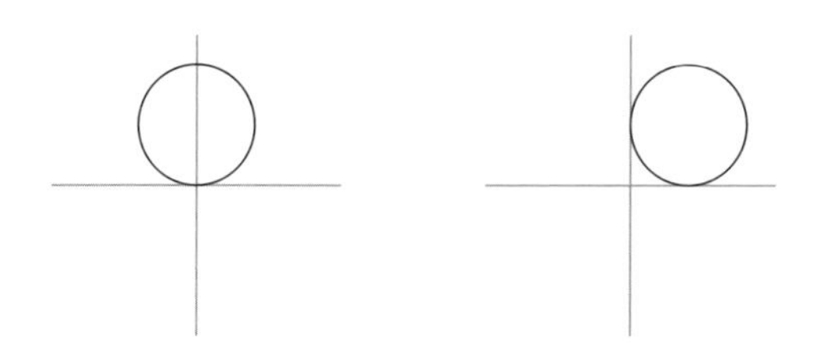

그러나 여기서 아무런 통찰력이 없다면 조금 곤란해진다. 무언가가 곤란한 문제와 통찰을 동시에 준다면, 그들을 받아들이고 가늠해보는 것도 가치가 있다. 하지만 이 경우 따져볼 것이 그렇게 많지 않다.

수학자들이 대조 실험을 하기 위해 종종 사용하는 또 다른 방법은 가능한 많은 수를 1로 만드는 것이다. 원의 반지름을 1로 설정하면 굉장히 편리해지고, 이를 기준으로 다른 모든 원을 축소하거나 확대하여 더 쉽게 이해할 수 있기 때문이다.

그렇다면 1에 붙는 측정 단위가 무엇인지 궁금할 수도 있겠다. 하지만 그걸 굳이 언급할 필요가 없다. 앞서 언급했듯이 공학이나 물리학과 대조되는 '순수 수학'의 좋은 점 중 하나가 바로 이거다. 어떤 측정 단위를 사용하든 상관이 없다는 거다. 단지, 하나의 시나리오 안에서는 항상 같은 단위를 사용하고 있다고 가정하기만 하면 아무 문제 없다. 마치 우리가 숫자를 다룰 때와 같이 이치라고 생각하면 될 것 같다. 항상 무언가를 더할 때 구체적으로 설명하지는 않는 것처럼 말이다. 그냥 우리는 2 더하기 3이라고 말하면, 2개의 무언가와 3개의 무언가를 더하는 걸로 이해할 뿐이니까.

이는 레시피에서 비율을 구체화하는 경우와 비슷하다. 오트밀죽을 만들 때 무게를 달아서 오트 1, 물 2의 비율을 넣으라고 하는 것과 같이 말이다. 여기서 저 오트의 '비율'이 얼마나 큰지는 상관이 없다. 물과 동일한 단위의 '비율'을 사용하기만 한다면 말이다.

나도 다른 많은 사람들처럼 학교에 다닐 때 단위에 대한 일종의 '트라우마'를 겪었다. 최근 그래프 해석 문제가 있는 오래된 물리학 시험지를 발견했다. '개가 공에 도달하는 데에 걸리는 시간은 몇 초인가?'와 같은 문제가 출제되어 있었다. 나는 '5'라는 답을 썼고, 0.5점을 깎였다. 그 문제에서 '몇 초인가?'라는 문구가 있었음에도 불구하고 내가 '초'라는 단위를 쓰지 않았기 때문이다. 아마 내가 여기에 여전히 꿍해 있는 것 같다고 생각할지도 모르겠다. 이건 학생이 수학이라는 과목에서 영원히 멀찍이 떨어지도록 만드는 것 중 하나다.

어쨌든 큰 바퀴의 중심이 높이 0, 반지름 1이라는 단서를 통해, 우리는 그 수직 높이가 함수임을 알 수 있다.

사인과 코사인

삼각함수에 대해 이야기할 준비가 되었으니, 이제 문자를 사용해서 이 다양한 숫자들을 모두 지칭하는 것으로 시작해 봐야 할 것 같다. 수학자들은 보통 각도에 대해서는 그리스 문자, 테두리의 길이에 대해서는 로마 문자를 사용하는 것을 좋아하며, 이는 우리에게 문자가 약간 다른 역할을 하고 있음을 되새겨준다. 나는 각도에 대해 그리스 문자 θ세타를, 수평 거리에 대해서는 평소와 같이 x를, 수직 거리에 대해서는 y를 사용하고자 한다. 우리가 이야기하고 있는 것은 θ와 y 사이에 '사인'이라는 고정된 관계가 있다는 것이며, 그 관계는 다음과 같이 표현할 수 있다.

$$y=\sin\theta$$

그렇다. 본래 단어는 '사인sine'이지만, 수학자들은 이를 줄여 문자 세 개인 sin으로 표기한다.

시작에 앞서, 우리는 극좌표계와 데카르트 좌표계 사이를 '번역'하는 방법에 대해서 탐색하고 있었다. 지금까지 우리는 y좌표를 표현하는 법에 대해 확인했다. x좌표 또한 각 θ와 고정된 관계를 가지고 있으며, 이를 우리는 '코사인cosine'이라고 부른다. 그 관계는 다음과 같다.

$$x=\cos\theta$$

여기서 아마 눈치챘을 수도 있겠지만 사인과 코사인은 실제로 그다지 다르지 않다. 원의 대칭성 때문에 수평적 움직임과 수직적 움직임은 같은 패턴으로 작동하기 때문이다. 수평이나 수직에 관한 우리의 개념은 상당히 임의적이다. 이는 우리가 중력을 느끼는 방식과 관련이 있을지도 모르겠다. 다만, 여기서만큼은 다른 기준선을 택한다 한들 같은 패턴을 얻게 될 것이다. 대칭은 우리에게 숫자에 대한 단서를 던져주는 힌트다. 그걸 잘 생각해 보면 사인과 코사인이 사실상 같고, 그 시작점만 바뀐 개념이라는 걸 이해하게 될 것이다. 사인은 측면에서 빠르게 이동하고, 꼭대기와 바닥에서는 천천히 이동한다. 만약 어떤 상황을 옆으로 누워 옆에서 바라본다면, 이 두 가지의 역할은 바뀔 것이다. 그래서 사인과 코사인의 그래프가 그렇게나 비슷해 보이는 것이다.

다소 직관적인 면이 있기는 하나, 우리가 사인과 코사인을 구분해 활용하는 이유는 같은 축에서 각도와 거리를 함께 측정하는 것에 어떤 만족감이 있기 때문이다.

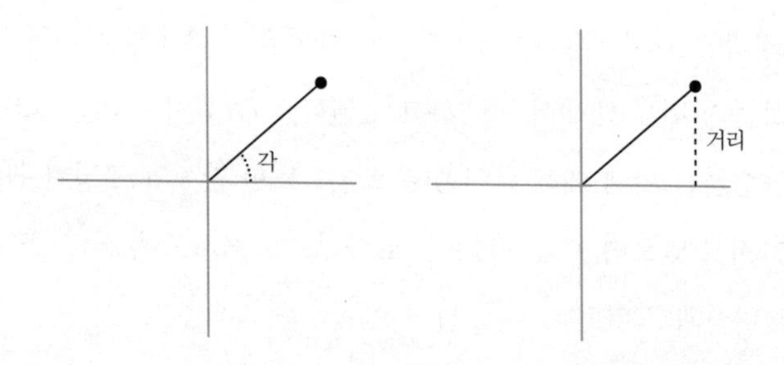

이 말인즉 우리가 각도 0과 거리 0으로 시작해 두 값을 함께 늘려갈 수 있다는 걸 의미한다. 하나의 축에서 거리를, 하나의 축에서 각도를 측정한다면 각도는 0에서 시작하겠지만 거리는 최댓값에서 시작하게 된다. 이건 수직을 수평보다 우선시하겠다는 이야기가 아니라, 모든 측정을 동일한 축에서 시작하겠다는 걸 말하고 싶은 거다. 그래서 우리는 더욱 사인을 '근본적인' 관계, 나머지 하나인 코사인을 '보완적인 관계'로 간주한다.

그런데 이는 어떤 특정 각도에 대한 사인 함수의 값을 실제로 우리가 어떻게 알 수 있는지에 대해 아직 아무것도 알려주지 않았다. 이건 미적분이 포함되는 어려운 문제이기는 하나, 우리는 우리의 주변을 둘러봄으로써 이에 대한 개념을 이해할 수 있다. 한번은 실제로 내가 한 콘퍼런스에 참석해서 점심 도시락으로 스낵랩을 받았을 때였다. 스낵랩은 아래와 같이 비스듬하게 잘려 있었는데, 이는 속에 있는 내용물이 더 잘 보여 양이 더 많은 것처럼 보이도록 하기 위함이다. 기울여서 자르면, 수직으로 똑바로 잘랐을 때보다 교차면이 더 크게 나타나기 때문이다.

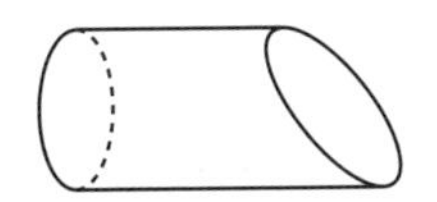

이때 나는 스낵랩의 양이 내게 너무 많다고 생각해서 한 겹 벗겨내고 싶었고, 그래서 겉면을 펼쳐 토르티야를 한 겹 없앴다. 하, 그리고 내가 손에 사인파를 쥐고 있다는 것을 발견했다.

내가 제대로 생각했는지 계산해 보느라 콘퍼런스의 나머지 내용을 놓친 건 유감스럽다. 그리고 저건 실제로 사인파가 맞았다.

지나간 젊은 날, 나는 통화를 하느라 수화기를 들고서는 구불구불한 전화선을 만지작거리는 시간이 많았다. 전화선을 고리 모양으로 만들기도 하고, 쭉 펴보기도 하고, 뒤틀려 있는 것을 없애 보려고도 하면서 말이다. 구불구불한 전화선이나 용수철 장난감 '슬링키'처럼 다른 나선형의 무언가를 쭉 늘이려고 해보면, 그 옆쪽에서 사인파를 볼 수가 있다. 이는 나선형을 쭉 펴고 옆쪽에서 보면, 그 선이 계속해서 돌고 돌면서 나타나는 수직 좌표를 볼 볼 수 있기 때문이다.

우리의 눈에는 그 선이 실제로 우리에게서 멀어졌다가 다시 우리에게로 향하는 것으로 보이지 않고, 위로 올라갔다 내려가는 것으로 보인다. 수평 좌표만 보기 위해서는 옆쪽이 아닌 위쪽에서 봐야 할 것이다. 그런데 대칭은 약간은 바뀔 수 있겠지만 완전히 다르게 보이지는 않을 것임을 의미한다. 다음은 내가 슬링키와 비슷한 용수철을 쭉 늘려서 찍은 사진이다. 이 사진의 문제는 렌즈가 중간에 고정되어 있어 이 고리의 중심이 쭉 뻗어 있지만 약간 기울여서 옆쪽을 보면 더 이상 사인파와 비슷한 모양을 볼 수가 없다는 데에 있다. 그러나 중간만 나타난 이 사진 속 최소한 한 부분에서라도 사인파와 굉장히 비슷하게 보이는 것을 확인할 수 있기를 바란다.

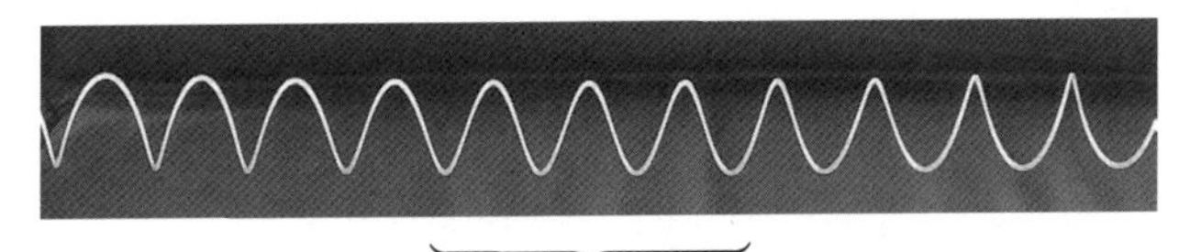

사인파와 상당히 유사해 보이는 부분

한번은 LED 조명을 들고 계속해서 원을 그리며 걸어가는 장시간 노출 사진을 찍어 사인파를 확인해 보려고 한 적도 있다. 카메라의 방향을 기준으로 수직으로 걸어가, 다음과 같이 손으로 내 앞쪽에 위-오른쪽-아래-왼쪽-위-오른쪽-아래-왼쪽의 방향으로 원 하나를 그렸다.

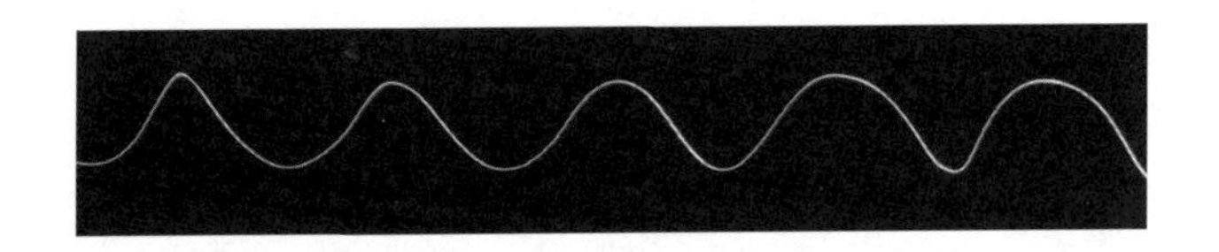

내가 똑같은 속도로 걷고, 똑같은 속도로 팔을 흔들었는지는 확신하기 어렵지만, 위 결과는 어쨌든 최소한 막연하게나마 사인파를 떠올리게 했다.

우리가 원을 그리며 빙글빙글 돌고 있다는 사실을 통해 사인 함수는 스스로 주기적으로 반복된다는 사실을 알 수 있다. 이는 실제로 수학에서 '주기적'이라고 표현한다. 우리가 원의 시작점으로 돌아가게 되면, y좌표들은 스스로 다시 반복을 시작하는 것이다.

원과 x, y좌표를 그린 뒤 작은 기하에 관해 생각해 보면 삼각함수 간 관계를 어느 정도 이해할 수 있을 것이다. 그래야 그 관계들을 공식으로 표현할 수 있다.

관계, 그리고 공식

하나의 원 위에 있는 점과 그 점의 x, y좌표, 그리고 우리가 여기서 은연중에 생각해 볼 수 있는 직각삼각형 그림을 다시 한번 살펴보자. 그림에 보이는 대로 여기에서도 각도에 대해 θ를 쓸 것이다. 따라서 거리 y는 $\sin\theta$, 거리 x는 $\cos\theta$가 된다.

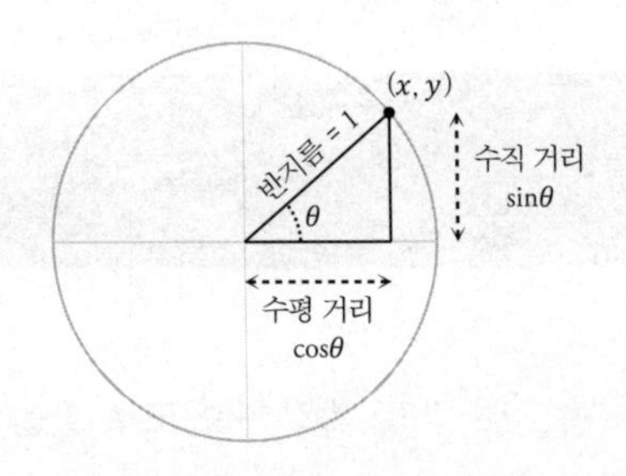

여기서 바로 살펴볼 수 있는 것은 '피타고라스의 정리' 즉, $a^2+b^2=c^2$을 사용할 수 있다는 것이다. 여기서 a와 b는 삼각형에서 반드시 직각에서 만나는 짧은 두 변이며, c는 긴 변인 '빗변'을 말한다.

이 경우 a와 b는 각각 $\sin\theta$, $\cos\theta$, 빗변은 1이 된다. 피타고라스에 따르면 사인과 코사인 사이에 이런 관계가 작동한다.

$$(\sin\theta)^2+(\cos\theta)^2=1^2$$
$$=1$$

삼각형의 크기를 조절할 수 있는 기하에 관해 생각해 보면, 악명 높은 암기법 '소-카-토아'에 대해 조금은 더 이해할 수 있을 것이다. 여기서도 기본 원리 한 가지를 이해해야 하는데, 이는 확대 및 축소 원리다. 만약 우리가 무언가의 규모를 확대하거나 축소하면서도 모양을 유지한다면, 이는 모든 각도를 그대로 내버려 두지만 모든 변의 길이에 동일한 숫자인 '축척 인수'를 곱하고 있는 것이다. 만약 내가 아래의 왼쪽에 있는 삼각형에 대해 모든 각은 그대로 유지하되, 각 변에 2를 곱하면 오른쪽 삼각형을 얻을 수 있다는 것이다.

얼마나 복잡하든 상관없이, 어떤 모양으로 시작하든 위와 똑같은 작업을 할 수 있다. 모든 변의 길이에 똑같은 축척 인수를 곱하는 한, 모든 각도는 그대로 둘 수 있다. 그렇게 되면 똑같은 그림이 다른 크기로 나타날 것이다. 나는 실제로 현에 바로 이 원리를 사용한 그림을 그린다. 내가 해야 하는 것이라고는 기본 측정 단위를 바꾸고 현의 나머지 부분만 동일하게 두면 되는 것이기 때문이다. 그래서 아래 첫 번째 그림에서 나는 기본 측정 단위를 1mm로, 두 번째 그림에서는 2mm로 설정했다.

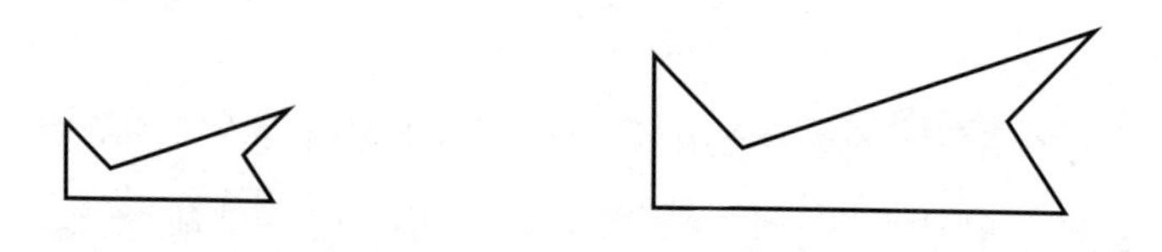

더 깊이 들어가보면, 이는 다른 거리에서 동일한 그림을 보고 있는 것과 같다. 우리에게 다르게 보이기는 하지만, 두 경우 모두 어쨌든 동일한 그림을 보고 있는 것이다. 축척 조절은 분명히 덧셈이 아닌 곱셈에 관한 것이다. 각 변의 길이에 10을 곱하는 대신 더했더니, 삼각형은 아래와 같이 변했다. 각도가 바뀌니, 결국 모양도 바뀐 것이다.

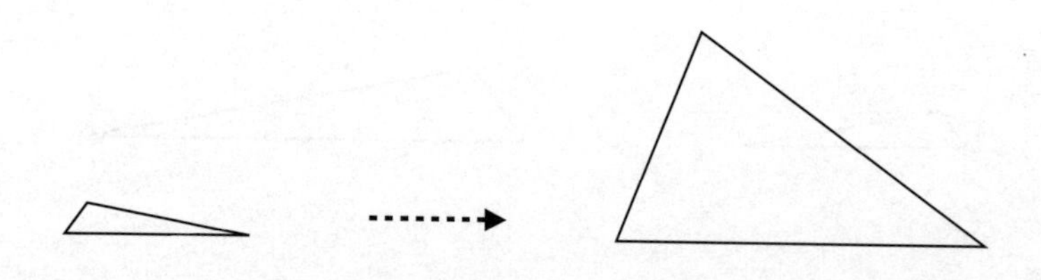

축척 조절 원리는 그림을 통해 반지름이 1인 단위원을 이해하고, 그것을 내가 원하는 어떤 크기로든 확대할 수 있다는 것을 뜻한다. 예를 들어, 반지름 2를 이해하고자 한다면 다음의 삼각형을 얻을 수 있을 것이다.

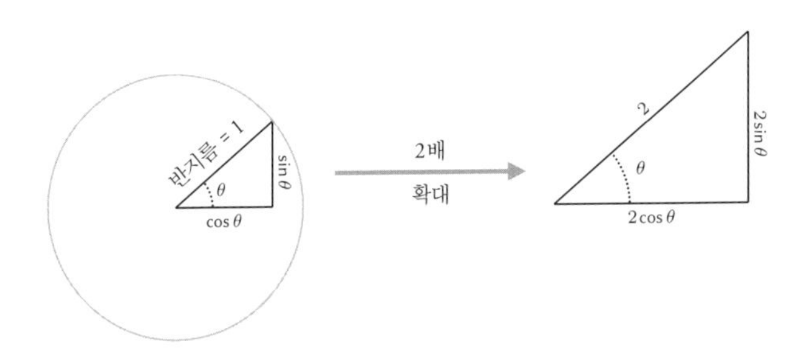

위 삼각형에서 반지름에 2를 곱했을 때 전체적으로 동일한 모양, 즉 동일한 각도를 유지하길 원한다면 모든 변의 길이에도 2를 곱해줘야 한다. 이제 이는 y좌표가 $2\sin\theta$, x좌표가 $2\cos\theta$임을 의미한다.

여기서 '문자'를 떠올려 보면, 이 삼각형의 축척 조절로 나타낼 수 있는 가능한 모든 크기의 삼각형에 대해 그 관계를 나열하고 싶지는 않을 것이므로 반지름의 길이를 빗변hypotenuse h라고 가정할 수 있다. 그러므로 삼각형의 모든 변의 길이는 h배가 되어야 한다. 따라서 y좌표는 $h\sin\theta$, x좌표는 $h\cos\theta$가 된다.

이 모든 과정의 마지막 단계는 삼각형이 다른 방향을 향하고 있을 때도, 사인과 코사인이 여전히 적용된다는 걸 이해하는 것이다. 즉 y좌표가 더 이상 수직이 아니고, x좌표가 더 이상 수평이 아닐 수도 있다. 예컨대 삼각형을 여러 방향으로 회전했을 때처럼 말이다.

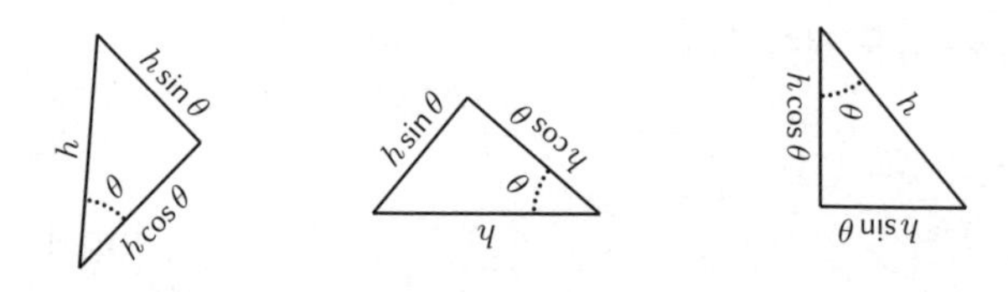

일반적인 원리로는 하나의 각이 직각일 때 성립한다. 하지만 삼각형을 회전한 것이므로, 긴 변이 대각선처럼 보이게 할 수 있다. 또한 한 변이 수평선, 한 변이 수직선처럼 보이게도 할 수 있다.

삼각형을 회전하지 않고도 이를 파악할 수 있게 하려면 삼각형이 어떤 방향으로 놓여있는지와 상관없이 y좌표와 x좌표를 더 명확하게 지칭할 방식이 필요하다. 삼각형이 어떤 방향으로 놓여 있든 변하지 않는 좌표 말이다. 이는 y좌표를 '우리가 생각하는 각도의 맞은편에 있는 삼각형의 변'으로, x좌표를 '우리가 생각하는 각도에 인접해 있는 삼각형의 변'으로 생각하는 이유이다. 잠재적인 모호함을 어느 정도 배제해야 하는 문제가 있을 뿐이다.

이에 따라 다음과 같이 정리할 수 있다.

$$높이 = h\sin\theta$$

이는 각 항의 위치를 약간 바꿔본다면 다음과 같이 정리된다.

$$\sin\theta = \frac{\text{높이}}{\text{빗변}}$$

또한

$$\text{밑변} = h\cos\theta$$

라고 정리할 수 있으며, 이를 다시 한번 정리하면 아래와 같다.

$$\cos\theta = \frac{\text{밑변}}{\text{빗변}}$$

참, 이 공식은 '소SOH(사인sine, 높이opposite, 빗변hypotenuse)', '카CAH(코사인cosine, 밑변adjacent, 빗변hypotenuse)'로 기계식 암기가 가능하다. 이렇게 '소-카-토아'의 첫 번째 부분을 끝냈다.

그렇다면 이제 마지막 부분인 '토아TOA'만 남았다. 이에 대해서는 탄젠트 즉, 탄젠트 함수에 대해 이야기해야 한다. 이 부분은 약간 다르지만 그렇게 심오하지는 않다. 앞서 살펴봤던 '바큇살'의 경사도 즉, 우리가 이야기하려는 반지름에 관한 것이기 때문이다. 어떤 경사가 얼마나 가파른지 측정하려면, 수평으로 움직일 때 그 경사도가 어떤 속도로 올라가는지 생각해 보면 된다. 경사로 도로 표지판에서 경사도를 표시할 때 이 방법을 사용한다. 만약 어떤 표지판에서 경사도를 1:5로 표시했다면, 이는 당신이 수평으로 단위거리 5만큼 움직일 때마다 수직 거리가 단위거리 1만큼 변한다는 뜻이다. 이처럼 당신이 수평으로 얼마나 멀리 이동하든지, 수직으로는 항상 그 거리의 $\frac{1}{5}$만큼 이동하게 된다는 뜻이다.

수학에서 한 직선의 '경사도' 즉, 기울기는 우리가 수평으로 간 거리에 비례해서 수직으로 올라간 거리를 알아내어 정의된다. 수학적으로 표현하면, 기울기는 다음과 같은 비율 즉, 분수라는 것이다.

$$\text{기울기} = \frac{\text{수직 거리}}{\text{수평 거리}}$$

우리는 단위원에서 살펴봤던 삼각형을 통해, 수직 거리와 수평 거리가 각각 사인과 코사인임을 알고 있다.

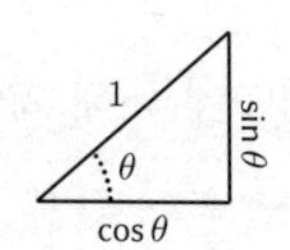

위 삼각형의 기울기는 $\frac{\sin\theta}{\cos\theta}$이며, 탄젠트 함수가 이 기울기로 정의된다면 적절한 절차에 따라 다음과 같은 식을 얻을 수 있다.

$$\tan\theta = \frac{\sin\theta}{\cos\theta}$$

또한 우리는 간단한 검증을 통해 이 삼각형을 확대하더라도 그 비율이 변하지 않는다는 걸 증명할 수 있다.

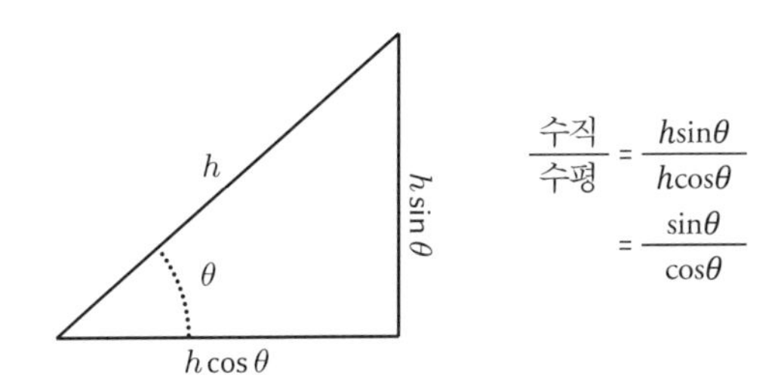

이게 $\frac{\text{수직}}{\text{수평}}$인지, 아니면 그 반대인지를 '암기'해야 하는 것처럼 보일지도 모르겠다. 하지만 나는 지금 우리가 선이 올라가는 비율을 측정하고 있다는 걸 '이해'하는 게 더 좋다. 즉, 세로 거리를 측정하고 우리는 수평거리에 따라 그것을 조정한다. 왜냐하면 우리가 측정하는 것은 올라간 양이 아니라 수평거리에 대한 '올라간 비율'이기 때문이다.

만약 당신이 지금 학생이고 일종의 표준화 테스트에서 짧은 시간에 가능한 한 많은 문제를 풀어야 하는 부담을 갖고 있다면, 저런 식에 도달하기 위해 모든 설명을 거칠 시간이 없을 것이다. 그래서 공식을 즉각적으로 떠올려 푸는 능력이 필요할지도 모르겠다. 그러나 문제는 시험 시스템 자체에 있다. 이러한 공식을 빠르게 외워서 쓸 필요가 있는 유일한 이유가 바로 '시험 시간'에 대한 압박이기 때문이다. 그리고 이러한 시험들이 학생들을 대학, 직업, 또는 삶의 다른 영역으로 분류하기 위해 계층별로 순위를 매기는 목적 외에 어떤 의미가 있는지 잘 모르겠다. 정당화의 이유가 너무 빈약하지 않은가.

결론적으로 공식은 어떤 것에 대한 설명이며, 여기에서는 극좌표계와 데카르트 좌표계 사이의 관계를 설명, 그리고 탐구한 결과라는 것이다.

원과 사각형

원과 사각형 사이의 관계에 관해 생각하다 보면 숫자 π가 나온다. '파이의 날' 덕분에 π는 수학에서 가장 유명한 개념 중 하나가 되었고, 먹는 '파이pie'와의 언어유희가 가능한 덕에 행복하고 맛있는 연관 관계도 갖게 되었다. 물론 이 말장난은 영어식 유머이기는 하다. 그리스 문자 파이와 음식 이름이 비슷하게 들리는 언어는 거의 없을 테니까. 잠시 여담을 하자면 나는 파이음식를 지칭하는 그리스어가 피타pita임을 지금 막 발견했다. 이는 '피타'가 그리스 빵의 한 종류라고 생각하는 우리 영어 사용자들이 번역어를 다시 한번 잘못 이해한 것임을 보여준다.

이 영어 중심의 언어유희 외에도, '파이의 날'이라는 개념도 미국 중심의 기념일이다. 미국에 맞는 날짜 기재 방식으로 기념하는 것이기 때문이다. 즉, '월'이 처음에 오기 때문에 3.14는 3월 14일을 의미하는 것이다. 이는 파이/먹는 파이의 관계가 갖는 임의적 특성과 함께, '파이의 날'이라는 개념에 대해서 나를 괴롭히던 문제다. 하지만 이건 그저 재미일 뿐 이고, 1년에 한 번 모두가 수학을 즐기는 날이라는 것을 깨닫게 되었다. 그래서 그 언어유희의 출처에 대해 그렇게 따질 필요가 없다는 것까지도. 그 재밌는 날에 찬물을 끼얹는다면, 사람들에게 수학이 재미없다는 것은 물론이고 그 재미를 적극적으로 반대하는 인상을 줄 수 있을 것이다.

파이의 날을 반대하는 또 다른 이유가 있는데, 이건 훨씬 더 세세한 이유에 얽매인다. π가 '잘못된' 상수이며, 이게 'τ가 되어야 한다'는 어떤 이들의 주장이 이에 해당한다. 이는 그리스 문자로 '타우'라고 부르며, 수 2π를 나타내기 위해 사용된다. 우선 π가 무엇인지에 대해 더 살펴본 다음에 τ에 대해서도 이야기해 보겠다.

수 π에 관해 중요한 점은 가능한 한 많은 자릿값을 암기하는 것처럼 보일지도 모른다. 내가 '파이의 날'을 더 좋아할 수 없게 만드는 이유 중 하나는 반복과 '문제'가 급증하는 것에 있다. 나는 전반적으로 반복을 좋아하지 않는다. 나는 $x+y$가 내게 너무나 공격적인 이유에 대해 쓰기도 했다. 그래서 '파이의 날'에 수많은 파이 굽기 대회들이 개최되는 것이 약간은 불편하다. 그리고 π에 대해서는 가능한 한 많은 자릿값을 외우는 대회가 열리는 것은 훨씬 더 불편하다. 경쟁적인 측면을 제외하더라도, 수를 기계적으로 암기하는 것에 집중하는 것이기 때문이다. π의 자릿값을 이해하는 것에는 아무 의미가 없다. π는 무리수이기 때문에 자릿값에는 어떤 패턴이 존재하지 않는다는 게 핵심이다. 따라서 자릿값을 기억하려고 하는 것은 실제로 이해가 아닌 기계적일 수밖에 없는 것이다.

사실 나는 내가 π에서 소수의 자릿값으로 두 개인 3.14까지밖에 모른다는 사실에 대해 농담하는 것을 꽤 좋아한다. 정확히 말하면 3.14159까지는 알지만 굳이 말하지 않는다. 두 자릿수는 내가 살면서 필요한 정확도의 정도를 고려하면 많은 축에 속한다. 내가 사람 목숨이 달린 일종의 정밀 공학 프로젝트에 참여하고 있는 것은 아니기 때문이다. 세 자릿수 정도만 기억해도 아마 괜찮을 것이다. 실제로 원형 케이크를 사각형 케이크로 바꾸는 레시피, 아니면 그 반대로 바꾸는 레시피를 원하는 경우에나 π가 필요할 것이기 때문이다. 그리고 여기서 다시 한 번 원과 사각형의 관계가 등장한다.

이를 더욱 정확한 방법으로 간단하게 정리한다면 다음과 같이 이야기할 수 있을 것이다. 원형 케이크 레시피를 가지고 있지만 사각 틀에 굽고 싶은 경우, 그 사각형은 얼마나 크게 만들어질까? 물론 케이크의 깊이는 그대로 둔다고 가정한다. 이는 결국 원의 면적을 사각형에 따라 근사近似하는 것에 이르게 되는데, 바빌론과 고대 이집트 수학자들이 수수께끼로 여기던 문제이기도 하다. 바빌론 수학은 점토판에 굉장히 잘 정리되어 있는데, 고대 이집트 수학은 기원전 2천 년 전, 아메스Ahmes라는 이름의 필경사가 파피루스에 기록한 것으로 발견되었다. 그는 더 오래 된 두루마리에서 그 내용을 그대로 옮겨 썼다고 표시하고 있다. 그래서 파피루스는 '아메드 파피루스'라고 알려져 있기도 하나, 안타깝게도 1858년 이집트에서 이 기록을 산 알렉산더 헨리 린드Alexander Henry Rhind라는 스코틀랜드 골동품 전문가의 이름을 따서 '린드 파피루스'라고 고도 부른다. 이후 이 기록물은 대영박물관British Museum이 입수했다. 나는 나중에 내 잊혀진 작품 중 어떤 것이든 발견되어 가치 있는 것으로 여겨진다면, 그것을 사고 판 사람의 이름이 아닌 내 이름을 따 칭해줬으면 한다. 창작자가 아닌 거래자의 이름을 따는 것이 유명한 제국주의 박물관의 제국주의적인 관습이라고 할지라도 말이다.

이와 같은 또 다른 예시로는 논란이 많은 용어인 '엘긴 대리석 조각군Elgin Marbels'이 있다. 이는 조각가 페이디아스Phidias와 그의 조수들이 파르테논 신전을 위해 만든 고전 그리스 대리석 조각군으로, 19세기 초 제 7대 엘긴 백작Seventh Earl of Elgin이 가져가면서 그런 이름이 붙었다. 어떤 사물에 대해 그걸 산 사람의 이름을 따야 한다고 생각하지는 않는다. 그리고 본래의 보관 장소에서 허가도 없이 가져간 사람들의 이름을 따서는 당연히 안 된다.

다시 사각형과 원이라는 주제로 되돌아가보자. 고대 수학자들은 이 문제를 케이크의 관점에서 표현하지 않았다. 오히려 추상적으로 표현했다. '특정 크기의 원에 대해서 어떤 크기의 사각형이 그와 동일한 면적을 갖는가?'와 같이 말이다. 원 면적에 대한 질문은 다소 본론을 벗어나야 한다. 곡선이 포함된 경우 면적을 정의하는 것조차 조금 힘들어지기 때문이다.

'면적'이라는 개념

곡선 형태의 도형 안에 얇은 층의 액체를 붓고, 같은 양의 액체를 정사각형 시트에 붓는다고 생각해 보자. 우리가 곡선 형태의 도형 면적을 구해야 한다고 가정한다면, 앞서 말한 행동에 빗댈 수 있을 테다. 그러나 이는 '엄밀함'과는 거리가 먼 방식이다. 또한, 이 방법을 엄밀하게 말하는 것은 매우 어렵기만 하다.

초등학교 때 아마 다들 해봤을 것이다. 사각 격자에 하나의 도형을 그리고, 그 도형 안에 속하는 사각형이 몇 개인지 세어보는 것 말이다. 그럼 우리에게는 사각형의 일부만 차지하는 부분들을 처리할 수 있는 체계가 필요하다. 한 칸의 격자 절반 이상이 이 도형에 속하면 사각형이라고 생각하고, 절반도 속하지 않는다면 사각형이라고 생각하지 않는다. 다음 예시를 보라. 회색으로 칠한 부분이 사각형이라고 생각한 부분이다.

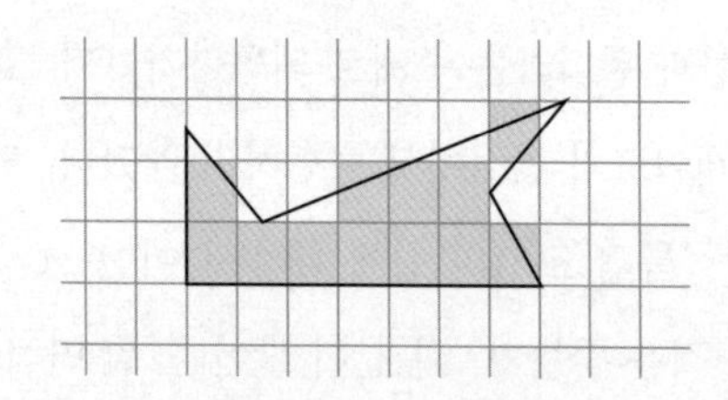

사각형이 절반 이상을 차지했는지 아닌지 추측해야 하고, 오른쪽 위에 음영 처리한 부분은 그마저도 확실하지 않다. 이 방법은 삼각형이 포함된 부분과 덜 포함된 부분이 서로 상쇄될 수 있다는 가정에 의존한다. 근사법으로는 나쁘지 않으나, 엄밀한 정의라고 말하기는 어렵다.

이보다 더 정제된 방법으로는 위 도형을 삼각형으로 나눠 그 면적을 계산하는 것이다. 여기서 사각형과 연결지음으로써 삼각형의 면적을 구하는 방법에 대해 알아낼 수 있다. 모든 삼각형은 사각형의 절반이기 때문이다. 그리고 사각형의 면적은 꽤 확실하다. 정말 그런가? 그렇다면 그 식은 과연 어디에서 온 것인가? 물론 이건 사각형이라고 생각한 격자들을 쭉 줄지어 세워놓았다고 한 층 더 상상력을 끌어올림으로써 얻은 것일 수 있다. 만약 우리가 가진 사각형의 변의 길이가 1이라면, 그 사각형의 면적이 1이라고 말해야 하는 것처럼 보인다. 그다음 정수 길이, 그다음에는 분수 길이의 변으로 이루어진 사각형을 만들어 무리수에 대한 신뢰도를 한 층 더 발전시킬 수 있다.

그래서 우리는 정사각형에서 시작해 격자, 직사각형, 삼각형으로 이동하면서 면적이라는 개념을 점진적으로 정립했다. 이를 통해 우리는 직선으로 된 변을 유한하게 가진 어떤 도형의 면적을 엄밀하게 정의할 수 있다. 이들은 항상 유한한 수의 삼각형으로 나눌 수 있기 때문이다. 하지만 이것은 그 자체로 어느 정도의 증명 과정이 필요하며, 검증 방법이 많다는 문제도 있다. 그리고 그 방법들이 모두 같은 결과를 낼 것인지에 대한 의문이 생긴다. 예컨대, 도형을 삼각형으로 나누면 그 면적이 같을 수 있다는 건 짐작 가능한 일이다. 다만, 왜 그렇게 되는지 이유에 관해 명확하게 알거나 설명하지는 못한다.

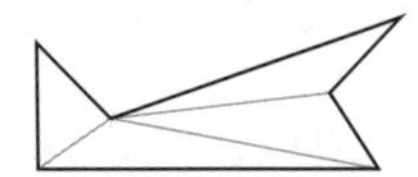 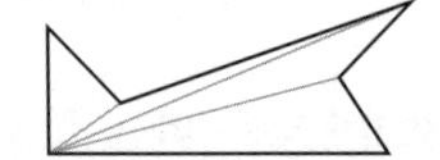 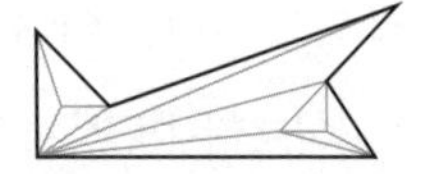

다시 한번 강조하지만, 이를 '명백하다'고 생각하는 사람들이 더 나은 수학자처럼 보일지 모른다. 그러나 실제로는 위의 내용을 보고 당황하는 사람이 오히려 수학자보다 더 수학자답게, 아주 깊이 생각하고 있는 것일지도 모른다.

이 여정의 다음 단계는 곡선 테두리에 관해 탐색하는 것이다. 사실 자연에는 완벽하게 직선인 테두리가 존재하지 않는다. 그래서 이 탐구는 이전 아이디어를 바탕으로, 새로운 아이디어를 쌓아 나가는 중요한 예시가 되어준다. 우리는 직선 테두리가 있는 도형에 관한 지식으로 '곡선 테두리 있는 도형'을 설명할 수 있을까? 또한, 곡선이 있는 도형의 면적을 구할 때 삼각형을 활용할 수도 있겠으나, 삼각형은 완전한 직선으로 이루어져 있으므로 곡선과 완벽하게 일치하지 않아 늘 약간의 오차가 생길 것이다. 하지만 이는 고대 그리스 시라쿠사 출신의 철학자, 아르키메데스가 기원전 250년경부터 활용한 방법이다. 아르키메데스는 변의 길이가 모두 같은 정다각형으로 원의 면적을 계산하고는 했다. 더 많은 변을 사용하면 할수록 근사치는 더욱 정확해진다. 우리가 4장에서 사각형과 팔각형을 비교하면서 봤던 것처럼 말이다.

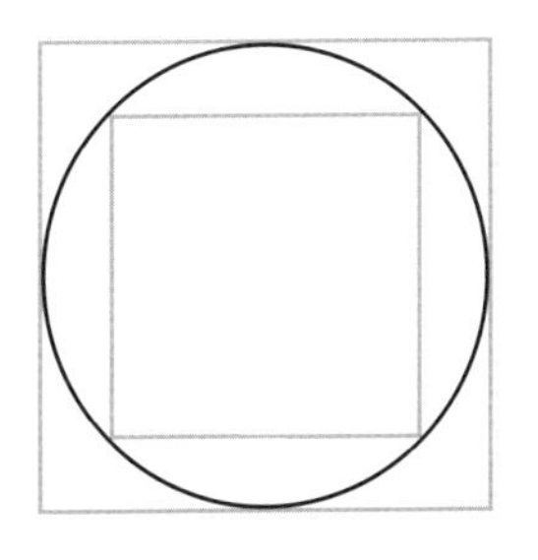
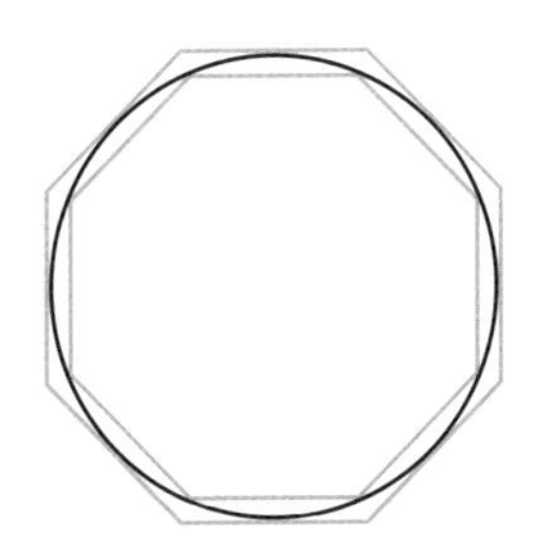

더욱더 많은 변을 사용한다면 근사치가 더욱 정확해지는 데에 도움이 될 수는 있지만, 이것도 엄밀하지는 않다. 곡선으로 둘러싸인 면적을 엄밀하게 정의하기 위해서는 미적분에 대해 많이 알아야 한다. 여기에는 '무한하게 작은' 삼각형에 관해 생각하는 것도 포함되며, 우리는 이런 무한하게 작은 것들에 관해 생각해야 할 때면 미적분을 소환해야 한다. 물론 다른 방법이 있을지도 모르겠으나 미적분이 가장 유명하며, 주장하건대 가장 생산적인 방법이다.

실제로 미적분은 곡선의 길이를 정의하기 위해서도 필요하다. 곡선의 길이 뒤에 있는 직관은 그렇게 어렵지 않다. 곡선을 그리고 있는 실 한 오라기가 있고, 그 길이를 측정하기 위해 쭉 잡아당기는 것을 생각해 볼 수 있다. 엄밀하지는 않지만 말이다.

아마 그것도 충분히 좋다고 생각할지 모르겠지만, 여기서 바로 주장을 발전시키고 구축한다는 수학의 개념이 등장한다. 위와 같이 실을 사용하는 방법은 일상생활에서 사용하기에 딱 좋다. 만약 양피지 종이를 원형 케이크 틀에 맞게 자른다면, π와 반지름을 통해 그 틀의 원주를 계산하지는 않는다. 그저 틀의 바깥을 양피지로 둘러싸고 잘라내는 것이기 때문에 겹치는 부분도 있을 것이다. 아마 일상생활에서 이보다 더 곡선에 대해 더 정확하게 알아야 할 필요가 있는 상황은 없을 것이다.

그러나 수학이 하나의 구조 위에 또 다른 구조를, 하나의 주장 위에 또 다른 주장을 쌓는다면, 모든 것은 거의 정확할 뿐만 아니라 논리적으로도 올바른 것이어야 한다. 논리적 올바름을 통해 우리는 더 많은 수학을 발전시킬 수 있고, 굉장히 복잡한 공학 구조에서와 같이 훨씬 더 난해한 응용을 할 수 있게 된다. 우리는 이미 5장에서 그러한 유형의 '발전'이 지닌 가치에 의문을 제기했다. 그 외에도 실험적 데이터뿐 아니라 단순한 이해에 대한 욕구에도 논리적 올바름이 있어야 한다. 실을 사용하면 정답을 얻을 수는 있는데, 그렇다면 과연 거기에는 어떤 일이 일어나고 있는 것인가?

내가 어떤 물건을 찾지 못하고 그걸 찾아 집을 미친 듯이 샅샅이 뒤질 때가 떠오른다. 그럴 내 모습이 나도 싫다. 꼭 논리가 아닌 실험에 따라 일이 진행되는 것 같은 느낌이 들기 때문이다. 나는 머릿속으로 생각하고 내가 그 물건을 마지막으로 무엇을 위해 썼는지 생각한 다음 지금 어디에 있을지 추론하는 것이 더 좋다. 나는 애거서 크리스티Agatha Christie의 추리소설 속 명탐정 에르퀼 푸아로Hercule Poirot를 높이 평가한다. 그는 그가 경멸하는 다른 탐정들처럼 물리적 증거를 찾아 손과 다리를 이리저리 움직이는 대신, 머릿속으로 범죄가 왜 저질러졌는지를 생각하고 이해해서 범죄를 해결하는 것을 믿는 사람이다.

만약 당신에게 곡선 길이를 이해할 욕구가 없고, 더 복잡한 이론을 세우거나 응용하는 데에 관심이 없다면, 미적분이 곡선의 길이를 어떻게 알아내는지에 대한 이야기가 당신의 관심을 전혀 끌지 못할 수도 있다. 사람들이 꽤 재밌다고 생각해서 돌아다니는 밈을 하나 발견했는데, 약간 다음과 비슷하게 생겼다.

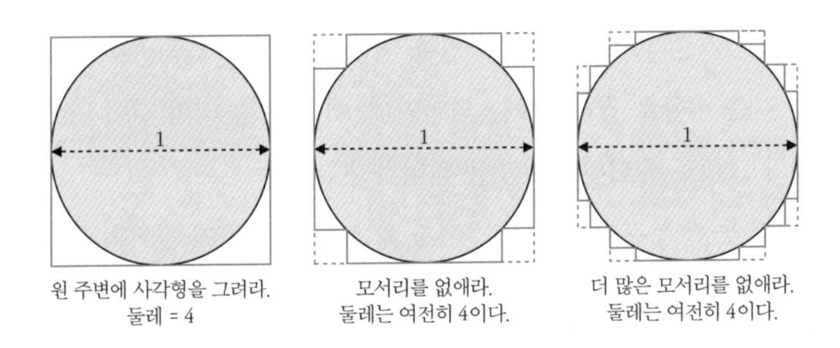

원 주변에 사각형을 그려라.
둘레 = 4

모서리를 없애라.
둘레는 여전히 4이다.

더 많은 모서리를 없애라.
둘레는 여전히 4이다.

아마 사람들은 이게 수학을 해체하는 것처럼 보인다는 데에 동의할 것이다. 수학을 좋아하는 많은 사람들은 자연스럽게 이 밈의 추론에서 무엇이 잘못됐는지 알아내어 설명해보려고 하지만, 심층 수학은 이것이 잘못되지 않았다고 말한다. 다만, 다른 맥락에서 작동하고 있다는 거다. 앞서 이야기했듯, 길이라는 개념은 맥락의 영향을 받는다. 이는 π 또한 분명히 맥락에 따른 것임을 의미한다. 즉, π는 '그저' 숫자일뿐 아니라, 관계이기도 한 것이다. 그리고 이는 정의와 정리에 접근할 수 있는 다양한 방식을 보여주는 하나의 관계이다.

π란 무엇인가?

만약 우리가 π를 그저 '3.14 어쩌고'라는 하나의 숫자로 생각한다면, 원의 둘레가 $2\pi r$이고, 면적은 πr^2임을 기억하기 위한 '사실'을 알고 있는 것이다.

나는 이것이 원에 대한 다소 재미없는 접근법이라고 생각한다. 이 방식은 도형의 크기를 확장하는 원리와 연결된 더 경이로운 무언가를 숨기고 있다. 도형을 비례 조절하면 모든 변의 길이도 같은 비율로 곱해진다는 의미인데, 이는 도형 내의 길이 간 관계가 그대로 유지된다는 것을 의미한다.

만약 긴 부분의 테두리 길이가 짧은 부분 테두리 길이의 두 배인 직사각형을 그린다면 그 도형을 어떻게 비례 축척하든 간에 다음과 같이 긴 테두리의 길이는 언제나 짧은 테두리 길이의 두 배일 것이다.

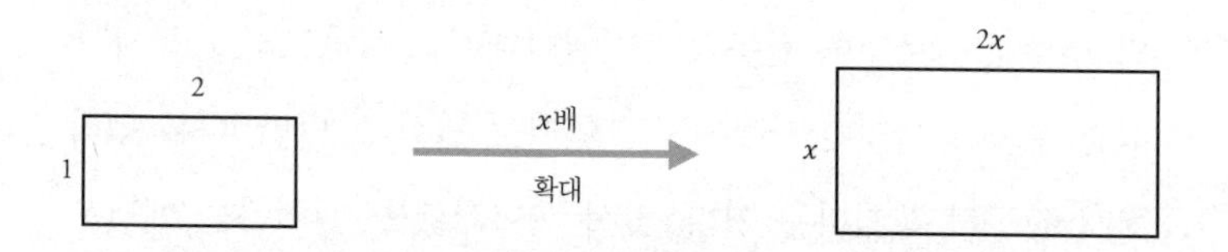

이 개념은 원에도 마찬가지로 적용되어야 한다. 우리는 원의 바깥 주변 길이인 원주를 엄밀하게 정의하는 방법에 대해 실제로 알지 못한다. 하지만 어떻게 재든 '직경'이라고 부르는 중앙을 관통하는 거리와의 변함없는 관계를 가져야 한다. 원의 크기는 어떻게 재든 그 비율이 항상 똑같을 것이다. 이는 놀랍고, 깊고, 근본적인 사실이다.

솔직히 나는 이게 어디서부터 시작된 사실인지 잘 알지 못한다. 아마도 자연 세계의 불가사의일 것이다. 비율의 법칙? 인류에 관한 진실? 어떤 의미에서 이는 '명백'하지만, 또 다른 의미에서는 전혀 명백하지 않아 보이기도 한다. 그리고 나는 이 점이 참 경이롭다. '명백하다'라는 말이 어째서 '너무 명백해서 설명할 수 없다'는 의미가 될 수 있는지 참 재밌다. 잠시 앉아 이에 대해 곰곰이 생각해보기를 바란다. '명백하다'는 말이 '설명할 수 없음'을 의미한다는 건 정말 재미있기도 하고 기이하다.

따라서 어쨌든 한 원의 둘레와 직경의 비율은 원의 크기와는 관계없이 똑같다. 이는 그 관계가 고정된 수인 '상수'라는 뜻이다. 다음은 숫자 대신 문자를 사용하는 것이 진정 인정을 받게 되는 사례이다. 우리는 그 숫자가 하나의 숫자로서 뭔지 알 필요가 없다. 그래도 다만 그 숫자에 이름을 붙이는 한 그걸 지칭할 수는 있다.

이는 지금 바깥 온도가 어떤지 알지 못하지만, 여전히 그 온도를 '바깥 온도'라고 부를 수 있다는 사실과 좀 비슷하다. 그래서 이 비율을 지칭할 수 있고, 수학자들은 그 비율을 지칭하기 위해 그리스 문자 π를 골랐다. π라고 부르기로 결정하고 나서, 수학자들은 다각형 근사와 같은 방법들을 통해 이게 어떤 숫자인지를 밝히려는 시도를 시작했다. 따라서 여기서 우리가 말하고 있는 것은 π의 정의가

$$\pi = \frac{둘레}{직경}$$

라는 것이다. 우리는 일단 수 π가 무엇인지 밝혔고, 위 식을 재배열해 원주가 직경에서부터 시작하는 것임을 발견할 수 있다. 왜냐하면 직경은 반지름의 두 배이기 때문에

$$둘레=\pi \times 직경$$

또는 $2\pi r$이라는 식을 얻을 수 있기 때문이다.

이제 여기서 중요한 세부 내용이 등장한다. 이 비율은 우리가 있는 맥락에 따라 달라진다. 길이의 비율이기 때문이다. 그래서 또한 우리가 어떤 종류의 길이를 이야기하고 있느냐에 따라서도 달라진다. 수 π가 실제로 무엇인지 밝히고자 한다면 이제 두 가지 문제를 해결해야 한다. 우리가 이야기하고 있는 길이의 종류가 무엇인지, 그리고 곡선의 길이를 어떻게 재야 하는지 알아야 한다.

택시의 세계로 다시 돌아가 보자. 직각 격자 체계에서 이동만 할 수 있는 곳 말이다. 그럼 우리는 이 맥락이 어떻게 나타나는 것인지 확인할 수 있다. 기억하라. 이 세계에서 우리는 다각형이 아닌, 격자 체계 위에 있는 '거리'만 따라갈 수 있다. 그렇다면 이 맥락에서 '원'이란 무엇인가?

대체, 원이란 무엇이란 말인가!

원이 원처럼 보이지 않을 때

당신은 아마 원이 다음과 같은 모양이라고 생각할 것이다.

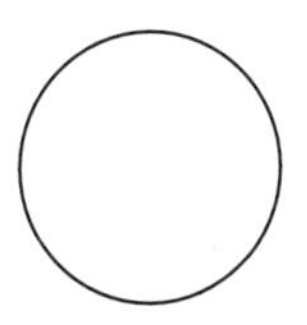

그런데 저게 대체 무엇인가? 전화기를 내려놓고 누군가에게 이를 설명해야 한다면, 어떻게 설명할 수 있을까? 대체 이 개념을 누군가에게 무어라 설명해야 할까?

드로잉 앱으로 원 기능을 선택할 게 아니라면 그 단서는 우리가 컴퍼스로 직접 원을 그리는 방법에 있다. 컴퍼스의 양다리를 고정 거리만큼 벌리고, 바늘 끝을 고정된 곳에 있는 페이지 위에 고정한 후, 페이지 위에서 연필 부분을 움직인다. 바늘 끝에서부터의 거리가 고정되어 있기 때문에, 결국에는 그 끝에서부터 같은 거리에 떨어진 페이지 위 모든 점을 발견할 수 있게 된다. 그리고 그 바늘 끝은 원의 중심이, 고정 거리는 반지름이 된다.

그러니까 원이라는 건 기본적으로, 정해진 중심에서 일정한 고정 거리에 있는 모든 점의 모임이다. 이 정의가 좀 추상적이고 멀게 느껴질 수 있지만, 사실 이런 추상화에는 이유가 있다. 이 개념을 확장해 좀 더 고차원적인 상황에 적용할 수 있고, 그렇게 하면 구나 더 복잡한 고차원에 있는 구의 개념에 대해 알 수 있다. 그리고 거리를 다르게 측정하는 세계에서도 원을 찾아볼 수 있는데, 택시미터에서 활용하는 거리 측정 방식이 이러한 예시에 해당한다.

일단 A라고 표시한 아래 중심점을 살펴보고, 중심점으로부터 네 블록 떨어져 있는 모든 곳을 찾아보자.

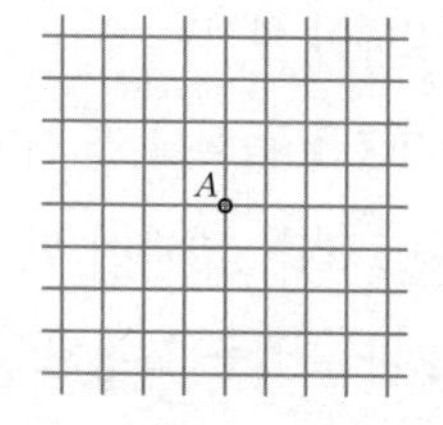

가장 명백한 위치에 있는 점들은 동, 서, 남, 북 방향으로 네 블록 떨어진 곳에 있는 점들일 것이다. 아니면 지그재그로 움직이는 방식도 있다. 한 블록 가서 방향을 꺾고, 그다음 한 블록, 한 블록, 한 블록을 갈 수도 있다. 그럼 두 블록, 그다음 두 블록 간 것과 똑같아질 것이다. 다시 원점으로 돌아가지 않아야 한다는 것을 기억하라. 그렇게 되면 사실 네 블록을 이동한 것이 아니기 때문이다.

중심점 A에서부터 정확히 네 블록 떨어진 모든 점을 표시하면 다음의 패턴을 얻을 수 있다.

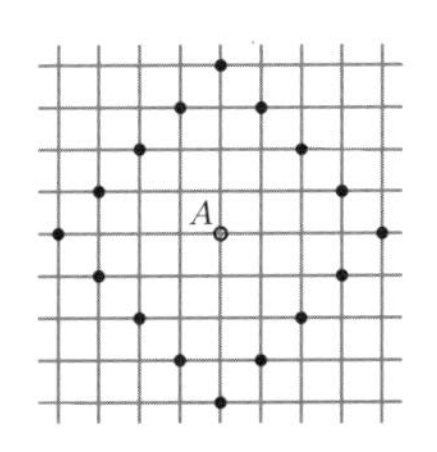

이는 택시미터 세계에서 하나의 '원'과 같다. 원형에 굉장히 가까울 뿐 아니라, 선으로 이어져 있지도 않다. 대각선을 그림으로써 '점들을 연결'하고 싶은 충동이 일지도 모르겠지만, 이 세계에서는 사실 대각선을 그릴 수 없다는 점을 기억하라. 아니면 점들을 연결해 계단 모양으로 만들고 싶기도 할 것이다. 이 세계에서는 그 선들을 따라갈 수는 있지만, 점들은 더 이상 중심에서 정확히 네 블록 떨어진 게 아닌 게 되어 실제로 이 '원'의 일부가 아니게 된다.

이제 이 세계에서 π가 무엇인지 알아볼 수 있다. π는 지름에 대한 원주의 비율이다. 하지만 기억하라. 이 세계에서는 거리를 다르게 측정해야 한다는 것을. 원의 외곽을 따라 측정하기 위해서는 모든 점 사이의 최단 거리를 측정해야 한다. 이는 다음과 같이 표시한 선들의 길이를 재는 것을 뜻한다.

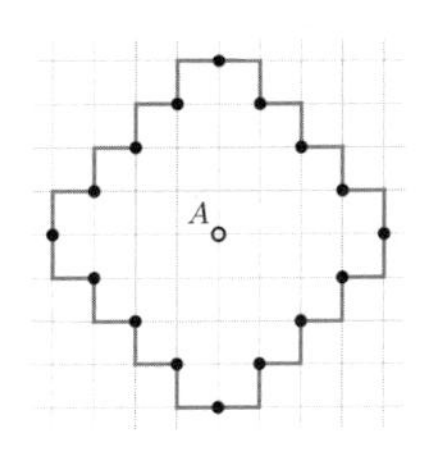

이 그림에 따르면 우리는 총 32블록을 얻게 된다. 지름은 중앙을 관통하는 거리로, 8이 된다. 따라서 π는 $\frac{32}{8}$ 즉, 4가 된다.

택시 세계에서 π는 4로, 이는 위에서 본 밈과 같다.[29]

그래서 π는 고정된 수가 아니라, 다른 맥락에서는 다르게 나타날 하나의 비율이다. 물론, 이대로 밀고 나가 π는 유클리드 공간에서 얻게 되는 우리에게 익숙한 '보통의' 거리라고 말할 수도 있겠지만, 나는 맥락에 집중하는 것을 좋아하기 때문에 이 또한 맥락에 따른 것으로 생각하는 것을 선호한다. 또한, 파이의 날 대회에서 π의 모든 자릿값을 그냥 4라고만 말하는 것도 좋을 거라 생각한다.

그러나 여기서 나는 다시 한번 파이의 날처럼 허수 i에 대해 'i의 날'을 기념할 수 있을 것이며, i가 주기적이기 때문에 2월 29일로 정할 수 있을 것이라는 결론을 내리기도 했다. 이 날은 4를 주기로 돌아온다. $i \times i$는 -1이고, i^3은 $-i$, i^4은 1이기 때문이다. 이는 i를 계속해서 곱하면 i, -1, $-i$, 1이 순서대로 계속해서 반복되며, 윤년처럼 4단계마다 i로 돌아간다. 그리고 i에는 자릿값이 없기 때문에 이미 우리가 이 수를 다 말했다는 결론을 내렸다.

'i의 날'이 π가 암기해야 할 하나의 고정된 수라는 아이디어에 어느 정도 반박하는 것이라는 아이디어가 마음에 든다. 수 π는 기

---

29 앞서 언급한 밈이 약간은 다른 상황을 설명하고 있음을 짚고 넘어가야 할 것 같다. 밈에 그려진 것이 택시 세계에서는 원이 아니고, 택시 세계에서는 존재조차 하지 않는 것으로 보이기 때문이다. 그러나, 거리가 무한하게 가까운 택시 세계 버전에는 존재한다. 그리고 이 경우 그 모양의 원주는 4가 된다. π가 4임은 여전히 참이다. 그저 이를 해명할 수 없을 뿐이다.

본상수이지만, 하나의 특정한 맥락과 관련이 있는 기본상수이다. 그리고 각 맥락에서 π의 개념은 그 맥락에서 사각형과 원 사이의 관계에 관해 말해준다.

이는 π에 관한 밈이 진정 우리에게 말하고 있는 것이다. 그 밈을 처음에 누가 만들었든 간에 그 뒤에 이렇게나 깊은 수학적 내용이 있음을 깨닫지도 못했을 거라는 생각이 들기는 하지만 말이다.

마지막으로 일각에서 믿는 그리스 문자 τ타우라는 다른 상수로 돌아가 보려고 한다. $2\pi r$이라는 식에서 2가 거슬려서 2π를 기본상수로 사용하는 게 더 나을 것이라는 게 이걸 믿는 사람들의 생각이다. 이는 τ라고 불리게 된 숫자이다. 타우는 우리가 지름에 대한 원주의 비율 대신 반지름에 대한 원주의 비율을 얻을 수 있다고 말한다. 그리고 이렇게 되면 원주에 대한 공식은 $\pi\tau(\pi\times\tau)$임을 뜻한다. 이는 원주와 반지름 사이의 관계보다 더 깔끔하다. 여기까지는 모두 괜찮지만, 사실 이렇게 되면 면적과 반지름 사이의 관계는 엉망이 된다. 원의 면적은 보통 πr^2이지만, 이를 $\tau=2\pi$라는 관점에서 표현하면 $\frac{\tau}{2}r^2$이 되기 때문이다.

하지만 실제로 τ가 나를 괴롭히는 측면은 τ를 다른 사람들보다 자신이 우월하다고 주장하는 방법으로 사용하는 데에 있다. 보통 사람들은 π를 사용하지만, 특별한 사람들은 τ에 대해서 알기 때문에 마치 자기들이 우주의 더욱 깊은 비밀을 속속들이 알고 있는 것처럼 말이다.

안타깝게도 이런 식의 수학 밈은 굉장히 많다. 그리고 그렇게 함으로써 수백만 개의 '좋아요'와 댓글을 얻고 공유된다. 주기적으로 '연산 순서' 즉, +, -, ×, ÷ 등의 표준 연산 순서의 적용을 테스트하는 밈도 돌아다닌다. 이 순서는 전 세계 여러 곳에서 굉장히 다양하지만 멍청하게 들리는 암기법을 통해 외워진다. 심지어 영어 사용 국가들 사이에서도 외우는 방법이 다양하다.

암기법

보드마스BODMAS, 베드마스BEDMAS, 포드마스PODMAS, 페드마스PEDMAS, 펨다스PEMDAS. 이들이 전부 무엇을 나타내는 건지 확신하지 못하겠지만, 전부 수학의 연산 순서를 외우는 방법일 것이다. B는 '괄호', O는 '거듭제곱', E는 '지수'를 뜻하며, 그다음 곱셈, 나눗셈, 덧셈, 뺄셈 순이다. '나눗셈'과 '뺄셈'을 포함하는 것은 이미 좀 과하다. 나눗셈은 사실 역수의 곱셈과 같고, 뺄셈은 역원의 덧셈과 같기 때문이다.

'보드마스 밈'이라고 구글 검색을 했을 때 처음으로 찾은 것은, 바로 다음과 같이 정확히 내가 생각하던 것이었다.

> 정답은 무엇인가요?
>
> $7+7\div7+7\times7-7$
>
> 안타깝게도 모두가 이 식의 계산을
> 잘못하고 있습니다!

마지막 줄은 자기가 다른 대부분의 사람들보다 똑똑하다고 생각하거나 다른 모든 사람들과 달리 분명히 이 식을 제대로 풀 수 있다고 생각하는 사람들의 관심을 끌려는 미끼이다. 이런 게시글의 댓글에서는 사람들이 다양한 답을 달고 서로에게 보드마스/펨다스 같은 것들을 하지도 못한다며 멍청하다고 말하며 분열되는 것을 볼 수 있다. 나는 여러 가지 이유로 이런 밈을 좋아하지 않는다. 두 가지 중요한 이유 중 첫 번째는 이런 밈들이 사람들에게 자기가 다른 사람들보다 우월하다고 주장할 수 있는 기회를 주기 때문이며, 두 번째는 그들이 수학자들이 하거나 생각하는 것과는 관련이 없는 주로 수학의 가장 무의미하고 지루한 부분들에 사람들의 관심을 끌기 때문이다.

나는 이 점에 대해 여러 가지의 공익광고 문구를 만들었다. 첫 번째, 수학자들이 그냥 앉아서 숫자를 더하고 곱하기만 하는 것은 아니다! 두 번째, 아마도 더 충격적인 사실이겠지만 수학자들은 '연산 순서'를 신경쓰지 않는다. 물론, 모든 수학자에 대해 하는 이야기는 아니지만, 나는 연산 순서를 신경쓰는 수학자를 한 번도 만나보지 못했다. 여기서 중요한 점은 '연산 순서'가 사실은 수학이 아니라는 점이다. 연산 순서는 그저 편리한 표기 관례일 뿐이다. 우리는 다른 표기 관계를 선택할 수도 있다. 이는 실제 수학에 어떤 차이도 만들어주지 못할 것이다. 실제로는 곱셈 전에 덧셈을 할 것이라고 결론을 내릴 수도 있다. 여전히 괄호가 보통의 연산 순서보다 더 앞서기 때문에, 우리는 보드마스BODMAS, 괄호-거듭제곱-나눗셈-곱셈-덧셈-뺄셈를 삼돕SAMDOB, 뺄셈-덧셈-곱셈-나눗셈-거듭제곱-

괄호과 같이 완전히 뒤집을 수는 없다. 하지만 오드마스ODMAS, 거듭제곱-나눗셈-곱셈-덧셈-뺄셈를 삼도SAMDO, 뺄셈-덧셈-곱셈-나눗셈-거듭제곱로 바꿀 수는 있다. 그런 경우 다음과 같은 번역이 가능하다.

오드마스(ODMAS) 세계		삼도(SAMDO) 세계
$2\times4+5=13$	⟷	$(2\times4)+5=13$
$2\times(4+5)=18$	⟷	$2\times4+5=18$

보라, 이건 지구를 무너뜨릴 만큼의 변화는 아니다. 우리가 이런 방식으로 하는 이유는 어쨌든 내 생각으로는 특히 우리가 문자를 다루면서 귀찮게 곱셈 기호를 쓰는 것을 멈출 수 있기 때문이다. 그래서 우리는 $2\times x$ 대신 $2x$라고 쓰고, 이게 함께 가는 연결된 단위일 경우 그 숫자들을 물리적으로 묶는 것이 시각적으로 이해가 잘 된다. 따라서 시각적으로 다음의 표현

$$2a+3b$$

는 a와 2를 b와 3과 합친 것이다. 여기서 목표는 우리의 시각적 직관에 맞게 표기하는 것이다. 그러나 우리가 × 기호를 넣는다면 다음과 같이 시각적 직관을 통합하는 측면을 잃게 된다.

$$2\times a+3\times b$$

나는 절대 수학자들이 일련의 기호들을 쭉 써나가는 것을 상상할 수가 없다. 너무 혼란스러워 보이기 때문이다. 그래서 어떤

수학자든 밈에서의 표현을 쓸 것이라고 생각하지 않는다. 있을 것 같지 않은 계산을 하려고 하면서도 말이다. 내 경험상 수학자들은 × 기호뿐 아니라 ÷ 기호도 거의 쓰지 않고 시각적으로 훨씬 더 매력적인 분수 표기를 좋아한다. 그러니 연산 순서 같은 것에 대해서는 걱정하지 않아도 된다.

$$\frac{2}{5}+7$$

과 같은 식은 2와 5가 함께 있고 7이 별도로 있는 게 시각적으로 상당히 분명해 보이도록 만들기 때문이다.

밈에 있던 표현도 다음과 같이 바꾸고 싶다.

$$7+\frac{7}{7}+7\cdot 7-7$$

7 두 개 사이에 있는 점은 간혹 두 숫자 사이에 있는 × 기호 대신 쓰는 것이다. 만약 7 두 개를 $7a$처럼 바로 옆에 붙여서 쓴다면 77처럼 보일 것이기 때문이다.

곱셈, 나눗셈 기호를 사용해야 한다면, 다음과 같이 괄호와 간격을 넣어 의도한 것을 더 명료하게 보여줄 수 있다.

$$7 + (7 \div 7) + (7 \times 7) - 7$$

나는 저런 표현을 괄호 없이 쓰는 것을 혐오한다. 이는 수학의 문제가 아니라, 수학 표기의 문제이기 때문이다.

지금 계속해서 내가 가장 덜 좋아하는 암기법에 관해 떠들고 있는데, '포일FOIL'이 빠진다면 섭섭할 것이다. 이미 이 암기법에 대해서는 4장에서 언급했다. 이는 우리가 다음과 같은 괄호식들을 곱할 때 도움이 된다.

$$(2x+3)(4x+1)$$

이건 첫 항First pair끼리, 바깥쪽 항Outer pair끼리, 안쪽 항Inner pair끼리, 마지막 항Last pair끼리 곱한다는 것이다. 이 방법이 우리를 이해시키지 않는다는 사실 이외에도, 여기에는 여러 가지 수학적 문제가 있다. 사실 이 방법은 우리가 실제로 저 순서대로 계산할 필요가 없다는 사실을 무시함으로써 우리의 이해를 제한한다. 덧셈에 교환이 적용된다면, 우리는 F, O, I, L을 어떤 순서로든 더해도 상관이 없다. 하지만 덧셈에 교환이 적용된다는 것을 알지 못하더라도 이 괄호들을 풀어 FOIL 대신 FIOL 순서대로 계산할 수 있을 것이다. 이는 괄호를 곱셈하는 방식이 덧셈의 분배보다 곱셈의 분배를 우선으로 하기 때문이다. 실제로는 다음의 두 가지 법칙이 있다.

$$a(b+c)=ab+ac$$

$$(a+b)c=ac+bc$$

이를 곱셈에 대한 '격자' 방식과 같은 것으로 생각해 보면 도움이 될지 모른다. 이 방식에서는 두 가지 분배의 형태가 다음의 두 그림으로 나타난다.

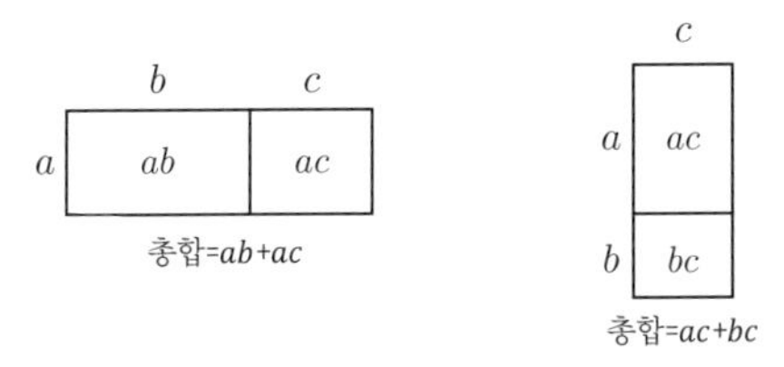

이들 중 하나는 상자를 수평으로 쌓는 것, 나머지 하나는 수직으로 쌓는 것과 같다.

여기서 다소 심오한 문제가 등장한다. FOIL에 관해서는 언급하지도 않았다. 무언가를 각 괄호에 있는 두 가지 항과 곱하기 위해서, 우리는 위 두 가지 버전의 분배를 사용해야 한다. 가령, $(a+b)(c+d)$를 계산하고 있는 경우, 다음과 같은 격자로 나타난다.

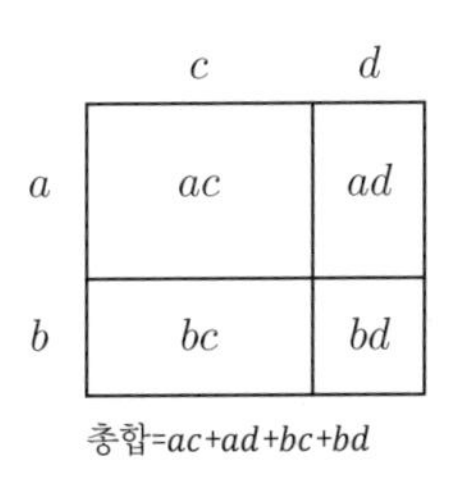

총합을 구하기 위해서는 수직으로 쌓은 상자들, 수평으로 쌓은 상자들을 모두 이해하고, 무엇을 먼저 할지 결정해야 한다.

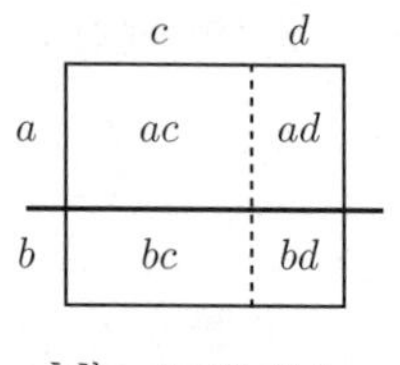

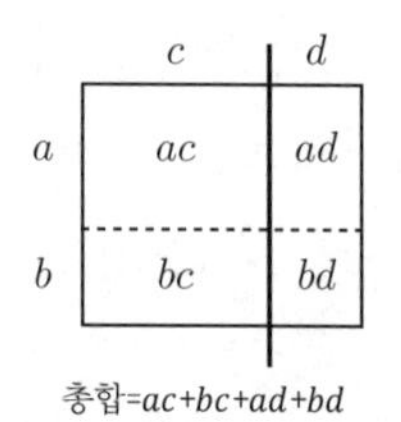

대수에서 이를 식으로 쓰면, 왼쪽에서는 $(c+d)$가 먼저 하나의 단위로 구성되어 다음과 같이 쓰인다.

$$a(c+d)+b(c+d)$$

그다음 괄호를 풀면 이건 FOIL이 된다.

오른쪽에서는 $(a+b)$를 하나의 단위로 처리해서 다음과 같이 쓰인다.

$$(a+b)c+(a+b)d$$

그다음 괄호를 풀면 이건 FIOL이 된다. 이제 두 결과를 살펴보자. 둘의 결과가 같지는 않다. 중간에 있는 두 항은 서로 순서가 바뀌어 있다. 단어 FOIL을 FIOL로 바꿨듯 중간 두 글자의 순서가 바뀌어 있는 것 같이 말이다. 만약 두 분배 모두 참이라면, FOIL과 FIOL 모두 똑같은 답을 줘야 한다. 여기서 조금만 생각하면 바로 덧셈에 틀림없이 교환이 적용된다고 추론하는 것이 가능하다.

나는 이 다소 비밀스러운 주장을 두 가지 이유에서 살펴봤다. 첫 번째는 FOIL이라는 순서를 고정시키는 것이 굉장히 제한적이라는 것을 보여주기 위해서다. FOIL과 FIOL이 둘 다 같은 답을 낸다는 사실은 어느 정도 기억해야 한다는 것을 뜻하며, 두 답이 같다는 사실은 상당한 심층수학을 증명해 보인다. 두 번째는 격자 방식 대비 FOIL 방식의 단점을 보여주기 위해서다.

격자는 곱셈을 하는 것 뿐 아니라, 이게 왜 네 가지 곱셈식의 합이 되는지를 느낄 수 있게 해주는 시각적인 방법이 된다. 이는 한 번에 샌드위치 네 개를 만드는 방법이라고 생각할 수도 있다. 빵 한 조각에 두 개의 재료를 올리고, 또 다른 한 조각에는 다른 두 개의 재료를 올린 다음 서로 직각이 되도록 뭉치는 것이다. 그렇게 되면 샌드위치 재료 네 개가 섞이는 결과가 나오며, 이건 다음과 같이 어느 정도 생생한 이미지로 드러난다.

우리가 이 추상적인 개념으로 생각할 수 있는 시각적 연관성은 매우 중요하며, 수학 그 자체의 전반적인 부분을 차지한다. 그리고 이것은 다음 장의 주제이다.

7장

그림

"왜 2+4=4+2인가?"

여기에는 어떤 위험도 없고 명백해 보일지 모르겠다. 우리가 몇 년 전에 배운 것이고, 그냥 보기에는 양변 모두 6과 같기 때문에 참으로 보일 뿐이다. 아마도 우리가 이전 장들에서 살펴본 것을 고려하면, 이 질문을 곧바로 '2+4=4+2는 어디에서 온 것인가?'로 바꿔야 한다고 생각할 수도 있겠다. 그것도 좋은 생각이기는 하지만, 이번에 나는 다른 접근법을 시도해서 사실 그것들이 진짜로 같지는 않다는 것을 지적하고자 한다. 좌변은 우리가 어떤 것을 두 개, 그리고 네 개 더 가지고 있다는 것을 뜻하며, 우변은 어떤 것을 네 개, 그리고 두 개 더 가지고 있다는 것을 뜻한다. 그리고 각각의 총합이 동일하게 나와야 한다는 게 얼마나 명확하지 않은지는 잠시 생각해 볼만한 가치가 있다.

이들이 원칙적으로는 똑같은 총합을 준다고 어떻게 말할 수 있을지 탐색해 보고자 한다. 즉, 총합이 무엇인지 알 필요 없이 말이다. 이것은 아이들이 처음에 사용하는 방식으로 블록이나 다른 물체를 사용해서, 아니면 물체의 그림을 그려서 할 수 있다. 수학에서 그림을 사용하는 것이 '유치한' 방법처럼 들릴지는 모르겠지만, 이번 장에서는 수학에서 그림이 가지는 강력함을 탐색해 볼 것이다. 최선의 표현을 사용하자면 나는 그림을 '아이 같다'고 생각하는 게 더 좋다. '유치하다'는 건 어떤 것을 설명하는 데에 있어서 재단하는 방식이며, 마치 덜 발달한 인간들만 하는 짓이기에 얼른 자라서 그것을 그만해야 한다고 말하는 것 같은 느낌이다. 그러나 '아이 같은' 것에는 멋지고 도움이 되기는 하지만 안타깝게도 사회의 압박이나 어른의 책임감으로 너무나 흔하게 묵살되는 측면들이 있다. 여기에는 참을 수 없는 호기심, 새로운 아이디어에 대한 개방적 태도, 거침없는 상상력의 활용, 무언가를 이해하지 못하는 것에 대한 전반적인 편안함이 있다. 아이들은 어른의 세계에 본인들이 아직은 이해할 수 없는 것들이 수없이 많다는 것을 알고 있지만, 이런 상황에 익숙하다. 이는 아이들이 수학을 이해하지 못함에도 불구하고 덜 두려워하는 이유 중 하나라고 확신한다. 어른들은 수학을 이해하지 못하면 본인이 수학을 못한다고 생각하거나 수학을 못한다는 소리를 들었던 것을 기억한다.

추상수학 연구자들이 의외로 어린아이들과 비슷하게 하는 활동 중 하나가 바로 그림 그리기다. 내가 연구하는 범주론에서는 어디에서든 방정식이나 대수학의 선 대신에 그림을 찾아볼 수 있다. 이는 '추상대수학'이라고 부르지만, 실제로 추론의 대부분은 '도식'이라고 지칭하는 그림을 사용해 이루어진다. 그리고 이러한 그림의 사용은 이 새로운 수학 분야가 특히 생산적이 되도록 만든 요소 중 하나다. 심지어 프랑스어로 '아이가 그린 그림'을 뜻하는 '데생당팡dessin d'enfant'이라는 유형의 수학적 도식도 있다. 이 용어는 1984년 프랑스 수학자 알렉산더 그로텐디크Alexandre Grothendieck가 지었다.

2016년 시카고의 호텔 EMC2Hotel EMC2에서 수학을 예술로 만들어 달라는 의뢰를 처음 받았을 때였다. 나는 스스로를 비주얼 아티스트라고 생각하지 않았다. 하지만 당시 내가 연구의 일부로 수많은 그림을 그렸고, 그런 의미에서 추상 비주얼 아티스트라는 것을 깨닫게 되었다. 그래서 이번 장에서는 수학에서 그림이 우리를 위해 무엇을 해주는지에 관해 이야기하고자 한다. 그림은 시각적인 도구일 뿐 아니라, 실제 수학 자체의 일부가 될 수 있다.

그림을 몇 가지 사용해서 왜 2+4=4+2가 되는지를 살펴보며 '양변이 6으로 같기 때문이다'는 답변을 넘어 더 깊이 이해해 보도록 하자.

'모든 방정식은 거짓'

아이들이 2+4가 4+2와 같다는 것을 납득하는 데에는 실제로 시간이 한참 걸리기도 한다. 그럴 법하다. 그리고 타당하다. 이게 실제로 참이 아니라는 중요한 의미가 있기 때문이다. 만약 어떤 어린 아이가 여전히 덧셈을 할 때 손가락을 사용한다면, 그 아이는 4 더하기 2가 무엇인지 물어봤을 때 꽤 쉽게 답을 말할 것이다. 속으로 4를 기억하고, 손가락 두 개를 사용해 2까지 '세면' 상당히 빠르게 6을 얻을 수 있다. 그러나 2 더하기 4가 뭐냐고 물어보면, 머릿속으로 2를 기억하고 나서 손가락 네 개를 사용해 4까지 세 보려고 할 것이다. 이 단계에서 아이에게는 4가 손가락으로 세기에는 상당히 힘들 수 있기에 답을 구하는 데에 더 오래 걸리고, 더 힘들어하며, 결국 오답을 내놓을 수 있을 것이다. 그래서 이 아이에게는 4+2가 실제로 2+4와 같지 않다. 두 번째가 첫 번째보다 훨씬 더 어렵다. 이것은 이 둘이 왜 같은지, 심지어는 어떤 경우에 이들이 같은지를 물어보는 대신, 어떤 의미에서 그들이 같은지에 초점을 맞추고 싶은 이유다.

이 경우 양변은 동일한 답을 낼 수밖에 없다는 의미에서 같다. 계산 과정이 다르기는 하지만 말이다. 그리고 이것은 사실 방정식에서 중요한 점이다. 한 변은 나머지 한 변보다 계산하기에 더 어렵고, 그래서 우리는 양변이 동일한 합을 낸다는 사실을 아는 데에서 이득을 얻는다. 이것은 우리가 계산이 더 쉬운 변을 사용해 더 어려운 변을 이해할 수 있다는 뜻이다. 수학에서 우리가 사용하는 모든 방정식에 대해 이는 참이다.

우리가 이야기하고 있는 방정식은 덧셈에서 교환의 사례에 해당한다. 이는 우리가 숫자를 더하는 순서에는 상관이 없다는 의미와도 같다. 숫자의 덧셈에 관한 또 다른 기본 원리는 우리가 숫자를 어떻게 묶든지 상관이 없다는 것이다. 우리는 보통 괄호로 이를 명시한다. 이게 바로 결합법칙이다. 예를 들어 덧셈에 대해 생각해 본다면 다음은 참이 된다.

$$(8+5)+5=8+(5+5)$$

나는 좌변보다는 우변이 생각하기에 훨씬 쉬운 것을 발견했다. 여기 있는 괄호는 나에게 5+5를 먼저 하라고 말해준다. 그건 쉽다. 나는 내 두뇌를 더 쓸 필요 없이 5+5가 10이라는 것을 알고 있으며, 그다음에도 두뇌를 또 쓸 필요가 없이 10에 8을 더할 수 있다.

이와는 반대로, 좌변에서는 8+5를 먼저 해야 한다. 그리고 이 계산은 답이 10이 넘어가기 때문에 훨씬 어렵다. 이게 나를 그렇게까지 괴롭히지는 않는다는 건 사실이지만, 분명히 5+5보다는 더 강력한 수준으로 두뇌를 써야 한다. 우리가 무언가를 얼마나 쉽게 발견할 수 있는지 자랑하는 대신, 어떤 것이 다른 것보다 더 어렵다는 것을 가까이에서 관찰하는 편이 훨씬 흥미롭다. 특히 이러한 추가적인 인지적 부담이 빠르게 늘어나서 우리를 지치게 만들기 때문이다.

그런데 이는 수학에서 종종 '암기'를 요구하는 이유 중 하나이기도 하다. 어떤 사실들을 암기하면 그런 인지적 부담을 느끼지 않고도 답을 낼 수 있고, 그럼 계속해서 더 빠르게 답을 낼 수 있기 때문이다. 나는 내 인지적 부담을 암기보다는 내면화를 통해 줄일 수 있다는 사실을 발견했다. 나는 5+5가 10이라는 사실을 '암기'한 적이 없다. 어느 정도는 말 그대로 내 손바닥에 있는 나의 일부일 뿐이다. 무언가를 암기하는 것이 이후에 일어날 인지적 부담을 줄이는 데에 도움이 될지도 모른다는 것, 이해로부터 더 멀어질 수도 있다는 것, 그 균형이 종종 그렇게 가치있지는 않다는 것에 주목해야 한다.

어쨌든 그래서, 방정식 2+4=4+2에서 핵심은 양변이 어느 정도는 다르다는 것, 그리고 한 변이 나머지 한 변보다 계산하기 쉽다는 것, 그래서 우리가 총합이 똑같이 나올 것을 아는 상태로 계산이 더 쉬운 변을 사용할 수 있다는 것이다.

사실 이건 모든 방정식의 핵심이다. 방정식은 어떤 의미에서는 다르지만, 또 다른 의미에서는 같은 두 식을 찾는 것과 관련된다. 이는 우리가 두 식의 동일한 측면을 활용해 다른 측면 사이를 오갈 수 있다는 걸 의미하며, 그렇게 함으로써 우리의 이해를 넓히고 새로운 지점으로 나아가게 한다. 우리는 우리에게 두 식이 같다고 말해주는 방정식에 집중하는 경향이 있지만, 이는 두 식이 다르다는 측면과 관련이 있다. 그래서 실제로는 전혀 같지가 않은 것이다.

양변이 실제로 진정 같은 유일한 방정식은

$$x=x$$

이며, 이런 형태를 가진 식들 뿐이다. 이 방정식은 실제로 양변이 모두 같다. 그래서 완전히 쓸모가 없다. 우리는 무언가가 그 자신과 같다고 말함으로써 그것에 대한 지식을 얻지는 않는다.

가끔 나는 '모든 방정식은 거짓말이다'라는 말이 좋다. 물론 조금 자극적인 표현이기는 하지만 말이다. 조금 더 살을 붙여 '모든 방정식은 거짓말이거나 쓸모가 없다'라고 표현할 수도 있겠다. 하지만 중요한 건 방정식이 거짓말을 한다는 사실 그 말 자체가 아니라, 방정식 뒤에는 더 미묘한 차이가 있을 것이라는 점이다. 실제로 방정식은 두 상황의 특정 측면에 초점을 맞추면, '의미'의 측면에서 서로 방식은 다르더라도 동등한 결과가 나온다. 이는 고차원 범주론 중에서 중요한 부분이다. 숫자보다 더 섬세한 개념을 공부할 때는 그저 두 상황이 같다기보다, 두 상황을 같게 만드는 더욱 미묘한 방식이 있기 때문이다. 그래서 주어진 상황에서 어떤 것을 같다고 간주할 것인지, 세심하게 살펴야 한다. 다시 2+4=4+2라는 원래의 질문으로 돌아가 블록을 이용해 어린아이에게 어떻게 설명할지 생각해 보겠다.

블록으로 수를 세는 것의 심오함

블록을 사용해 산수를 하는 것은 보통 어린아이들이나 해야 하는 것으로 여겨진다. 그 아이들이 산수하는 법을 '적절하게' 배우기 전까지 말이다. 이들은 자라서 블록 사용을 그만두고, 머릿속으로 계산하거나 종종 부모들을 당황시키는 세련된 '전략들'을 사용하고는 한다.

그러나 실제로 블록으로 산수를 하는 것은 굉장히 심오하며, 더 높은 차원의 추상수학과 관련해 미묘한 부분을 풀어나감에 있어 깊은 힌트를 준다.

기본 산수를 하고 있을 뿐인데 더 높은 차원이 숫자에 작용한다는 것은 놀라울 수도 있겠지만, 정말 그렇다.

우리는 이미 격자에서 곱셈을 하면서 약간 더 고차원적인 사고에 관해 알아봤다. 이는 실제로 우리가 곱셈을 어떻게 덧셈의 반복으로 생각할 수 있는지로 이어진다. 만약 3×2를 2를 세 번 더하는 것으로 생각한다면, 다음과 같이 두 개의 블록이 세 쌍 있는 것으로 생각할 수 있다.

2×3은 다음과 같이 세 개의 블록이 두 쌍 있는 것으로 생각할 수 있다.

이 지점에서는 왜 이들이 같은지가 시각적으로 그렇게 명백하지는 않다. 우리는 이들을 셀 수는 있지만, 그건 같은 개수가 있다는 것을 확인할 수 있을 뿐 왜 같은지에 대해서는 알 수 없다. 일반 원리를 살펴보지 않으면, 이것을 다른 숫자에 대해 일반화하기에는 힘들다.

우리는 이미 3장에서 아래 그림과 같이 블록을 하나의 격자로 묶는 것이 더욱 이해에 도움이 된다는 것을 알았다.

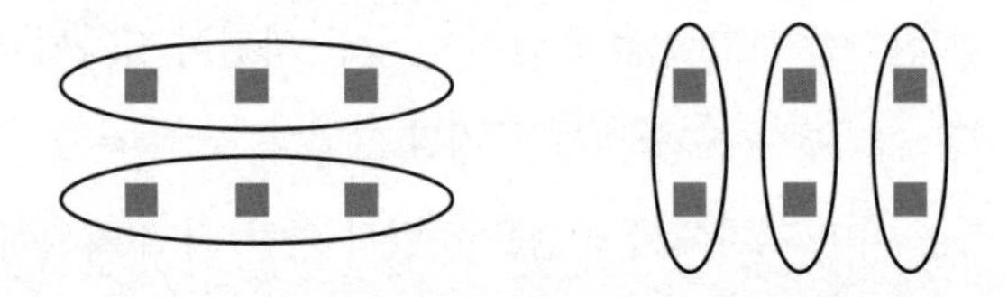

이제 우리는 우리의 시각적 직관을 더 소환해서, 이게 왜 참인지에 관해 더 깊게 알아볼 수 있다. 결정적으로, 우리는 실제로 두 경우 모두 답이 같다는 것을 이해하기 위해 그 답이 무엇인지 알 필요가 없다.

위 그림은 우리가 이 블록들로 이루어진 격자를 2행 3열, 또는 3열 2행으로 생각할 수 있다는 사실을 보여주고 있다. 어떤 면에서 우리는 지금 '회전'을 사용하고 있기도 하다. 즉, 블록들이 올라가 있는 테이블을 회전한다고 생각해볼 수 있을 것이다. 아니면 다른 관점에서 바라보기 위해 걸어서 이동한 것으로 볼 수도 있을 것이다.

블록의 개수는 바뀌지 않는다. 우리는 그 주변을 걷기만 했기 때문이다. 이는 추상적으로 내가 삼각형의 축척을 확대하거나 축소한다고 말했을 때 더 가까이에서, 또는 더 멀리에서 삼각형을 바라보는 것과 같다고 이야기한 것과 비슷하다. 여기서 우리는 우리가 삼각형을 바라보는 시점은 바꿨지만, 삼각형 자체를 바꾸지는 않았다.

블록 격자를 바라보는 시점을 회전하는 것과 일치하는 논리적 구조는 다음과 같다.

$$3 \times 2 = 2 \times 3$$

그러나, 이 주장에는 우리가 1차원이 아닌 2차원을 사용한다는 것이 포함되어 있음을 기억하라. 만약 이들이 하나의 주판 기둥에 꿰어져 있는 주판알들이라면, 2차원은 필요가 없다.

덧셈의 교환에 관해 생각해 본다면 추가적인 차원이 필요하기까지 하다. 블록을 가지고 4+2를 한다고 상상해보면 다음 장에서 볼 수 있는 그림과 같은 결과를 얻을 수 있을 것이다.

■ ■ ■ ■ ● ●

2+4를 한다면 다음을 얻을 수 있을 것이다.

● ● ■ ■ ■ ■

이제 다른 한쪽으로 걸어가 봄으로써, 아니면 다음과 같이 블록 두 종류의 자리를 서로 바꿈으로써 이 두 식이 같다는 것을 이해할 수 있다.

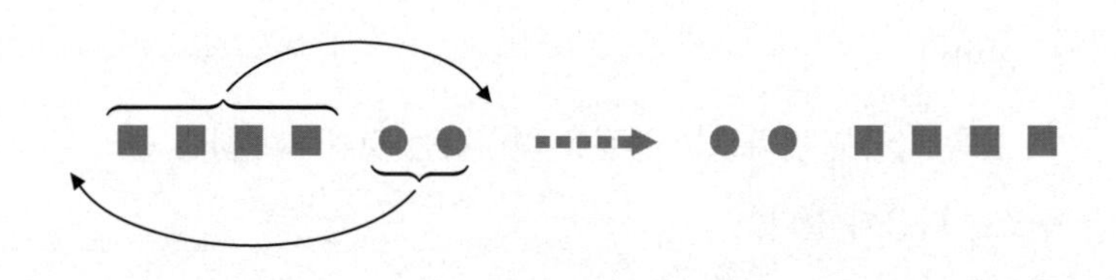

시각적으로는 흥미롭지만, 이를 이해하려면 2차원이 다시 한 번 필요하다. 이와는 대조적으로 결합은 주판 기둥처럼 1차원 내에서 그저 다음 장의 그림처럼 원들을 옆으로 옮기는 것만으로도 확인할 수 있다. 다음 장의 그림은 원을 움직이기 전 (4+2)+3을 나타낸 것이다.

■ ■ ■ ■ ● ● → ▲ ▲ ▲

이후 4+(2+3)을 나타내면 다음과 같은 그림을 얻게 된다.

■ ■ ■ ■ ● ● ▲ ▲ ▲

이 설명은 예상대로 우리가 어떤 경우에 2+4=4+2인지를 물어보는 것으로 몰고 간다. 어디서 이걸 확인할지는 중요하다. 1차원 세계에 있다면 확인할 수가 없을 것이기 때문이다. 이 상황은 그림으로 그려서 확인할 수 있을 것이다.

그림의 역할

가끔 그림은 그저 우리가 추상화를 이해할 수 있도록 도와주는 시각적 도구에 불과하다. 또 가끔은 계산을 하기 위한 일종의 형식적인 기호이기도 하다. 후자는 범주론에서 흔하게 볼 수 있는데, 이 이론에서는 더욱 복잡한 대수학을 다루고 있기 때문에 한 줄로 쓰여진 기호보다 더 많은 도움이 필요하다.

다만, 이런 방식은 논란의 여지가 있으며, 시각장애인을 배제하는 방식이라는 걸 인정한다. 나는 내 모든 책에 생생한 그림을 많이 넣으려고 노력한다. 오디오북에는 보통 이러한 그림을 확인할 수 있도록 PDF 파일이 제공되는데, 내 책을 오디오북으로 감상했으나 그림을 찾는 것이 불가능했던 시각장애인에게 정중한 메시지를 받은 적이 있다. 아직 이에 대한 해결책을 찾지 못해 정말 죄송할 따름이다. 그러나 많은 사람에게 수학에서의 시각적 표현은 도움이 되며, 이로써 해당 주제는 더욱 발전할 수 있다.

나는 눈이 보이지 않는 뛰어난 수학자들이 많다는 말을 덧붙이고 싶다. 그들 중 많은 이들은 실제로 기하학, 위상 기하학 분야에서 일하며 여러 도형, 그리고 도형들 사이의 관계를 다루고 있다. 아주 유명한 이야기이지만, 프랑스 수학자 버나드 모린Bernard Morin은 구면을 수학적으로 뒤집는 방법, 전문 용어로 '구면 뒤집기'를 생각해 냈다. 이는 물리계에서 너무나도 직관에 어긋나는 것이어서, 시각적 물리계를 볼 수 없는 것이 오히려 도움이 되었을 수 있다.[30]

시각적 도구에 의존하는 것이 청각 장애를 가진 이들에게도 어려울 수 있다는 것 또한 인정하고자 한다. 최근 나는 귀가 아예 들리지 않아 수업에 수화 통역사와 함께 출석하는 학생 한 명을 가르쳤다. 그는 내가 시각적으로 설명하는 것을 보면서 그것을 전하는 수화를 봐야 하는데 나는 그가 두 가지를 동시에 볼 수 없다는 것을 깨달았다. 그래서 결국 모든 시각적 설명을 두 번씩 하게 되었는데, 그가 내 설명과 수화를 따로 보면서 제대로 잘 이해했다고 보기는 확실히 어려웠다.

---

30 버나드 모린과 시각 장애를 가지고 있는 다른 수학자들의 연구에 관해 "시각 장애인 수학자들의 세계(The World of Blind Mathematicians, 2002)", 「미국수학회보(*Notices of the American Mathematical Society*)」 Vol. 49, No. 10에서 흥미롭게 설명한 바 있다. https://www.ams.org/notices/200210/comm-morin.pdf에서 이용 가능.

범주론에서 내가 한 연구에서 활용한 시각적 표현 사례 몇 가지를 여기에 싣고자 한다. 다음은 엄밀한 주장에서 실제로 사용되는 것들이다.

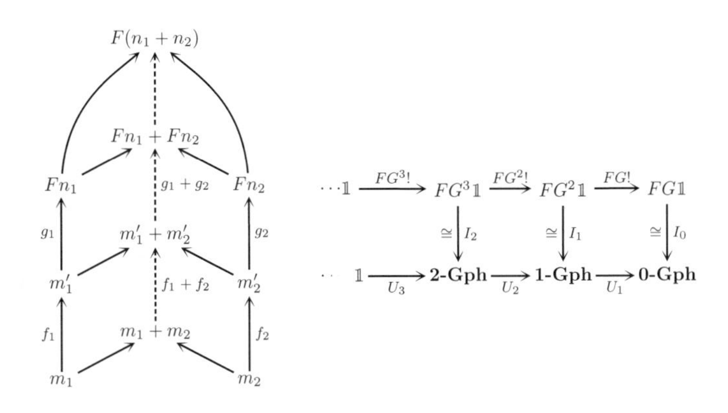

다음은 어떤 직관을 통해 우리를 도와주는 시각적 도구들이다.

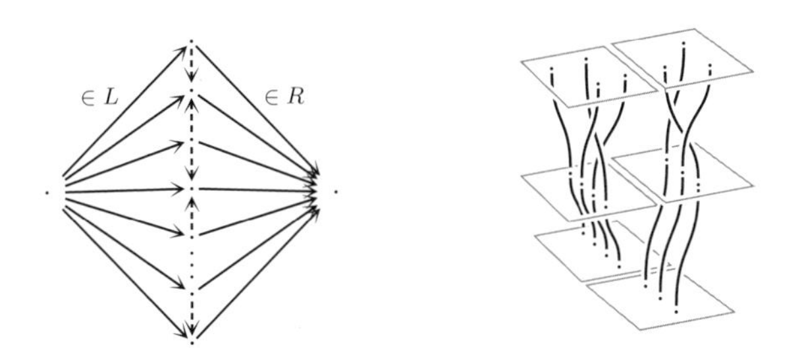

두 경우 모두에서 핵심은 논리가 시각적 도구와 어떻게 일치하는지, 그리고 시각적 도구가 그 논리에 어떻게 일치하는지를 이해할 수 있다는 데에 있다. 이 과정은 고급 연구 수학에만 제한되

지 않는다. 학교에 다니는 수많은 학생을 괴롭히는 그래프 그리기의 핵심이기도 하다.

그래프 그리기

그래프 그리기는 왜 그렇게 중요할까? 내가 들었던 불만 중 하나는 다음과 같다. 그래프를 잘 그릴 수 있는 능력은 수학보다는 예술적 스킬에 가까운데, 왜 우리가 이걸 수학에서 해야 하냐는 것이었다.

이에 대한 내 첫 번째 답은 '예술적 문제'라고 해서 그것이 수학의 문제는 아닐 거라고 장담할 수 없다는 거다. 하지만 이보다 더 깊은 수준에서 할 수 있는 답은 그래프를 '잘' 그린다의 기준이 무엇이냐에 따라 그 의미 역시 달라진다는 점이다. 나는 그래프를 수학적으로 잘 그리는 것과 예술적으로 잘 그리는 것은 다르며, 이 두 가지 모두 중요하나 차이점이 있다고 본다. 또한, 더 나아가 어느 정도는 중복되는 이유로 이것들이 중요하다고 생각한다. 전형적인 수학 교육에서 우리는 그래프를 수학적으로 잘 그릴 수 있는 것을 목표로 하지만, 예술적인 면을 간과oversight하는 것이다.

그런데 여기서 'oversight간과/실수/감독'라는 단어는 'over-looing 못 본 체/내다보는 것'과 같이 두 가지 대조되는 뜻을 가지는 이상한 단어 중 하나다. 'oversight'라는 단어는 무언가를 보고 지나치는 걸 의미하기도 하고, 이와 반대로 무엇인가 쭉 훑어보며 전체를 살피는 걸 뜻하기도 한다. 대규모 인원이 포함된 프로젝트에는 좋은 '감독'이 필요하다. 그러나 아무도 '감독'을 맡으려 하지 않는다면, 이는 일종의 '간과'로 여겨질 수 있다. 이것과 비슷한 다른 영어 단어들로는 impregnable난공불락의/무적의, cleave가르다/착 달라붙다, resigned감수하는/체념하는가 있다. 이들은 '자동 반의어'라고 하는데, 내게는 아주 흥미로운 표현들이다.

어쨌든, 그래프는 종종 당신이 관심 있어 하는 무언가를 나타낸다는 주장 없이 다양한 공식이 던져지고 그것들에 대한 그림을 그려야만 하는 고통스럽고 무의미한 수학 수업과 연관된다. 그런데 여기서 우리는 중요한 것을 완전히 놓치고 있다. 그래프를 그리는 이유, 그리고 이게 하나의 과정으로서 얼마나 놀라운지를 잊고 있었다.

내게 수학에 대해 가장 이른 기억 중 한 가지는 어머니께서 제곱의 그래프를 그릴 수 있다고 설명해 주셨던 것이다. 즉, 숫자를 제곱하는 과정을 거쳐, 하나의 그림으로 그릴 수 있다는 것이다. 수평축에 있는 모든 수의 위로 특정 거리만큼 떨어진 곳에 점을 찍고, 사용한 수직 거리는 제곱하기 전의 숫자이다.

그래서 우리는 다음의 과정부터 시작하게 된다.

$$\begin{array}{ccc} 1 & \longmapsto & 1 \\ 2 & \longmapsto & 4 \\ 3 & \longmapsto & 9 \\ 4 & \longmapsto & 16 \\ & \cdots & \end{array}$$

하지만 0, 음수, 정수가 아닌 수도 포함된다. 결국 이는 다음과 같은 그림으로 나타난다.

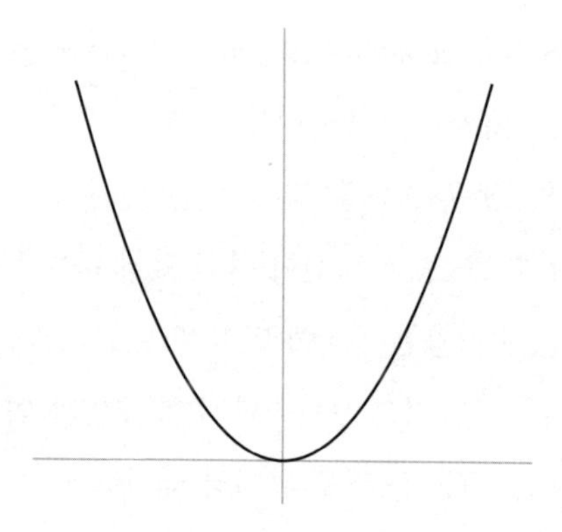

당시 나는 상당히 어렸고, 수학적 과정을 그림으로 바꾸는 것, 그렇게 수학적 과정을 볼 수 있다는 것이 얼마나 놀라운 일인지를 이해하려고 뇌가 모든 방향으로 미친 듯이 뒤틀리는 느낌을 받았던 것을 기억한다. 이 기억은 내게 '다양상 번역intermodal translation'이라고 부르는 것을 떠오르게 한다. 문학 번역가이자 작가, 시인, 뮤지션, 총괄 크리에이터인 내 사랑하는 친구 아마이아 가반초Amaia Gabantxo가 설명해준 용어이다. 아마이아는 언어 간 번역을 가르치고 실제로 하는 것을 넘어, 음악에서 시로, 시에서 춤으로, 아니면 음식에서 춤으로 다양한 형태 간 번역도 가르치고 실행한다. 어떤 면에서는 그래프를 그리는 것이 하나의 다양상 번역이라고 생각할 수 있을 것이다. 내가 보기에 여기서 핵심은 다양한 양상 각각에서 나타나는 강점과 직관으로부터 혜택을 얻는 것이다. 그래프 그리기에서 우리가 시작하는 '양상'은 엄밀하고 형식적으로 언급되며 보통 하나의 공식을 사용하는 수학적 과정이다. 그 공식은 추론과 논리적 주장을 정립하는 데에 굉장히 좋다. 우리는 이 수학적 과정을 그림으로 번역하며, 이는 덜 형식적이고 엄밀해서 논리적 주장 정립에도 덜 좋다. 다만 모양과 경향에 관한 다른 직관, 아마도 더 많은 인간의 직관을 끌어들이는 데에는 훨씬 더 좋다.

한 예로, 다음은 2020년 3월 뉴욕시 코로나19 확진자 수를 보여주는 표다.[31]

3/3	1	10/3	70	17/3	2452	24/3	4503
4/3	5	11/3	155	18/3	2971	25/3	4874
5/3	3	12/3	357	19/3	3707	26/3	5048
6/3	8	13/3	619	20/3	4007	27/3	5118
7/3	7	14/3	642	21/3	2637	28/3	3479
8/3	21	15/3	1032	22/3	2580	29/3	3563
9/3	75	16/3	2121	23/3	3570	30/3	5461

이 숫자들이 점점 증가하고 있다는 것 말고는 다른 종류의 직감적인 반응을 만들기는 어렵다. 그러나, 다음과 같이 위 목록을 그래프로 나타내 봤다. 왼쪽 그래프는 불안정하지만, 오른쪽 그래프는 7일 평균 확진자 수를 보여주며 일일 확진자 수 변동을 부드럽게 그리고 있다.

---

31 https://github.com/nychealth/coronavirus-data에서 입수한 데이터.

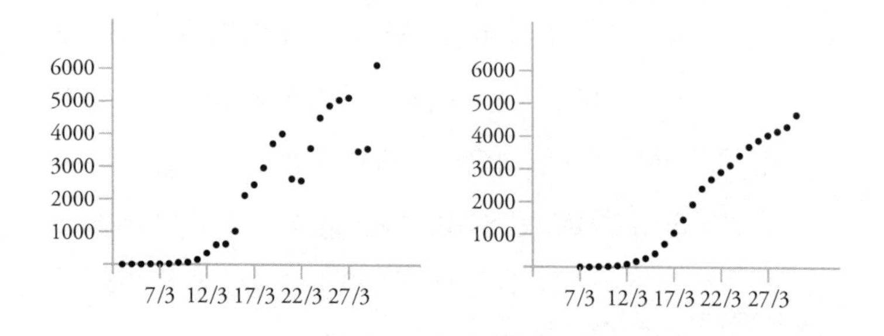

위 그래프에서는 우리의 시각적 직관을 소환해서 숫자를 비롯해 그래프의 기울기에서 3월 22일 정도까지 경사가 다소 안정될 때까지 굉장히 충격적인 증가세를 볼 수 있다.

추상적인 개념을 표현하는 것은 어렵다. 이것 자체가 추상적이기 때문이다. 그런데 이 개념을 더욱 직관적인 영역으로 번역하는 것은 도움이 될 수 있다. 우리가 시각적 직관을 사용할 수 있도록 추상적인 아이디어를 시각적인 것으로 번역하는 일은 수학의 굉장히 유익한 부분이다. 여기서 중요한 것은 어떤 추상적 특징이 어떤 시각적 특징과 일치하는가를 아는 것이다.

특징 번역하기

우리가 그래프를 볼 때 물어볼 수 있을 법한 시각적 특징으로는 다음과 같은 것들이 있다. '모서리가 있는가?', '구멍은 있는가?', '위로 올라가는가, 아니면 내려가는가?', '방향이 바뀌는가?', '어디서 더 빠르게 올라가거나 내려가는가?', '어딘가에서 무한대

로 향하는가?', '끝에 있는 무한대로 천천히 가는가?', '납작해지는가?', '심한 변동을 보이는가?'

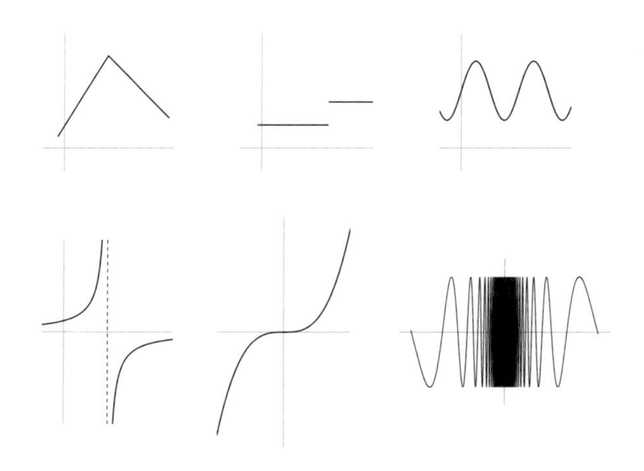

그 후 우리는 이러한 시각적 특징이 왜 일어났는지를 알고자 노력한다. 이처럼 시각적으로 생동감이 넘치는 특징들은 어떤 논리적 구조에 해당하는가? 그다음 역으로 물어볼 수도 있다. 우리가 추상적인 상황에서 시작한다면 어떤 종류의 시각적 특징이 나타나는가? 이것이 바로 그래프를 그리는 진정한 목적이며, 이러한 공식들이 작동하는 방식을 더 잘 이해할 수 있게 되는 방법이다.

그래프를 잘 그리는 것은 예쁜 곡선을 그려야 한다는 것이 아니다. 우리가 관심을 갖는 주요 특징들을 명료하게 나타내야 한다는 것이다. 어떤 면에서 이는 예술과 비슷하다. 보는 사람의 관심을 이끌고자 하는 세계의 특징을 확인하고, 그 특징에 집중하도록 표현 방식을 선택하는 것이다. 입체파와 인상주의는 서로 다른 방식으로, 서로 다른 것에 우리의 관심을 유도할 것이다.

어떤 상황에서는 무언가를 '명료하게' 표현한다는 것은 그것을 아름답게 표현한다는 것을 뜻하기도 한다. 이는 청중이 누군지에 따라 다르다. 내가 처음 아트스쿨에서 강의를 시작할 당시였는데, 학생들과 등변삼각형의 대칭을 포함한 활동을 하고 있었다. 그래서 나는 모두에게 카드와 가위를 주고 엄밀한 등변삼각형으로 자를 것을 요청했다. 내가 고려하지 못했던 것은 학생들이 삼각형을 완벽하게 등변으로 만드는 것에 관해 굉장히 우려한다는 것이었다. 그들에게 정확히 우리가 무엇을 할 것인지, 그리고 어떤 방식으로든 구조를 세우거나 그 삼각형들을 맞추려는 것이 아니었기 때문에, 그 삼각형이 완벽하게 등변인지는 문제가 되지 않는다고 말하지 않은 상태였다. 학생들이 머릿속으로 그 삼각형을 등변삼각형이라고 생각할 수 있는 것만이 중요했다. 사람마다 '상상' 할 수 있는 것이 등변삼각형임을 용인할 수 있는 정도가 다르기 때문에 여전히 모호하기는 하다. 나는 다음의 삼각형들을 보고 상당히 마음에 들었다.

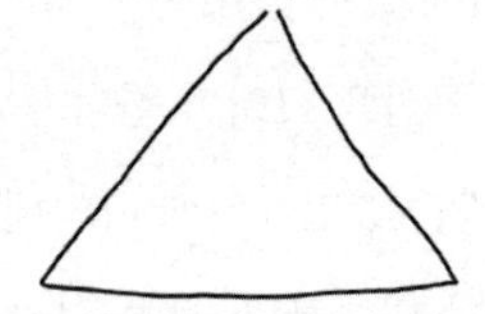

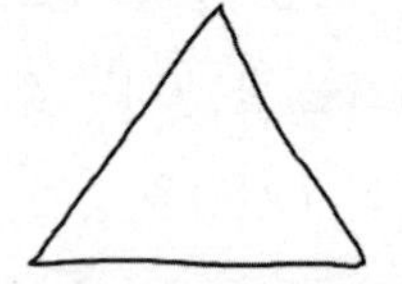

이와 비슷하게 다음 그림을 그리고 원이라고 이야기하는 것도 상당히 마음에 들 것 같다.

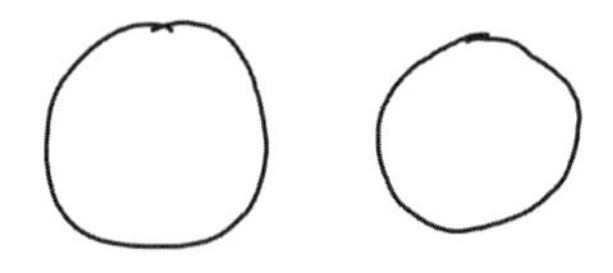

반면 어린아이나 수용력이 낮은 사람들은 이를 원이라고 생각하지 않을 수도 있다. 이는 마치 오페라에서 나이 많은 배우가 열네 살짜리 배역을 맡았을 때나, 현실에서는 오페라 가수면서 폐결핵 환자 역할을 맡을 때 그 설정을 믿기 어려워하는 것과도 같다. 음악에 깊이 매료되고 몰입하는 사람들은 음악이 흐르는 동안 무엇이든 상상할 수 있지만. 그렇지 못한 사람들은 그 설정을 믿지 못하거나 받아들이기를 거부하기도 한다. 더 심각한 문제는 비평가나 감독들이 주인공 역할을 맡은 사람은 반드시 몸이 말라야 한다고 생각하는 경우다. 이는 단순히 마르지 않은 몸을 혐오하는 것과도 같다. 만약 비평가들이 보기에 마르지 않은 사람과 사랑에 빠지는 게 비현실적으로 느껴진다면, 그건 그 비평가의 문제다. 잠시 여담이었다.

수학에 대해 학생들은 어떤 특징이 '중요한 것'으로 여겨지는지, 또 어떤 것은 중요하지 않은지에 대해 당황할 수 있다. 특히 그 특징이 맥락에 따라 변화하고 종종 명료하게 밝혀지지 않기 때문이다. 교육자인 크리스토퍼 다니엘슨Christopher Danielson은 만약 다

음의 두 도형을 보여주면,

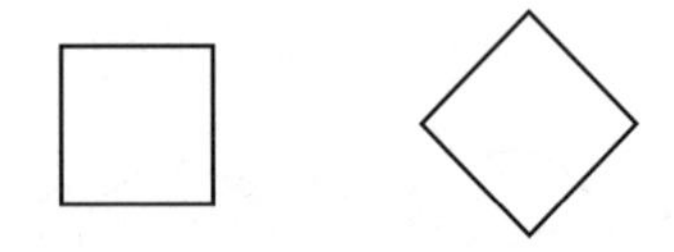

많은 아이들이 왼쪽 도형은 사각형이고, 오른쪽 도형은 사각형이 아니라 다이아몬드라고 할 것임을 지적한다. 하지만 위 도형 모두 방향만 다를 뿐 같은 사각형이다. 우리는 아이들에게 이들이 같은 도형이라고 알려줄 수는 있지만, 아이들이 만약 숫자 7을 다음과 같이 쓴다면

잘못된 방향으로 썼다는 소리를 들을 것이다. 보라. 도형에 관해 우리는 어떤 방향으로 되어 있든 똑같다고 이야기하지만, 문자의 경우 어떤 방향으로 되어 있는지가 중요하다. 즉, 맥락이 중요한 것이다.

1장에서 다양한 맥락에서 다양하게 나타나는 삼각형의 개념에 관해 이야기할 때 이에 대해 살펴봤었다. 어떤 특징이 중요하게 강조되어야 하는지 알아보기 위해서는 어떤 맥락에 있는지를 알거나 결정해야 한다.

컴퓨터가 그래프를 그릴 수 있고 모든 특징을 아주 정확하게 묘사할 수 있는데, 대체 왜 우리가 손으로 그래프를 그리는 귀찮음을 감수해야 하느냐, 라고 물을 수도 있겠다. 좋은 지적이다. 그래프 계산기가 처음 발명되었을 때, 나는 공식을 입력해서 그 공식이 나를 위해 하나의 그래프로 그려지는 것을 보는 게 너무나도 좋았다. 얼마나 다행이던지! 요즘에는 검색 엔진에 공식을 입력하면 그래프가 그려지기도 한다. 나도 사실 이 작업을 꽤 즐기기는 한다. 때때로 검색창에 'sin(1/x)', 그다음 '$x$sin(1/x)'를 입력하고 바로 그래프가 만들어지는 것을 보고 감탄한다. 정말 끝내준다고 생각한다. 그 그래프들은 다음과 같다.

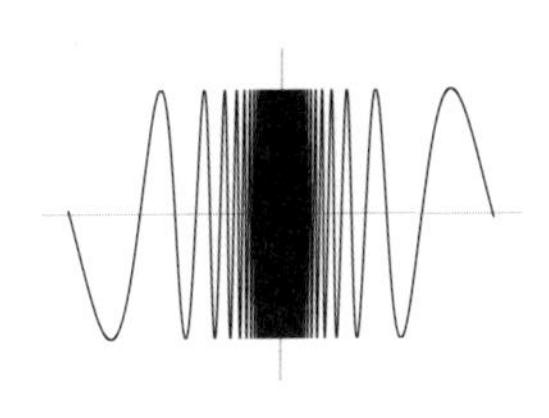

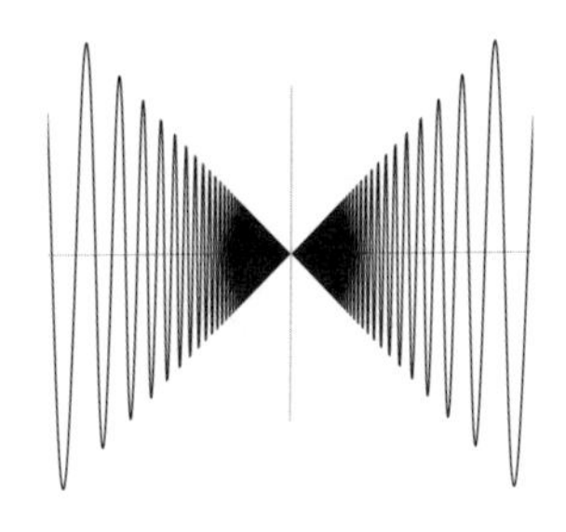

그러나 그래프를 그리는 것의 핵심은 그래프의 그림을 만들어내는 것에 있지 않다. 대수학적, 논리적 특징이 어떤 시각적 특징을 만들어내고 있는지 이해하는 것에 있다. 따라서 바로 앞에 그림이 있다고 할지라도, 그게 왜 그래프를 나타내는 그림인지부터 이해해야 한다. 이와 같이 그래프를 볼 때 '왜?'라는 질문이 머릿속에 떠오른다면, 당신은 수학자처럼 생각하고 있는 것이다. 그런데 본능적으로 도망치게 된다면, 아마도 과거에 그래프로 인해 굉장한 트라우마를 겪은 경험이 있을 것이다. 그것은 교육 체계의 잘못이다. 물론 이것은 내가 선생님들 개개인을 탓하는 것이 아니라, 선생님들을 제한하는 그 체계를 탓하고 있는 것이다.

수학을 그림으로 표현하는 것은 심오하고 당황스럽기도 하다. 여기에는 현재 상황과 관련 있는 것이 무엇인지를 이해하거나 결정하고, 나타내는 것만이 포함되기 때문이다. 다른 특징들을 제한함으로써 특히 그 상황에 그렇게 정통하지 않아 무시해도 되는 특징이 어떤 것인지 모르는 사람들을 도와줄 수 있다. '예술적' 특징들도 중요할 때가 있기는 하지만, 수학자들은 이런 특징들이 추상적 사고에 사용되기 때문에 그런 특징들을 무시하기도 한다.

이는 데이터 시각화의 아주 중요한 측면이며, 유명한 간호사 플로렌스 나이팅게일Florence Nightingale이 잘 이해하고 있던 것이기도 하다.

'수학자' 플로렌스 나이팅게일Florence Nightingale

플로렌스 나이팅게일은 '램프를 든 천사'라고 알려져 있기도 하며, 아마도 위대한 간호사로 가장 널리 기억되는 인물일 것이다. 중요한 것은 그녀가 실제로 뛰어난 수학자이자 통계학자이기도 했다는 것이다.

틀림없이 그녀의 위대한 공헌은 1853년 10월 5일부터 1856년

3월 30일까지 일어난 크림 전쟁 동안 군인들이 어떻게 죽어갔는지 엄밀한 양적 분석을 한 것에 있을 것이다. 그녀가 그 분석 방법을 개발하기 전 사망률은 40% 정도로 높았으나, 그녀의 분석을 통해 실제 전쟁으로 죽은 군인의 수보다 질병으로 죽은 군인의 수가 10배 이상임을 추정할 수 있었다.

그녀는 군인들의 식단을 비롯해 병원 청소, 환기 및 하수 시스템 개선 등 그러한 사망률을 극적으로 줄이기 위해 필요한 조치들을 실행했다. 그런데 여기서, 그녀는 이 분석만 했을 뿐 아니라, 그녀가 분석한 데이터를 이해할 수 없을지도 모르는 권력자들에게 이를 명료하고 생생하게 전하는 것이 얼마나 중요한지도 이해하고 있었기 때문에 그 데이터를 보여줄 수 있는 시각적으로 매력적인 방식을 고안해 낸다.

그녀가 떠올린 것은 파이 차트 버전인데, 이를 그녀는 '맨드라미coxcomb'라고 불렀다. 하지만 이제는 다소 평범한 이름인 '극 면적 도표'라는 이름을 가지고 있다. 다음은 그 예시이다. 이 도표는 월별 사망자 수를 월별로 전사, 질병 사망, 기타 원인으로 인한 사망으로 나누어 보여준다.[32]

---

32 1858년 '영국군 보건, 효율성, 병원 행정에 영향을 주는 문제에 관한 기록(*Notes on Matters Affecting the Health, Efficiency, and Hospital Administration of the British Army*)'에 '동부 내 군인 사망 원인 도표'라는 제목으로 나이팅게일이 그려 빅토리아 여왕에게 보낸 본래 도표의 일부를 그린 것이다. 해당 도표의 완전한 복제본은 https://en.wikipedia.org/wiki/Florence_Nightingale#/media/File:Nightingale-mortality.jpg에서 확인할 수 있다.

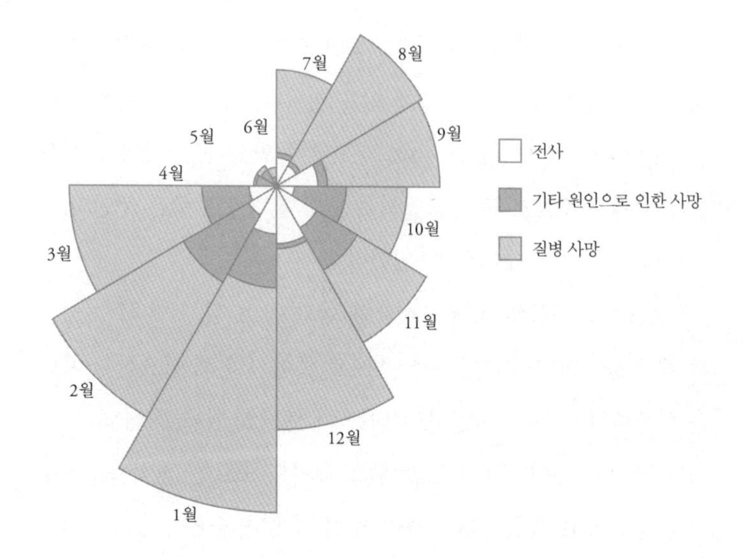

여기서 중요한 것은 도표에 나타난 숫자 그 자체가 아니라, 사망률의 상대적인 비율 패턴이다. 이 도표는 사망 원인이 대부분 질병에 의한 것이라는 것뿐 아니라, 사망률이 계절에 따라서도 굉장히 다르다는 것을 시각적으로 굉장히 생생하게 보여준다. 실제 사망자 수는 도표 각 항목의 면적에 제시되며, 이는 계산하기에는 상당히 복잡하지만 시각적으로는 매력적이다. 파이 차트는 더 간단하게 제시하지만, 여기에서도 중요한 것은 각 항목의 숫자가 아닌 비율이다. 다음 장의 그림은 미국 내 물 사용처를 나타내는 파이 차트이다.[33]

---

33 나는 이 데이터를 https://www.statisticshowto.com/probability-andstatistics/descriptive-statistics/pie-chart/에서 찾았다. 이는 미국수도협회연구재단(American Water Works Association Research Foundation)이 진행한 1999년 연구 '수도 최종 사용 거주민'이라는 연구에서 발췌한 것이다. 다소 오래된 자료이기는 하나, 파이 차트를 보여주기 위한 목적으로만 가져온 것이다.

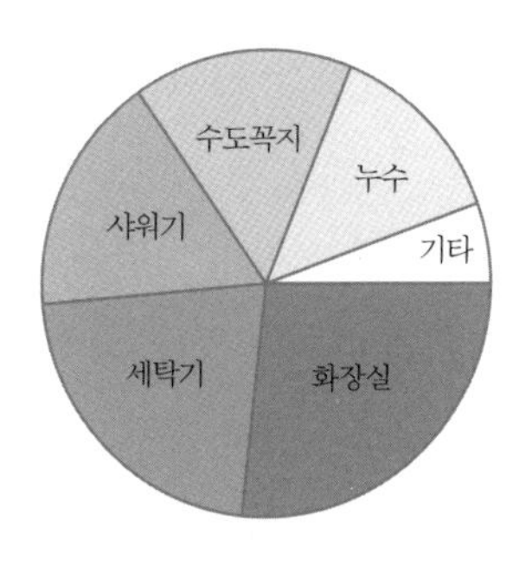

특정 환경에서 한 가지에 관해서만 신경쓰고 다른 것은 신경쓰지 않는다는 이 아이디어를 보면 시카고의 겨울이 떠오른다. 시카고에서는 특정 장소가 너무 추워져 내가 어떻게 생겼는지 더이상 신경쓰지 않을 수 있게 된다. 그저 따뜻함을 유지하기 위해 무엇이든 걸치기 때문에 그 과정에서 약간은 웃기게 보일 수는 있을 것이다. 가끔 나는 여름에도 이런 정도의 자유를 얻게 되기를 바라지만, 사회적 압력은 여전히 나를 이긴다.

파이 차트와 극 면적 도표는 데이터의 시각적 표현과 관련된 것이다. 그러나 우리는 추상수학에서 '진실'뿐 아니라 과정에 대해서도 생각하기 때문에 여러 과정을 시각적으로 나타낼 수 있는 방법도 필요하다. 이는 나의 범주론 연구에서 중심이 되는 부분이다. 한 가지 생생한 예는 우리가 교환의 더욱 미묘한 측면에 대해 연구하는 방식에서 볼 수 있다.

미묘한 차이가 존재하는 교환

왜 2+4=4+2인지에 대한 시각적 설명을 통해 우리는 왜 이것이 참인지 더욱 깊게 이해할 수 있지만, 더 많은 질문이 생겨나기도 한다. 우리는 1차원 세계에 갇혀 있지 않은 한, 다음과 같이 블록들의 위치를 서로 바꿈으로써 이 방정식을 정당화할 수 있다.

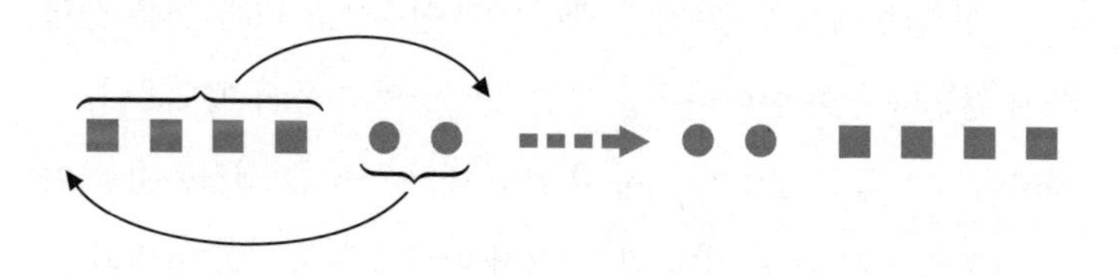

그런데 여기서 블록들의 위치를 또 다른 방법으로 바꿀 수도 있다.

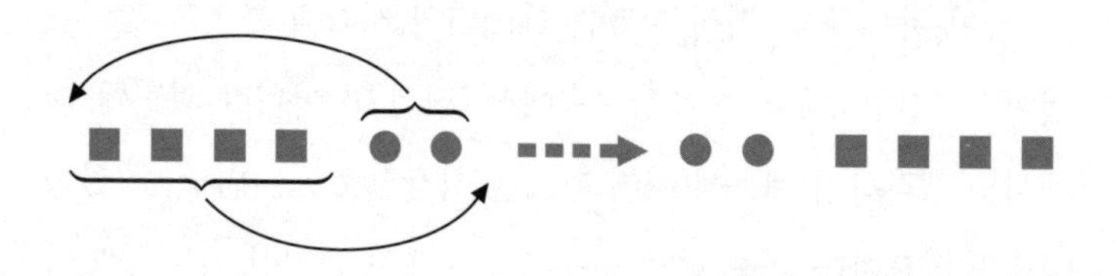

그래서 4+2가 2+4와 동일하다는 것을 드러낼 수 있는 약간 다른 두 가지 방식이 있는 것이다. 우리는 추상수학에서 그저 목적지에 도달하는 것이 아니라 다른 어딘가에 도달하는 것과 관련된 과정에 대해 더 신경 쓴다. 그래서 아마 우리가 저 자리 바꾸기를 할 때 어떤 방법으로 바꿀지를 신경 쓰는 것일 테다.

그저 관심이 있기 때문에, 아니면 실제로 차이를 만들어내기 때문에 신경을 쓰는 것일 수도 있다. 영국의 메이폴 춤 전통에서는 댄서들이 중간에 있는 메이폴 기둥에 붙어 있는 긴 리본에 매달린다. 댄서들은 서로의 주변에서 춤을 추며, 그렇게 함으로써 그 리본들은 기둥 주변에 엮이게 된다. 나는 어렸을 때 이것을 실제로 보고 정말 흥미롭다고 생각했으나, 시간이 흘러서야 이것이 수학이라는 생각을 할 수 있었다. 실제로 댄서들이 어떤 방향으로 서로를 엮으며 지나가는지가 중요하다. 그 방향에 따라 기둥에 다른 패턴을 만들어내기 때문이며, 제대로 짜여지지 않으면 결국 어떤 패턴도 나오지 않을 것이기 때문이다.

이해하기 조금 힘들기는 하지만, 이건 머리카락을 땋는 것과 비슷하다. 특히 '프렌치 브레이드' 스타일로 땋을 때와 비슷하다. 다음은 내 머리카락을 찍은 사진 두 장이다. 첫 번째 사진은 바깥 가닥을 중간 가닥 위로 겹쳐 디스코 머리로 땋은 것이며, 두 번째 사진은 바깥 가닥을 중간 가닥 아래로 겹쳐 '스웨디시 브레이드'라고 알려진 스타일로 땋은 것이다.

나는 어렸을 때 항상 다양한 스타일로 머리를 땋는 방식에 흥미를 느꼈다. 지금은 이것이 고차원적인 범주론에서 내 연구의 일부와 연관된다는 사실에 훨씬 더 큰 흥미를 느낀다.

내 연구에서 이 부분의 시작점은 우리가 종종 무언가로 전환될 수 있는지 없는지 뿐만 아니라, 그것이 전환되는 방식에도 관심이 있다는 것이다. 그리고 이게 그렇게까지 전환되지 않는다면 그것은 어떤 면에서 실패한 것일까? '어느 정도' 전환되기는 한 것일까? 이러한 질문들은 '전환될 수 있는가?'라는 질문에 대해 '예', '아니오'로만 대답하는 것보다 훨씬 더 미묘하고 깊은 질문이다.

내가 가장 좋아하는 예시 중 일부는 주방에서 발견할 수 있다. 마요네즈를 만든다고 해보자. 그럼 달걀 노른자로 시작해서 올리브 오일을 천천히 섞어줘야 할 것이다. 올리브 오일부터 시작해서 달걀 노른자를 섞으려고 한다면 잘 되지 않을 것이다. 전환되지 않는 것이다. 조금도 말이다. 재료를 특정한 순서로 넣는 것이 중요할 때와 중요하지 않을 때를 알 수 있도록 주방에서 재료가 전환될 때와 전환되지 않을 때를 이해하는 것은 중요하다. 이번에는 초콜릿 무스를 만들 때를 생각해 보겠다. 달걀 노른자에 녹인 초콜릿을 섞으면 초콜릿이 굳어진다. 이 때문에 그 반대로 녹인 초콜릿에 달걀 노른자를 천천히 섞어주는 것이 중요하다는 것을 안다. 티라미수를 만들 때에는 달걀 노른자 혼합 재료에 마스카르포네를 더하려고 해봤지만, 반대로 마스카르포네에 달걀 노른자 혼합 재료를 넣는 것이 더 나았다. 전자의 경우 마스카르포네가 달걀 노른자 혼합 재료에서 덩어리가 되어버린다. 나는 어딘가에서 조심스럽게 데우면 그 덩어리를 없앨 수 있다는 내용을 읽은 적이 있는데, 이 방법을 실제로 활용했을 때는 재료 전체가 묽어져서 굉장히 실망스러운 상황이 되어버렸다. 더 나은 티라미수를 만드는 방법에 대한 팁이 있다면 알고 싶기는 하지만, 여기서 조언을 구하고 있는 것은 아니다.

우리는 추상수학에서 거의 작동하는 것들을 살펴봄으로써 여러 가지 상황을 더욱 세밀하게 이해하고자 한다. 우리는 교환에 대해 4+2가 실제로는 2+4와 같은 과정이 아니라, 최종 결과가 같을 뿐이라는 사실을 진지하게 받아들인다. 그리고 두 과정을 살펴본 다음, 이들을 위와 같이 블록들의 위치를 서로 바꾸는 과정과 연관 지을 수 있다는 사실을 안다. 그러나 블록들의 위치를 바꿀 수 있는 방향이 두 가지 있다는 사실도 알게 된다.

이제 우리는 '블록의 위치를 바꾸는 그 두 방향은 같다고 생각할 수 있는가?'라는 새로운 의문을 품게 된다.

이제 모든 게 훨씬 더 재밌어졌다. 실제로 우리가 다른 차원으로 갈 수 있는지에 따라 달라지기 때문이다. 지금까지 우리는 1차원 공간에서 블록들의 위치를 서로 바꿀 수 없다는 결론을 내렸었지만, 2차원 공간에서는 두 가지 방식으로 바꿀 수가 있다. 만약 3차원 공간으로 가게 된다면 두 가지 방법은 서로 연관성을 가지며, 이에 대해서는 앞으로 살펴볼 것이다. 나는 더욱 고차원적인 수학에 마음이 끌린다. 이런 질문들이 정답에 관해 더욱 세밀한 정보를 이해하고자 할 때 나를 계속해서 더 고차원적인 수학으로 밀어내기 때문이다.

이제 이 교환에 관한 이야기가 내 연구 분야에서 어떻게 전개되는지 살짝 살펴보고자 한다. 우리는 상당히 먼 곳까지 도달해 추상화에 대해 계속해서 알아가고 있다. 그래서 다소 벅차게 느껴질지도 모르겠다. 그러니 대충 스윽 읽고 넘어가거나 그림만 보고 지나가도 괜찮다. 일반적으로 비전문가에게 연구수학을 설명하는 것은 너무 어렵고, 그래서 굳이 시도할 이유가 없기 때문이다. 그러나 나는 시도해 볼 만한 가치가 여전히 있다고 생각한다. 작동 방식의 특색에 대해 알려주고 관심사를 자극할 수 있는 기회를 얻기 위해서라도 말이다. 이는 내가 앨리니아Alinea라는 레스토랑의 요리 비법책을 보고만 있는 것과 비슷하다. 거기 있는 레시피들은 보통의 여느 가정의 주방에서든 볼 수 있는 기술적인 접근법을 완전히 뛰어넘는 획기적인 것임에도 불구하고 말이다. 나는 '급속냉동기기가 없어도 걱정 마세요. 액체 질소를 사용할 수 있으니까요.'라는 구절에 나타나는 격려의 코멘트가 좋다. 그렇지만 나는 그 그림들을 그냥 보기만 하고 셰프 그랜트 아카츠Grant Achatz와 그의 팀원들이 주방에 들이는 시간에 관해 읽기만 하는 것이 좋다. 남은 소단원에서는 적어도 당신이 순수수학 연구를 이해하지 못한다고 할지라도 그 연구의 작동 방식에 관해 읽는 것에 흥미를 느낄 수 있도록 해보고자 한다.

추상수학에서 우리는 일반적으로 교환을 연구한다. 덧셈이나 곱셈에 대해 이야기 할 것인지에 대해 말할 필요 없이 말이다. 우리는 우주에서 물체들이 서로를 앞서간다는 아이디어를 굉장히 진지하게 받아들이고, 다음의 A와 B가 서로를 지나치는 그림으로 서로를 교차하는 경로를 나타내 봤다.

그 다음 이들이 실제 줄이나 무언가의 가닥인 것처럼 조작하는 것을 상상해 보기 시작한다. 가닥이 더 많다면 우리는 두 개의 인접한 가닥을 모아 서로를 꼬이게 할 수 있는데, 이건 한 번에 한 개씩 꼬는 것과 같다고 여겨진다. 이것은 꼬아진 가닥들 사이의 방정식에서 다음과 같이 표현된다.

우리는 모아 잡은 두 가닥에 다른 한 가닥을 꼴 수 있다. 이는 한 번에 한 개씩 꼬는 것과 같다고 여겨질 것이다.

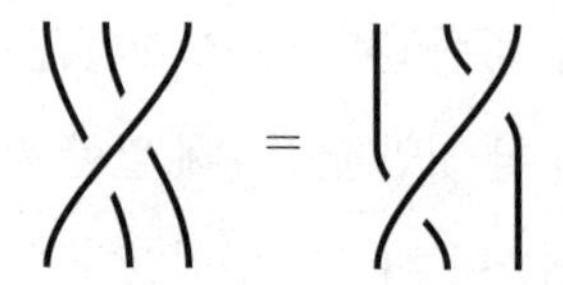

이들이 실제로 서로 꼬여있는 줄이라면, 당신이 각 왼쪽 배열의 줄들을 잡아당기거나 움직여 오른쪽 배열을 만들어낼 수 있다는 의미에서 실제로 그렇게 다르지 않은 배열을 나타낸다는 것을 납득할 수 있기를 바란다. 이는 수학에서 꼰 줄들이 실제로 무언가 했던 것을 취소하고 다시 하는 게 아니라 밀고 당겨서 달라질 뿐이라면 '같다'고 여기는 경우다.

굉장히 격식에 얽매이지 않고 막연한 이야기이지만, 21세기 중반 수학자 에밀 아르틴Emil Artin이 개발한 일부 꼬임이론을 사용해서 엄밀하게 논리적으로 만들어질 수 있다. 이 이론은 우리가 '기본 구성 요소'로부터 꼬임을 만들 수 있는 방법을 증명한다. 이 경우 기본 구성 요소는 다음과 같은 하나의 꼬임이다.

하나의 줄이 다른 줄을 건너가는 것이 중요하다. 꼬임을 두 번

하면 우리는 아무것도 하지 않았을 때와 같은 결과를 얻지 못한다. A와 B가 시작과 동일한 방향에 있더라도, 둘이 서로의 길을 방해하지는 않기 때문이다.

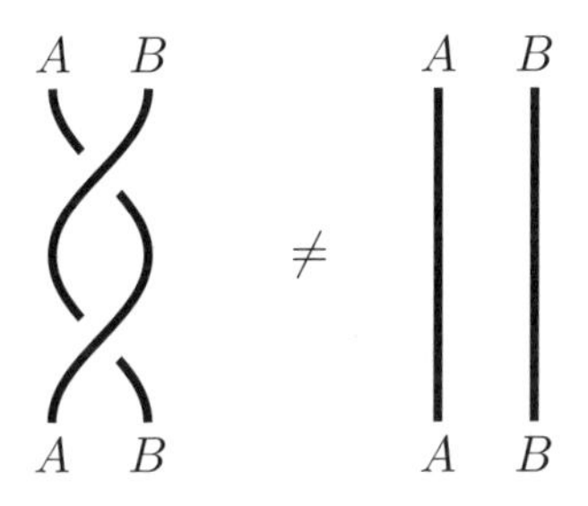

꼬임들은 사실 A, B가 서로 어떤 식으로 움직이는지 그 과정을 보여준다.

실제로 꼬임을 풀기 위해서, 우리는 역꼬임을 사용해야 한다. 본래의 꼬임에서 오른쪽에서 시작하는 가닥은 위에 있지만, 역꼬임에서는 왼쪽에서 시작하는 가닥이 위에 있다.

이는 본래 꼬임의 역이다. 두 꼬임을 연속으로 하면 결국 두 가닥이 분리되는 결과를 얻게 되기 때문이다. 꼬임의 세계에서 이것은 아무것도 하지 않는 것과 '같다'고 여겨진다.

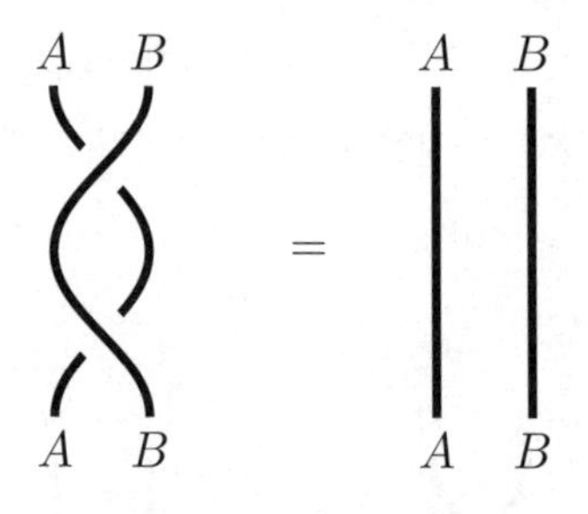

이는 당신이 자신의 머리카락을 가지고 왼쪽 그림처럼 땋으려고 했을 때 마치 아무것도 하지 않은 것처럼 가닥이 분리될 것이라는 사실과 다소 비슷하다.

우리가 기본 꼬임을 선택했을 때 임의적인 선택이었음을 주목하라. 두 번째 꼬임을 기본 꼬임으로, 첫 번째 꼬임을 역꼬임으로 선택할 수도 있었을 것이다. 전체 시스템은 결국 정반대로 표현되겠지만, 전반적인 구조에는 어떠한 차이도 생기지 않을 것이다.

그리고 예를 들자면, 이러한 기본 꼬임과 역꼬임의 두 꼬임을 반복적으로 사용해 긴 머리에서 흔히 할 수 있는 기본 세 가닥 꼬임을 할 수도 있다. 오른쪽 두 가닥에 기본 꼬임을 하고 왼쪽 두 가닥에 역꼬임을 한 다음, 이것을 계속해서 반복하는 것이다. 다음 장의 왼쪽 그림에서는 이러한 단계를 분해해 보여주며, 이를 '꽉 잡는다'고 가정하면, 가닥들의 주름이 펴지면서 꼬임 속으로 들어가 오른쪽 그림과 같이 된다. 이는 우리가 어떤 것도 풀지 않고 그저 주름을 폈을 뿐이기 때문에 수학에서는 동일한 꼬임이라고 생각한다.

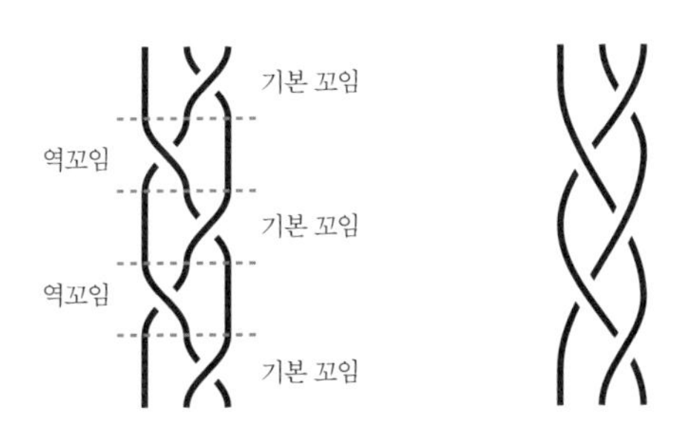

우리는 기본 꼬임을 정수의 기본 구성 요소인 숫자 1과 같은 것으로 생각할 수 있다. 역꼬임은 숫자 -1과 같다. 이는 덧셈으로 숫자 1을 '무효로 만드는 것'이다. 우리는 이들로부터 모든 양과 음의 정수를 만들 수 있으며, 이와 비슷하게 기본 꼬임과 역꼬임으로부터 모든 꼬임을 만들 수 있다. 그러나, 우리가 가닥을 몇 개든 사용할 수 있기 때문에 꼬임의 가능성은 더 많다. 그래서 우리는 그저 똑같은 두 개의 가닥을 서로 계속해서 꼬고 있는 것이 아니다.

꼬임 모양 빵을 만들 때 더욱더 많은 가닥을 사용할 수 있는 상황이라고 해보자. 나는 전문가는 아니지만 다음과 같은 꼬임 모양 빵을 만들기를 좋아한다.

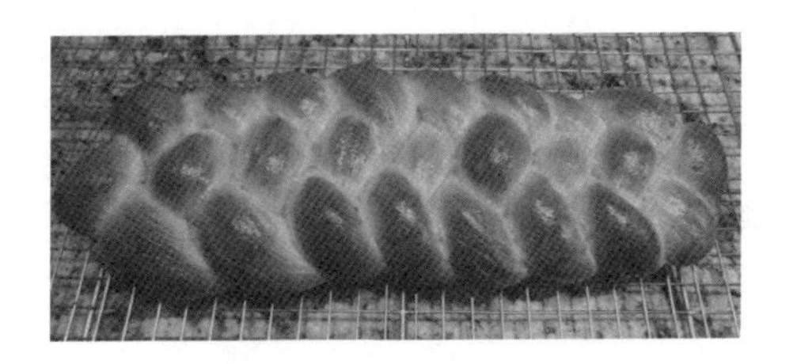

나에게 가장 친숙한 꼬임 모양 빵은 이스라엘 빵인 '할라challah'이기는 하지만, 나는 유대인이 아니기 때문에 제대로 할라를 만들지는 못한다. 이건 그저 하나의 빵일 뿐 아니라 종교적인 의식이기도 하기 때문이다. 하지만 빵을 꼬는 것은 유대인에게만 있는 오래된 전통이 아니다. 스위스 전통문화에서는 꼬임 모양 빵의 유래를 두고 '한 여자의 남편이 죽으면 그 여자도 남편을 따라 함께 묻혀야 한다'는 오래된 가부장적 관습에서 온 것이라고 설명한다. 어느 시점에 이는 여자가 무덤 안에 자신의 땋은 머리카락을 넣는 더욱 인간적이라지만 내 생각에는 여전히 성차별적이고 멍청한 관행으로 대체되었고, 마침내 금색 꼬임 빵으로 대체되었다. 그래서 스위스의 꼬임 모양 빵을 '조프Zopf' 빵이라고 한다. 또 다른 가설로는 꼬임 모양 빵이 금방 상하지 않아서 인기가 있었다는 것이다. 나는 그 이유가 가닥들 주변에 껍질이 더 두꺼워서라고 가정한다. 하지만 이 주장이 의심스럽다고 생각하기도 하는데, 내가 빵을 꼬아봤을 때 그 단면이 여러 가닥으로 이루어진 단면이 아닌 하나의 가닥으로 이루어진 단면처럼 건드리지 않은 상태로 남아 있는 것을 확인했기 때문이다.

나는 빵 꼬임에 홀딱 빠져버릴 수도 있음을 안다. 그래서 빵 꼬임 영상을 보고, 간단한 움직임을 반복해서 패턴이 어떻게 만들어지는지를 확인해 보기를 추천한다.[34] 나는 부드러운 반죽의 움직임이 너무나 만족스럽고, 이 기법을 수학적 표현으로 번역하는

---

34 나는 thebreadkitchen.com에서 보는 것을 좋아한다.

방법을 알아내려고 함으로써 더욱 매혹되었다. 이렇게 빵에 대해 설명한 것은 사람들이 집에서 꼬임 과정을 그대로 따라해 보기를 바라서다. 이건 목적이 열정인 수학적 표현과는 다르다.

이러한 수학에 있어서 중요한 점은 도표로 추론하는 것이 실제로는 논리적으로 그럴듯하다는 것이다. 이러한 경우 우리는 시각적 직관을 사용해 이러한 꼬임들이 물리적 꼬임임을 상상할 수 있다는 것을 안다. 이미 앞선 내용에서 줄을 약간 팽팽하게 잡아당기기만 해도 하나의 꼬임에서 다른 꼬임으로 변할 수 있다면 '동일하다'고 여겨지는 꼬임들에 대해 언급했다. 이러한 '동일함'은 실제로 줄을 꼬임에 교차해서 잡아당기거나 꼬임끼리 교차시키면 훨씬 더 복잡해질 수 있다. 평범한 머리카락 꼬임으로는 다른 무언가에 교차시킬 수가 없다. 그래서 머리카락은 끈으로 안전하게 고정시킬 수 있다. 하지만 다른 가닥의 배열이 있다면, 우리는 이들을 바꿔 약간 다르게 보이도록 만들 수 있다. 끝점을 움직이거나 무언가를 원 상태로 되돌리고 다시 꼬아야 할 필요 없이 말이다. 이러한 경우 새로운 꼬임은 기존 꼬임과 '동일한 것'으로 여겨진다.

예를 들어 보자. 당신이 다음 장의 두 꼬임을 한참 동안 바라본다면 왼쪽 배열의 가닥들을 살짝 움직여 등호의 오른쪽에 있는 꼬임을 얻을 수 있음을 확인할 수 있다. 어떤 것도 무효로 만들거나 다시 꼴 필요 없이 말이다.

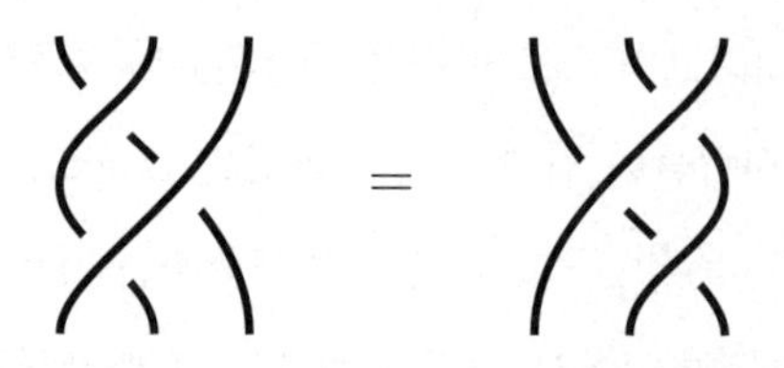

이를 확인할 수 있는 한 가지 방법은 두 경우에서 맨 오른쪽에서 시작하는 가닥이 그 위에 아무것도 없이 맨 위에 있고, 왼쪽 아래로 내려간다는 것이다. 중간에서 시작하는 가닥이 다음이며, 약간 꿈틀대기는 하지만 결국에는 가운데 바닥에 오게 된다. 마지막으로 왼쪽에서 시작하는 가닥은 맨 뒤에 있고, 절대 어떤 것도 교차하지 않으며, 결국 오른쪽 바닥에 위치하게 된다. 나는 이걸 보고 생각하면서 당신이 수학을 하고 있다고 굳건하게 믿는다. 당신이 무언가에 대한 답을 계산하려고 하거나 숫자를 다루고 있는 것이 아니라도 말이다.

이는 우리가 왼쪽에 있는 꼬임을 가지고, 뒤에 있는 가닥을 약간 아래로 잡아당기며, 중간에 있는 가닥을 오른쪽으로 잡아당기고서, 앞에 있는 가닥을 올려 왼쪽으로 잡아당길 수 있다는 의미로, 결국 오른쪽에 있는 꼬임을 얻게 된다.

이는 시각적 직관이나, 전혀 형식적이지 않다. 그래서 형식적인 것과 시각적인 것이 일치함을 증명하는 것이 중요하다. 그리고 이는 내 연구 분야인 범주론에서 하나의 중요한 연구 결과이다.

일반적인 곱셈이나 일반적인 교환법칙을 생각할 때는 '전환'을 하거나 하지 않는 두 가지 선택권이 있다.

$$a \times b = b \times a \text{ 또는 } a \times b \neq b \times a$$

그러나 곱셈이 어떻게 전환되는 것으로 보일 수 있는지 그 과정에 대해 신경 쓴다면, 우리는 대수학의 더 많은 표현 형태가 필요하다.

우리에게는 '같다'와 '같지 않다'의 사이에 있는 관계의 형태가 필요하다. 여러 개의 블록이 추상적으로 서로를 교차하는 과정을 판단하고 기록할 수 있도록 말이다. 범주론은 이것을 할 수 있는 한 가지 형태의 대수학이다.

여기에서 '범주'란 일상적으로 사용하는 영어 단어가 아닌, 수학에서의 기술적 용어이다. 이는 물체들뿐 아니라 물체 간 관계를 포함한 유형의 수학적 세계를 지칭한다. 범주론에서 그러한 관계들은 종종 화살표로 그려지고, 한 가지 상황에서 또 다른 상황으로 바뀌는 방식이기 때문에 더 일반적으로는 '사상morphisms'이라고 부른다. 그래서 우리는 이제 교환을 하나의 과정으로써 다음과 같이 표현할 수 있다.

$$a \times b \longrightarrow b \times a$$

그런데 우리는 종종 곱셈이나 덧셈 등 다른 무언가를 나타낼 수 있는 기호 ⊗를 사용한다. 이는 우리가 이야기하고 있는 특정 숫자가 무엇인지 말할 필요 없이 전반적으로 숫자에 관해 이야기할 수 있도록 숫자 대신 문자를 사용하는 경우와 비슷하다. 이제 우리는 일반 기호 +나 × 같은 특정한 의미를 가진 기호 대신 ⊗를 사용할 것이며, 숫자나 물체, 그 어떤 것이든 나타내기 위해 문자도 계속해서 사용할 것이다. 그래서 두 개의 무언가인 A와 B를 A⊗B로 묶을 수 있다. 추상수학에서 추상화는 누적된다.

이러한 추상화는 다른 것들, 아마도 실제로 곱셈은 아닐 수 있을지라도 곱셈 같은 무언가를 나타내는 기호의 가능성을 열어주기도 한다. 이는 1장에서 우리가 숫자가 아닌 것들을 곱할 수 있는 가능성에 관해 생각하고 도형을 곱한 것을 살펴봤을 때와 같다. 일종의 증식을 할 수 있는 것들은 너무나 많아서 범주론에서는 그 자체로 추상적인 구조인 세계들에 대한 아이디어를 연구한다. 증식과 같은 것이 나타나는 물체들의 집합은 '모노이드monoid'라고 부른다. 만약 일종의 증식이 전환된다면, 이는 '교환 모노이드'라고 부른다. 일종의 증식이 있는 범주는 모노이드 범주라고 부른다. 이것은 범주와 모노이드가 교차하는 지점이기 때문이다.

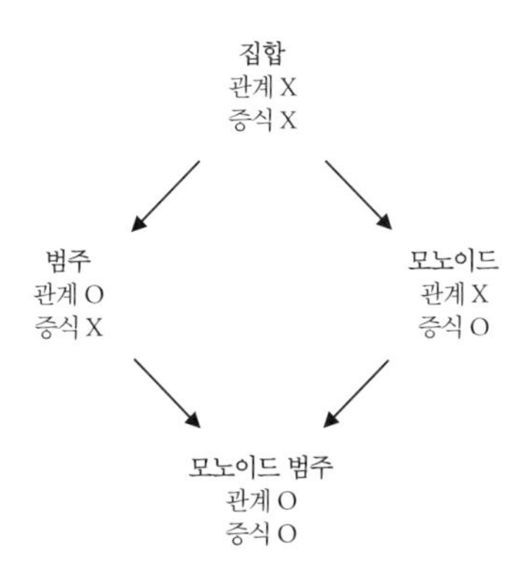

그래서 교환의 과정은 하나의 상황을 다른 상황으로 점차 '변화시키는' 방법으로 표현할 수 있다. 이는 범주론에서는 '꼬임'이라고 부르며, 이는 우리가 머리를 꼬는 방식에서 영감을 얻은 것이다. 우리가 머리를 꼴 때 머리 가닥은 우리가 어떤 방향으로 움직였는지 기록을 남긴다. 범주에서의 꼬임은 다음과 같이 A와 B가 서로를 교차하는 과정을 나타내는 하나의 과정이나 사상으로 쓸 수 있다.

$$A \otimes B \longrightarrow B \otimes A$$

우리는 꼬임에 일부 기본 규칙을 충족할 것을 요구한다. 이 규칙들은 내가 이전 소단원에서 그렸던 도표와 이제는 그림이 아닌 대수학적으로 표현이 가능하다는 점을 빼고는 일치한다. 그 결과 나타나는 대수학적 구조는 꼬임 모노이드 범주라고 부른다.

'동일한 꼬임'으로 여겨지는 꼬임 도표 두 개가 있다면, 이들이

해당 범주에서 대수학으로 표현되는 동일한 사상을 표현할 것임을 증명할 것이다. 범주론에서 이것은 '일관성 정리'라고 부른다. 굉장히 다양한 추론 방식은 서로 일관성을 띤다는 것을 알 수 있는 방법이기 때문이다.

일관성 정리는 구조의 각기 다른 추론화 방식 두 가지를 모두 사용할 수 있도록 그 동등함을 보여주는 것이 핵심이기에 나의 마음을 사로잡았다. 한 가지 방식은 대수학적이며, 다른 한 가지 방식은 시각적이다. 즉 우리가 다른 형태의 직관에 동시에 접근할 수 있다는 뜻이다.

이를 통해 나는 살면서 만족스러울 정도로 일관적인 것들을 떠올린다. 한번은 어떤 가게에서 산 올리브병 뚜껑이 다른 가게에서 산 올리브병 뚜껑에 맞는다는 것을 발견하고 기뻐했던 것이 기억난다. 병을 재사용하려고 할 때 병에 맞는 뚜껑을 찾아다니기란 꽤 지루한 일이다. 나는 서로 바꿔 쓸 수 있는 뚜껑에 어떤 것들이 있는지 좀 기억하고 있다. 가장 최근에 우연히 발견한 뚜껑은 본마망Bonne Maman 잼 뚜껑과 클라우센Claussen 피클 뚜껑이다.

그 목적이 항상 우리의 더욱 강력한 시각적 직관을 소환해 우리의 더욱 약한 대수학적 직관을 돕는 게 될 거라고 보일지도 모르겠다. 그리고 그것은 저차원에서는 참임이 당연하다. 그러나 차원이 높아질수록, 우리의 시각적 직관은 다소 추상적으로 어떤 한계에 도달하고, 그 대신 대수학적 조작에 의존해야 할지도 모른다.

아마 한 차원 더 올라가더라도 상황을 시각적으로 상상할 수 있을 것이다. 여전히 교환에 대해서도 생각할 수 있기 때문에, 블록들의 위치를 서로 바꾸는 것에 대해서도 생각할 수 있을 것이다. 지금까지 우리는 다음의 차원들을 살펴봤다.

- 1차원 세계에서 블록들은 트랙 위에서 움직이지 못해 절대 서로를 지나갈 수 없다.
- 2차원 세계에서 블록들은 다른 두 방향으로 움직여 서로를 지날 수 있다.

블록들의 위치를 서로 바꾸는 두 가지 방식이 동일하다고 생각되는지에 관해 생각해보자고 했을 때, 나는 이게 우리가 있는 차원의 개수가 몇 개인지에 따라 달라진다고 언급했었다. 언제나처럼 핵심은 '동일하게' 여겨지는 것들이다. 만약 왼쪽 블록을 오른쪽 블록 쪽으로 옮긴다면, 같은 방향으로 가져가는 것이지만 이 과정에서 아주 조금 더 위로 올라가는지 아닌지가 진정 중요한 것일까?

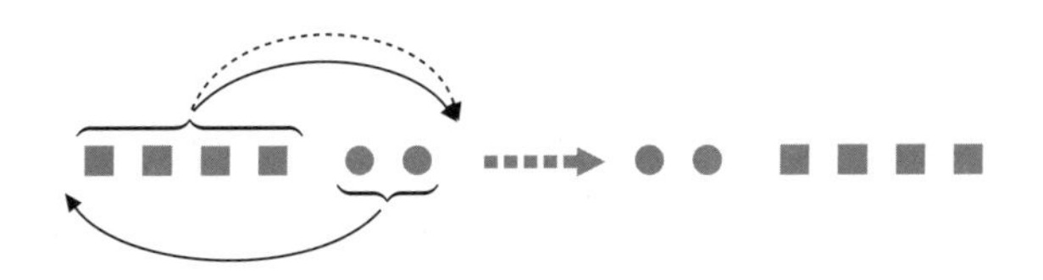

이 두 가지 방식을 정말 다른 것이라고 생각하고 싶지 않을지도 모른다. 2차원에서는 정확히 두 가지 이동 방식이 있다고 생각하고 싶은 것도 당연하다. 정확하게 어떤 경우에 위나 아래로 가는지에 대한 걱정 없이, 한 가지 방식은 위쪽으로 올라가고 다른 한 가지 방식은 아래쪽으로 내려가는 것이다. 이게 우습게 느껴진다면 몇 번 빙글빙글 돌리는 걸 고려하고 싶을지도 모른다. 그래도 우리는 여전히 그 블록들이 빙글빙글 돌기 위해서 취해야 하는 정확한 경로에 관해 신경 쓰지 않을 것이다.

그렇다면 3차원에서는 어떨까? 사각형 블록들을 페이지의 약간 더 위쪽으로 옮길 수 있을뿐 아니라, 이들을 집어 페이지 밖으로 약간 벗어나게 할 수도 있을 것이다. 같은 이유로, 이는 실제로 완전히 다른 방식으로 여겨져서는 안 된다. 이들을 계속해서 페이지 밖으로 더욱더 멀리 조금씩 공중으로 밀어낼 수 있다면, 결국 페이지로 돌아가기는 하겠지만 원형 블록 아래에 있게 될 것이다. 그래서 3차원에 접근할 수 있다면 위쪽으로 가고 아래쪽으로 가는 게 실상 그렇게 다르지 않다.

이에 대해 생각할 수 있는 또 다른 방법은 2차원인 땅 위에서 서로의 주변을 걷고 있는 두 사람에 대해 생각해 보는 것이다. 분명 우리는 이들이 시계 방향으로 걷고 있는지, 아니면 반시계 방향으로 걷고 있는지를 분류할 수 있을 것이다. 한편, 3차원인 하늘에서 서로의 주변을 날고 있는 새 두 마리를 생각해 본다면, 어떤 게 '시계 방향'이고, 어떤 게 '반시계 방향'인지 더 이상 분명하지가 않을 것이다. 시계가 고정된 표면이 없고, 그래서 우리가 새들을 바라보는 방향에 따라 달라질 것이기 때문이다.

이것을 수학적으로 말하면 '3차원 세계에서는 시계 방향과 반시계 방향 사이의 차이를 말할 수 없다'고 할 수 있다. 시계 방향 경로를 취해서 이것을 반시계 방향 경로로 '사상'할 수 있는 방법이 있기 때문이다. 이것은 이번 장 맨 처음에서 2+4를 가져와 이를 4+2로 변형하고 두 수를 더 하는 방법에 두 가지가 있음을 발견했던 것의 한층 더 고차원적인 버전이다.

이제 우리는 사상 할 수 있는 방법들을 알게 되었고, 결국 우리가 또 다른 것으로 사상하는 무언가로부터 사상할 수 있음을 발견했다. 이제 상황이 약간 더 이해하기 힘들어졌다. 왜냐하면 그러한 고차원적 사상을 할 수 있는 방법에는 두 가지가 있기 때문이다. 첫 번째, 우리에게로 향하는 기존 경로를 페이지 밖으로 나가 결국 바닥 아래로 잡아당기거나, 두 번째, 페이지 쪽을 향해 뒤로, 그다음 바닥을 향해 밀 수 있다. 아마도 교환이 일어나는 경우와 같이, 우리는 어떤 방식을 사용하는지 신경 쓰지 않는다. 이게 가능한지 신경 쓸 뿐이다. 아니면 아마도 꼬임이 있을 때처럼 우리가 어떤 방식을 사용했는지 기억하고 판단하기를 원할 수도 있다. 이것을 하기 위해서는 범주론에서는 또 다른 차원이 필요하다. 이는 2차원 범주로 우리를 데려가는데, 이보다 고차원적인 교환 사상은 '실렙시스syllepsis'라고 한다. 2차원 범주이기는 하지만, 3차원 공간에서의 경로에 관해 생각하는 것으로부터 등장한 것이다.

그 결과 만들어지는 구조는 실렙시스 모노이드 2-범주라고 부른다. 개념과 함께 단어들이 서로 누적되는데, 이는 분명 수학이 따라가기 어렵게 만드는 것이다. 하지만 우리는 이런 개념들이 나올 때까지 쌓아 올렸고, 매번 더 이전의 것을 이해하려고 노력했다. 우리는 어떤 물체들로 시작한다. 그리고 그들 사이의 관계를 이해하고자 하기에 하나의 범주를 형성한다. 우리는 증식과 같은 상황을 이해하고자 해서 '모노이드' 구조를 갖게 된다. 그리고 여기에 정밀함을 더하고자 2-범주를 갖게 된다. 그러면 교환을 완료하기 위해 사용한 절차가 무엇인지 판단하고자 꼬임을 갖게 된다. 그리고 하나의 꼬임을 또 다른 꼬임으로 사상하는 방법을 판단하고자 실렙시스를 얻게 된다.

우리가 관심을 갖는 아이디어 ——► 수학적 구조

관계 --------► 범주
증식 --------► 모노이드 구조
교환 과정 --------► 꼬임
교환 과정 비교 --------► 실렙시스

아직 머리가 터지지 않았다면, 이 과정이 계속될 것임을 생각하거나 상상, 또는 예측하거나 추론할 수 있을지도 모른다. 이렇게 많은 차원에서 앞쪽의 실렙시스와 뒤쪽의 실렙시스는 같거나 다르다. 하지만 우리에게 다른 차원이 있다면 어떻게 그곳에 도달하는지 판단할 수 있다. 그리고 거기에는 두 가지 방식이 존재한다. 만약 다른 차원이 있다면, 그들의 차이를 측정하는 것 등을 할 수 있다. 결국 남는 것은 무한한 차원의 범주론에서 교환의 미묘한 차이에 대한 이론이다. 그리고 그러한 미묘한 차이들을 이해하고 구성하며 분석하는 방법은 내 연구에서 큰 부분을 차지한다. 우리는 2, 3차원에서 시각적 직관을 통해 많은 도움을 받을 수 있는 한편, 무한한 차원에서는 시각적 직관이 대개 쓸모없다. 엄밀한 대수학적 방법에 의지해야 한다.

그리고 그 모든 것을 더욱 상세하게 설명하는 것은 이 책의 범위를 너무나 벗어나는 일이다. 어쩌면 내가 시도했던 것을 설명하는 것부터가 이 책의 범위를 넘어선 것일지도 모르겠다. 머리가 터질 것 같다면 제대로 된 아이디어를 얻은 것일지 모른다. 여전히 내 머리도 터질 것 같으니 말이다. 이건 분명히 '명백한' 것은 아니지만, 동시에 우리 주변의 친숙한 3차원 세계를 그림으로써 일종의 직관을 얻을 수 있는 것이기도 하다. 나는 이것의 매력이 끝도 없다고 생각한다.

이런 종류의 연구조차 직접적인 응용이 어느 정도 가능하다. 이런 연구는 우주에서의 경로, 그리고 그 경로들이 서로를 어떻게 지나는지와 관련이 있기 때문이다. 우리가 3차원의 물리 세계에 살고 있다는 사실에도 불구하고 더욱 고차원의 공간도 우리와 연관성을 가진다. 나는 이전에 연결 부위가 많은 로봇 팔이 각 연결 부위가 그 위치를 지정하는 좌표를 필요로 하기 때문에 더 고차원적인 공간에서 효율적으로 움직일 것이라는 사실에 관해 쓴 적이 있다. 우리의 팔에서는 어깨, 팔꿈치, 팔목으로 결정되는 온갖 종류의 복잡한 움직임이 일어난다. 각각의 움직임에는 각각 앞과 뒤, 위와 아래, 왼쪽과 오른쪽이 존재하며 가능할 경우 일종의 회전도 일어난다. 팔 자체는 3차원 공간에 있지만, 팔의 움직임은 그 모든 데이터에 의해 더욱 정확하게 기술된다. 팔의 움직임은 8차원적, 아니 그 이상일 수 있다. 따라서 더욱 고차원 공간에서의 경로를 이해하는 것은 다른 무엇보다도 로봇공학의 일부가 된다. 그리고 추상적인 고차원 공간에서의 경로 이론은 컴퓨터와 같은 복잡한 시스템이 언제 고장날지 이해하는 데에 있어 중요한 부분이다. 이러한 과정들은 해당 추상 공간에서 경로로 기술될 수 있고, 고장은 경로가 서로 충돌할 때 발생할 수 있다. 마치 땋은 머리 가닥이 꽉 고정되어 있어 꺼내려고 할 때와 같이 말이다.

하지만 나는 저런 응용 사례에는 집중하고 싶지 않다. 나에게는 별 감흥도 주지 않고, 순수수학을 추진시키는 것도 아니기 때문이다. 나를 이끄는 것, 그리고 대개 순수수학을 이끄는 것은 궁금증과 호기심, 그리고 순수수학의 불가사의함이다. 그리고 이 모든 것은 내가 블록들의 위치를 서로 바꾸는 것에 대한 시각적 표현을 생각하는 것에서 시작되며, 그다음 우리의 직감과 상상력을 계속해서 따라가는 것에 의해 발생한다.

추상적 구조의 시각적 표현

추상적 구조의 시각적 표현은 우리가 시각적 직관을 소환할 수 있게 해주기 때문에 강력하다. 사실 그 이상이다. 우리가 동일한 추상적 구조에 대한 시각적 직관을 다양한 방식으로 이용할 수 있게 해주는 데까지 간다.

여기서 내가 가장 좋아하는 예시는 런던 지하철 표준 지도이다. 저작권을 이유로 이곳에 옮겨올 순 없었지만, 당신이 이를 상상하거나 찾아서 내가 무슨 말을 하는 것인지 이해할 수 있기를 바란다. 해당 지도는 특정 목적을 위해 명료하고 멋지게 디자인되었으며, 이를 통해 어떤 한 곳에서 다른 곳으로 가는 방법을 알 수 있다. 하지만 지리학적으로는 전혀 정확하지가 않다. 만약 지리학적으로 정확한 버전의 지도를 찾는다면 그 지도는 굉장히 읽기 어려운 것을 알게 될 것이다. 지리학적으로 정확한 버전을 보면 오히려 표준 지도가 얼마나 탁월한지를 알 수 있게 될 것이다. 표준 지도는 오리지널은 아니고, 1931년 전문 제도사인 해리 벡Harry Beck에 의해 고안되었다. 그는 전기 회로 도표를 그리는 것에서 영감을 얻었다. 그 도표들은 물리적 위치가 아닌 회로의 각 부분 사이의 연결에만 초점을 맞춘 것이었다. 벡은 지하철에도 똑같은 것이 적용될 수 있겠다는 것을 깨달았다. 표준 지도에서 나타내야 하는 중요한 구조는 오로지 여러 노선 사이의 연결 지점뿐, 그들의 물리적 위치가 아니다. 그래서 그는 연결 지점은 그대로 남겨두고, 지도의 물리적 배치를 바꿨다. 당국에서 항의를 좀 받기도 했지만, 시범 인쇄 시 사용자들 사이에서 성공적임을 증명했다.

연결점은 동일하게 유지하면서 물리적 배치를 변경한다는 아이디어는 우리가 앞서 살펴봤던 30의 약수에 입각해 8의 약수를 도표로 그리는 방법과 비슷하다. 먼저 8의 약수가 1, 2, 4, 8이라는 것에서부터 시작할 수 있다. 8은 2×4이다. 따라서 다음과 같은 그림은 말이 된다.

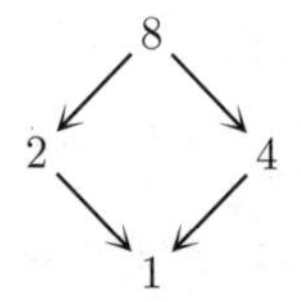

하지만 뭔가 놓친 게 있다. 2는 4의 약수이기도 한데 그게 표현되지 않았다. 그래서 우리는 4에서 2로 향하는 화살표를 하나 넣었고, 그러고 보니 너무 과하다는 생각이 들었다. 8은 2의 조부모 같은 수이기 때문에 그들 사이에는 화살표가 필요 없다고 생각했다. 4를 통해 추정할 수 있기 때문이다. 이와 비슷하게 4에서 1로 가는 화살표도 필요 없다. 결국 위 그림은 다음과 같은 지그재그 모양의 그림이 되었다.

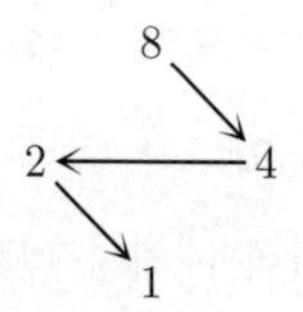

여기 모두 추상적 구조가 존재한다. 하지만 물리적으로 필요한 것이 남아 있다. 사실 저 지그재그 모양이 될 필요가 없다는 것이다. 추상적으로 저 연관성은 모두 직선으로도 연결된다. 따라서 지그재그 모양을 다음과 같이 하나의 직선으로 쭉 펴는 편이 더 낫다.

$$8 \longrightarrow 4 \longrightarrow 2 \longrightarrow 1$$

런던 지하철 지도에서와 같이, 우리는 추상적 구조를 바꾸지 않고 물리적 배치를 바꿨다. 이는 굉장히 도움이 되는 융통성이다. 간혹 우리는 다음과 같이 그렇게 직관적으로 보이지 않는 그림을 그리는 우리 자신을 발견하기도 한다.

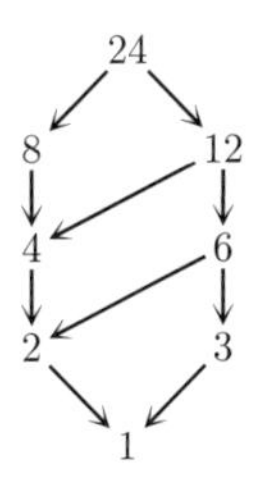

그런데 이 배치를 약간만 바꿔보면, 다음과 같이 세 개의 사각형이 옆으로 쌓여 있다는 것을 확인할 수 있다.

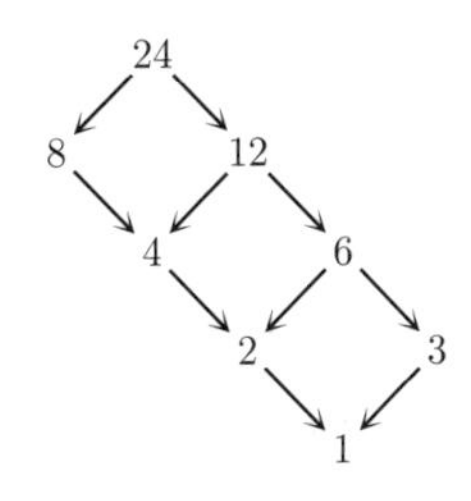

시각적 표기가 물리적 유연성을 보유하고 있으면 굉장히 강력한 특징이 될 수 있다. 가계도 배치 방식을 생각해 본다면, 페이지 위에 물리적으로 각 세대는 다음과 같이 순서에 따라 정렬되어야 한다.

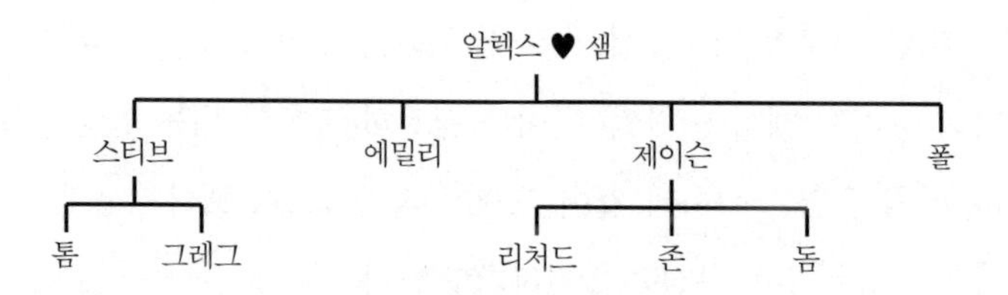

범주론에서는 페이지 위 물리적 배치 대신 화살표를 사용해서 관계를 나타낸다. 그 결과, 나타내는 정보를 변경하지 않고 물리적 배치를 바꿀 수 있다. 예를 들어 우리는 다음 중 어떤 방식으로든 8의 약수에 대한 그림을 그릴 수 있다. 어떻게 그려도 여전히 똑같은 추상적 정보를 나타내지만, 다른 시각적 표현은 우리와 각기 다른 감정적 연결 고리를 가질 수 있다.

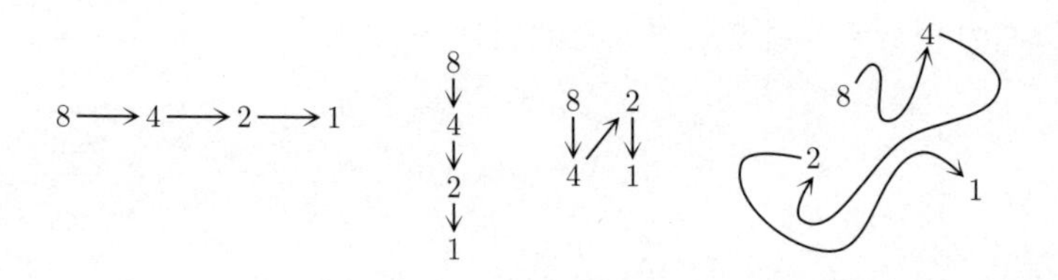

이 예시들 중 일부는 그저 요점을 말하고자 만들어진 것이지만, 문제의 요점은 상황 전체를 추론하는 데에 매우 강력하게 사

용될 수 있다. 다음은 내 연구에서 얻은 증거이다. 같은 도표를 두 가지 방식으로 제시함으로써 시각적으로 다른 결과가 나타난다. 지금으로서는 이게 무엇을 뜻하는지는 중요하지 않다. 그저 나는 그림의 모양을 통해 이 버전이 지리학적으로 많은 것을 보여주지 않는다는 것을 확인할 수 있기를 바란다.

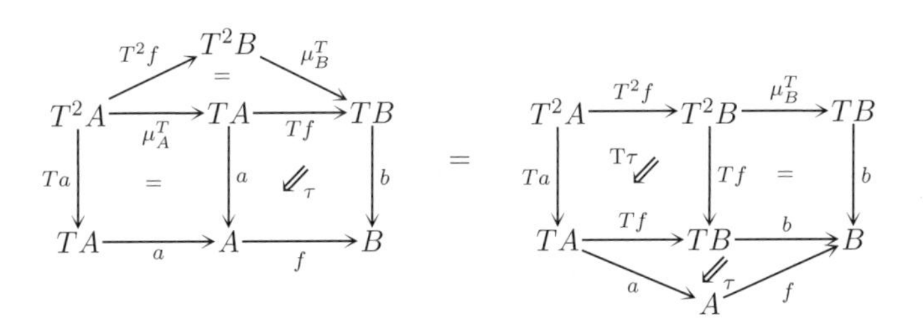

그러나 이 그림의 배치를 약간 바꾸면 다음과 같은 직육면체가 된다.

$$\begin{array}{ccccc} T^2A & \xrightarrow{T^2 f} & T^B & \xrightarrow{\mu_B^T} & TB \\ \downarrow{\scriptstyle Ta} & \searrow{\scriptstyle \mu_A^T} & = & & \\ TA & & TA & \xrightarrow{Tf} & TB \\ & \searrow{\scriptstyle a} & \downarrow{\scriptstyle a} & \Swarrow_{\tau} & \downarrow{\scriptstyle b} \\ & & A & \xrightarrow{f} & B \end{array} \quad = \quad \begin{array}{ccccc} T^2A & \xrightarrow{T^2 f} & T^B & \xrightarrow{\mu_B^T} & TB \\ \downarrow{\scriptstyle Ta} & \Swarrow_{T\tau} & \downarrow{\scriptstyle Tf} & = & \downarrow{\scriptstyle b} \\ TA & \xrightarrow{Tf} & TB & & \\ & \searrow{\scriptstyle a} \; \Swarrow_{\tau} & & \searrow{\scriptstyle b} & \\ & & A & \xrightarrow{f} & B \end{array}$$

추상적 개념을 이해하려고 할 때 이는 굉장히 강력한 아이디어이다. 하지만 안타깝게도 이는 비도덕적인 목적을 위해서도 사용될 수 있는 아이디어이다. 사람들이 잘못된 시각적 표현을 사용해 이상한 낌새를 눈치채지 못하는 독자들을 조종하는 경우를 말한다. 엄격하게 잘못된 것이라고 할 수는 없다. 당연히 똑같은 논리적 정보를 제공하겠지만, 이를 조작해 어떻게 해서든 우리에게 영향력을 미친 것이기 때문이다. 한 가지 악명 높은 사례가 있는데, 이는 변화하는 무언가를 다음과 같은 그래프로 나타낸 경우이다.

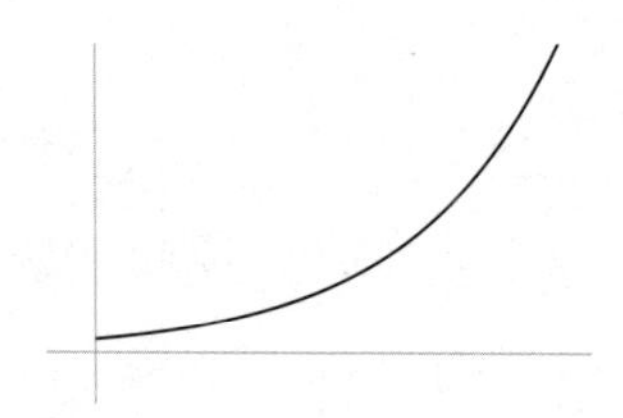

가까이서 들여다 보면 y축이 100만에서 시작하는 것을 알 수 있다. 만약 0에서 시작한다면 이 그래프는 다음과 같이 그렇게 극적인 변화를 보여주지 않을 것이다.

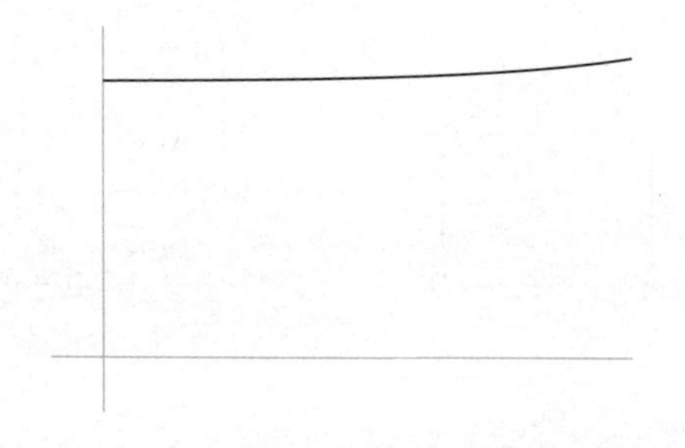

시각적 조작의 또 다른 예시는 3차원 파이 차트에 있다. 여기서는 원 대신에 원기둥을 살펴볼 것이다. 그런데 자동적으로 우리는 무엇이든지 '앞면'에 가까운 것을 볼 수 있다. 이는 본능적으로 앞에 있는 '조각'이 실제보다 더 크다는 인상을 받게 한다. 이는 일부러 사용되어 앞에 있는 것들이 실제보다 더 큰 것처럼 보이게 만들고, 뒤에 있는 것들은 실제보다 더 작은 것처럼 보이게 만들기 위해 사용된다. 다음의 예시를 보면, 이러한 시각적 조작이 누수로 인한 물 손실량으로부터 관심을 뺏기 위해 이루어진 것을 볼 수 있다.

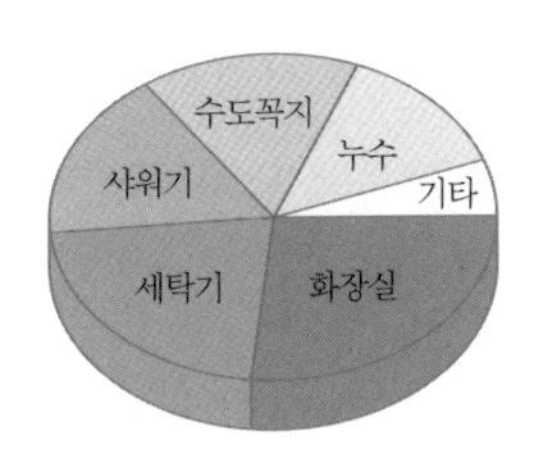

무언가를 실제보다 더 크다고 생각하게 만드는 또 다른 사례로는 가장 유명한 세계 지도 중 일부가 포함된다. 이는 우리를 원과 사각형의 관계로, 다만 한 차원 위에 있는 곳으로 다시 데리고 간다. 이 문제는 납작한 종잇장 위에 대략적인 구형 지구를 나타내기 위한 것이기 때문이다. 여기서는 뒤틀림이 발생할 수밖에 없기에 최소한의 뒤틀림만 발생할 수 있도록 할 수 있는 일을 선택해야 한다. 목적별로 투영할 수 있는 방법은 굉장히 다양하다. 가장 고전적인 투영 방식 중 하나는 '메르카토르 도법'이다. 이 도법은 각도를 정확하게 유지하기 때문에 항해 시 좋은 도법이다. 즉, 어딘가를 여행하기 위해 가야 하는 방향이 어디인지 정확하게 알아낼 수 있다는 뜻이다. 그러나 그 결과 면적을 심각하게 왜곡하고, 어딘가가 적도에서 멀어질수록, 더 크게 보인다. 이는 북부에 있는 제국주의 국가들이 실제보다 더 커 보이며, 적도 국가들이 비교적 훨씬 작아 보인다는 것을 뜻한다. 가령, 이로 인해 미국은 엄청나게 커보이고, 아프리카 대륙은 엄청나게 작아 보인다는 것이다.

내용에 기법상 변화를 주지 않고 상황에 대한 우리의 감정적 인식을 바꾸는 것은 기발한 조작 기법이다. 이는 좋든 나쁘든 언어에서도 발생한다. 무언가에 사랑스러운 별명을 지어줌으로써 우리는 그것에 더 애정을 듬뿍 담아 생각하게 될 수 있다. '털난 공 정리'처럼 말이다. 이 정리는 '털난 공'이라고 설명함으로써 활기를 얻은 신비로운 정리이다. 기본적으로 우리가 털난 공을 가지고 있는데, 그것을 깔끔하게 빗으로 빗겨주려 하는 상황을 가정한다. 이 정리에서는 우리가 부드럽게 빗질하지 못하는 곳이 최소한 한 곳은 있을 수밖에 없다고 말한다. 또 다른 예시로는 4장에서 언급했던 '샌드위치 정리'가 있다. 이는 실제로 두 장의 납작한 빵 조각 사이에 속을 엄청나게 많이 넣는 것과 같이, 우리가 이미 이해한 다른 어떤 두 개의 함수 사이에 하나의 함수를 끼워 넣음으로써 그 함수를 이해하는 것과 관련된 정리이다.

이렇게 우리의 감정적 인지에 변화를 주는 기법은 사악한 목표를 달성하기 위해 사용될 수도 있다. 미국의 건강 보험 개혁법 Affordable Care Act, ACA 제정 당시, 이를 지지하는 사람 중에는 오바마를 싫어하는 사람들도 물론 있었다. 이때, 공화당에서 오바마와 연관된 느낌을 받는다면 그들이 본능적으로 이를 반대할 거라 생각하고 해당 법에 '오바마케어Obamacare'라는 별명을 붙였던 것처럼 말이다. 그 결과 어떤 사람들은 둘이 같은 것임에도 불구하고, '오바마케어'가 아닌 'ACA'를 지지한다고 이야기하기도 한다.

그러나 우리가 무언가에 대한 사람들의 감정적 반응을 바꿀 수 있는 비밀스러운 방법에 초점을 맞춘다면, 이게 영원할 수 있는 얼마나 강력한 도구인지도 잊어버리고 말 것이 분명하다. 한 예로, 팬데믹 동안의 코로나19 감염률을 살펴보는 경우 직선 눈금 대신 로그 눈금을 사용하는 것은 굉장히 도움이 된다. 이는 10, 20, 30, 40 등과 같이 y축이 동일한 눈금만큼 올라가는 대신, 10, 100, 1,000, 10,000처럼 동일한 배수만큼 올라간다는 것을 의미한다. 이는 우리가 똑같은 증가분 대신 똑같은 배수만큼 늘어날 것으로 예상되는 데이터를 연구할 때 도움이 된다.

다음은 이전에 봤던 7일 연속 평균 코로나19 감염률을 나타낸 그래프다. 왼쪽에는 직선으로 된 y축의 눈금 위에 데이터를 그렸고, 오른쪽은 로그 눈금이다.

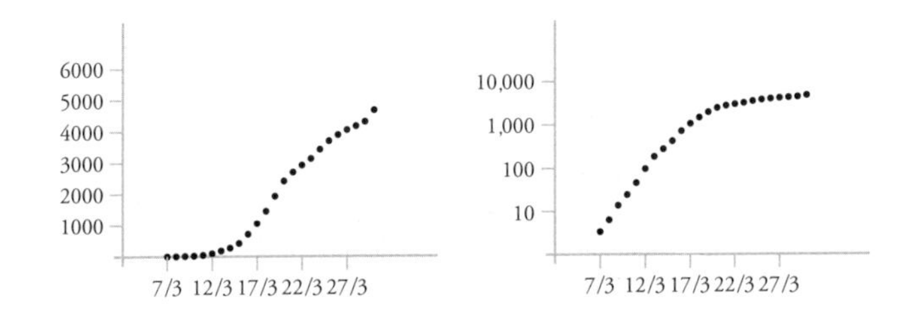

처음에 보면, 오른쪽에 있는 그래프는 직선처럼 보인다. 이는 지수함수를 나타낸다. 지수함수는 일정한 배수만큼 올라간다. 그래서 y축도 일정한 배수만큼의 간격을 두고 그래프를 그린다면 직선처럼 보일 것이다. 우리의 눈으로는 지수 곡선보다 직선을 감지하는 것이 훨씬 쉽다. 증가 속도가 느릴 때를 감지하는 것도 훨씬 더 쉽다. 왜냐하면 직선이 쭉 올라간 곳의 아래가 '납작하다'는 것을 알 수 있기 때문이다. 여기서 핵심은 로그 눈금이 사용되고 있다는 것을 인식하는 것이다. 조작하려는 사람들은 여기에 사람들의 관심을 끌지 않고 무언가가 얼마나 극적으로 증가하고 있는 것인지를 숨긴다.

이것은 추상적 정보를 그림으로 바꾸는 것의 힘을 보여준다. 부도덕한 사람들이 하는 조작으로부터 영향을 받지 않으려면, 그리고 우리의 생각을 가장 생생하게 전달하는 방법 또한 확실히 알아내려면 이러한 추상적 정보를 그림으로 바꾸는 것이 어떻게 이루어지는지를 이해하는 것이 최선이다. 나는 내 삶 속 일부를 이해하고자 할 때 그래프의 도움을 받기도 한다.

그래프로 그린 나의 삶

나는 서론의 시작에서 바로 이미 내가 가장 좋아하는 순수수학 그래프 중 일부를 제시했다. 시간이 지날수록 수학에 대한 나의 사랑을 그래프로 그려 보여주며, 수학 수업들에 대해 변하는 사랑의 정도와 수학 자체에 대한 꺾이지 않는 사랑을 대조했다.

다음은 내가 내 삶의 다른 측면을 이해할 수 있도록 도와줬던 가장 좋아하는 그래프 중 일부이다. 나는 내가 쓰는 모든 글에서 도표를 사용해 추상적 구조를 그리고 그 상황을 더 잘 이해하는 것을 좋아하는 게 틀림없다고 확신한다. 그런 표들 중 많은 것들이 내가 다른 사람들에게 내 생각을 설명하기 위해 고안했던 것들이다. 하지만 여기 제시한 그래프들은 내 스스로의 삶을 이해하는 데에 도움을 얻고자, 그에 이어서 해당 상황을 다른 이들에게 설명하기 위해서 독창적으로 사용했던 것들이다.

① 나의 아이스크림 즐기기

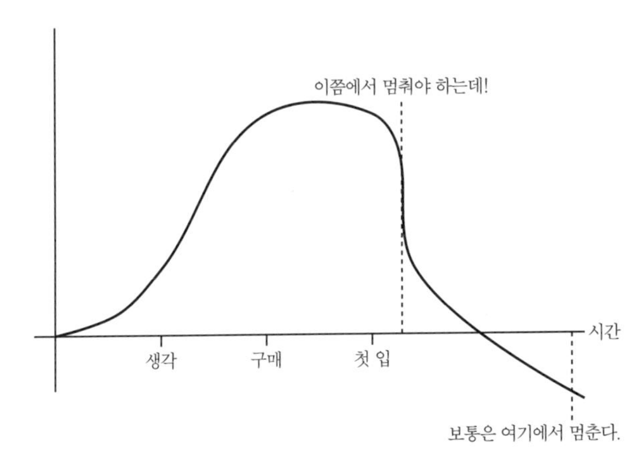

이 그래프는 시간이 흐름에 따라 내가 아이스크림을 어떻게 즐기는지를 보여준다. 내가 아이스크림을 먹기 시작할 때 점점 더 흥분한다는 것, 그 흥분은 내가 아이스크림을 손에 넣었을 때쯤 최고조에 이른다는 것을 보여준다. 심지어 첫입 먹었을 때도 아이스크림을 사는 행동과 아이스크림을 기대할 때만큼 흥분하지는 않는다. 이후 나의 신남은 극적으로 감소한다. 하지만 보통 나는 잃어버린 흥분을 되찾기 위해 쓸데없이 아이스크림을 계속해서 먹는다. 어느 순간 실제로 아프기 시작하고, 불행하게도 보통 아이스크림을 너무 많이 먹어서 나타나는 고통을 제대로 느낄 때까지 먹는다.

이는 어쨌든 과거의 일이다. 이 그래프를 그림으로써 나는 아이스크림을 첫입 먹고, 금방 흥분이 감소하기 시작하는 때 멈추는 게 더 나을 것이라고 납득할 수 있었다. 그렇게 그다음 아이스크림을 먹을 때 첫입을 먹고 흥분이 최고조가 될 때까지 기다려 아이스크림을 먹는 즐거움을 최대로 즐길 수 있었다. 이렇게 함으로써 아이스크림을 한 번에 다 먹지 않고 냉동고에 보관하며 한두 입 정도씩 나눠 먹는 기적을 일으켰고, 결국 똑같은 양의 아이스크림으로 더 많은 즐거움을 느낄 수 있었다.

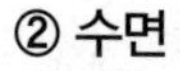

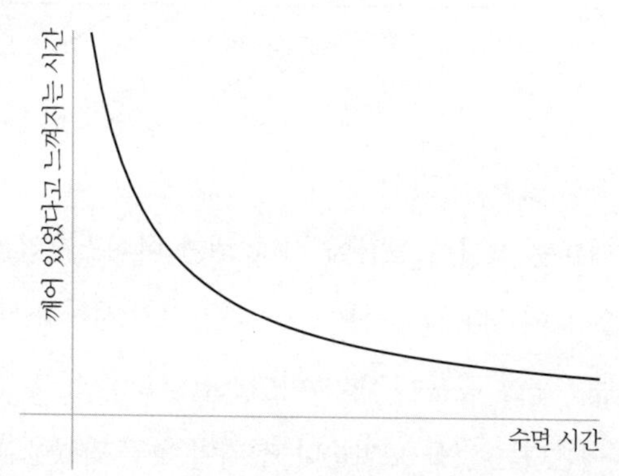

다음의 이 그래프는 나의 수면 시간 대비 깨어 있다고 느낀 시간을 그린 그래프다.

이는 상당히 전형적인 반비례 그래프이다. 하나가 점점 더 커지면 나머지 하나는 점점 더 작아지는 것이다. 덜 잤을 때 훨씬 더 많이 깨어 있다고 느끼는 것이 반직관적인 것처럼 보일지도 모르겠지만, 다음 방향으로 된 인과 관계를 고려해 본다면 이해할 수 있다.

잠 ——► 깨어있음

반면 현실에서 내게 영향을 미치는 것은 다음 방향으로 일어나는 인과 관계이다.

깨어있음 ——► 잠

그래서 당연히 내가 졸리지 않은 상태라면 그렇게 잠을 많이 잘 필요가 없지만, 엄청나게 피곤한 상태라면 많이 자야 할 것이다. 이는 내가 잠에서 깨어 있는 정도가 지난 밤 내가 얼마나 잤는지가 아니라, 가장 최근 몇 주에 걸친 전반적인 내 삶의 상태와 관련된다는 것을 이해할 수 있도록 해줬다. 인과 관계를 다르게 생각하기 전까지는 모순적으로 보이는 상황들도 있다. 예를 들어 여성이나 유색인종보다 백인 비부유층이 참여하거나 접근하기 쉬운 학계가 있다고 치자. 이때 그들이 '참여의 기회가 적은' 여성 및 유색인종에 관한 포용성 문제보다, 그나마 상황이 나은 비부유층의 포용성 문제에 더 신경 쓰는 건 모순처럼 보일 수 있다. 일반적인 포용성 수준에 빗대어 본다면 말이 안 되는 결과지만, 사람들은 다른 사람의 불이익보다는 자신의 불이익에 더 신경 쓰는 경향이 있다는 점을 고려하면 이해가 된다. 즉, 그 산업에 여성이나 유색인종이 많지 않다면, 그 산업은 여성이나 유색인종에 대한 포용성 문제에 덜 신경 쓸 가능성이 있다는 것이다.

③ 사람

어떤 그래프는 내가 사람들에 관한 상황도 이해할 수 있게 해줬다. 나는 생동감 넘치는 데이터 시각화에 관한 섹션이 포함되어 있는 수학자 패티 록Patti Lock 교수의 프레젠테이션에 갔다. 그녀가 제시한 예시 중 한 가지는 온라인 데이트 사이트 오케이큐피드OKCupid 사용자들에 대한 연구에서 나온 것이었다. 해당 그래프에서는 데이트 상대를 찾는 사람들이 매력적이라고 생각하는 사람들의 연령을 보여줬다. 남성 데이트 상대를 찾는 여성에 대한 항목과 여성 데이트 상대를 찾는 남성에 대한 항목이 있었다. 다음과 비슷한 모습의 그래프였다.

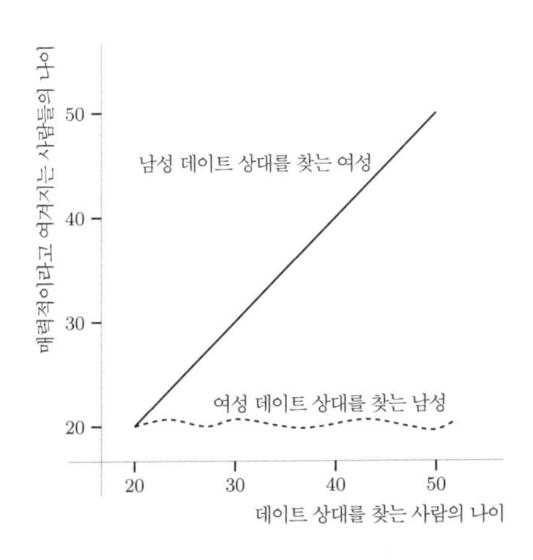

나는 그래프에서 받은 인상대로 그려봤지만, 록 교수의 웹사이트에서 실제 그래프를 확인할 수 있다.[35] 그녀는 마침 딱 재밌는 순간에 이 슬라이드를 발표했다. 그녀는 먼저 남성 데이트 상대를 찾고 있는 여성에 대한 그래프를 보여줬다. 그래서 우리는 모두 속으로 '아, 좋아. 당연히 여자들은 자기 또래 매력적인 남자들을 찾겠지.'라고 생각할 수 있었다. 그다음 그녀는 해당 사이트에서 이성애자 남성이 자신이 몇 살이든 상관없이 어린 여자들을 가장 매력적으로 생각하는 것을 보여주는 그래프를 공개했고, 청중은 모두 눈을 굴리며 생생한 시각 자료를 보고는 빵 웃음을 터뜨렸다.

35 "수학 교육과정 속 데이터 분석(2018)". https://www.lock5stat.com/powerpoint.html(2018년 브록포트)에서 확인이 가능하다.

④ 나는 사람들을 얼마나 신경 쓰는가

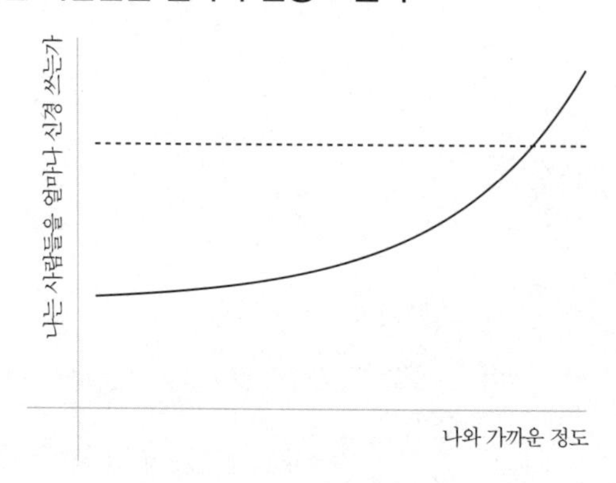

다음은 나와 가까운 정도에 비해 내가 그 사람들을 얼마나 신경 쓰는지를 그린 그래프이다.

이 그래프는 내가 모두를 어느 정도 신경 쓰기는 하지만, 나와 가까운 사람들을 더 신경 쓴다는 것을 보여준다. 내게 이건 타당하다. 어떤 나쁜 일이 내가 만난 적 없는 어떤 모르는 사람에게 일어났을 때보다 가족 구성원 중 한 명에게 일어났을 때 더 화나는 것이 당연하다. 그러나 일부 열성적인 자유주의자들은 우리가 세계 저 반대편에 있는 사람들보다 우리 주변 사람들에 대해 더 신경 쓰는 것을 한탄하기에 이에 대해서는 다소 논쟁이 있기는 하다. 나는 모두에 대해 동등하게 신경써야 한다고 주장하는 사람들을 안다. 위 그래프에서 점선이 바로 그런 사람들을 나타낸다. 나는 그런 것에 대해 사람들을 비판하고 싶지 않다. 다만, 이 그래프는 친구 사이에서 가끔 이상한 상호 작용도 일어날 수 있을 것임을 이해할 수 있게 도와줬다.

⑤ 실연

다음은 왜 실연이 일어나는지, 우리 인간은 이것을 어떻게 멈출 수 있는지를 이해하는 데에 도움을 그래프이다. 이 그래프에는 좀더 많은 서사적 설명이 들어가기는 하겠지만, 일단은 다음을 보시라.

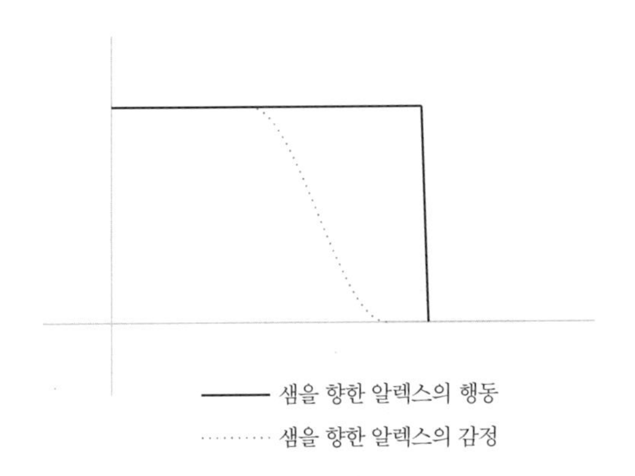

어떤 관계는 끝이 오는 것을 피할 수 없다. 하지만 실연의 사례 거의 대부분이 한 사람이 감정 벼랑에서 떨어지게 되어 발생한다. 하지만 사람들이 하루아침에 마음이 멀어지거나 사랑에서 빠져나오는 경우는 거의 없다. 일정한 시간 동안 점진적으로 발생하는 것이다. 전에 말한 대로, 두 사람을 알렉스와 샘이라고 부르겠다. 이 그래프에서 점선은 샘을 향한 알렉스의 애정이 점진적으로 감소하는 것을 보여준다. 문제는 알렉스의 애정이 점진적으로 줄어들고 있는 한편, 알렉스는 전혀 문제가 없다는 것처럼, 아니 최소한 샘이 모든 게 괜찮다고 계속 믿을 수 있도록 행동한다는 것이다. 그리고 알렉스의 애정은 바닥을 치고 더이상 참을 수 없게 된다. 샘은 자신이 생각하던 알렉스의 모습과는 정반대인 알렉스의 모습을 갑작스레 발견하게 되면서 불시에 깨달음을 얻게 된다. 이 순간이 바로 감정적 절벽이 나타나는 때다. 이 감정 벼랑은 더 어두운 실선으로 그려져 있다.

아마도 알렉스는 애정이 줄어드는 동안 바람을 피우면서도 새로운 관계에서 완전히 확신하고 안정감을 얻기 전까지는 샘과 헤어지고 싶지 않았던 것일 테다. 그게 아니면 알렉스는 약간 불행함을 느끼기 시작하지만 이유는 확신할 수 없고, 샘이 과도한 반응을 보일까 아무것도 말하고 싶지 않았을 수 있다. 그래서 모든 게 괜찮은 것처럼 행동한 것이다. 어느 날 갑자기 정신을 차리고 보니 더 이상 참을 수 없을 때까지 말이다.

어떤 경우이건 여기서 핵심은 감정 벼랑이 생기지 않도록, 실선과 점선 사이의 격차가 발생하지 않게 하는 것이다. 하지만 그러려면 알렉스 측에서의 자각, 자신의 감정이 어떤지에 대해 서로에게 솔직할 수 있는 양 당사자 간 신뢰가 필요하다. 관계가 좋지 않을 경우 그렇게 할 수 없을 것이다.

만약 알렉스가 감정 벼랑에 다다른 상태에서 그것에 대해 충분히 자각하지 못했다면 어떨까? 이런 경우 최선의 접근법은 조심스럽게 하강하는 그래프를 그리는 것이라고 생각한다. 다음 장에 새롭게 그린 선처럼 말이다.

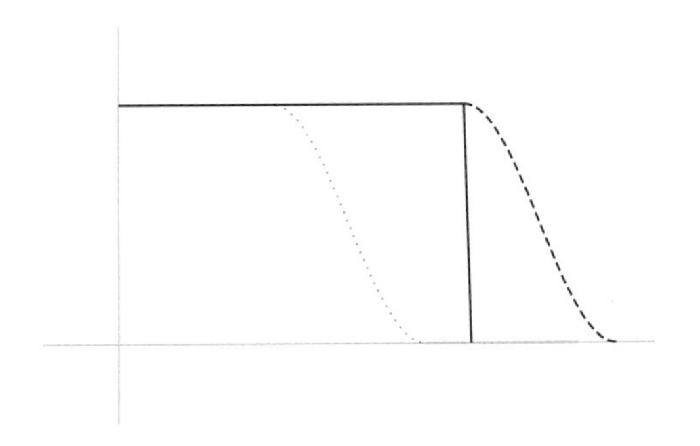

이것은 사건이 일어난 이후이기는 하지만 기존 애정의 감소세를 따라한 것이다. 나는 많은 사람들이 이에 반대하며, 이건 솔직하지 않은 것이라고 이야기하는 것을 봤다. 하지만 나는 알렉스가 첫 비탈을 숨긴 것부터가 솔직하지 않았다고 생각한다. 다만, 이 새로운 비탈을 만드는 게 다른 사람을 상처받지 않게 보호하기 위한 솔직하지 않음이며, 그러한 경우에는 그게 정당화될 수 있을지도 모른다. 다르게 말하면, 솔직함은 누군가를 상처 주기 위한 정당화의 근거가 될 수 없다. 살아가다 보면 누군가를 보살피거나, 누군가에게 예의를 지키기 위한다는 등의 이유로 솔직하지 않을 때도 있다. 그리고 여기에는 다양한 방법이 있다. 실제 솔직함과 감정적인 솔직함에는 차이가 있다. 만약 누군가 당신이 좋아하지 않는 선물을 줬는데 당신이 너무 좋다고 말한다면, 그것은 어떤 면에서는 사실상 솔직하지 않은 것이다. 그런데 만약 당신이 실제로 말하고자 했던 것이 상대방의 행동에 대한 감사였다면 감정적으로 솔직한 것이다. 이와 비슷하게 누군가 '나 새로 자른 머리 스타일 마음에 들어?'라고 했는데 마음에 들지 않는 상황에서 마음에 든다고 말하는 것은 사실상 어느 정도 솔직하지 않은 것일지 모르지만, 정말 말하고 싶었던 것이 자신과는 실제로 관련이 없는 다른 누군가의 선택을 지지하고 입증하고자 했던 것이라면 감정적으로 솔직한 것이다.

이와 비슷하게, 감정 벼랑 대신 감정 비탈을 일부러 만들어내는 것은 사실상 솔직하지 않은 것이다. 하지만 당신이 끔찍한 사람이 되고 싶지 않고 세상 속 실연의 양을 줄이고자 했다면, 감정적으로는 솔직한 것이다. 가끔 나는 셰익스피어의 소네트나, 아니면 더 이전으로 거슬러 올라가 고대 로마의 시인 카툴루스Catullus의 시들에 대해 생각하고는 우리 인간이 수천 년 동안 해온 것처럼 사람들의 마음을 여전히 계속해서 아프게 하고 있다는 사실에 놀라고는 한다. 우리가 다른 사람들의 마음을 그만 아프게 하는 법을 배우는 것이 불가능하다면, 우리가 학교에서 배우는 이 모든 것들, 이 모든 진보, 우주 여행, 초고층 빌딩과 무한한 차원의 범주 만들기와 같은 것들이 쓸모없게 느껴질 것이다.

이것은 내가 학교 수학 시간에 배우는 것이라고 생각하는 것이 아니다. 하지만 배울 수 있으면 좋겠고, 내가 예술학교 학생들을 위한 수학 수업의 마지막 시간에 항상 포함하는 내용이다. 한번은 과정이 끝나고 한 학생이 내게 편지로 자신의 모든 친구들에게 이 그래프에 대해 말했고, 그들에게 그 그래프를 보여주는 것만으로도 일부가 내 수업을 듣게 되었다고 이야기해 준 적이 있다.

수학과의 연관성을 못 느낀다면 수학을 배우는 것은 정말 힘들다. 어떤 사람들에게 그 연관성은 상황을 바로 이해하고 그것에 대해 칭찬을 받는 것에서부터 온다. 또 어떤 사람들에게는 기호 조작이 그 자체로 재밌을 때, 또 어떤 사람에게는 내부 논리가 그 자체로 만족스러울 때, 또 어떤 사람에게는 직접 적용하는 것이 신날 때 그런 연관성이 생긴다. 하지만 어떤 사람들은 수학에 대해 칭찬을 받아본 적이 한 번도 없고, 기호와 논리와는 동떨어진 느낌을 받으며, 직접 적용하는 것에도 영향을 받지 못한다. 이들은 개방형 질문, 생생한 시각적 형상화, 전형적으로 수학과 연관성이 있다고 여겨지지 않은 삶의 일부를 비춰주는 형태의 간접 적용에 더 흥미를 느낀다. 그리고 이미 충분히 이야기하기는 했지만, 다시 한번 말하고 싶다. 방금 언급한 것이 수학의 중요한 부분이라고 말이다. 그런 것들은 '수학과 친하지 않은' 사람들이 말하는 것으로 치부되지만, 그들의 태도는 전문 추상수학자들의 태도에 더 가깝다. 그러니 우리 전문 추상수학자들은 그걸 알리기 위해 더 많은 시간과 노력을 해야 할 것이다.

8장

이야기

지금까지 누가 봐도 천진난만한 질문을 하는 것을 통해 수학자들이 어떻게 추상수학의 중요한 새 분야를 만들게 했는지에 대해 이야기했다. 이제 좀 다른 이야기를 해보고 싶다. 바로 기존의 추상수학이 어떻게 단순한 생각으로 시작해 천진난만한 질문들을 엄청난 높이의 산의 크기를 조절하거나, 드넓은 바다를 건너거나, 저 구름 위를 날거나 하는 놀라운 이야기들로 바꿀 수 있는지를 살펴보고 싶다. 이는 우리가 수학의 새로운 부분들을 개발하는 방법이 아니라, 수학이 어떻게 우리를 이런 놀라운 여행으로 데리고 갈 수 있는지와 관련된 것이다. 기본 질문은 시작점과도 같다. 당신이 생각하기에 방 주변만 서성이게 할 보물 놀이의 첫 번째 단서 같지만, 그다음에는 정원 아래로, 정원 너머로, 알려지지 않은 야생 속 대초원으로 당신을 안내한다. 이들은 추상수학에서 전해져 온 '취침 전 읽는 이야기'로, 겉으로는 천진난만하거나 사소해 보이는 질문들에서부터 시작되었다. 그리고 이런 천진난만한 질문들은 그 자체로, 스스로 심오한 것으로 드러나지 않는다. 놀랍도록 심오한 의미를 가지고 있는 수학적 이야기를 만들어낸다.

별은 몇 개의 모서리를 가지고 있는가?

꼭짓점이 다섯 개인 별을 떠올려 보자.

나는 항상 별을 좋아했다. 다섯 개의 점을 찍은 뒤, 종이에서 펜을 떼지 않고 한 점에서 또 다른 점으로 다섯 개의 직선을 쭉 그리기만 해도 되니 말이다. 물론, 점이 찍힌 순서대로 선을 그으면 그냥 오각형이 되기 때문에 한 점씩 건너뛰면서 선을 그어야 한다. 이건 5가 홀수이기 때문에 가능한 것으로, 꼭짓점이 여섯 개인 별에는 이렇게 할 수 없다. 원의 주변에 여섯 개의 점을 찍고 한 번에 하나의 점만 점프해서 직선으로 연결하면 모든 점에 다다르기도 전에 시작점으로 돌아가게 될 테고, 결국 삼각형이 되고 말 것이다. 여섯 개의 꼭짓점을 가진 별을 만들기 위해 쭉 이어진 한 개의 선이 아니라, 두 개의 삼각형을 겹쳐 사용해야 하는 이유다. 즉, 우리는 종이 위에서 펜을 떼야 한다. 다음 그림에서는 삼각형의 분리를 보여주기 위해 두 삼각형 중 하나를 점선으로 그려 봤다.

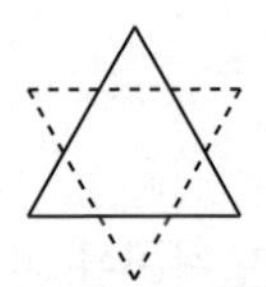

꼭짓점이 여섯 개인 별은 유대교를 나타내는 기호로 그 이름도 유명한 '다윗의 별'이다.

꼭짓점이 일곱 개인 별에 대해서는 꼭짓점이 다섯 개인 별과 같이 직선을 한 번 그릴 때마다 한 개의 점을 점프하는 방법을 사용할 수 있다. 7은 홀수이기 때문이다. 그런데 여기서 또 다른 가능성이 등장한다. 한 번에 한 점을 점프하는 대신, 두 개의 점을 점프할 수도 있을 것이고, 이는 다른 별을 만들어낼 것이다. 여기 그 두 별을 그려 봤다. 두 별 모두 각각 일곱 개의 꼭짓점을 가지지만, 선이 다르게 연결되어 있어서 각도도 다르게 나타난다.

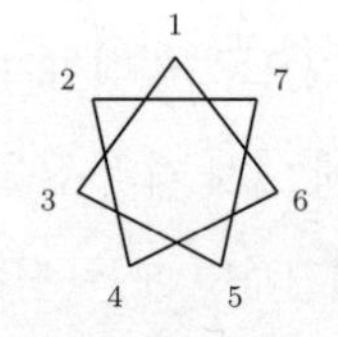

한 번에 점 세 개를 점프하려고 해본다면, 그건 점 두 개를 지나지만 다시 뒤돌아가는 것과 같다. 그래서 다른 모양을 만들지는 못한다. 어쨌든 결국 꼭짓점이 일곱 개인 별을 그리는 데에는 두 가지 방법이 있다.

꼭짓점 여덟 개인 별을 그리는 상황은 더욱 흥미진진해진다. 또다시 한 번에 하나의 점만 점프해서 별을 그리려고 해본다면, 결국 사각형이 된다. 그래서 이번에는 사각형을 두 개 겹쳐서 별을 만들어야 한다.

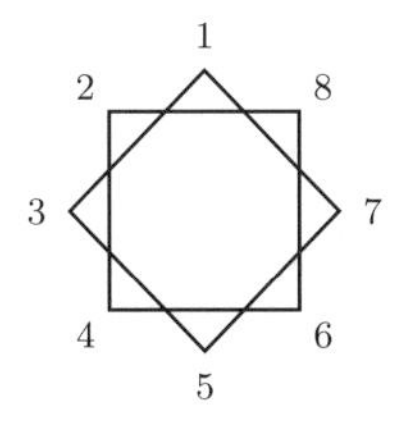

그렇다면 꼭짓점의 개수가 $2n$ 즉, 짝수인 경우, 항상 n개의 변을 가진 다각형 두 개를 겹쳐서 꼭짓점이 $2n$개인 별을 만들 수 있다고 일반화할 수 있다.

그러나 우리는 두 개의 점을 점프하는 것을 시도해 볼 수 있을 것이다. 이건 기본적으로 두 개의 점을 점프해 세 번째 점에 착지하게 되는 것을 뜻한다. 이렇게 되면 종이에서 펜을 떼지 않고 꼭짓점이 여덟 개인 별을 그릴 수 있는 방법이 된다.

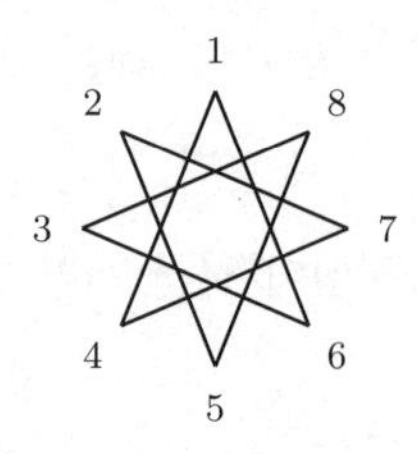

나는 이게 재미있는 낙서 방식임을 발견했다. 그러나 사실 이건 낙서라기보다 숫자의 약수를 탐색하는 과정이라고 봐도 좋겠다. 꼭짓점들을 홀수로 나누면 점프할 때 너무 빨리 처음 위치로 돌아오게 된다. 하지만 약수가 아니더라도 해당 점프가 점의 개수와 1 이외의 공약수를 가진다면 동일한 일이 발생할 수 있다. 예컨대, 10개의 점을 가지고 4칸씩 점프한다면 바로 처음 위치로 돌아오지 않고 5개의 점만을 거쳐 돌아오게 될 것이다. 그렇게 되면 꼭짓점 10개의 절반만 사용해서 꼭짓점이 5개인 별을 만들게 되는 것이다. 따라서 꼭짓점이 10개인 별을 그리기 위해서는 남은 점들을 엮어 새로운 오각형 별을 그리면 된다.

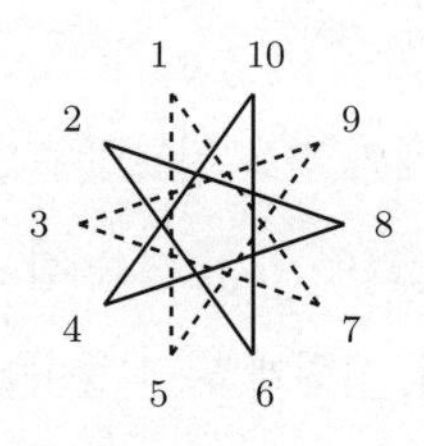

최대공약수는 우리가 자전거를 탈 때 만들 수 있는 패턴에 대해 알려준다. 두 수의 최대공약수는 두 수의 공약수 중 가장 큰 숫

자다. 위 예시에서 10과 4의 최대공약수는 2이지만, 10과 3의 최대공약수는 1이다. 이것은 3개의 점만큼 총 10개의 꼭짓점을 뛰어넘는 경우, 시작점으로 돌아가기 전에 모든 점에 착지하게 될 것이라는 뜻이다.

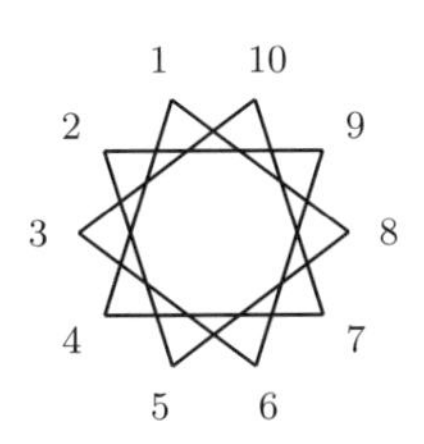

이는 내가 프랑스 니스에 살았을 때 일요일에 체육관이 문을 닫았던 날을 떠오르게 한다. 체육관을 하루 걸러 가려고 하면, 2주에 한 번은 일요일에도 가야 했다는 뜻이다. 그런데 3일 중 이틀을 가는 패턴을 시도한다고 해도, 여전히 일요일에는 가야만 하는 운명이었다. 더 작은 일수가 아닌 한 주를 걸친 패턴을 만드는 것을 제외하고는 일요일을 피할 수 있는 패턴을 만들 수 있는 방법이 없었다. 이는 7이 소수이기 때문이고, 그래서 7과 그보다 더 작은 숫자들은 항상 1을 최대공약수로 가진다.

별을 끄적이는 것을 통해 나는 최대공약수와 주기적인 패턴에 대해 탐색할 수 있었다. 여기서 끝이 아니다. 모서리에 대해서도 생각하게 되었으니 말이다. 처음으로 다시 돌아가 보자. 우리는 이 별을 대체 왜 꼭짓점이 다섯 개인 별이라고 부를까? 안쪽을 가리키는 점은 어쩌고 말이다. 이들은 꼭짓점이라고 여겨지지 않는 건가? 모서리에 대해 이야기한다면 어떨까? 이 별은 몇 개의 모서리를 가지고 있는 걸까?

평소와 같이 정답은 다음과 같다. 이는 무엇을 모서리로 생각하고 싶은지에 따라 다르며, 또 이것으로 무엇을 할 것인지에 따라 다르다. 분명 밖으로 향해 있는 모서리는 마치 움푹 팬 자국 같이 안쪽으로 향해 있는 모서리보다 더 뾰족하다. 만약 당신이 그 사물의 안쪽에 들어가 있는 경우가 아니라면 바깥쪽으로 뾰족하게 나와있는 부분에 다칠 수는 있어도, 안쪽으로 뾰족한 부분에 다치는 일은 없을 것이다.

하지만 도형이건, 모서리이건, 소인수분해 방식이건, 삼각형이건 상관없이, 수학에서 어떤 상황을 고려할 때에는 먼저 우리가 이러한 것들 중 하나로 여겨지는 것이 무엇이 될지,[36] 그리고 이들 중 진정 서로 동일한 것으로 여겨지는 것은 무엇이 될지를 결정해야 한다. 그래서 삼각형을 고려한다면 먼저 무엇을 삼각형으로 '세는지'를 결정해야 하며, 그다음으로 어떤 삼각형이 서로 같다고 '세는지'를 결정해야 한다. 추상수학에서 이 두 단계는 지금까

36 정치학자 데보라 스톤(Deborah Stone)은 본인의 저서 『카운팅(*Counting*)』에서 이것이 사회에 미친 영향에 관해 이야기한다.

지 셈에서 실제 나열 부분보다 가장 흥미로운 부분이다.

모서리의 경우 우리는 어떤 모서리가 같은지 사실 궁금하지 않다. 하지만 대체 어떤 것을 모서리로 세는지는 궁금하다. 만약 바깥을 가리키는 모서리뿐 아니라 안쪽을 가리키는 모서리도 세고 싶다면, 우리는 이 별의 모서리가 열 개라고 말하고 싶을지도 모른다. 이는 특히 우리가 바깥 모양에 대해 이야기할 때 말이 된다. 우리가 이 별을 그릴 때 포함되는 직선의 수를 세는 방식이기 때문이다.

그런데 튀어나온 모서리와 들어간 모서리를 구분하고 싶다면 어떡해야 할까? '들어간' 모서리와 반대되는 것으로서 '튀어나온' 모서리에 대해 이야기할 수 있는 더욱 엄밀한 방법에는 뭐가 있을까? 한 가지 방법은 모서리에 있는 각도를 생각해 보는 것이다. 만약 그 각이 180° 미만이라면, 밖으로 향하는 모서리, 180° 이상이라면 안쪽으로 향하는 모서리일 것이다.

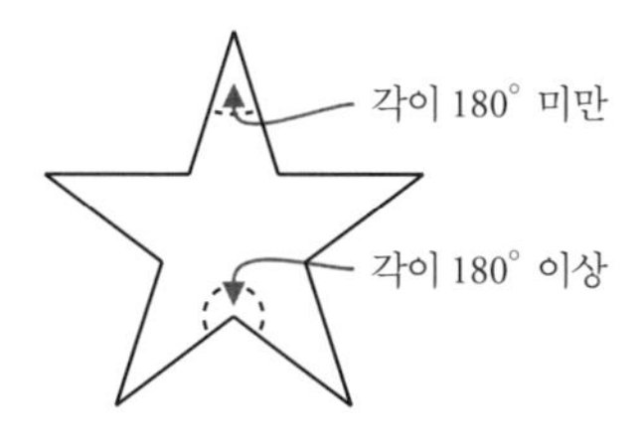

그러나 어떤 면에서 이는 모서리가 안을 향하는지, 밖을 향하는지를 설명하는 것이 아니라, 둘 중 하나를 결정하는 것에 대해 정의하고 있다. 수학이 모서리의 방향을 직접 설명하는 한 가지

방법은 그 도형 내부에서 한쪽 변으로부터 다른 변으로 완전히 이동할 수 있는지를 확인하는 것이다. 별의 바깥쪽을 가리키는 모서리의 경우, 우리는 별 내부에서 모서리의 한쪽 변으로부터 다른 한쪽 변으로 완전히 직선으로 건너갈 수 있다. 하지만 안쪽을 가리키는 모서리의 경우 그 모서리를 안쪽으로 향하게 만드는 것은, 바로 그 안에 일종의 빈 부분이 있기 때문이다. 이에 따라 이 모서리의 한쪽에서 다른 쪽으로 직선을 그어 건너가려면 별을 벗어나 그 빈 부분을 넘어가야 한다.

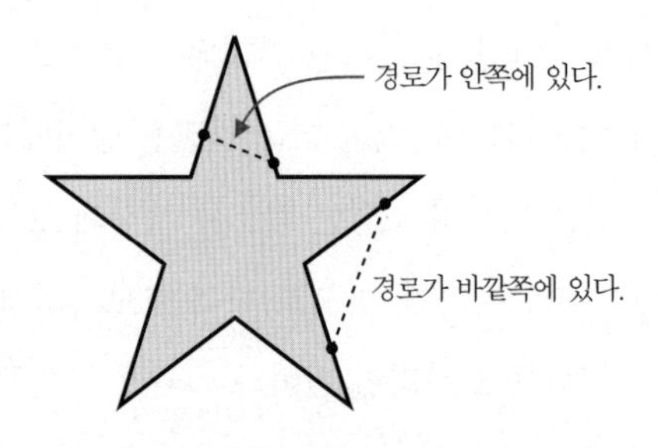

이것은 수학에서 볼록 다각형, 오목 다각형의 이론이다. 볼록 다각형은 한 직선에서 벗어나지 않고 어떤 점에서 다른 한 점으로 갈 수 있는 다각형을 말한다. 만약 점들 사이에 있는 하나의 직선이 다각형을 벗어날 수 밖에 없다면 그 도형은 볼록 다각형이 아니다. 이것은 우리가 정다면체에 대해 생각하는 방식과 관련이 있다. 정다면체의 완전한 정의에는 우리가 볼록 다면체를 찾고 있다는 사실이 포함되기 때문이다. 다면체는 다각형으로 만들어진 3차원 도형이며, 다각형은 직선 둘레의 변을 가진 2차원 도형이다. 볼록 다면체는 움푹 들어간 부분이 없는 다면체이기 때문에 구에 더 가깝다. 그래서 결국 볼록 다면체 하나를 사용해서 구의 근사를 만들 수 있는 것이다. 이는 우리가 다룰 수 있는 만큼 가능한 한 많은 변이 있는 다각형에서 원의 근사를 만들 수 있는 방식과 비슷하다. 우리가 사용하는 변이 많으면 많을수록, 원이 되는 것에 더욱더 가까워진다. 이는 우리를 2장에서 언급했던 '원의 변'에 관한 문제로 데려다준다.

원은 몇 개의 변을 가지는가?

원이 둘레 전체를 도는 변 하나만 가지는가? 아니면 직선 둘레가 없으니 변을 가지지 않는 것인가? 아니면 무한하게 많은 것일까? 그 사이의 어느 정도일까?

이 답 중 어떤 것도 말이 될 수 있다는 것은 맞는 말이다. 그리고 이는 우리가 무엇을 '변'이라고 할 것인가에 따라 달라진다.

나는 최근 시카고의 유명한 피자 회사 중 한 곳에서 모서리가 여덟 개인 피자를 만들었다는 소식을 발견하고는 그 생각에 완전히 사로잡혔다. 이들이 만드는 보통의 피자는 직사각형이며, 여기서는 디트로이트 스타일 피자로 알려져 있으나 나는 이탈리아에도 직사각형 스타일 피자가 있다고 믿는다. 실제로 나는 어렸을 때 이것들에 대해 알지 못하고 한 번 먹은 적이 있었는데, 다소 충격을 받았다.

어쨌든 이 특정한 피자는 바삭하게 설탕에 졸인 가장자리로 유명하며, 특히 바삭한 모서리를 너무나 좋아해서 모서리만 네 개 이상 즉, '모서리가 여덟 개인 피자'를 원하는 사람들도 있다. 메뉴판에서 처음 이 메뉴를 봤을 때에는 미쳤다 싶었고, 어떻게 만드는지가 너무나 궁금했다. 이 피자는 팔각형 피자였을까? 그러나 그렇게 되면 각이 너무나 커져 바삭함은 좀 잃은 상태일 것이다. 그렇다면 별 모양 피자였을까? 만약 그렇다면 바깥으로 향한 모서리만 셈을 했을까?

나는 흥미롭게 그 방법을 알아보려고 했지만, 그 해결책을 추측하는 데에 완전히 실패했다. 그 피자는 기존의 피자와 같은 크기였지만 더 작은 직사각형을 반으로 잘라 두 판을 구운 것이었다. 그래서 여덟 개의 모서리가 된 것이다. 나는 과도하게 심층 수학을 사용해 불필요하게 복잡한 솔루션을 만들어낸 내 자신을 비웃었다.

하지만 내가 상상한 팔각형 피자에는 중요한 질문이 몇 가지 있다. 이 피자는 더 많은 모서리를 가지지만, 사각형보다 더, 혹은 덜 '뾰족'한가? 이것도 '뾰족하다'는 게 무슨 의미인지에 따라 달라질 것이다. 뾰족하다는 것이 모서리의 개수를 의미한다면 당연히 모서리가 더 많을수록 더 뾰족해질 것이다. 그러나 모서리가 실제로 너무나, 말하자면 무한하게 많은 경우에는 이상한 일이 일어난다. 전혀 뾰족하지 않은 하나의 원에 훨씬 가까워질 것이기 때문이다. 이는 아마도 '뾰족하다'는 개념이 안정적인 것과는 거리가 매우 멀다는 것을 시사한다.

이 중 어떤 것도, 특히 무한대에 관한 부분은 엄밀하지 않다.

다만, 일부는 미적분 개념의 출발선이 되어주기도 한다. 우리는 이미 원의 다각형 근사에 대해 이야기했다. 우리는 그 체계에서 원이 무한하게 많은 변을 가지며, 각 변은 무한하게 짧다고 여긴다. 물론 기술적으로 말하면 그렇지 않다. 원은 여전히 평면에서 중심으로부터 같은 거리에 떨어져 있는 모든 점들을 가리킬 뿐이다. 하지만 변이 n개인 다각형의 바깥 둘레의 거리를 사용해 n이 무한대에 가까워지면서 어떤 일이 일어나는지 살펴보면 원주를 알아낼 수 있다. 우리는 형식적으로 n번째 숫자가 n개의 변을 가지는 정다각형의 바깥 둘레 거리인 수열을 정의한다. 그다음 n이 무한대로 향하면서 그 수열의 극한을 구한다. 수열의 극한은 미적분에서 제대로 정의된다. 도형의 극한은 그렇지 않지만 말이다. 따라서 이는 일상적으로 원 자체에 대해 생각하는 방식으로 작용한다. 그러나 원의 둘레를 계산하는 방법으로는 엄밀하다.

실제로 이는 곡선 길이의 일반적인 정의로 귀결된다. 미적분은 곡선의 길이 전체를 수열의 극한이라는 개념에서부터 정립한다. 그다음으로 직선을 그림으로써 곡선 길이 근사의 수열을 만들어내는 것이다. 예를 들어, 아래의 곡선은 직선들을 통해 근사할 수 있다.

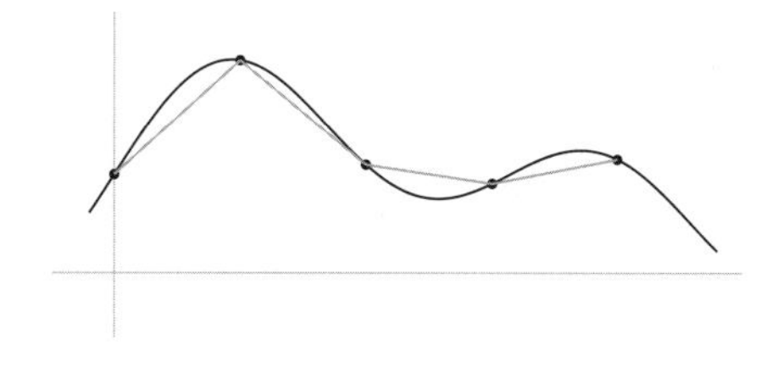

이는 아주 좋은 근사는 아니다. 점들이 너무 멀리 떨어져 있기 때문이다. 만약 더 많은 점들을 찍는다면, 근사치는 훨씬 더 가까워질 것이다. 내가 넣는 점이 많아지면 많아질수록, 근사치에 더 가까워진다. 점이 아홉 개 뿐이기는 하지만, 그래도 다음의 근사치는 이미 꽤 그럴듯하다.

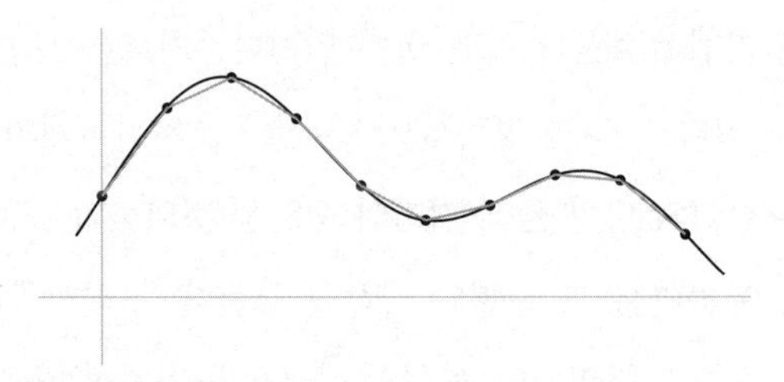

이전 점들의 사이사이에 또 다른 점을 추가하니, 곡선과 직선을 구별하기가 상당히 어려워졌다. 뭐, 내 눈에는 말이다.

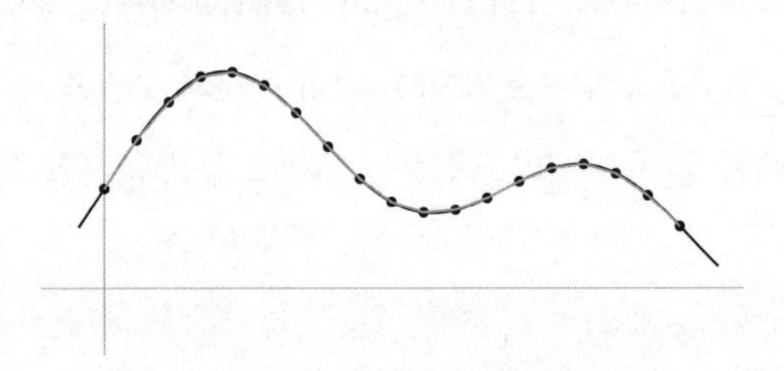

이는 우리에게 점점 더 정확해지는 길이의 수열을 알려준다. 우리에게는 n번째 수가 직선 구획을 n으로 동등하게 나눠 계산한 길이의 수열을 갖는다. 그럼 우리는 n이 무한대에 다다를수록 그 수열이 어떻게 되는지를 볼 수 있다. 그것이 바로 곡선 길이의 정의이다.

그래서 아마도 당신은 우리가 원을 무한대로 많은 변을 가진 것으로 생각할 수 있다고 확신할 것이다. 만약 하나의 변을 모서리가 없는 경로라고 생각한다면, 원에 변이 없다고 생각할 수도 있다. 직선 둘레가 없기 때문에 변이 없다고 생각할 수도 있다. 직선으로 된 변이 딱 하나 있기 때문에 하나의 변을 가진다고 해야 하는 것일까? 아니면 두 개? '직선으로 된 변'을 구체화하지 않는 한, 변을 하나만 가진다고 말하는 게 좀 이상하게 느껴지기는 한다.

그렇다면 우리는 반원이 두 변을 가진다는 아마도 더 직관적인 답을 얻으려면 '변'을 어떻게 정의할 수 있을까? 우리는 한 변이 직선이든 아니든 두 모서리 사이의 선이라고 말할 수 있을 것이다. 그렇게 되면 반원은 두 개의 모서리를 가지기 때문에 두 개의 변을 갖는 것이다. 이 도형에는 모서리가 하나이기 때문에 변도 하나다.

그렇다면 원은 다시 변이 없어진다.

하지만 수학의 일부분에서 우리는 원이 몇 개이든 변을 가지고 있다고 표현할 수 있다. 원을 우리가 원하는 만큼 여러 부분으로 나눌 수 있기 때문이다. 이는 완벽한 원은 아니라고 할지라도 '원으로 빙글빙글 돌' 수 있다는 아이디어와 더 비슷하다. 범주론에서 우리에게 다음과 같이 화살표가 있다면

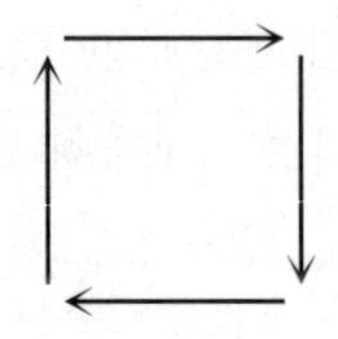

화살표가 원을 빙글빙글 돌고 있다고 말할 수 있을지도 모른다. 이는 아마도 위상수학의 분야에서 모서리가 중요하지 않다는 사실과 어느 정도 관련이 있을 것이다. 선이 직선이든 곡선이든, 아니면 상황이 서로 만드는 각도가 어떻든 상관없다. 몇 개의 구멍을 가졌는지만이 중요할 뿐이다. 만약 우리가 구멍만 신경 쓰고 모서리는 신경 쓰지 않는다면, 도형의 가장자리 수는 완전히 관련이 없어질 것이고, 삼각형이라는 개념은 증발해버리는 것과 같을 것이다. 이 세계에서 사각형은 삼각형과 '같고', 오각형과도, 육각형과도, 원과도 같다. 이 도형들 모두 원으로 셈한다. 위상수학은 구멍을 빼놓고는 모서리나 곡률에 대해서는 걱정하지 않기 때문이다. 따라서 하나의 원은 우리가 원하는 만큼 많은 수의 변을 가질 수 있다.

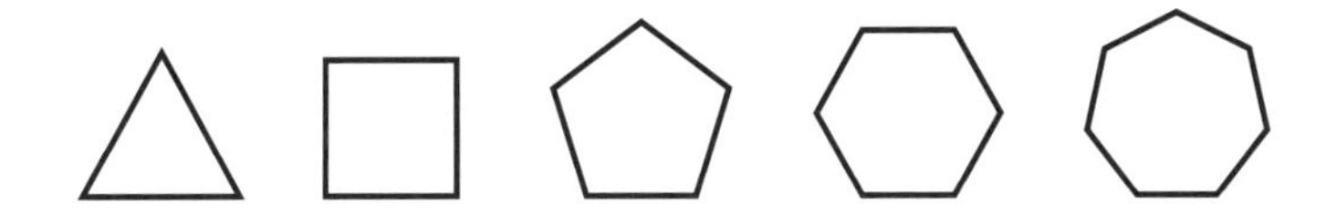

그러나, 아래의 도형은 구멍을 두 개 가지고 있기 때문에 원이 아니다. 나는 하얀 부분이 틈이라서 벨트 버클이나 막대가 중간을 관통하는 둥근 반지 같다고 생각한다.

이는 내게 인터넷에서 가장 논쟁이 되는 문제 중 하나인 '빨대'에 대한 문제를 떠오르게 한다.

빨대에는 구멍이 몇 개 있는가?

이는 내 학생들이 주기적으로 나에게 물어봤던 질문이다. 종종 이에 대한 또 다른 주장이 인터넷에서 격렬하게 이루어지기 때문이다.

한편으로는 이 질문이 사람들의 관심을 사로잡았다는 사실에 용기를 얻지만, 또 다른 한편으로는 연산 순서에 대한 밈과 같이 자신이 똑똑하다고 생각하는 몇몇 사람들이 다른 사람들에게 그들이 생각하는 것이 무엇이든 멍청한 답을 낸다고 말함으로써 멍청하다고 느끼도록 만들 수 있는 또 다른 기회일까 우려스럽다.

보통과 같이, 여기서 내가 수학적으로 흥미롭다고 발견한 사실은 정답이 아니다. 우리가 어떤 의미를 두는지에 따라 유효한 정답이 다양해지기 때문이다. 여기서 나를 흥미롭게 한 것은 우리가 '구멍', 사실 '빨대'에 대해 생각할 수 있는 다양한 방식들이다. 여기서 우리는 상황을 셈하는 방식으로 되돌아간다. 우선 그러한 상황 중 하나로 셈한 것은, 그 상황이 두 개일 경우에도 실제로 같은 것으로 셈한다.

빨대 하나에 구멍이 하나, 또는 두 개, 아니면 무한하게 많이, 사실은 없다고 이야기하는 것은 타당하다. 마지막 답은 놀랍게 느껴질지 모르겠지만, 빨대로 음료를 마시려고 하는데 무언가 빨대를 막고 있어서 빨 수가 없는 것을 발견했다고 가정해 보자. 당신은 빨대를 검사해서 거기에 구멍이 하나 있다는 것을 발견할 수 있을지 모른다. 그에 따라, 나는 빨대에 본래라면 없어야 하는 구멍이 하나 있다고 하겠다. 당신의 셔츠에 구멍이 하나 뚫렸다고 말하는 것과 비슷하다. 또 어떤 의미에서는 당신이 셔츠를 입을 수 있도록 여러 개의 구멍이 이미 있었을지라도 말이다. 따라서 그러한 의미에서 완벽하게 제대로 작동하는 빨대에는 '그 안에 구멍을 갖지' 않는다.

정반대로 생각해 보면, 우리는 평범한 빨대가 서로 약간씩 부딪치는 분자들 덩어리로 이루어져 있어 그 사이 모든 곳에 구멍들이 있다고 말할 수 있을지도 모른다. 그게 실제로 구멍의 개수가 무한하지 않다는 것은 참이다. 왜냐하면 분자는 유한한 수로만 있을텐데 그게 그렇게 큰 숫자는 아니기 때문이다.

이제 더 흔한 주장인 빨대에는 한쪽 끝에서 반대쪽 끝까지 구멍이 하나 있다는 주장, 그리고 각 끝에 한 개씩 총 두 개가 있다는 주장에 관해 생각해 보자.

만약 우리가 빨대의 한쪽 끝을 막는다면 어떻게 될까? 여전히 빨대에 구멍이 있는 것일까? 여기서 빨대는 약간 양말과 비슷해진다. 양말의 맨 위에 구멍이 있는 것일까? 개인적으로 나는 그게 구멍이 아닌 발을 넣는 입구라고 생각한다. 하지만 아이들에게 양말 신는 법을 알려줄 때, 우리는 아이들에게 양말을 집어 들고 발을 '구멍에' 넣으라고 말하는 게 당연하다.

평소처럼 수학의 경우 핵심이 무엇이 정답인지를 결정하는 것이 아닌, 각 답이 어떤 의미에서 정답인지를 결정하는 것이라고 생각한다. 만약 우리가 빨대에 구멍이 하나 있다고 생각한다면, 우리는 구멍을 어떻게 정의하고 있는 것일까? 이와 비슷하게 구멍이 두 개 있다고 생각한다면, 우리는 구멍을 다르게 정의해야 할 것이다. 그렇다면 우리는 무엇을 하고 있는 것일까?

위상수학은 어떤 것의 도형을 연구하는 수학의 한 분야이다. 그리고 '같음'이라는 특정한 개념에 따라, 어떤 도형을 다른 도형과 같은 것으로 셈하는지를 연구한다. 이는 어떤 하나를 다른 하나로 점진적으로 변형시킨다는 개념에서 나온 것이다. 마치 우리가 플레이도우 찰흙 한 조각을 이리저리 주무르는 것처럼 말이다. 만약 당신이 플레이도우로 여러 도형 중 하나를 만들어 분해하거나 다른 어딘가에 붙이지 않고 다른 것이 될 때까지 주물렀다면, 위상수학에서는 같은 것으로 센한다. 이는 커피잔을 도넛과 '같은 것'으로 만드는 아주 유명한 아이디어로 이어진다. 여기서 우리가 해야 하는 일 첫 번째는 커피잔에 손잡이가 있고, 도넛에는 구멍이 있다는 사실에 주목하는 것이다.

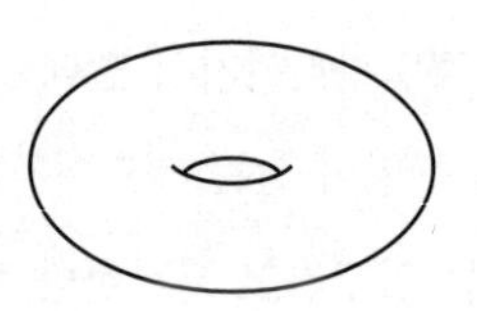

간혹 다음과 같은 밈이 돌아다니기도 한다.

> 수학자들은 도넛이 커피잔과 같다고 생각한다.
> 글쎄, 커피 컵을 아침 식사로 드셔 보시든가.

나는 이게 사람들의 주의를 사로잡는다는 것이 다소 의문스럽다. 사람들은 수학으로 농담하기를 좋아하기 때문이다. 특히 수학자들의 때묻지 않은 모습이나, 그들이 이야기하는 것이 실생활과는 아무런 관련이 없다는 아이디어 같은 것들 말이다.

이 밈은 당신이 위상수학에서 '동치'의 형태에 대해 알고 있음을 어느 정도 상정하지만, 그와 동시에 당신이 아마도 고의로 요점이 무엇인지 이해하지 않는 것을 상정하기도 한다. 우리는 커피잔이 실제로 도넛과 같다고 말하려는 것이 아니다. 오히려 그들이 다르다는 의미뿐 아니라 그들이 같다는 의미도 있고, 가끔은 그들이 같다는 의미를 통해 우리는 도형에 대한 무언가를 이해할 수 있다고 말하려는 것이다. 커피잔 예시는 구체적으로 실례가 될 뿐, 그 기본 아이디어는 플레이도우 도넛 도형에는 도넛을 관통하는 구멍이 하나 있다는 것, 그리고 플레이도우를 이리저리 주물럭거리면 그것을 잡아 뜯어 부수거나 구멍을 채워서 붙이지 않는 한 그 구멍을 없앨 수 있는 방법이 없다는 것이다. 물론 이 플레이도우라는 개념은 굉장히 막연하고 수학적으로도 전혀 엄밀하지 않다. 수학적으로 엄밀한 정의는 매우 기술적이다. 하지만 '연속적 변형'이라는 개념이 관통한다. 이는 도형을 또 다른 도형이 되도록 변형하되, 이는 '연속적'인 방식으로 해야 한다는 것이다. 이는 분해하지 않는다는 뜻이다. 동시에 붙이지 않는다는 뜻이기도 하다. 이는 시간이 역으로 흐르면 분해하는 것과 같다.

어쨌든 여기서 질문이 생긴다. 이 동치라는 개념에 따르면 어떤 도형을 서로 같은 도형으로 셈하는가? 각 차원에서 볼 수 있는 도형을 몇 개나 있는가? 한 개의 구멍을 가진 도넛은 커피잔과 똑같은 것으로 드러난다. 하지만 우리는 도넛이 파인애플 링이나 세탁기 모양이 되도록, 아니면 전문 용어로 '고리'를 만들려고 납작하게 변형시킬 수도 있을 것이다.

아니면 저 도넛 모양을 가지고 저 구멍에 우리 엄지손가락을 끼운 다음, 엄지와 나머지 손가락 사이로 도넛의 일부를 납작하게 만들 수도 있다. 계속해서 그렇게 구멍 주변을 누르다 보면, 도넛의 모양은 원기둥이 된다. 이게 빨대가 되도록 길게 늘일 수도 있다. 이런 의미에서 빨대는 파인애플 고리처럼 실제로 구멍 하나만 가진 것으로 셈한다. 이런 의미에서 빨대에 구멍이 하나임을 확인할 수 있는 또 다른 방법은 빨대가 너무 짧아져서 근본적으로 하나의 원이 되어 하나의 구멍을 가졌다고 셈할 때까지 점점 더 짧게 만드는 것을 상상하는 것이다.

이는 위상수학이 구멍을 다루는 하나의 방식이다. 수학자들은 정확히 '구멍'이라는 단어를 쓰지 않는다. 우리가 발견한 것과 같이 다소 막연하기 때문이다. 그리고 위상수학이 우리에게 말하는 것을 우리의 직관이 좋아하지 않는 경우도 더러 있을 수 있다. 우리는 양말의 입구를 구멍이라고 부르고 싶은 매우 강력한 본능을 느낄 수도 있다. 위상수학의 관점에서는 양말이 둘레는 있지만 가장자리는 없는 납작한 직물 한 조각과 '같기는' 하지만 말이다. 그렇다면 바지는 어떨까? 바지에 다리를 넣는 구멍 두 개, 허리를 넣는 구멍 한 개가 있기 때문에 총 세 개의 구멍이 있다고 생각할 수도 있다. 하지만 위상수학의 관점에서 이들은 실제로 두 개의 구멍만을 가진다. 만약 플레이도우로 만든 두 개의 구멍을 가진 도넛을 상상한다면, 이를 다리를 넣을 수 있도록 한쪽 방향으로 쭉 늘여서 바지 한 벌로 바꿀 수 있을 것이다.

하지만 여전히 허리를 넣는 곳 또한 구멍으로 셈해야 한다고,

양말의 입구를 구멍으로 셈해야 한다고 말하고 싶은 아주 강력한 본능이 남아 있다. 다음은 이게 참이라는 의미이다. 그 물체의 특정한 면적을 확대해 보면, 구멍이 그 물체에서 잘려 나간 표면처럼 보인다. 이 작업을 빨대에 해본다면, 각 끝에 구멍이 하나씩 존재한다. 우리는 실제로 빨대를 고체가 아닌 표면으로 생각하고 있는 것이다.

이는 우리를 다양체 이론의 방향으로 데리고 간다. '다양체'란 굉장히 뒤틀리거나 복잡할 수 있으나, 어디든지 확대를 해보면 충분히 확대하는 한 여전히 납작하게 보이는 표면이다. 구가 하나의 예시가 될 수 있다. 구는 아주 가까이 확대해 보면 납작해 보인다. 이는 내가 아직도 사람들이 지구가 납작하다고 생각하곤 했던 게 어느 정도 타당하다고 생각하는 이유이다. 왜냐하면 그들은 지구의 아주 작은 부분만 봤을 것이기 때문이다. 물론 지금은 이게 타당하다고 생각하지는 않는다는 것을 알아주기를 바란다. 우리에게는 지구에서 찍은 사진을 포함해 지구가 약간 찌그러지기는 했지만 구형이라는 어마어마하게 많은 증거들이 있으니 말이다. 지구가 납작하다고 계속해서 믿고 싶다면, 대부분의 사람들이 논쟁의 여지가 없다고 생각하는 수많은 증거들을 부인해야 한다. 물론, 실제로 누군가가 이를 반박한다면 논쟁의 여지가 없을 수는 없다. 반박을 당한 것이기 때문이다.

어쨌든 도넛의 표면 또한 원환체라고 부르는 다양체다. 우리는 고체 도넛보다는 표면에 대해서만 생각할 것이기 때문에, 이것은 둥글게 구부러져 끝을 합친 가운데가 뚫려 있는 튜브에 가깝다. 구에 대해서 우리는 고체로 된 공이 아닌 풍선을 생각할 것이다. 원환체에는 중간을 관통하는 '구멍'이 하나 있지만, 이는 다른 종류의 구멍이다. 이는 표현에서 잘려나가지 않았고, 어디에서도 표면을 해체하지 않고서 일종의 도형으로 만들어진 것이다. 가장자리도 없다. 이는 위상수학에서 '종수'라고 부른다. 구에는 종수가 0이며, 원환체에는 종수가 1이고, 우리는 원하는 개수의 구멍을 가진 도넛을 가져와 그 표면을 살펴봄으로써 어떤 종수의 표면을 만들 수 있다.

만약 우리가 원환체에 실제로 구멍을 하나 자른다면, 이는 '구멍이 하나 있는 원환체'가 된다. 다른 의미에서는 원환체에 이미 구멍이 하나 있지만 말이다. 그렇지만 우리가 표면에서 구멍 하나를 잘라낸 곳은 다른 유형의 구멍이다. 그리고 수학에서는 이를 자전거 바퀴에 난 것과 같이 '펑크'라고 부른다. 그래서 이 새로운 모양에는 하나의 펑크가 있고 하나의 종수도 있다.

그렇다면 이제 표면에 구멍을 뚫어서 빨대를 만드는 것에 대해 생각해 볼 수 있을까? 하나의 구에 두 개의 구멍을 잘라내고 잘 정돈해야 할 것이다. 이에 따라 그런 의미에서는 빨대에 두 개의 구멍이 있는 것이다. 다소 놀라운 방식이지만, 이건 원의 내부와 외부라는 두 개의 구멍이 있다고 말하는 것과 같다. 이는 집 주변에 울타리를 세우고서는 울타리 안에서 나머지 세상 전체를 가둔 것으로, 당신의 집이 외부에 있다고 주장하는 것과 비슷하다.

나는 '위치상 구멍이 있는 것처럼 보이는 것'을 포함하는 내 정의가 조금 마음에 든다. 수학은 이를 원의 경계라고 생각할 수도 있다. 이제 우리는 원이 정확한 원이 아니어도 된다는 영역에 있다. 위상수학에서는 어쨌든 거리의 개념이 없기 때문이다. 머리띠는 고리 모양으로 어떻게 휘어있든 간에 원형으로 셈한다. 그래서 양말의 입구는 원의 경계이다. 빨대의 양 끝 입구도 원형 경계다.

그래서 이 경우 중요한 것은 우리가 사물을 어떻게 정의하고 있는지에 관해 생각하고, 그저 한 가지 관점에 박혀 있지 않은 채 다양한 관점 사이를 이동할 수 있다는 사실이다. 우리는 빨대를 사전에 정해진 모양이자 분자들의 모음, 고체인 물체, 표면으로 생각해 봤다. 각 관점은 구멍의 개수에 대해 다양한 답을 준다. 그리고 구멍의 개수에 대해 달리 주어진 각각의 대답은 우리를 빨대에 대한 다른 관점으로 안내했다.

내 수학적 관점에서 나에게 가장 흥미로운 질문은 말하기는 쉽지만 우리가 어디에 초점을 두는지, 우리가 어떤 맥락에 있는지, 그 맥락과 어떤 연관성을 가지는지에 따라 광범위한 답이 나올 수 있는 간단한 질문들이다. 수학은 숫자와 방정식에 대한 것만이 아니다. 이는 도형과 패턴, 아이디어와 주장에 관한 것이며, 더욱 미묘한 것들을 추론하기 위해 우리는 그들을 어떻게 볼지, 어떻게 대할지, 지금은, 그리고 나중에는 어떤 것에 대해 생각해야 할지에 관해 수많은 결정을 내려야 한다. 우리는 지금으로서 어떤 것을 어떤 의미에서는 같은 것으로 셈할지에 대해서 생각하고, 나중에는 또 다른 어떤 것이 어떤 의미에서 같은 것으로 셈할지에 대해서 생각할 것이다.

일단 하나의 관점을 선택하면 이에 대한 신뢰할 수 있는 결론을 추론하기 위해 한동안 그것을 고수하는 것이 사실이다. 마치 게임의 규칙을 결정하고 그 규칙에 따라 게임을 할 수 있는 것처럼 말이다. 그러나 우리가 그것을 느낀다면, 항상 다양한 게임을 할 수 있고, 아니면 이 게임의 규칙을 업데이트할 수 있다. 수학에 엄밀함이 없다고 말하는 것은 틀렸다. 수학이 완전 엄밀하다고 말하는 것도 틀린 것일 테다. 수학에 관해서 중요하고, 강력하고, 아름다운 것은 수학 구조의 강력함과 수학적 관점의 유연성 사이의 미묘한 상호 작용이다. 인간의 신체 또한 뻣뻣하기도 하고 유연하기도 하다. 우리는 우리가 단 두 발로 수직으로 설 수 있음을 뜻하는 놀라운 골격을 가지고 있지만, 그 골격 안에는 약 200개의 뼈, 360개의 관절, 600개의 근육, 4,000개의 힘줄이 있다. 이는 우리가 수없이 다양한 방식으로 움직일 수 있음을 뜻한다. 우리는 뛰기도, 점프도, 등산도, 기는 것도, 노래하는 것도, 웃는 것도, 춤추는 것도 할 수 있다. 이것은 수학도 할 수 있는 것들이다. 그리고 그 핵심에 있는 논리의 규칙에만 집중한다면 우리는 그 엄밀함을 알게 되어, 그 프레임워크가 가능케 하는 활기 넘치는 노래와 숨 막힐 듯 멋있는 춤을 그리워하게 될 것이다.

수학은 진짜일까?

살면서 마주할 수 있는 모든 질문과 마찬가지로 이 책에서 다룬 모든 질문은 우리가 어떤 의미를 두느냐에 따라 달라집니다. 무엇이 진짜일까요? 진짜라는 것은 무엇일까요? 진짜인 게 있기는 한 걸까요?

1장에서 말했듯이 어른들은 대부분 산타클로스가 '진짜'라고 믿지 않습니다. 그러나 저는 개인적으로 산타클로스라는 '개념'은 진짜이며 세상에 실제 영향을 미친다고 믿어요. 추상적인 개념으로서 산타클로스는 진짜입니다.

이는 수학이 진짜라고 하는 것과 같은 선상에 있습니다. 우리는 수학을 만질 수 없지만 진짜인 것 중에도 만질 수 없는 것이 많죠. 지구의 중심이나 뇌의 내부 같은 것은 물리적인 이유로 만질 수 없어요. 그뿐만 아니라 사랑, 배고픔, 인구 밀도, 탐욕, 슬픔, 친절, 기쁨과 같이 추상적이기에 만질 수 없는 '진짜'도 있습니다.

거의 모든 문제에서 저는 다양한 답이 타당하다는 의미에 대해 생각하는 것을 선호합니다. 수학이 진짜가 아니라는 의견도 있고 수학이 진짜라는 의견도 있죠. 거기에는 더 심오한 질문이 숨어 있는데, 그것은 우리가 수학을 진짜라고 생각하든 아니든 그것이 좋고 나쁨을 가를 수 있는가 하는 거예요.

수학은 아이디어라는 의미에서 진짜고, 아이디어란 진짜입니다. 수학은 실재합니다. 이것은 좋은 일이죠. 만약 수학이 진짜가 아니라면 우리는 실재하지 않는 것을 공부하는 셈이 되고 그것은 의미가 없으니까요.

하지만 또 다른 의미에서 본다면 수학은 진짜가 아닙니다. '진짜'라는 게 우리가 머릿속으로 만들어낸 꿈이 아니라 직접 만질 수 있는 구체적인 걸 가리킨다면요. 이런 관점은 수학을 더 어렵고 접근하기 힘든 것으로 보이게 만들 수 있기는 하죠. 그래도 이 또한 좋습니다. 수학의 힘은 구체적이지 않다는 사실에서 오거든요. 우리는 추상화를 통해 논리적 주장이 정확하게 성립하는 강력한 틀을 구축할 수 있습니다. 또한 추상화를 통해 여러 관점 사이의 유연성을 유지하고 서로 다른 맥락에서 다양한 범위의 개념을 통합해 그사이를 옮겨 다니며 더 많은 걸 이해도 할 수 있게 됩니다. 추상화는 구조와 춤도 가능하게 하죠. 작가는 하나의 문장에서 시작해 끝없이 다른 이야기를 만들어냅니다. 마치 그것처럼 추상화는 우리가 순수한 질문에서 시작해 수없이 다양한 이야기를 엮어낼 수 있게 해줍니다. 수학은 직감과 엄격한 논증 사이의 끊임없는 상호작용입니다. 우리는 엄격함을 사용해 우리의 직감을 다듬고 직감을 통해 엄격함을 끌어냅니다.

순수한 질문은 호기심과 궁금증에서 오는 정직한 질문입니다. 이게 바로 최고의 질문이죠. 수학의 아름답고 강력하면서도 신비로운 측면 중 하나는 단순한 질문이 강력한 수학으로 이어질 수 있다는 것입니다. 그런 질문들로부터 시작해서 길고 멋진 여정을 떠나보면 실재하는 구체적인 세계에 대한 통찰력을 얻을 수 있습니다. 이러한 점 덕분에 수학을 가르치는 일을 불안해하면서도 보람차게 할 수 있어요.

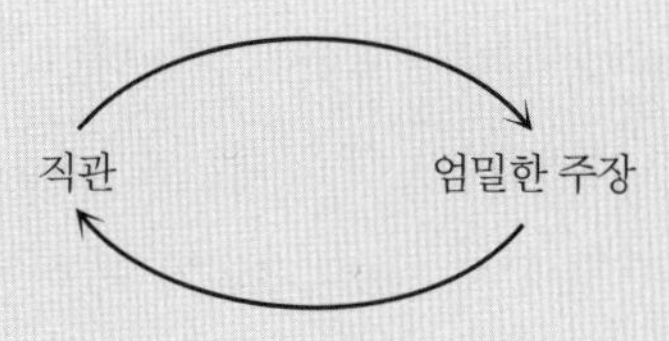

제 바람은 우리가 모두 그런 질문들을 더 즐기게 되었으면 한다는 것입니다. 질문을 던지는 처지든, 받는 처지든, 교사이든 학생이든, 부모이든 자녀이든, 수학자이든 수학자가 아니든 상관없이 말입니다. 교사, 부모, 수학자들이 모두 이런 순수한 질문들을 좀 더 장려했으면 합니다. 특히 대답하기 어렵게 느껴진다면 더더욱이요. 저는 모든 사람이 수학에 대해 어린아이 같은 접근 방식을 유지할 수 있기를 바랍니다. 자신에게도 다른 사람들에게도 모든 걸 이해하기를 기대하지 않는 방식이요. 오히려 이해하지 못하는 모든 순간을 자신이나 다른 사람의 생각을 확장하는 데 도움을 줄 기회로 삼는 것이죠.

저는 수학을 정해진 답을 알고 있어야 하는 공간이 아니라 질문을 던지고 답을 탐구하는 공간으로 생각했으면 좋겠습니다. 그래서 우리가 무엇을 더 중요하게 생각하고 있는지 돌아봤으면 합니다. 많은 답을 빨리 맞히는 사람보다는 호기심을 가진 사람들에게 더 주목했으면 해요. 스포츠카를 타고 결승선으로 질주하는 대신 목적지 없이 그저 호기심을 따라 시골길을 조용하고 느리게 걷는 여정을 더 중요하게 여겼으면 합니다.

그리고 가장 중요한 것은 교육자들이 모든 수준의 학생들에게 이러한 수학을 가르칠 수 있도록 재량을 더 키웠으면 합니다. 가장 순수하고 아름다운 질문에 답하지 않는다면 우리는 그것을 교육이라고 불러선 안 됩니다.

순수한 질문 중 하나는 애초에 우리가 왜 이런 걸 공부하는지에 대한 질문입니다. 우리는 수학이 구체적이고 명확한 답을 제공할 수 있는 실제 응용이나 '현실 세계'의 문제와 연결되기를 기대하고, 또 그런 유혹에 빠지기 쉽습니다. 하지만 저는 덜 구체적이더라도 더 넓은 수학의 목적도 인정하길 바랍니다. 바로 모든 것에 대해 더 명료하게 생각할 수 있도록 돕는 것입니다.

만약 수학의 명백한 비현실성이 불쾌하다면 수학을 덜 추상적인 방식으로 표현하는 것도 한 가지 해결책입니다. 다만 그렇게 되면 수학의 힘이 줄어들고 본질도 드러나지 않습니다. 도구나 기계보다는 꿈과 가능성에 더 관심이 있는 사람들에게는 덜 매력적으로 느껴질 수도 있죠. 다른 해결책은 추상적이면서도 더 매력적인 방법을 제공해 꿈을 장려하고 힘과 가능성도 드러내는 것입니다.

소설을 읽는 데 관심이 없는 사람이라면 실제 인물과 사물을 다룬 비소설에 더 관심이 있겠죠. 그런데 어쩌면 취향에 맞는 소설을 발견하지 못한 것일 수도 있어요. 저는 소설과 비소설 모두 좋아합니다. 소설은 진짜일까요? 소설 속 사건은 현실 세계에서 일어나지 않았을지 몰라도 소설이 알려주는 세상에 대한 통찰력은 진짜입니다. 저는 복리를 공부하는 것보다 『마담 보바리』를 읽으면서 어떻게 빚이 늘어나는지 훨씬 더 생생한 교훈을 얻었습니다. 통계를 공부하는 것보다 영국 소설가 제인 오스틴의 책을 읽으면서 성 불평등에 대해 더 많이 배웠고요.

수학은 진짜일까요? 추상수학의 개념들은 구체적인 세계의 일부가 아닐 수도 있습니다. 하지만 아이디어는 다른 아이디어들과 마찬가지로 진짜입니다. 소설을 통해 얻는 통찰력이 진짜인 것처럼요.

더 중요한 것은 우리가 수학이 진짜라고 여기든 말든 수학은 신나고 불가사의하고 유연하고 경외감을 불러일으키고 마음을 사로잡으며 만족스럽고 짜릿하고 편안함을 주는 동시에 아름답고 강력하며 빛난다는 것입니다. 안타깝게도 우리를 방해하는 사람은 있겠지만 그들은 없어도 될 문을 지키고 서 있는 문지기의 역할을 하고 있을 뿐입니다. 추상수학이라는 눈부신 꿈의 세계로 갈 수 있는 길은 다른 곳에도 있습니다. 저는 우리가 함께 노력해 그 문들을 무너뜨리고 장애물도 제거해 그 아름다운 길을 찾을 수 있을 거라 믿습니다. 그리고 수학은 그곳에 가고 싶은 사람, 호기심이 많은 사람, 상상력이 풍부한 사람, 꿈꾸는 사람, 질문하는 사람들을 조용히 기다리고 있을 것입니다.

이 책은 전 세계적으로나 저 개인적으로나 그 어느 때보다 심각했던 트라우마를 겪는 동안 썼습니다. 너무나도 끔찍했던 이 시간 동안 제가 계속 살아갈 수 있도록 도와준 모두에게 감사의 인사를 전합니다. 언젠가는 이 시간에 대해 글을 더 쓸 수 있겠죠. 하지만 유산은 정말 끔찍합니다. 정신적 외상에 의한 유산은 더 최악입니다. 그렇게 의도치 않게 아이를 잃게 되었고 당시 그 고통은 어떤 설명이나 표현도 할 수 없는 깊은 정신적 고통이었습니다.

먼저 제가 울지 않고 하루를 보낼 수 있도록 만들어주신 정신과 의사 아이샤 카지 선생님께 감사 인사를 드려야겠습니다. 아직은 울지 않고 넘어가는 날이 극히 드물지만, 그런 날이 있다는 사실 자체가 엄청난 발전이죠.

프로파일 북스의 앤드루 프랭클린 님, 베이식 북스 그룹의 라라 하이머트 님께 저를 이해해주시고 변함없이 지원해 주신 것에 감사하다는 말씀을 드립니다.

제 가족에게 감사합니다.

제 목숨을 구해주신 노스웨스턴 메모리얼 병원에도 감사 인사를 전합니다.

그 외에도 많은 친구에게 고맙다고 말하고 싶습니다. 모두의 이름을 적을 수는 없겠습니다. 쓰려고 해볼 때마다 눈물이 자꾸 나와서요. 모두 이해해줄 거라 믿습니다.

IS MATH REAL?

수학, 진짜의 증명

초판인쇄 2024년 12월 31일
초판발행 2024년 12월 31일

지은이 유지니아 쳉
옮긴이 심수지
발행인 채종준

출판총괄 박능원
국제업무 채보라
책임편집 조지원·김민정
디자인 김예리
마케팅 안영은
전자책 정담자리

브랜드 드루
주소 경기도 파주시 회동길 230 (문발동)
투고문의 ksibook13@kstudy.com

발행처 한국학술정보(주)
출판신고 2003년 9월 25일 제406-2003-000012호
인쇄 북토리

ISBN 979-11-7217-484-2 03410

드루는 한국학술정보(주)의 지식 · 교양도서 출판 브랜드입니다.
세상의 모든 지식을 두루두루 모아 독자에게 내보인다는 뜻을 담았습니다.
지적인 호기심을 해결하고 생각에 깊이를 더할 수 있도록, 보다 가치 있는 책을 만들고자 합니다.